高等学校土木工程专业“十四五”系列教材

混凝土结构设计原理

颜军　朱方之　吕慧慧　主编
刘锋　张诚紫　李亚辉　副主编

中国建筑工业出版社

图书在版编目（CIP）数据

混凝土结构设计原理/颜军，朱方之，吕慧慧主编；刘锋，张诚紫，李亚辉副主编．—北京：中国建筑工业出版社，2022.3

高等学校土木工程专业“十四五”系列教材

ISBN 978-7-112-27188-7

Ⅰ.①混… Ⅱ.①颜…②朱…③吕…④刘…⑤张…⑥李… Ⅲ.①混凝土结构－结构设计－高等学校－教材 Ⅳ.①TU370.4

中国版本图书馆 CIP 数据核字（2022）第 040799 号

本教材按照《高等学校土木工程本科指导性专业规范》的要求，以《工程结构通用规范》GB 55001—2021、《混凝土结构通用规范》GB 55008—2021、《混凝土结构设计规范》GB 50010—2010（2015 年版）、《建筑结构可靠性设计统一标准》GB 50068—2018、《建筑结构荷载规范》GB 50009—2012 等国家规范和标准为依据，结合编者多年教学实践经验编写。本教材包含以下 10 章内容：绪论；混凝土结构材料的物理力学性能与选用原则；受弯构件的正截面承载力；受弯构件的斜截面承载力；受弯构件的配筋构造和钢筋布置；受压构件的截面承载力；受拉构件的截面承载力；受扭构件的扭曲截面承载力；变形、裂缝和耐久性；预应力混凝土结构设计。

本书可作为应用型本科院校土木工程专业的教科书，也可以为从事混凝土结构方面工作的专业技术人员提供参考。

为了更好地支持教学，我社向采用本书作为教材的教师提供课件，有需要者可与出版社联系，索取方式如下：建工书院 http://edu.cabplink.com，邮箱 jckj@cabp.com.cn，电话（010）58337285。

责任编辑：仕 帅
责任校对：党 蕾

高等学校土木工程专业“十四五”系列教材

混凝土结构设计原理

颜军 朱方之 吕慧慧 主编

刘锋 张诚紫 李亚辉 副主编

*

中国建筑工业出版社出版、发行（北京海淀三里河路 9 号）

各地新华书店、建筑书店经销

唐山龙达图文制作有限公司制版

北京京华铭诚工贸有限公司印刷

*

开本：787 毫米×1092 毫米 1/16 印张：15¾ 字数：388 千字

2022 年 6 月第一版 2022 年 6 月第一次印刷

定价：**48.00** 元（赠教师课件）

ISBN 978-7-112-27188-7

（38970）

前　言

本教材按照《高等学校土木工程本科指导性专业规范》的要求，以《工程结构通用规范》GB 55001—2021、《混凝土结构通用规范》GB 55008—2021、《混凝土结构设计规范》GB 50010—2010（2015年版）、《建筑结构可靠性设计统一标准》GB 50068—2018、《建筑结构荷载规范》GB 50009—2012等国家规范和标准为依据，结合编者多年教学实践经验编写，可作为应用型本科院校土木工程专业的教科书，也可以为从事混凝土结构方面工作的专业技术人员提供参考。

本教材在编写时，遵循教学和学习规律，突出问题导向，强调对规范条文的理解和应用，注重基本概念、基本原理和解题方法的讲述，通过工程实例培养学生如何应用规范。每章都有学习目标、思考题和习题，以方便初学者学习和复习。

本教材包含以下10章内容：绪论；混凝土结构材料的物理力学性能与选用原则；受弯构件的正截面承载力；受弯构件的斜截面承载力；受弯构件的配筋构造和钢筋布置；受压构件的截面承载力；受拉构件的截面承载力；受扭构件的扭曲截面承载力；变形、裂缝和耐久性；预应力混凝土结构设计。

本教材由宿迁学院颜军、朱方之、吕慧慧、刘锋、蒋连接、孙传智，九江学院陈绪军，福建农林大学金山学院张诚紫，宿迁恒丰新型建材有限公司李智，江苏洋河文化旅游集团有限公司李亚辉，宿迁市城市建设投资（集团）有限公司程进生共同编写。全书由颜军统稿。

本教材由华侨大学李升才教授担任主审。李教授对本书进行了细致的审阅，提出了很多宝贵的意见和建议，在此表示衷心的感谢。

本教材在编写过程中参考和引用了国内诸多已出版的教材、规范、标准和规程等，在此谨向有关作者表示最诚挚的谢意。由于编者水平有限，加之时间仓促，书中难免有不妥或疏漏之处，敬请读者批评指正。

编　者

2021年12月

目　　录

第 1 章

绪　论

学习目标：

(1) 掌握混凝土结构的基本概念；
(2) 掌握钢筋和混凝土共同工作的原因；
(3) 熟悉混凝土结构的优点和缺点；
(4) 了解混凝土结构的发展和应用；
(5) 掌握结构的功能要求与极限状态；
(6) 了解学习本课程应注意的问题。

1.1 混凝土结构的基本概念

1.1.1 混凝土结构的定义与分类

结构是指建筑物或构筑物中能有效地将各种作用承担起来并传递到地基中的空间骨架系统。混凝土结构是指以混凝土作为主要材料制成的结构，包括素混凝土结构、钢筋混凝土结构、预应力混凝土结构、型钢混凝土结构、钢管混凝土结构等。

素混凝土结构是指不配置受力钢筋的混凝土结构。素混凝土结构仅在以承受压力为主的构件中，如素混凝土刚性基础、基础垫层或路面等。

钢筋混凝土结构是由配置受力普通钢筋、钢筋网、钢筋骨架等的混凝土制成的结构。在钢筋混凝土结构或构件中，主要依靠混凝土承担截面的压应力，而钢材主要承担拉应力。

预应力混凝土结构是指由配置受力的预应力钢筋的混凝土制成的结构。该结构在承受荷载之前，通过一定的方法（先张法或后张法）利用张拉设备将高强度预应力钢筋经过张拉、放张等程序在构件中产生预压应力，在结构受荷以后，预压应力将抵消外荷载产生的部分或全部拉应力，以延缓构件开裂、提高结构承载力。

如无特殊说明，本书中所讲的混凝土结构是指钢筋混凝土结构。

1.1.2 配筋的作用与要求

混凝土的抗压强度较高而其抗拉强度很低（约为抗压强度的1/20～1/8），钢筋的抗拉强度和抗压强度均很高。在混凝土中配置适量的受力钢筋，主要依靠混凝土承担由荷载产生的压应力，而拉应力则主要依靠钢筋承担，能起到充分利用材料，提高结构承载力和延性的作用。下面通过钢筋混凝土梁与素混凝土梁的受力全过程的对比来说明配置适量受力钢筋对混凝土构件的影响。

图 1.1(a) 素混凝土梁在跨中集中荷载 P 作用下，梁跨中截面底部受拉边缘产生的拉应变达到混凝土极限拉应变时，梁底将产生受拉裂缝，该裂缝随即迅速贯通整个截面，梁表现出脆性断裂而破坏，无明显的预兆，梁的极限荷载与开裂荷载几乎相等，即 $P_u \approx P_{cr}=9.7\text{kN}$。该梁破坏时跨中截面受压边缘的压应力与抗拉强度相近，远未达到混凝土的抗压强度，混凝土抗压强度高的特点未得到充分利用。

图 1.1(b) 所示钢筋混凝土梁与图 1.1(a) 素混凝土梁的截面尺寸、跨度、混凝土强度等均相同，只是在受拉区配置了 2Φ16 钢筋。梁开裂前与素混凝土梁类似，开裂荷载 P_{cr} 亦为 9.7kN，但受拉区混凝土开裂后，拉力由钢筋承担，荷载可以继续增加，直至钢筋屈服，此时的荷载 $P_y=50\text{kN}$。梁在屈服荷载以后，变形仍可持续增大，最后因受压区混凝土被压碎而达到极限荷载 $P_u=52.5\text{kN}$。

可见，在混凝土结构中配置适量的钢筋可以起到以下作用：

(1) 显著提高结构或构件的承载力；

(2) 充分利用钢筋的抗拉强度和混凝土的抗压强度；

(3) 显著地改善结构或构件的变形能力（延性）。

另外，钢筋混凝土构件中的钢筋数量和布置方式应满足承载能力、正常使用、延性、耐久性和构造等要求，同时还须能够满足施工方便的要求。

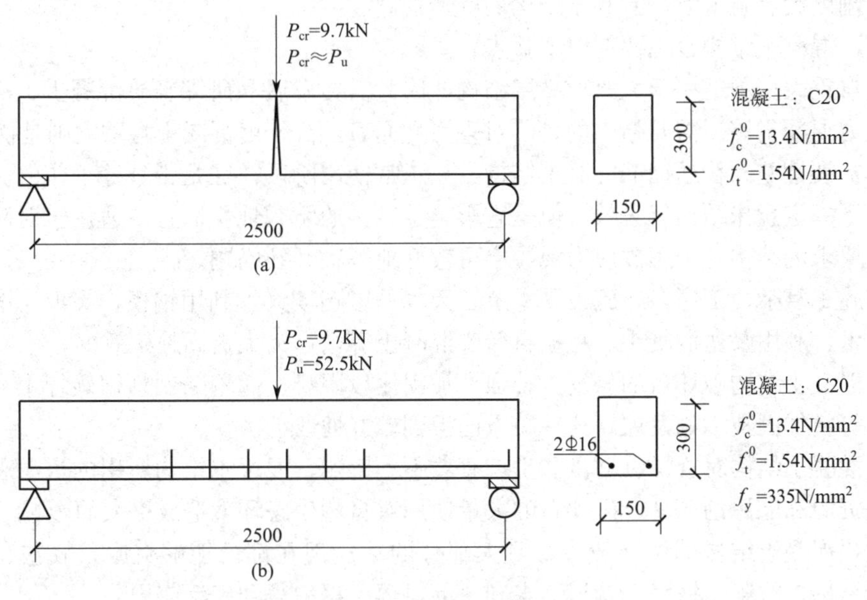

图 1.1　混凝土简支梁的破坏

（a）素混凝土简支梁；（b）钢筋混凝土简支梁

1.1.3　钢筋和混凝土共同工作的原因

混凝土和钢筋是两种物理力学性能截然不同的材料，它们之所以能有效结合在一起并共同工作，主要原因有：

（1）钢筋和混凝土之间存在良好的粘结力（粘结力的组成将在第 2 章中介绍），在荷载作用下，两种材料可以协调变形，共同受力；

（2）钢筋与混凝土的温度线膨胀系数非常接近，钢材为 1.2×10^{-5}/℃，混凝土为 $(1.0\sim1.5)\times10^{-5}$/℃。当温度变化时，钢筋和混凝土之间不会产生较大的变形差而破坏两者的粘结力。

1.1.4　混凝土结构的优点与缺点

混凝土结构主要具有以下优点：

（1）取材容易。混凝土所用的大量砂、石子等材料易于就地取材。近年来，利用矿渣、粉煤灰等工业废料制成人造骨料用于混凝土中，既解决了废料处理问题，又保护了环境。

（2）合理用材。钢筋和混凝土的材料强度均可以得到充分发挥，对一般工业与民用建筑而言，经济指标优于钢结构。

（3）耐久性与耐火性好。混凝土在凝结硬化的过程中会在钢筋表面形成一层氧化膜，钢筋有了混凝土的保护，一般环境下不会出现钢筋锈蚀的情况，耐久性能好；混凝土是热的不良导体，钢筋不致因火灾升温过快而丧失承载能力，一般 30mm 厚的混凝土保护层，可耐火 2.5h，而且温度在 300℃以内时，混凝土的抗压强度基本不变。

（4）可模性好。混凝土可根据需要制作成各种形状和尺寸的钢筋混凝土结构。

（5）整体性好。现浇或装配整体式混凝土结构有很好的整体性，适用于抗震、抗爆结构，同时防振和防辐射性能较好，适用于防护结构。

(6) 刚度大、阻尼大，有利于结构的变形控制。

但是，混凝土结构也主要有以下缺点：

(1) 自重大。不适用于大跨、高层结构。因此需要发展和研究轻质混凝土、高强混凝土和预应力混凝土等。需要指出的是，对重力坝而言，高密度混凝土自重大则是优点。

(2) 抗裂性差。普通钢筋混凝土结构，在正常使用阶段往往是带裂缝工作的。尽管裂缝的存在不一定意味结构就失效，但是它影响了结构的耐久性，而且不适用于对防渗、防漏有较高要求的结构。采用预应力混凝土可较好地解决开裂问题。

(3) 施工复杂，工序多，施工受季节、天气的影响较大。利用钢模、飞模、滑模等先进施工技术，利用泵送混凝土、免振自密实混凝土等，可大大提高施工效率。

(4) 混凝土结构破坏后的修复、补强、加固比较困难。随着采用粘贴碳纤维布、预应力钢板箍等新加固技术的发展，这一缺点已得到较好地改善。

(5) 混凝土结构对资源、环境和生态有着不利影响。混凝土结构所用的水泥和钢材是大量消耗资源和能源的产品，砂和石的大量使用对自然生态环境造成很大的影响。

综上，混凝土结构的优点较多，且大部分的缺点现在都已能够克服，故它在房屋建筑、地下结构、桥梁、铁路、隧道、水利、港口等工程中得到广泛应用。

1.1.5 混凝土结构的发展与应用

1824 年，英国人 Joseph Aspdin 发明了波特兰水泥，并取得专利。1850 年，法国人 L. Lambot 制作了铁丝网水泥砂浆小船。1861 年，法国人 Joseph Monier 获得了制作钢筋混凝土板、管道和拱桥等的专利。1866 年，德国人 Koenen 和 Wayss 发表了计算理论和计算方法，1887 年，Wayss 和 J. Bauschinger 发表了相关试验结果，提出了钢筋应配置在构件受拉区的概念以及板的计算方法等。此后，钢筋混凝土的推广应用有了较快的发展。1950 年，美国学者 Thaddens Hyan 进行了钢筋混凝土梁的试验，其研究成果于 1877 年发表。1890 年，Ransome 在美国旧金山建造了一幢两层高、95m 长的钢筋混凝土美术馆。从此，钢筋混凝土结构在美国得到迅速的发展。

20 世纪以后，混凝土结构进入了快速发展的时代，钢筋混凝土结构如雨后春笋般地出现在世界各地，不胜枚举，主要应用于以下工程。

(1) 单层及多层工业与民用房屋，如工业厂房、多层框架结构、多层剪力墙结构等。

(2) 高层建筑，主要有钢筋混凝土结构、钢骨（型钢）混凝土结构、钢管混凝土结构等。例如，上海环球金融中心（图 1. 2a)、台北 101 大厦（图 1. 2b）等。

(3) 桥梁工程，主要包括梁板桥、预应力刚架桥、拱桥等。例如，上海杨浦大桥（图 1. 3a)，主跨 602m；南京长江五桥（图 1. 3b)，为世界首座轻型钢混组合结构斜拉桥，主跨跨径达 600m。

(4) 电视塔、烟囱、冷却塔、水池、塔桅结构等特种结构。例如，上海东方明珠电视塔（图 1. 4a)，高 468m；中央电视台总部大楼（图 1. 4b)，建筑高度 234m。

(5) 大坝、水电站、拦洪坝港口、码头、船坞等水利工程。例如，三峡重力大坝（图 1. 5a)，高度为 185m；黄河小浪底大坝（图 1. 5b)，高 154m；我国在建的两河口水电站，项目总投资约 665 亿元人民币，预计 2023 年全部完工，坝体高度为 295m。

混凝土结构材料主要向轻质、高强、高性能等方向发展，主要表现在：轻集料混凝土的研究与应用，如浮石、凝灰岩等天然轻集料；粉煤灰、炉渣、煤矸石等工业废料轻集

(a) (b)

图 1.2 典型的高层建筑（图片来源于网络）

（a）上海环球金融中心（高 492m）；（b）台北 101 大厦（高 509m）

(a) (b)

图 1.3 典型的桥梁工程（图片来源于网络）

（a）上海杨浦大桥；（b）南京长江五桥

(a) (b)

图 1.4 典型的特种结构（图片来源于网络）

（a）上海东方明珠电视塔；（b）中央电视台总部大楼

料；页岩陶粒、黏土陶粒、膨胀珍珠岩陶粒等人造轻集料，具有自重轻、相对强度较高及保温、抗冻性好等优点；纤维混凝土的研究和应用，如掺加钢纤维、玻璃纤维、聚丙烯

(a)

(b)

图 1.5　典型的水利工程（图片来源于网络）
（a）三峡重力大坝；（b）黄河小浪底大坝

纤维等，这些纤维的应用不仅可以提高混凝土的强度，还可以改善混凝土的抗裂性；另外，耐磨、耐腐、防渗、保温、防射线等特殊需要的混凝土以及智能混凝土及其结构也在不断地研发当中。

混凝土结构设计计算理论方面的发展大致经历了三个阶段：

第一阶段，20 世纪 20 年代以前。钢筋混凝土结构的设计理论尚未形成，主要还是沿用经典力学的允许应力设计方法。

第二阶段，20 世纪 20 年至 20 世纪 40 年代。苏联混凝土结构专家 A. A. Гвоздев 提出了考虑混凝土塑性性能的破损阶段设计法，20 世纪 50 年代又提出了更为合理的极限状态设计方法，此方法奠定了现代钢筋混凝土结构的基本设计理论。

第三阶段，20 世纪 40 年代至今。发展了以概率理论为基础的极限状态设计方法，基本建立各类常用混凝土基本构件、结构的计算理论和方法。随着混凝土本构模型的研究以及计算机技术的发展，人们可以利用非线性分析方法对各种复杂混凝土结构进行全过程受力模拟；而新型混凝土材料及其复合结构形式的出现，又不断提出新的课题，不断促进混凝土结构的发展。

1.2　结构的功能与极限状态概述

为了方便学习本书的内容，这里仅介绍关于结构的功能、极限状态、荷载、荷载组合以及材料强度等基本概念，详细内容将在其他课程中介绍。

1.2.1　结构的功能

结构的设计、施工和维护应使结构在规定的设计使用年限内以适当的可靠度且经济的方式满足规定的各项功能要求。结构应能满足下列功能要求：

（1）能承受在施工和使用期间可能出现的各种作用；

（2）保持良好的使用性能；

（3）保持足够的耐久性能；

（4）当发生火灾时，在规定的时间内可保持足够的承载力；

（5）当发生爆炸、撞击、人为错误等偶然事件时，结构能保持必需的整体稳固性，不出现与起因不相称的破坏后果，防止出现结构的连续倒塌。

其中，(1)、(4)、(5) 是对结构安全性的要求，(2) 是对结构适用性的要求，(3) 是对结构耐久性的要求（结构耐久性是指在服役环境作用和正常使用维护条件下，结构抵御结构性能劣化或退化的能力），这“三性”可以概括为对结构可靠性的要求。

1.2.2 结构的极限状态

结构的极限状态是指整个结构或结构的一部分超过某一特定状态就不能满足设计规定的某一功能要求的状态。

与结构功能相对应，结构的极限状态亦有三种，即承载能力极限状态、正常使用极限状态和耐久性极限状态。超过三种极限状态的情形如表 1.1 所示。

超过结构极限状态的情形 **表 1.1**

极限状态类型	可以认定为超过该极限状态的情形
承载能力极限状态	①结构构件或连接因超过材料强度而破坏，或因过度变形而不适于继续承载； ②整个结构或其一部分作为刚体失去平衡； ③结构转变为机动体系； ④结构或结构构件丧失稳定； ⑤结构因局部破坏而发生连续倒塌； ⑥地基丧失承载力而破坏； ⑦结构或结构构件的疲劳破坏
正常使用极限状态	①影响正常使用或外观的变形； ②影响正常使用的局部损坏； ③影响正常使用的振动； ④影响正常使用的其他特定状态
耐久性极限状态	①影响承载能力和正常使用的材料性能劣化； ②影响耐久性能的裂缝、变形、缺口、外观、材料削弱等； ③影响耐久性能的其他特定状态

1.2.3 作用与荷载

在建筑结构设计时，必须要考虑结构可能出现的各种作用，包括直接作用、间接作用和环境影响。直接作用是指施加在结构的集中力或分布力，习惯上称为荷载；不以力的形式出现在结构上的作用，归类为间接作用，它们都是引起结构外加变形和约束变形的原因，包括地面运动、基础沉降、材料收缩、温度变化等；环境影响是指能使结构材料随时间逐渐劣化的外界因素，它们可以是机械的、物理的、化学的、生物的等。

这里简要介绍建筑结构上的荷载，亦即直接作用，间接作用和环境影响将在其他课程中加以讲述。

建筑结构上的荷载，主要可以分为三类：①永久荷载（恒载），主要包括结构或构件的自重、土压力、预应力等；②可变荷载（活载），包括楼面活荷载、屋面活荷载、积灰荷载、吊车荷载、风荷载、雪荷载、温度作用等；③偶然荷载，包括爆炸力、撞击力等。

荷载代表值是指在设计时对荷载赋予一个规定的量值，包括标准值、组合值、频遇值和准永久值，荷载标准值是荷载的基本代表值，而其他代表值都可以在标准值的基础上乘以相应的系数后得出。恒载的标准值可以根据构件的截面尺寸和材料的重度确定；活载的标准值、组合值系数、频遇值系数和准永久值系数，可通过查阅《建筑结构荷载规范》GB 50009—2012 得到。

建筑结构设计时应根据使用过程中在结构可能出现的荷载，按承载能力极限状态和正常使用极限状态分别进行荷载组合，并应取各自的最不利组合进行设计。对于承载力能力极限状态，常用基本组合（荷载分项系数取 1.3，活载分项系数取 1.5，多种活载时需考虑组合值系数）和偶然组合；对于正常使用极限状态，常用标准组合（恒载和活载分项系数均取 1.0，多种活载时需考虑组合值系数）、频遇组合（恒载和活载分项系数均取 1.0，第一活载须乘以频遇值系数，其他活载须乘以准永久值系数）和准永久组合（恒载和活载分项系数均取 1.0，活载还须乘以准永久值系数）。

荷载效应是指根据荷载大小和形式，按照相关力学计算方法计算得出的内力和变形（弯矩、轴力、剪力、扭矩、挠度、裂缝宽度等）。

1.2.4 材料强度

材料强度分为标准值和设计值，设计值是在标准值的基础上除以大于 1.0 的分项系数得到的。

进行结构或构件的承载能力设计时应采用材料强度的设计值，验算变形、裂缝宽度时应采用材料强度的标准值。

1.3 学习本课程应注意的问题

混凝土结构设计原理包括混凝土结构的基础知识及材料的物理力学特性、基本构件（受弯构件、受压构件、受拉构件和受扭构件）的设计计算及相关构造措施。通过本课程的学习，使学生初步具有运用基本理论进行混凝土结构设计和解决实际工程技术问题的能力。

在学习本课程的时候，大家应注意以下几点问题：

（1）坚持问题导向的学习思路。围绕需要解决的工程实践问题为目标，通过正确的理论计算加以合适的构造要求，设计出满足工程实践需要的结构构件。例如，在设计梁或板正截面承载力的时候，需把握其核心问题，即“配置多少纵向受力钢筋，能足以承担由外荷载产生的弯矩值?”。解决这一问题的思路是：①根据规范和实践经验选择合适的构件截面尺寸及材料；②建立设计截面力和力矩的平衡方程，并求解出所需钢筋的面积；③验算适用条件（即确保结构不能出现少筋破坏和超筋破坏，具体内容将在第 3 章中介绍）；④根据计算结果，选择合适纵向受力钢筋的直径和根数。若大家在学习时，都能坚持问题导向的思路，必能取得事半功倍的效果。

（2）注重实验和实践教学环节。混凝土结构设计原理是建立在试验和工程实践总结的基础上，因此除课堂学习外，还要加强实验教学环节，以达到进一步理解学习内容和训练实验技能的目的。建议在理论学习之前到工程现场参观实习，做到对各类构件的应用有初步的感性认识；在课时和实验条件允许的情况下，进行受弯构件正截面实验、受弯构件斜截面实验、偏心受压短柱正截面承载力实验等。

（3）在深刻理解概念的基础上，做好公式的推导与应用，切忌死记硬背。例如，若能正确理解单筋矩形截面梁的平衡方程建立过程及适用条件，在学习双筋梁、T 形截面梁、受拉构件、受压构件等正截面承载力计算公式就容易多了。实际上，无论是计算公式还是构造措施都应在理解的基础上加以记忆，光靠死记硬背是很难长久的。

（4）在学习过程中，逐步熟悉和正确运用我国颁布的相关设计规范和设计规程。如《工程结构通用规范》GB 55001—2021、《混凝土结构通用规范》GB 55008—2021、《混凝土结构设计规范》GB 50010—2010（2015年版）（本书以后均简称《规范》）、《建筑结构可靠性设计统一标准》GB 50068—2018、《建筑结构荷载规范》GB 50009—2012、《建筑抗震设计规范》GB 50010—2010（2016年版）、《砌体结构设计规范》GB 50003—2011、《高层建筑混凝土结构技术规程》JGJ 3—2010等。必须注意的是，混凝土结构设计理论及其应用是不断发展的，规范也会随之及时更新，以反映学科最新发展的成果，切勿使用过时的规范、标准和规程。

思考题

1-1 什么是结构？什么是钢筋混凝土结构？

1-2 在素混凝土结构或构件中配置适量的钢筋对结构或构件有何影响？

1-3 混凝土和钢筋为什么能共同工作？

1-4 钢筋混凝土结构有何主要优点与主要缺点？

1-5 结构的功能要求有哪些？

1-6 结构的极限状态有哪几类？分别包含哪些情况？

1-7 结构上有哪些荷载？荷载的代表值有哪些？

1-8 如何确定混凝土和钢筋的强度设计值？

第2章

混凝土结构材料的物理力学性能与选用原则

学习目标：

（1）掌握混凝土各种受力状态下的强度和变形性能；
（2）了解混凝土的疲劳性能；
（3）掌握钢筋的种类、强度和变形；
（4）熟悉混凝土结构对钢筋性能的要求；
（5）掌握粘结力的组成；
（6）熟悉影响粘结强度的因素；
（7）熟悉钢筋的锚固措施；
（8）掌握混凝土和钢筋的选用原则。

2.1 混凝土

2.1.1 混凝土强度

1. 混凝土的抗压强度

1）混凝土的立方体抗压强度和强度等级

由于混凝土立方体抗压强度试验结果离散性较小，故我国用立方体抗压强度值作为评价混凝土强度的基本指标，并以立方体抗压强度标准值（$f_{cu,k}$，其中“cu”表示立方体，“k”表示标准值）确定混凝土的强度等级。《混凝土物理力学性能试验方法标准》GB/T 50081—2019规定：立方抗压强度标准值系指按标准方法制作、养护（在温度为20℃±2℃，相对湿度为95%以上的标准养护室中养护，或在温度为20℃±2℃的不流动氢氧化钙饱和溶液中养护）的边长为150mm的立方体试件，在28d或设计规定龄期以标准试验方法测得的具有95%保证率的抗压强度值（单位为MPa或N/mm^2）。

混凝土强度等级可以划分C15、C20、C25、C30、C35、C40、C45、C50、C55、C60、C65、C70、C75和C80共14个等级，C为混凝土英文即“concrete”的首字母，后面的数字表示混凝土立方体抗压强度标准值。其中，C50以上（含C50）的混凝土为高强度混凝土。目前在实验中已经能配置出C100级以上的混凝土，而且国内已经应用了C100级混凝土，国外实际工程中应用已达C150。

试验表明，混凝土立方体试件在试验机上受压时，试件将竖向缩短，横向膨胀，由于试验机垫板与试件上、下表面间存在摩擦力，从而限制了混凝土试件的横向变形，就好比是在试件上、下端各加了一个套箍，使得上、下端部混凝土处于三向受压应力状态，形成“套箍效应”，混凝土破坏时形成两个对顶的角锥形破坏面，如图2.1(a)所示。若在试件上、下表面涂上一些润滑剂后，“套箍效应”将被大大削弱，试件的横向变形几乎不被约束，试件将沿着平行于力的作用方向产生几条裂缝而破坏，如图2.1(b)所示。很显然，有“套箍效应”的混凝土抗压强度高于无“套箍效应”的混凝土。我国《混凝土物理力学性能试验方法标准》GB/T 50081—2019规定的方法为不涂润滑剂的方法。

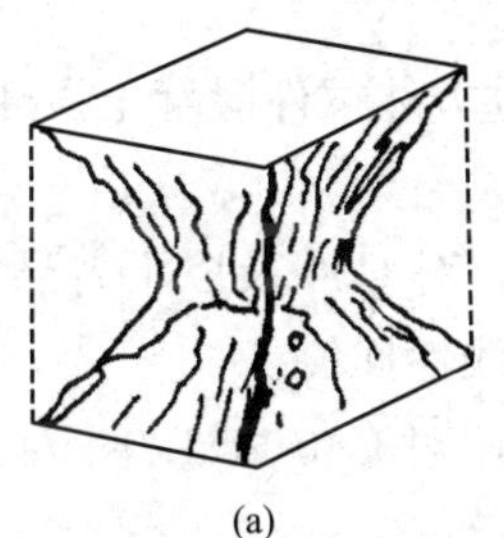

(a)

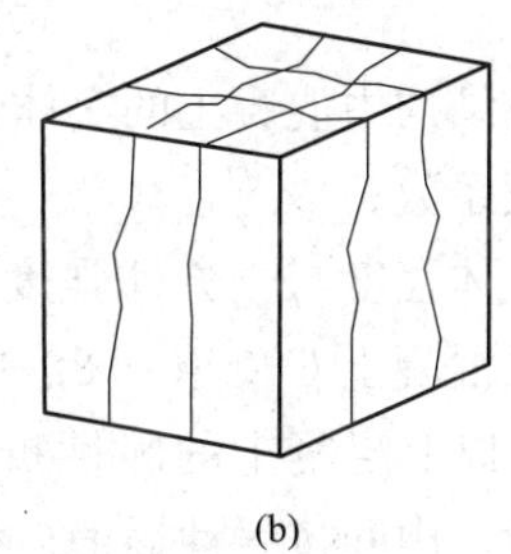

(b)

图2.1 混凝土立方体试件的破坏

（a）不涂润滑剂；（b）涂润滑剂

加荷速度对混凝土立方体抗压强度亦有影响，加荷速度越快，测得的混凝土强度越高。《混凝土物理力学性能试验方法标准》GB/T 50081—2019针对加荷速度做出了如下规定：试验过程中应连续均匀加荷，加荷速度应取0.3～1.0MPa/s。当立方体抗压强度小于30MPa时，加荷速度宜取0.3～0.5MPa/s；立方体抗压强度为30～60MPa时，加荷速度宜取 0.5～0.8MPa/s；立方体抗压强度不小于 60MPa 时，加荷速度宜取 0.8～1.0MPa/s。

2）混凝土的轴心抗压强度

实际上，钢筋混凝土构件的形状往往不是立方体，长度方向的尺寸要远大于其截面宽度和高度方向的尺寸，因此，采用棱柱体试块要比立方体试块更好地反映混凝土实际抗压能力。用棱柱体试件测得的抗压强度称为轴心抗压强度。

《混凝土物理力学性能试验方法标准》GB/T 50081—2019 规定，测定混凝土轴心抗压强度试验的标准试件尺寸为 150mm×150mm×300mm 的棱柱体，棱柱体试件与立方体的制作方法、养护及试验方法相同。棱柱体的抗压试验及试件破坏情况如图 2.2 所示。棱柱体试件的强度值小于立方体强度值，主要原因是试件高度增大后，试验机压板与试件之间的摩擦力对试件高度中部的横向变形的约束作用减小。

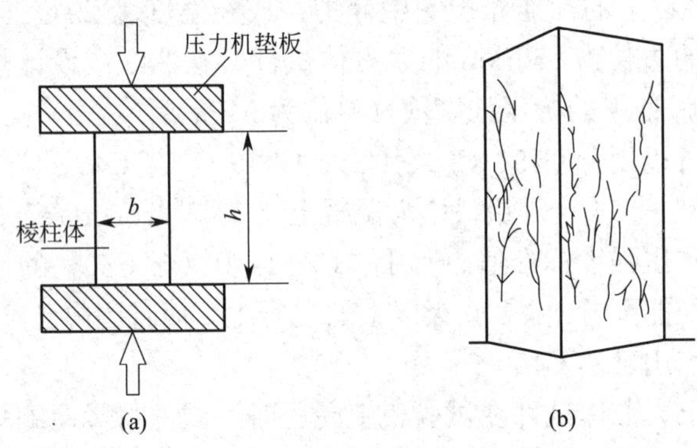

图 2.2　混凝土棱柱体试件试验和破坏情况

（a）试验；（b）试件破坏特征

《规范》规定按试验所得的具有 95%保证率的混凝土棱柱体抗压强度标准值为混凝土轴心抗压强度标准值，用 f_{ck} 表示，下标“c”表示受压，“k”表示标准值。

在确定混凝土轴心抗压强度标准值时，通过立方体抗压强度标准值按下列公式换算得到：

$$f_{ck}=0.88\alpha_{c1}\alpha_{c2}f_{cu,k} \tag{2.1}$$

式中　0.88——考虑结构中混凝土的实体强度与立方体试件混凝土强度之间的差异而取的修正系数；

α_{c1}——棱柱体强度与立方体强度之比值，对 C50 及以下普通混凝土取 0.76，对高强混凝土 C80 取 0.82，中间按线性插值；

α_{c2}——C40 以上混凝土的脆性折减系数，对 C40 取 1.0，对高强混凝土 C80 取 0.87，中间按线性插值。

所谓“线性内插法”，实际上就是拉格朗日一次插值多项式，由已知两点（x_1,y_1）和（x_2,y_2）确定通过两点的直线方程，再求某自变量对应的应变量值，即 $y=\dfrac{x-x_2}{x_1-x_2}y_1+\dfrac{x-x_1}{x_2-x_1}y_2$。如，对 C60 混凝土的 α_{c1} 的计算，$\alpha_{c1,C60}=\dfrac{60-80}{50-80}\times0.76+\dfrac{60-50}{80-50}\times0.82=0.78$。

混凝土强度等级小于 C60 时，用非标准试件测得的强度值均应乘以尺寸换算系数，对

200mm×200mm×400mm 试件为 1.05；对 100mm×100mm×300mm 试件为 0.95。当混凝土强度等级不小于 C60 时，宜采用标准试件；使用非标准试件时，尺寸换算系数应由试验确定。

2. 混凝土的轴心抗拉强度

混凝土的轴心抗拉强度和抗压强度一样，也是混凝土的基本力学指标之一，是进行混凝土构件开裂、裂缝、变形以及受剪、受扭、受冲切等承载力的计算依据，轴心抗拉强度标准值用 f_{tk} 表示，下标“t”表示抗拉，“k”表示标准值。混凝土的抗拉强度要比其抗压强度低得多，轴心抗拉强度只有立方体抗压强度的 1/20～1/8，混凝土强度等级越高，这个比值越小。混凝土的轴心抗拉强度采用轴心受拉的试验方法来测定。

《混凝土物理力学性能试验方法标准》GB/T 50081—2019 规定：混凝土轴向拉伸试验采用图 2.3 所示的试件，其中室内成型的轴向拉伸的试件中间截面尺寸应为 100mm×100mm（图 2.3a、b、c），钻芯试件应采用直径 100mm 的圆柱体（图 2.3d）。

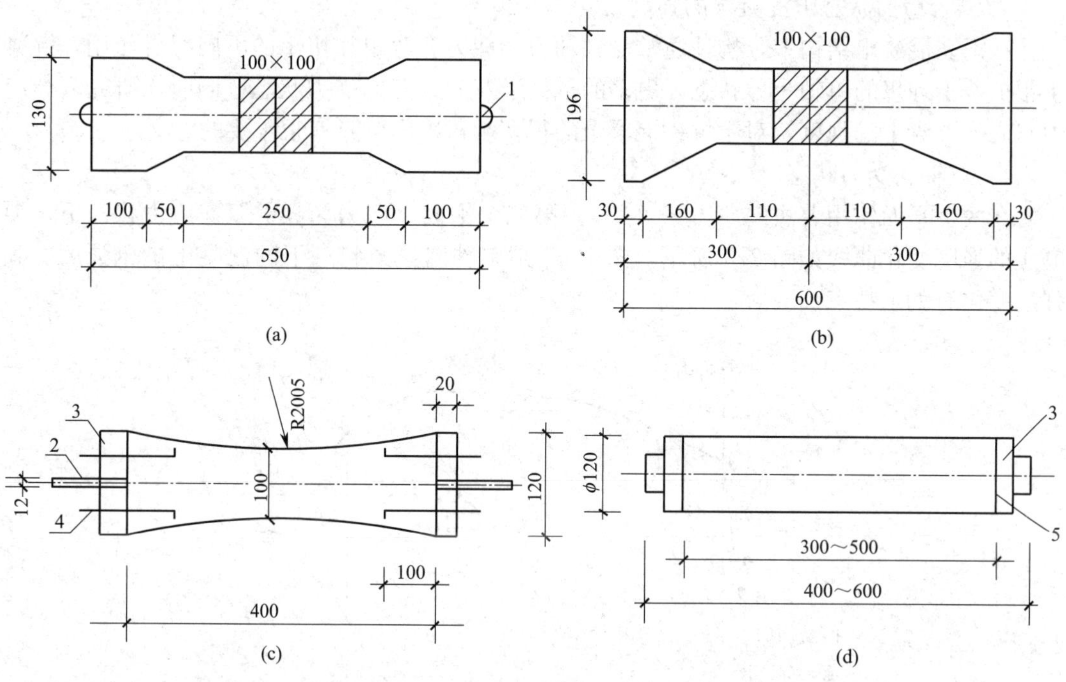

图 2.3 混凝土轴向拉伸试件及埋件（mm）

(a) 试件样式 1；(b) 试件样式 2；(c) 试件样式 3；(d) 钻芯试件

1—拉环；2—拉杆；3—钢拉板；4—M6 螺栓；5—环氧树脂胶粘剂

轴向抗拉强度应按下式计算：

$$f_{tk}=F/A \tag{2.2}$$

式中 f_{tk}——混凝土轴向抗拉强度（MPa）；

F——破坏荷载（N）；

A——试件截面面积（mm^2）。

《规范》考虑了从普通强度混凝土到高强混凝土的变化规律，取轴心抗拉强度标准值 f_{tk} 与立方体抗压强度标准值 $f_{cu,k}$ 的关系：

$$f_{tk}=0.88\times0.395f_{cu,k}^{0.55}(1-1.645\delta)^2\times\alpha_{c2} \tag{2.3}$$

式中　　δ——变异系数；

0.395、0.55——轴心抗拉强度与立方体抗压强度的折算关系，是根据试验数据进行统计分析以后确定的；

0.88、α_{c2} 与式(2.1) 中的相同。

当进行构件承载力计算时需用到混凝土抗压强度设计值（f_c）和抗拉强度的设计值（f_t），两者分别取其标准值除以相应混凝土材料强度的分项系数：

$$f_c = f_{ck}/\gamma_c \tag{2.4}$$

$$f_t = f_{tk}/\gamma_c \tag{2.5}$$

式中　γ_c——混凝土材料分项系数，取 1.40。

《规范》给出了混凝土的轴心抗压强度标准值、轴心抗拉强度标准值、轴心抗压强度设计值和轴心抗拉强度设计值分别见附表 1-1～附表 1-4。

3. 复合应力状态下混凝土的强度

在钢筋混凝土结构中，构件通常受到轴力、剪力、弯矩和扭矩的不同组合作用，混凝土很少处于理想的单轴受力状态，更多的是处于双向或三向受力状态。同时，研究复合应力状态下混凝土的强度，对于解决混凝土的很多承载力问题具有很重要的意义。

1）双轴向受力状态

在两个平面作用着法向应力 σ_1 和 σ_2，第三个平面上应力为零的双向应力状态下，混凝土的强度变化曲线如图 2.4 所示，图中 σ_0 是单轴向受力状态下的混凝土抗压强度。其强度变化有如下特点：

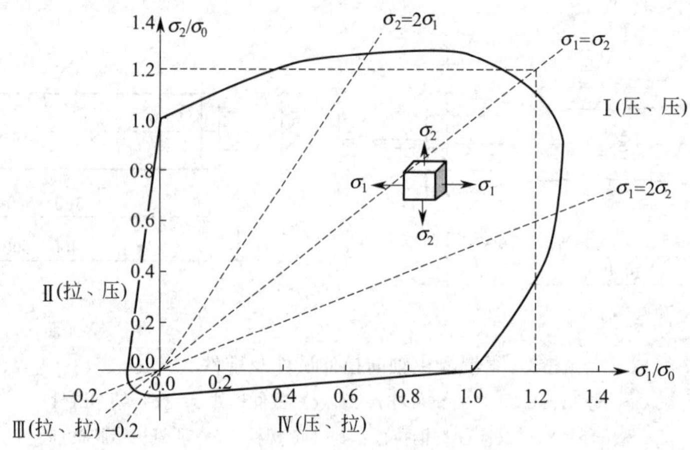

图 2.4　双向应力状态下混凝土强度变化曲线

(1) 当混凝土处于双向受压时（图 2.4 中第Ⅰ象限），一个方向的抗压强度（σ_1 或 σ_2）随另一方向的压应力（σ_2 或 σ_1）的增加而增加，两个方向的压应力之比在 2（即 $\sigma_1/\sigma_2=2$ 或 $\sigma_2/\sigma_1=2$），强度比单轴向抗压强度增加约为 27%。而在双向等侧压力情况下（即 $\sigma_1/\sigma_2=1$），其强度增加约为 16%，强度增加的原因是混凝土横向变形受到了约束；

(2) 当混凝土处于双向受拉时（图 2.4 中第Ⅲ象限），一个方向的抗拉强度几乎与另一方向的拉应力无关，即无论 σ_1/σ_2 多大，双向受拉强度均接近单向抗拉强度；

(3) 当混凝土处于一轴受拉一轴受压时（图 2.4 中第Ⅱ、Ⅳ象限），混凝土的抗拉

（抗压）强度随另一向的抗压（抗拉）强度的增加而降低，在任意应力比值情况下的强度均低于单轴向受力下（拉或压）的强度。

2）正应力和剪应力共同作用的受力状态

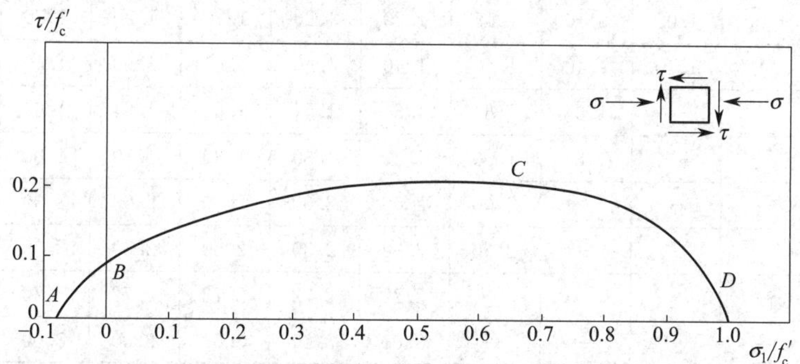

图 2.5　正应力与剪应力共同作用下的混凝土强度曲线

A—轴心受拉；*B*—纯剪；*C*—剪压；*D*—轴心受压

混凝土在正应力与剪应力共同作用下的强度曲线如图 2.5 所示。由图 2.5 可以看出：

（1）混凝土的抗剪强度随拉应力的增大而减小；

（2）混凝土的抗拉强度随剪应力的增大而减小；

（3）混凝土的抗压强度随剪应力的增大而减小；

（4）当 σ_1/f'_c＜(0.5～0.7) 时，抗剪强度随压应力的增大而增大，当 σ_1/f'_c＞(0.5～0.7) 时，抗剪强度随着抗压强度的增大而减小。

3）三轴向受力状态

当混凝土在三轴向受拉应力状态下，其任一轴的抗拉强度均可以取单轴抗拉强度的 0.9 倍。

三向受压下混凝土圆柱体的轴向应力-应变曲线可以由周围用液体压力加以约束的圆柱体进行加压试验得到，在加压过程中保持液压为常值，逐渐增加轴向压力直至破坏，并量测其轴向应变的变化。混凝土处于三轴向受压时，混凝土一轴抗压强度随另两轴向压应力的增加而增大，并且混凝土的极限压应变也大大增加，如图 2.6 所示。三轴受压应力状态下混凝土的三轴抗压强度 f_1 可根据应力比 σ_3/σ_1 和 σ_2/σ_1 按照根据表 2.1 内插取值，其最高强度不宜超过单轴抗压强度的 3 倍。

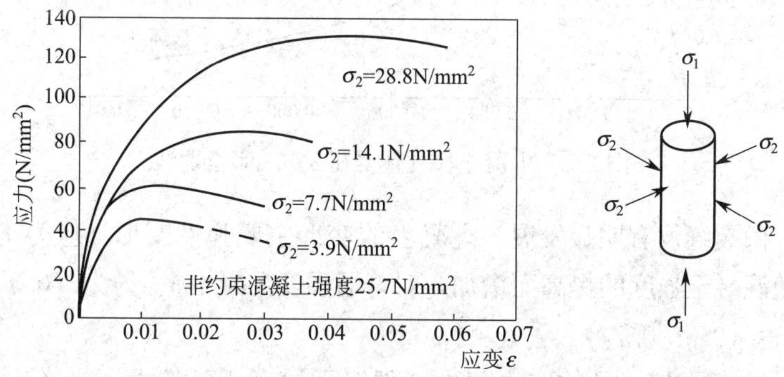

图 2.6　混凝土圆柱体三向受压试验时轴向应力-应变曲线

混凝土在三轴受压状态下抗压强度的提高系数（$f_1/f_{c,r}$）　　表 2.1

σ_3/σ_1 \ σ_2/σ_1	0	0.05	0.10	0.15	0.20	0.25	0.30	0.40	0.60	0.80	1.00
0	1.00	1.05	1.10	1.15	1.20	1.20	1.20	1.20	1.20	1.20	1.20
0.05	—	1.40	1.40	1.40	1.40	1.40	1.40	1.40	1.40	1.40	1.40
0.08	—	—	1.64	1.64	1.64	1.64	1.64	1.64	1.64	1.64	1.64
0.1	—	—	1.80	1.80	1.80	1.80	1.80	1.80	1.80	1.80	1.80
0.12	—	—	—	2.00	2.00	2.00	2.00	2.00	2.00	2.00	2.00
0.15	—	—	—	2.30	2.30	2.30	2.30	2.30	2.30	2.30	2.30
0.18	—	—	—	—	2.72	2.72	2.72	2.72	2.72	2.72	2.72
0.2	—	—	—	—	3.00	3.00	3.00	3.00	3.00	3.00	3.00

实际工程中，可以通过在受压构件中设置密排螺旋箍筋（或焊接环式箍筋）以及钢管使柱的核心混凝土处于三向受压状态，形成“约束混凝土”，不仅可以起到提高混凝土抗压强度的作用，还可以提高混凝土的变形能力（延性）。

2.1.2　混凝土的变形

混凝土的变形可以分为两类：一类是由温度和干湿变化引起的体积变形；另一类是由外荷载作用（单调短期加载、长期加载、多次重复荷载）所引起的受力变形。

1. 混凝土在单调短期荷载下的变形性能

1）混凝土单轴受压时的应力-应变（σ-ε）关系

混凝土的 σ-ε 关系是混凝土力学性能的一个重要方面，是进行钢筋混凝土构件应力分析、建立强度和变形计算理论必不可少的依据，通常采用混凝土棱柱体试件轴心受压试验来测定。典型混凝土棱柱体受压 σ-ε 关系全曲线如图 2.7 所示。

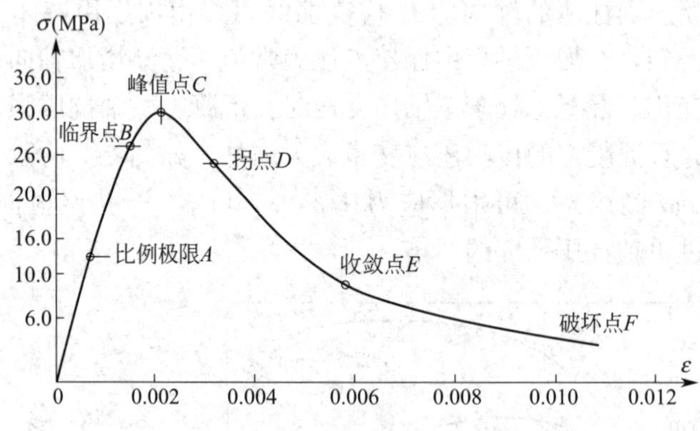

图 2.7　混凝土棱柱体受压 σ-ε 关系全曲线

A 点以前，微裂缝没有明显发展，混凝土的变形主要弹性变形，应力-应变关系近似直线。A 点应力随混凝土强度的提高而增加，对普通强度混凝土 σ_A 约为（0.3～0.4）f_c，对高强混凝土 σ_A 可达（0.5～0.7）f_c。

A 点以后，由于微裂缝处的应力集中，裂缝开始有所延伸发展，产生部分塑性变形，应变增长开始加快，应力-应变曲线逐渐偏离直线。微裂缝的发展导致混凝土的横向变形增加。但该阶段微裂缝的发展是稳定的。

达到 B 点，内部一些微裂缝相互连通，裂缝发展已不稳定，横向变形突然增大，体积应变开始由压缩转为增加。在此应力的长期作用下，裂缝会持续发展最终导致破坏。取 B 点的应力作为混凝土的长期抗压强度。普通强度混凝土 σ_B 约为 $0.8f_c$，高强强度混凝土 σ_B 可达 $0.95f_c$ 以上。

达到 C 点 f_c，内部微裂缝连通形成破坏面，应变增长速度明显加快，C 点的纵向应变值称为峰值应变 ε_0，约为 0.002。

纵向应变发展达到 D 点，内部裂缝在试件表面出现第一条可见平行于受力方向的纵向裂缝。随应变增长，试件上相继出现多条不连续的纵向裂缝，横向变形急剧发展，承载力明显下降，混凝土骨料与砂浆的粘结不断遭到破坏，裂缝连通形成斜向破坏面。E 点的应变 $\varepsilon=(2\sim3)\varepsilon_0$，应力 $\sigma=(0.4\sim0.6)f_c$。

不同强度的混凝土的应力-应变曲线如图 2.8 所示。由图 2.8 可见，随着混凝土强度的提高，曲线的上升段和峰值应变（强度最大值点对应的应变值）差异不太明显，曲线下降段差异较大，混凝土强度越高曲线下降段越陡，说明在相同应力降低幅度的情况下，变形越小，也即延性越差。另外，对于同一强度的混凝土，若加载速率不同，其应力-应变曲线也不同，加载速率越快，峰值应力越大，对应的峰值应变越小，曲线的下降段也越陡。

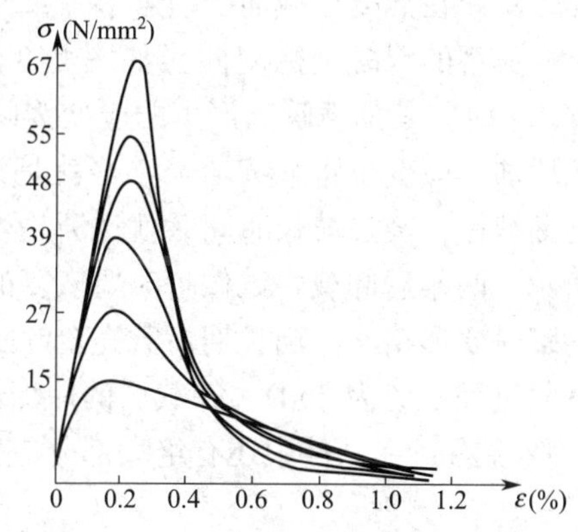

图 2.8 不同强度等级混凝土的受压应力-应变曲线

2）混凝土单轴向受力下的应力-应变本构关系

混凝土的应力-应变曲线本构关系，在钢筋混凝土结构的非线性分析中，如构件的截面刚度、截面极限应力分布、承载力和延性，超静定结构的内力和全过程分析等过程中，它是不可或缺的物理方程，对计算结果的准确性起决定性作用。

描述混凝土应力-应变关系曲线的数学模型有很多种，如 Hognestad 模型等。《规范》建议了适用于混凝土强度等级为 C20～C80、混凝土质量密度 2200～2400kg/m^3、正常温度、湿度环境和正常加载速度等条件下的混凝土单轴向受力下的应力应变曲线关系，具体规定详见《规范》附录 C.2。

2. 混凝土的弹性模量（E_c）、剪切变形模量（G_c）、泊松比（ν_c）、热工参数

由前文可知，混凝土受压应力-应变关系是一条曲线，在不同的应力阶段，应力与应变之比是变数，常通过 150mm×150mm×300mm 标准棱柱体试件，加载至 $\sigma=0.5f_c$，然后卸载至零，得有残余变形的环。多次重复加载卸载，环越来越密，5～10 次后密合成一条直线，其斜率即弹性模量。

混凝土的弹性模量按下式计算：

$$E_c=\frac{10^5}{2.2+\dfrac{34.7}{f_{cu,k}}}(\text{N/mm}^2) \tag{2.6}$$

《规范》给出了混凝土的弹性模量见附表 1-5。

混凝土的剪切变形模量可按照相应的弹性模量值的40%采用。

混凝土的泊松比 ν_c 是指在一次短期加载（受压）时试件的横向应变与纵向应变之比。当压应力较小时，ν_c 约为0.15～0.18，接近破坏时，可达0.5以上。《规范》规定混凝土的泊松比可按0.2采用。

考虑混凝土的收缩、徐变、温度变化等间接作用对结构产生的影响时，需进行间接作用分析，分析时需要用到混凝土的热工参数。《规范》规定，当温度在0～100℃范围内时，混凝土热工参数可按下列规定取值：线膨胀系数 $\alpha_c=1.0\times10^{-5}$/℃；导热系数 $\lambda=$ 10.6kJ/(m·h·℃)；比热容 $c=0.96$kJ/(kg·℃)。

3. 混凝土在长期荷载作用下的变形

1）混凝土的徐变

在长期不变的应力作用下，混凝土的变形会随着时间的增长而增长的现象，称为混凝土的徐变。徐变对混凝土结构和构件的工作性能有很大影响：徐变会引起构件的变形增加，从而在混凝土截面中引起应力重分布；在预应力混凝土结构中会造成预应力损失等。

典型的混凝土徐变曲线如图2.9所示。可以看出，当对棱柱体试件加载，应力达到 $0.5f_c$ 时，其加载瞬间产生的应变为瞬时应变 ε_{ela}。若保持荷载不变，随着加载作用时间的增加，应变也将继续增长，这就是混凝土的徐变 ε_{cr}。一般，徐变开始增长较快，以后逐渐减慢，经过较长时间后就逐渐趋于稳定。徐变值约为瞬时应变的1～4倍。如图2.10所示，两年后卸载，试件瞬时要恢复的一部分应变称为瞬时恢复应变 ε'_{ela}，其值比加载时的瞬时变形略小。当长期荷载完全卸除后，混凝土并不处于静止状态，而经过一个徐变的恢复过程（约为20d）。卸载后的徐变恢复变形称为弹性后效 ε''_{ela}，其绝对值仅为徐变值的1/12左右。在试件中还有绝大部分应变是不可恢复的，称为残余应变 ε'_{cr}。

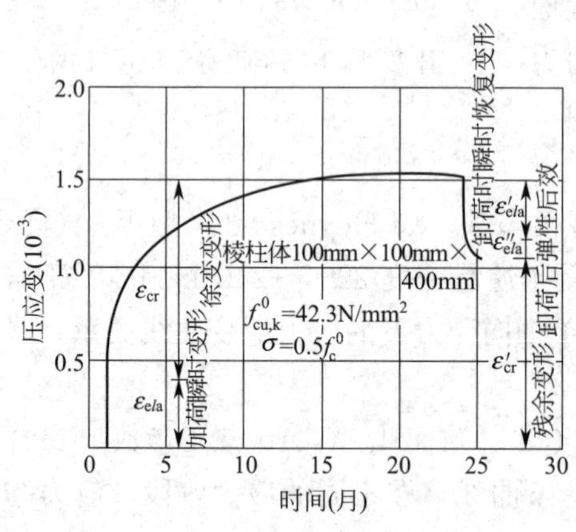

图2.9　混凝土的徐变

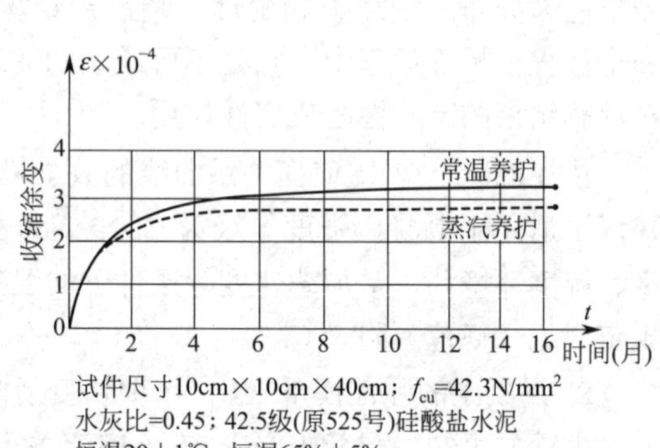

图2.10　混凝土的收缩

影响徐变的因素主要有以下几方面：

（1）初始应力：初始应力越大，徐变亦越大。当混凝土应力小于 $0.5f_c$ 时，徐变与应力成正比，曲线接近等间距分布，这种情况称为线性徐变，一般3年左右徐变基本终止；当混凝土应力大于 $0.5f_c$ 时，徐变变形与应力不成正比，徐变变形比应力增长要快，称为非线性徐变。在非线性徐变范围内，当加载应力过高时，徐变变形急剧增加且不再收敛，呈非稳定徐变的现象，长期高应力作用下容易造成混凝土的破坏，故混凝土的长期极限强度常取（0.75～0.80）f_c，同时，混凝土结构构件应避免在长期不变的高应力状态下使用。

（2）混凝土的组成：骨料的刚度（弹性模量）越大，体表比越大，徐变就越小。水灰比越小，徐变也越小。

（3）混凝土强度：混凝土强度越高，徐变越小。

（4）外部环境：受荷前养护的温湿度越高，水泥水化作用越充分，徐变就越小。采用蒸汽养护可使徐变减少 20%～35%。受荷后构件所处的环境温度越高，相对湿度越小，徐变就越大。

（5）构件尺寸：尺寸越大，徐变越小。

（6）加载龄期：加载龄期越早，徐变越大。

2）混凝土的收缩与膨胀

混凝土在空气中硬化时体积会缩小，这种现象称为混凝土的收缩；而混凝土在水中结硬时体积会膨胀，称为混凝土的膨胀。收缩和膨胀都是混凝土在不受外力情况下体积变化产生的变形。当这种自发的变形受到外部（支座）或内部（钢筋）的约束时，将使混凝土中产生拉应力，甚至引起混凝土的开裂。混凝土收缩会使预应力混凝土构件产生预应力损失。某些对跨度比较敏感的超静定结构（如拱结构、烟囱、水池等），收缩也会引起不利的内力。

影响混凝土收缩的因素主要有：

（1）水泥品种：水泥强度等级越高，收缩越大；

（2）水泥用量：水泥用量多、水灰比越大，收缩越大；

（3）骨料性质：骨料弹性模量高、级配好，收缩就小；

（4）养护条件：养护温度、湿度越大，收缩越小；

（5）混凝土制作方法：混凝土越密实，收缩越小；

（6）使用环境：使用时温度、湿度越大，收缩越小；

（7）构件的体积与表面积比值：小尺寸构件收缩大，大尺寸构件收缩小；

（8）混凝土强度等级：高强混凝土收缩大。

影响收缩的因素多且复杂，要精确计算尚有一定的困难。工程实践中，通常采取限制水泥用量，减小水灰比，加强振捣和养护，增加构造钢筋数量，设置变形缝或施工缝，掺膨胀剂等措施来减小收缩应力对结构或构件的不利影响。

2.1.3 混凝土的疲劳

混凝土的疲劳是在荷载重复作用下产生的。疲劳现象大量存在于工程结构中，钢筋混凝土吊车梁、钢筋混凝土桥以及港口海岸的混凝土结构等都要受到吊车荷载、车辆荷载以及波浪冲击等几百万次的作用。混凝土在重复荷载作用下的破坏称为疲劳破坏。

混凝土的疲劳强度用疲劳试验测定。疲劳试验采用 100mm×100mm×300mm 或 150mm×150mm×450mm 的棱柱体，把能使棱柱体试件承受 200 万次或以上循环荷载而发生破坏的压应力值称为混凝土的疲劳抗压强度。

混凝土的疲劳强度与重复作用时应力变化的幅度有关。在相同的重复次数下，疲劳强度随着疲劳应力比值的增大而增大。疲劳应力比值按下式计算：

$$\rho_{c}^{f}=\frac{\sigma_{c,\min}^{f}}{\sigma_{c,\max}^{f}} \tag{2.7}$$

式中 $\sigma_{c,\min}^{f}$、$\sigma_{c,\max}^{f}$——截面同一纤维上的混凝土最小应力和最大应力。

《规范》规定：混凝土轴心抗压疲劳强度设计值 f_{c}^{f}、轴心抗拉疲劳强度设计值 f_{t}^{f}、按照附表 1-3 和附表 1-4 中的强度设计值乘以疲劳强度修正系数 γ_{p} 确定。混凝土受压或受拉疲劳强度修正系数 γ_{p} 应该根据疲劳应力 ρ_{c}^{f} 分别按表附表 1-6、附表 1-7 采用；当混凝土承受拉-压疲劳应力作用时，疲劳强度修正系数 γ_{p} 取 0.60。混凝土的疲劳变形模量 E_{c}^{f} 按附表 1-8 采用。

2.2 钢筋

2.2.1 钢筋的种类

我国常用的钢筋品种有热轧普通钢筋、中高强钢丝、钢绞线和冷加工钢筋，其中热轧钢筋按其外形可以分为光圆钢筋和变形钢筋两类。变形钢筋包括：螺纹钢筋、人字纹钢筋和月牙纹钢筋等。钢绞线包括二股、三股、七股等。各种钢筋形式如图 2.11 所示。

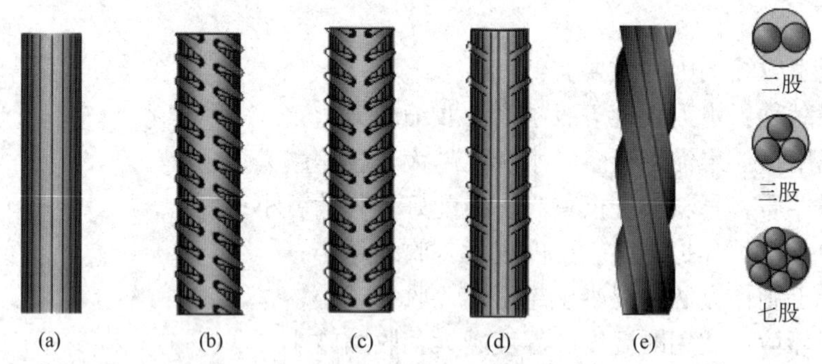

图 2.11 常用钢筋的形式

(a) 光圆钢筋；(b) 螺纹钢筋；(c) 人字纹钢筋；(d) 月牙纹钢筋；(e) 钢绞线

根据钢筋中含碳量的多少可以分为低碳钢（含碳量不大于 0.25%）、中碳钢（含碳量为 0.25%～0.6%）和高碳钢（含碳量为 0.6%～1.4%）。钢材中含碳量越高其强度越大，塑性和可焊性越低。

在碳素钢中加入适量的合金元素（如锰、硅、钒、钛、铬等），便可制成低合金钢。加入合金元素不仅可以提高钢材的强度，还可较好地改善钢材的其他性能，如塑性性能等。目前，主要的普通低合金钢包括锰系（20MnSi、25MnSi）、硅钒系（$40Si_2MnV$、45SiMnV）、硅钛系（$45Si_2MnTi$）、硅锰系（$40Si_2Mn$、$48Si_2Mn$）、硅铬系（$45Si_2Cr$）等。

在国家现行钢筋产品标准中，不再限制钢筋材料的化学成分和制作工艺，而是按照性能确定钢筋的牌号和强度级别将其分成以下几类：HPB300 是热轧光圆钢筋，其屈服强度标准值为 300MPa，用符号Φ表示；HRB400、HRBF400 及 RRB400 分别表示屈服强度标准值为 400MPa 的热轧带肋钢筋、细晶粒热轧带肋钢筋和热处理带肋钢筋，用符号Φ、$Φ^{F}$ 和$Φ^{R}$ 表示；同理，HRB500 和 HRBF500 表示屈服强度标准值为 500MPa 的热轧带肋钢筋和细晶粒热轧带肋钢筋，用符号Φ和Φ^F 表示。工程上习惯将强度等级为 300MPa、400MPa、500MPa 的钢筋分别称为Ⅰ级、Ⅲ级、Ⅳ级，但正式图纸及文件中不应采用此称呼。

2.2.2　钢筋的强度和变形

根据钢筋单调受拉时的应力-应变关系特点的不同，可分为有明显屈服点钢筋（如热轧钢筋）和无明显屈服点钢筋（如高强度钢丝、高碳钢等）两类。

1. 有明显屈服点钢筋的应力-应变关系曲线

图 2.12 为有明显屈服点钢筋受拉应力-应变关系曲线。A 点以前，应力 σ 与应变 ε 成比例关系，称 σ_A 为比例极限；过 A 点以后，应力与应变虽不成比例但变形仍为弹性变形，A'点以后为非弹性，称 A'点为弹性极限；到达 B'点后，应变出现塑性流动现象，称 σ_B 为屈服上限，它与加载速率、断面形式、试件表明光洁度等因素有关，通常 B 点是不稳定的；待应力下降至 B'点时，应力不再增加而应变急剧增加，曲线接近水平直线，直至 C 点，$B'C$ 段为屈服台阶（或流幅），B'点处的应力为 BC 段的最小值，称 $\sigma_{B'}$ 为屈服下限；过了 C 点以后，应力又随应变的增长而不断增大，但应变的增长速度要明显高于应力的增长速度，到 D 点时，应力达到峰值，称 σ_D 为极限抗拉强度，CD 段称为强化段；过了 D 点后，试件的薄弱处截面将突然显著缩小的现象，并于 E 点时拉断，将 DE 段称为颈缩阶段。

钢筋屈服以后将产生较大的塑性变形，且卸载以后塑性变形不可恢复，使钢筋混凝土构件产生很大的变形和不可闭合的裂缝，故在设计时取屈服强度作为钢筋强度的设计依据，屈服强度按屈服下限确定。

2. 无明显屈服点钢筋的应力-应变关系曲线

图 2.13 为无明显屈服点钢筋的应力-应变关系曲线。可以看出，整个应力-应变曲线没有明显的屈服点（屈服平台），称最大应力即 C 点处的 σ_b 为极限抗拉强度；A 点为比例极限，约为 $0.65\sigma_b$；A 点之后，有一定塑性变形，但很难确定其屈服强度，故在设计时，一般取残余应变为 0.2%时的应力值作为屈服强度（条件屈服强度）即 $\sigma_{0.2}$。

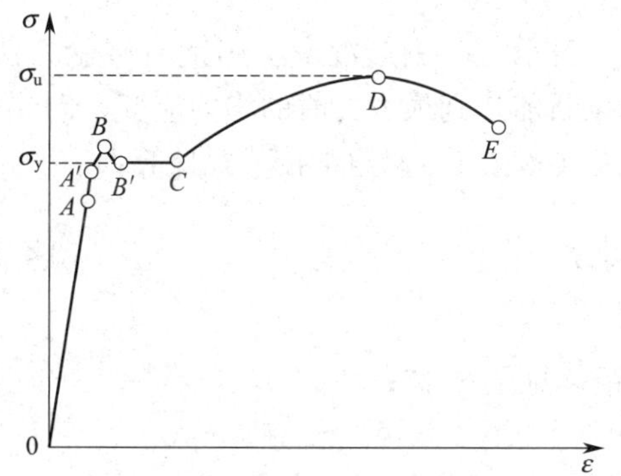

图 2.12　有明显屈服点钢筋的应力-应变曲线

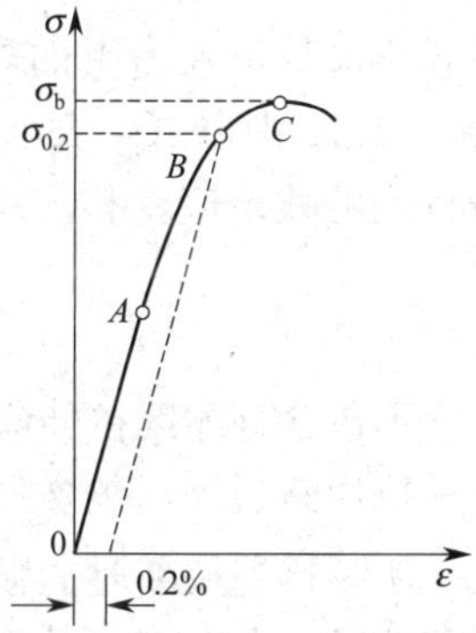

图 2.13　无明显屈服点钢筋的应力-应变曲线

3. 钢筋的强度标准值和设计值

考虑材料性能存在离散性，即使同一厂家、同一批次生产的钢筋，其强度也不可能完全相同。为保证设计时材料强度的可靠性，对同一等级的钢筋，取具有一定保证率的强度值作为其该等级材料的强度标准值。《规范》规定钢筋的强度标准值应具有不小于95%的保证率。

普通钢筋的屈服强度标准值 f_{yk} 及极限强度标准 f_{stk} 详见附表1-9；预应力钢丝、钢绞线、预应力螺纹钢筋的屈服强度标准值 f_{pyk} 及极限强度标准值 f_{ptk} 详见附表1-10。

钢筋的屈服强度设计值是由强度标准值除以材料分项系数 γ_s 确定的。对于热轧钢筋，γ_s 取1.10（为适当提高安全储备，对于HRB500级钢筋，γ_s 取1.15）。对于冷轧带肋钢筋，γ_s 取1.25；对于预应力筋的强度设计值，取其条件屈服强度除以材料分项系数 γ_s，由于预应力筋的延性稍差，所以其 γ_s 一般不小于1.20。对于传统的预应力钢丝、钢绞线取 $0.85\sigma_b$ 作为条件屈服点。例如，HRB400钢筋的屈服强度标准值 $f_{yk}=400\text{MPa}$，其屈服强度设计值 $f_y=f_{yk}/\gamma_s=400/1.10=363.64\approx360$（MPa）。

普通钢筋的屈服强度设计值 f_y、抗压强度设计值 f'_y 详见附表1-11；预应力筋的屈服强度标准值 f_{py}、抗压强度设计值 f'_{py} 详见附表1-12。

当构件中配有不同种类的钢筋时，每种钢筋应采用各自的强度设计值。对轴心受压构件，当采用HRB500、HRBF500钢筋时，钢筋的抗压强度设计值 f'_y 应取 400N/mm^2；用作受剪、受扭、受冲切承载力计算时，其数值大于 360N/mm^2 时应取 360N/mm^2。但用作围箍约束混凝土的间接配筋时，不受此限制。

4. 钢筋的弹性模量

钢筋的弹性模量是反映弹性阶段钢筋应力与应变之间关系的物理量，用 E_s 表示：

$$E_s=\frac{\sigma_s}{\varepsilon_s} \tag{2.8}$$

普通钢筋和预应力钢筋的弹性模量可按附表1-13采用。

5. 钢筋的塑性性能

钢筋不仅要保证足够的强度，还应具有良好的塑性性能。衡量钢筋塑性性能的指标通常有两个，包括均匀伸长率和冷弯性能。

1）均匀伸长率

均匀伸长率又称最大力下的总伸长率，用 δ_{gt} 表示（《钢筋混凝土用钢材试验方法》GB/T 28900—2012中以 A_{gt} 表示），反映了钢筋拉断前达到最大力时的均匀应变，由非颈缩断口区域标距的残余应变和恢复的弹性应变组成（图2.14），通常按下式计算：

$$\delta_{gt}=\frac{l_1-l_0}{l_0}+\frac{\sigma_b^0}{E_s} \tag{2.9}$$

式中 l_0——不包含颈缩区拉伸前的测量标距；

l_1——拉伸断裂后不包含颈缩区的测量标距，见图2.15；

σ_b^0——实测钢筋拉断时的强度。

均匀伸长率越大的钢筋，在拉断前有明显的预兆，其塑性性能越好。《规范》规定：普通钢筋及预应力筋在最大力下的总伸长率不应小于附表1-14规定的数值。对于按一、二、三级抗震等级设计的框架和斜撑构件（含梯段），其纵向受力普通钢筋的 δ_{gt} 还不应小于9%。

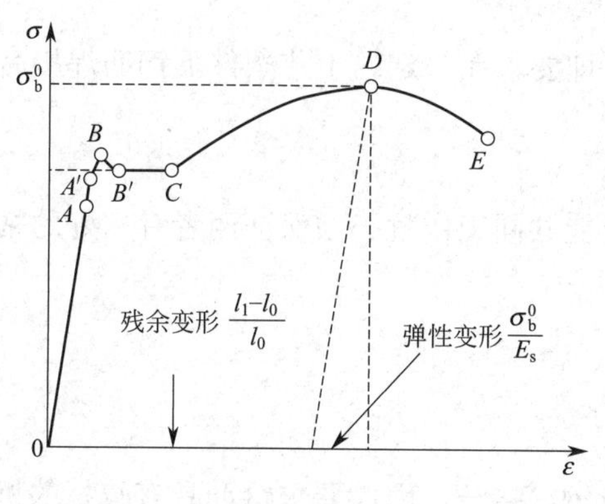

图 2.14　钢筋的均匀伸长率

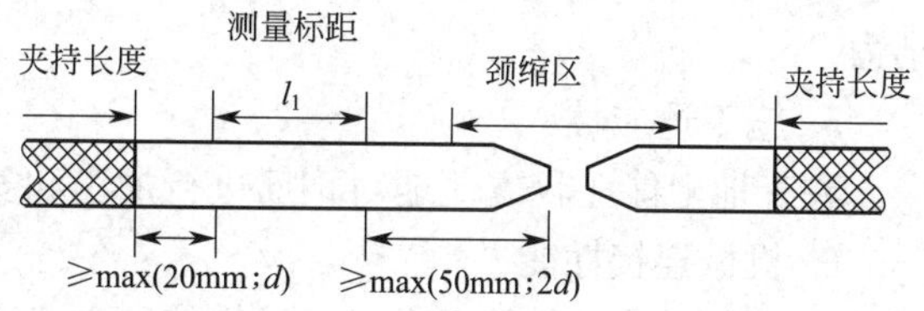

图 2.15　均匀伸长率的测量方法

2）冷弯性能

钢筋绕一定直径 D（称为弯心直径）的弯心弯曲至规定的角度后无裂纹、断裂或起层的现象，表示合格。D 越小，弯折角越大，钢筋的塑性越好。

6. 强屈比

强屈比为钢筋抗拉强度（极限强度）与其屈服强度的比值，反映了钢筋的强度储备，强屈比越大，钢筋的强度储备越大。对于按一、二、三级抗震等级设计的框架和斜撑构件（含梯段），其纵向受力钢筋采用普通钢筋时，钢筋的抗拉强度实测值和屈服强度实测值的比值不应小于 1.25。

2.2.3　钢筋的疲劳

钢筋的疲劳是指钢筋在承受重复、周期性的动荷载作用下，经过一定次数后，突然脆断的现象。它与一次单调加载时的塑性破坏不同，疲劳破坏时钢筋的最大应力低于静荷载作用下钢筋的极限强度。其主要针对像吊车梁、铁路或公路桥梁、铁路轨枕、海洋采油平台等承受重复荷载作用的结构。

钢筋的疲劳强度是指在某一规定应力变化幅度内，经受一定次数循环荷载后发生破坏的最大应力值。《规范》规定：普通钢筋和预应力筋的疲劳应力幅限值 Δf_y^f 和 Δf_{py}^f 应根据钢筋疲劳应力比值 ρ_s^f、ρ_p^f，分别按附表 1-15、附表 1-16 采用。

2.2.4　混凝土结构对钢筋性能的要求

《规范》按照“四节一环保”的要求，提倡应用高强、高性能钢筋。高性能包括延性好、可焊性好、与混凝土的粘结力强、施工适应性强及机械连接性能好等。

1. 钢筋强度

钢筋强度是指钢筋的屈服强度及极限强度。钢筋的屈服强度是设计计算时的主要依据（对无明显流幅的钢筋，取条件屈服点）。采用高强度钢筋可以节约钢材，取得较好的经济效果。

2. 钢筋延性

在工程设计中，要求钢筋具有较好的延性是为了使钢筋在断裂前有足够的变形，在构件破坏能给出明显的预兆，避免突然的脆性破坏，同时还要保证钢筋冷弯的要求。

3. 可焊性好

可焊性是评定钢筋焊接后的接头性能的指标，即要求在一定的工艺条件下钢筋焊接后不产生裂纹及过大的变形。

4. 钢筋与混凝土的粘结力

第1章绪论中已经介绍过，要使钢筋和混凝土能共同工作就必须保证两者有良好的粘结力。

5. 施工适应性

在工地上能比较方便地对钢筋进行加工和安装。

6. 机械连接性能

实际施工时，常需要采用机械连接的方式进行钢筋接长，因此要求钢筋具有较好的机械连接性能，以方便把钢筋端头轧制螺纹。

2.3 钢筋与混凝土的粘结

2.3.1 粘结的作用与组成

1. 粘结的作用

粘结是钢筋与外围混凝土之间一种复杂的相互作用，借助这种作用来传递两者间的应力，协调变形，保证共同工作。这种作用实质上是钢筋与混凝土接触面上所产生的沿钢筋纵向的剪应力，即粘结应力，简称粘结力。

根据受力性质的不同，可以将钢筋与混凝土之间的粘结应力分成钢筋端部的锚固粘结应力和裂缝间的局部粘结应力两种。

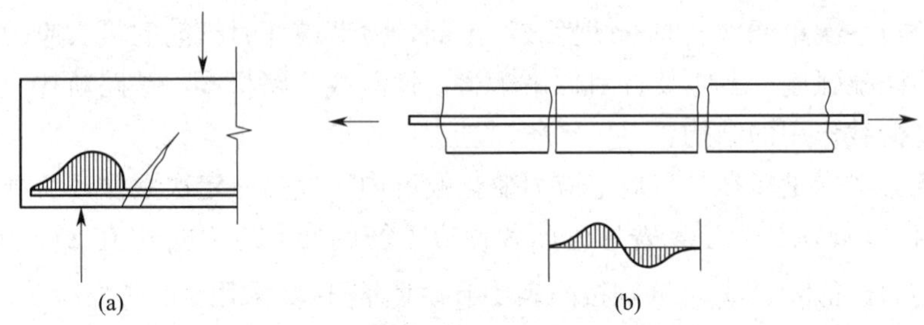

图2.16　钢筋和混凝土之间粘结应力示意图

(a) 锚固粘结应力；(b) 裂缝间的局部粘结应力

锚固粘结应力，如图2.16(a)所示，钢筋伸入支座或支座负弯矩纵筋在跨间截断时，必须有足够的锚固长度或延伸长度，通过这段长度上粘结应力的积累，将钢筋锚固在混凝土中，确保了钢筋充分发挥其作用前不会被拔出或产生相对滑移。

裂缝间的局部粘结应力，如图2.16(b)所示，如构件的某截面开裂后，开裂截面的钢筋应力通过裂缝两侧的粘结应力部分地向混凝土传递，该粘结力的大小则反映了裂缝间混凝土参与受力的程度，这一问题将在第9章中详细阐述。

2. 粘结力的组成

光圆钢筋与变形钢筋具有不同的粘结机理，其粘结作用主要由三部分组成：

（1）钢筋与混凝土接触面上的胶结力。一般很小，仅在受力阶段的局部无滑移区域起作用，当接触面发生相对滑移时，该力即消失；

（2）混凝土收缩握裹钢筋而产生的摩阻力；

（3）钢筋表面凹凸不平与混凝土之间产生的机械咬合作用力；对于光圆钢筋，这种咬合力来自于表面的粗糙不平。

变形（带肋）钢筋的横肋对混凝土的挤压如同一个楔，会产生很大的机械咬合力。带肋钢筋与混凝土之间的这种机械咬合作用，改变了钢筋与混凝土间相互作用的方式，显著提高了粘结强度。图 2.17 给出了带肋钢筋对周围混凝土的斜向挤压力从而使得周围混凝土产生内裂缝的示意图。

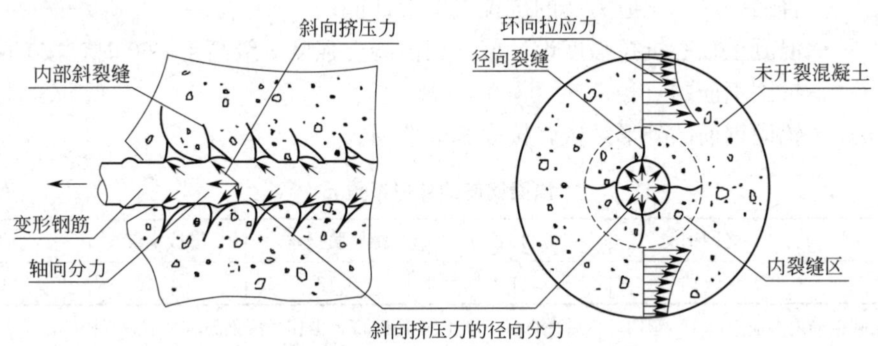

图 2.17　变形钢筋肋处的挤压力和内部裂缝示意图

光圆钢筋的粘结机理与带肋钢筋的主要差别是，光圆钢筋的粘结力主要来自胶结力和摩阻力，而带肋钢筋的粘结力主要来自机械咬合作用力。

2.3.2　影响粘结强度的因素

影响钢筋与混凝土粘结强度的因素很多，主要有以下 5 个方面：

（1）混凝土强度等级。光圆钢筋及变形钢筋的粘结强度都随混凝土强度等级的提高而提高，但不与立方体强度成正比。

（2）钢筋的外形。变形钢筋能够提高粘结强度。

（3）钢筋的保护层厚度和净距。试验表明，混凝土保护层厚度对光圆钢筋的影响较小，对带肋钢筋的影响十分显著。增大保护层厚度，可增强外围混凝土的抗劈裂能力，提高试件的劈裂强度和粘结强度，当相对保护层厚度与钢筋直径比 $c/d>5\sim6$ 时，带肋钢筋的粘结破坏将是肋间混凝土的剪切破坏而不是劈裂破坏，从而提高了粘结强度。同样，保持一定的钢筋净间距，可以提高钢筋外围混凝土的抗劈裂能力，从而提高粘结强度。

（4）横向钢筋。横向钢筋可以限制混凝土内部裂缝的发展，提高粘结强度。

（5）侧向压力。在直接支撑的支座处，往往存在侧向压应力。侧向压应力将使钢筋和混凝土接触截面上的摩阻力和机械咬合作用力增大，从而提高粘结强度。

2.3.3　钢筋的锚固

钢筋的锚固是指通过混凝土中钢筋埋置段或机械措施将钢筋所受的力传给混凝土，使钢筋锚固于混凝土中而不滑出，包括：直钢筋的锚固、带弯钩或弯折钢筋的锚固以及采用机械措施的锚固。

《规范》对受拉、受压钢筋的锚固长度计算和锚固措施作出了相应的规定。

1. 基本锚固长度 l_{ab}

普通钢筋：

$$l_{ab}=\alpha\frac{f_y}{f_t}d \tag{2.10}$$

预应力筋：

$$l_{ab}=\alpha\frac{f_{py}}{f_t}d \tag{2.11}$$

式中 l_{ab}——受拉钢筋的基本锚固长度；

f_y、f_{py}——普通钢筋、预应力筋的抗拉强度设计值；

f_t——混凝土轴心抗拉强度设计值，当混凝土强度等级高于C60时，按C60取值；

d——锚固钢筋的直径；

α——锚固钢筋的外形系数，按表2.2取用。

锚固钢筋的外形系数 α **表2.2**

钢筋类型	光圆钢筋	带肋钢筋	螺旋肋钢丝	三股钢绞线	七股钢绞线
α	0.16	0.14	0.13	0.16	0.17

注：光圆钢筋末端应做成180°弯钩，弯后平直段长度不应小于3d，但作受压钢筋时可不做弯钩。

2. 受拉钢筋的锚固长度 l_a

受拉钢筋的锚固长度应根据锚固条件按下列公式计算且不应小于200mm：

$$l_a=\zeta_a l_{ab} \tag{2.12}$$

式中 l_a——受拉钢筋的锚固长度；

ζ_a——锚固长度修正系数。

ζ_a 按下列规定采用，当多于一项时，可按连乘计算，但不应小于0.6；对预应力筋，可取1.0。

（1）当带肋钢筋的公称直径大于25mm时，取1.10；

（2）环氧树脂涂层带肋钢筋取1.25；

（3）施工过程中易扰动的钢筋取1.10；

（4）当纵向受力钢筋的实际面积大于其设计计算面积时，修正系数取设计计算面积与实际配筋面积的比值，但对有抗震设防要求及直接承受动力荷载的结构构件，不应考虑此项修正；

（5）锚固钢筋的保护层厚度为3d时修正系数可取0.80，保护层厚度为5d时修正系数可取0.70，中间按内插取值，此处d为锚固钢筋直径。

梁柱节点中纵向钢筋锚固的其他要求详见5.1节。

当锚固钢筋的保护层厚度不大于5d时，锚固长度范围内应配置横向构造钢筋，其直径不应小于d/4；对梁、柱、斜撑等构件间距不应大于5d，对板、墙等平面构件间距不应大于10d，且均不应大于100mm，此处d为锚固钢筋的直径。

3. 钢筋弯钩和机械锚固的形式和技术要求

当纵向受拉普通钢筋末端采用弯钩或机械锚固措施时，包括弯钩或锚固端头在内的锚固长度（投影长度）可取为基本锚固长度 l_{ab} 的 60%。弯钩和机械锚固的形式(图 2.18)和技术要求应符合表 2.3 的规定。

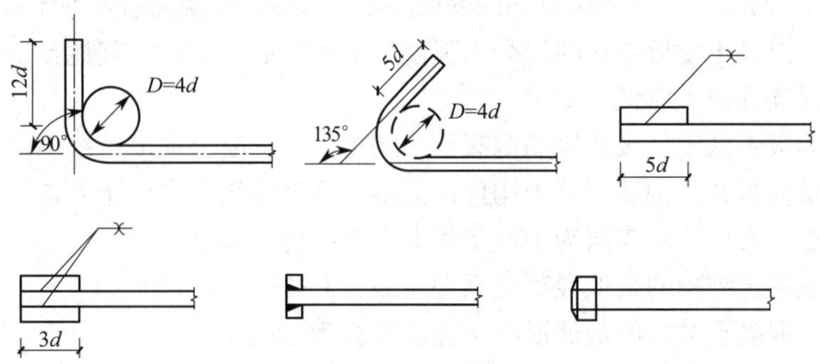

图 2.18　变形钢筋肋处的挤压力和内部裂缝示意图

钢筋弯钩和机械锚固的形式和技术要求　　**表 2.3**

锚固形式	技术要求
90°弯钩	末端 90°弯钩，弯钩内径 4*d*，弯后平直段长度 12*d*
135°弯钩	末端 135°弯钩，弯钩内径 4*d*，弯后平直段长度 5*d*
一侧贴焊锚筋	末端一侧贴焊长 5*d* 同直径钢筋
两侧贴焊锚筋	末端两侧贴焊长 3*d* 同直径钢筋
焊端锚板	末端与厚度 *d* 的锚板穿孔塞焊
螺栓锚头	末端旋入螺栓锚头

注：1. 焊缝和螺纹长度应满足承载力要求；
2. 螺栓锚头和焊接锚板的承压净面积不应小于锚固钢筋截面积的 4 倍；
3. 螺栓锚头的规格应符合相关标准的要求；
4. 螺栓锚头和焊接锚板的钢筋净间距不宜小于 4*d*，否则应考虑群锚效应的不利影响；
5. 截面角部的弯钩和一侧贴焊锚筋的布筋方向宜向截面内侧偏置。

4. 受压钢筋的锚固长度

混凝土结构中的纵向受压钢筋，当计算中充分利用其抗压强度时，锚固长度不应小于相应受拉锚固长度的 70%。受压钢筋不应采用末端弯钩和一侧贴焊锚筋的锚固措施。受压钢筋锚固长度范围内的横向构造钢筋应符合规范的要求。

承受动力荷载的预制构件，应将纵向受力普通钢筋末端焊接在钢板或角钢上，钢板或角钢应可靠地锚固在混凝土中。钢板或角钢的尺寸应按计算确定，其厚度不宜小于 10mm。

其他构件中受力普通钢筋的末端也可通过焊接钢板或型钢实现锚固。

2.4　混凝土和钢筋的选用原则

2.4.1　混凝土的选用原则

为提高混凝土材料的利用效率，工程应用的混凝土强度等级应按下列规定采用：

（1）素混凝土结构的混凝土强度等级不应低于 C20；

（2）钢筋混凝土结构构件的混凝土强度等级不应低于 C25；框支梁、框支柱以及一级抗震等级的框架梁、柱及节点，混凝土强度等级不应低于C30；剪力墙的混凝土强度等级不宜超过C60，其他构件，9度设防时不宜超过C60，8度设防时不宜超过C70；

（3）采用500MPa及以上等级钢筋的钢筋混凝土构件，混凝土强度等级不应低于C30；

（4）预应力混凝土楼板结构的混凝土强度等级不应低于C30，其他预应力混凝土结构构件的混凝土强度等级不应低于C40；

（5）抗震等级不低于二级的钢筋混凝土结构构件，混凝土强度等级不应低于C30；

（6）承受重复荷载的钢筋混凝土构件，混凝土强度等级不应低于C30。

一类环境中，设计使用年限为100年的混凝土结构应满足：

（1）钢筋混凝土结构的最低混凝土强度等级为C30；

（2）预应力混凝土结构的最低混凝土强度等级为C40。

2.4.2 钢筋的选用原则

混凝土结构的钢筋在选用时应按照下列规定：

（1）纵向受力普通钢筋可采用HRB400、HRB500、HRBF400、HRBF500、RRB400、HPB300钢筋；梁、柱和斜撑构件的纵向受力普通钢筋宜采用HRB400、HRB500、HRBF400、HRBF500钢筋；

（2）箍筋宜采用HRB400、HRBF400、HPB300、HRB500、HRBF500；

（3）预应力筋宜采用预应力钢丝、钢绞线和预应力螺纹钢筋。

需要指出的是，将400MPa、500MPa钢筋作为纵向受力的主导钢筋推广使用，尤其在梁、柱和斜撑构件应优先选用，高层建筑的柱、大跨度与重荷载梁的纵向受力钢筋选用500MPa级钢筋更为有利；由于RRB400余热处理钢筋是由轧制钢筋经高温淬水，余热处理后强度有所提高，但延性、可焊性、机械连接性能及施工适应性降低，一般可以用于对变形性能及加工性能要求不高的构件中，如延性要求不高的基础、大体积混凝土、楼板以及次要的中小结构构件等。

思考题

2-1 混凝土立方体抗压强度标准值、轴心抗压强度标准值和抗拉强度标准值是如何确定的？

2-2 如何划分混凝土强度等级？《混凝土结构设计规范》GB 50010—2010（2015年版）规定的混凝土强度等级有哪些？

2-3 混凝土在双轴向应力状态下的强度变化规律是如何的？

2-4 混凝土在正应力和剪应力共同作用下的强度变化规律是如何的？

2-5 三向受压对混凝土的抗压强度有何影响？有何工程意义？举例说明实际工程中，如何实现混凝土的三向受压？

2-6 何谓混凝土的徐变？影响徐变的因素有哪些？徐变对混凝土结构和构件的工作性能有哪些影响？

2-7 影响混凝土收缩的因素有哪些？混凝土的收缩会对结构产生哪些影响？

2-8 常用的钢材有哪些种类？

2-9 解释“HRB500”的含义。其抗拉、抗压强度设计值分别是多少？

2-10 含碳量的多少对钢材性能有何影响？

2-11　如何确定有明显流幅和无明显流幅的热轧钢筋的屈服强度？

2-12　衡量钢材塑性性能的指标有哪些？

2-13　混凝土结构对钢筋性能有哪些要求？

2-14　钢筋和混凝土的粘结力有哪几部分组成？光圆钢筋和变形钢筋在粘结机理方面有何区别？

2-15　影响钢筋和混凝土粘结强度的因素有哪些？

2-16　钢筋的基本锚固长度是如何计算的？受拉钢筋和受压钢筋的锚固长度是怎样计算的？

第 3 章

受弯构件的正截面承载力

学习目标：

（1）熟悉受钢筋混凝土受弯构件的截面形式与尺寸要求；

（2）熟悉材料选择与一般构造要求；

（3）熟悉适筋受弯构件正截面受弯的三个受力阶段；

（4）掌握受弯构件正截面受弯的三种破坏形态；

（5）掌握受弯构件正截面受弯承载力计算的基本规定；

（6）掌握单筋矩形截面、双筋矩形截面和 T 形截面受弯构件的正截面承载力计算方法。

受弯构件指的是以弯曲变形为主的构件，即土木工程中各种类型的梁和板。正截面是指垂直于计算轴线的截面，该截面上主要有弯矩产生的正拉应力和正压应力。受弯构件的受弯性能和分析方法是在实验基础上提炼总结得出的，是学习其他基本构件受力性能和计算方法的基础。

正截面受弯承载力计算就是满足承载能力极限状态：$M \leqslant M_u$。

3.1　受弯构件的一般构造要求

3.1.1　截面形式与尺寸要求

1. 截面形式

梁的截面形式有矩形、T形、工形、箱形、Γ形、Π形等，现浇板通常为矩形截面，预制板常见的有空心板、槽形板等，常见的受弯构件截面形式如图3.1所示。

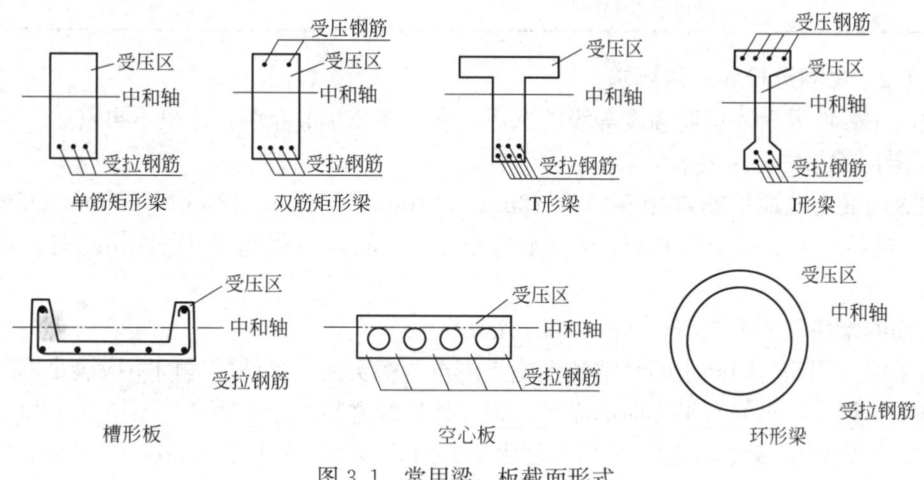

图3.1　常用梁、板截面形式

2. 梁、板的截面尺寸

矩形截面梁的高宽比 h/b 一般取2.0～3.5；T形截面梁的 h/b 一般取2.5～4.0（此处 b 为梁肋宽）。梁的尺寸宜按模数采用：宽度一般取 $b=120$、150、180、200、250、300、350mm等；高度一般取 $h=250$、300、350…750、800、900、1000mm等。一般情况下，独立简支梁，其截面高度 h 与跨度 l 的比值 h/l 为1/12～1/8；独立的悬臂梁，b/l 为1/6；多跨连续梁 h/l 为1/18～1/8。

对于框架梁，截面尺寸还应满足以下要求：

（1）截面宽度不宜小于200mm；

（2）截面高度与宽度的比值不宜大于4；

（3）净跨与截面高度的比值不宜小于4。

现浇板的宽度一般比较大，设计时可以取单位宽度（$b=1000$mm）进行计算。板的厚度可以根据跨厚比来确定：钢筋混凝土单向板不大于30，双向板不大于40；无梁支承的有柱帽板不大于35，无梁支承的无柱帽板不大于30。预应力板可适当增加；当板的荷载、跨度较大时宜适当减少。还应注意的是，现浇钢筋混凝土板的厚度还不应小于表3.1的要求。

现浇钢筋混凝土板的最小厚度（mm）　　表 3.1

板的类别		最小厚度
单向板	屋面板	60
	民用建筑楼板	60
	工业建筑楼板	70
	行车道下的楼板	80
双向板		80
密肋楼盖	面板	50
	肋高	250
悬臂板	悬臂长度不大于 500mm	60
	悬臂长度 1200mm	100
无梁楼板		150
现浇空心楼盖		200

3.1.2 材料选择和一般要求

混凝土强度等级和钢筋强度等级的选用原则已在 2.4 节介绍，这里不再赘述。

1. 梁内钢筋的基本要求

梁纵向受力普通钢筋常用直径为 12mm、14mm、16mm、18mm、20mm、22mm 和 25mm，当梁高大于等于 300mm 时，不应小于 10mm，当梁高小于 300mm 时，不应小于 8mm。

箍筋的常用直径为 6mm、8mm 和 10mm。

为了保证钢筋与混凝土的粘结和混凝土浇筑的密实性，纵筋的净间距应满足图 3.2 所示的要求：梁上部纵筋水平方向的净距（钢筋外边缘之间的最小距离）不应小于 30mm 和 $1.5d$（d 为钢筋的最大直径）；下部纵筋水平方向的净距不应小于 25mm 和 $1.0d$。梁的截面配筋构造要求，见图 3.2。

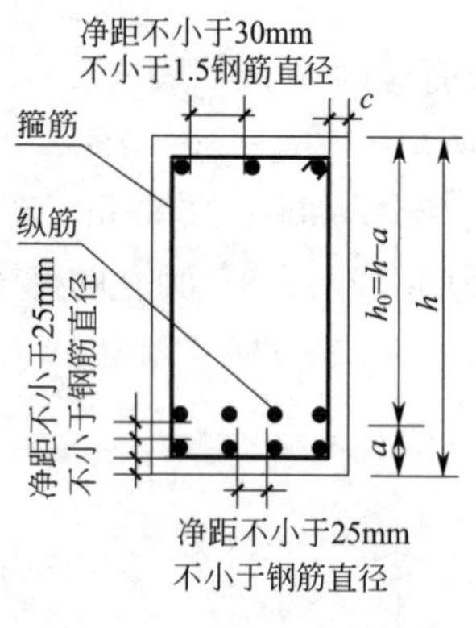

图 3.2　梁的截面配筋构造要求

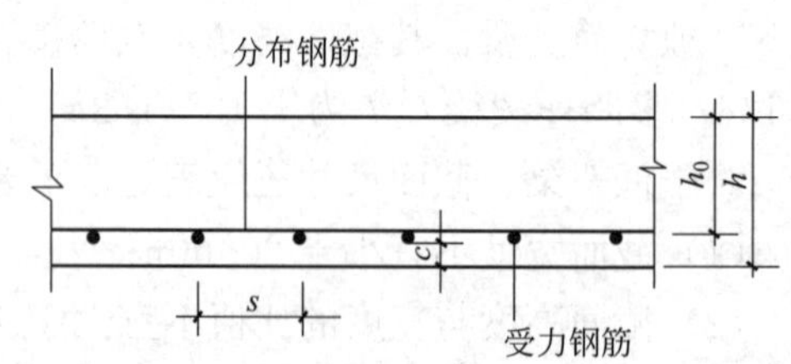

图 3.3　板的截面配筋构造要求

在梁的配筋密集区域，因纵筋单根布置将会导致混凝土浇筑或振捣困难，为方便施工，宜采用并筋的配筋形式。所谓的“并筋”，即是将两根或三根并在一起配置。直径 28mm 及以下的钢筋并筋数量不应超过 3 根；直径 32mm 的钢筋并筋数量宜为 2 根；直径

36mm 及以上的钢筋不应采用并筋。并筋应按照等效钢筋进行计算，等效钢筋的等效直径应按截面面积相等的原则换算确定。

当采用并筋的配筋形式时，还应注意以下三点：①等效直径应用于钢筋间距、保护层厚度、裂缝宽度、锚固长度、搭接接头百分率及搭接长度等的计算和构造规定；②相同直径 d 的二并筋等效直径 $d_{eq}=\sqrt{2}d$，三并筋等效直径 $d_{eq}=\sqrt{3}d$；③二并筋可以按纵向或横向的方式布置，三并筋宜按品字形布置，并均按并筋的重心作为等效钢筋的重心。

2. 板内钢筋的基本要求

板的受力钢筋的间距一般为 70～200mm；当板厚 $h\leqslant 150$mm 时，不宜大于 200mm；当板厚 $h>150$mm 时，不宜大于 $1.5h$，且不应大于 250mm。

板的分布筋（单位宽度）的截面面积不宜小于单位宽度上受力钢筋的15%，且配筋率不宜小于 0.15%；分布钢筋的间距不宜大于 250mm，直径不宜小于 6mm。当集中荷载较大时，分布钢筋的配筋面积尚应增加，且间距不宜大于 200mm。板的截面配筋构造要求，见图 3.3。

3. 纵向受拉钢筋配筋率

纵向受拉钢筋的配筋百分率 ρ

$$\rho=\frac{A_s}{bh_0}(\%) \tag{3.1}$$

式中 h_0——纵筋合力点至截面受压区边缘距离，截面的有效高度，$h_0=h-a_s$；

h——截面高度；

a_s——纵筋的合力点至截面受拉边距离；

bh_0——截面的有效面积（mm^2）；

A_s——纵向受拉钢筋总截面面积（mm^2）。

纵向受拉钢筋的配筋百分率，简称配筋率。

4. 混凝土保护层厚度

最外层钢筋（箍筋、构造筋、分布筋等）的外缘到截面边缘的垂直距离，称为混凝土保护层厚度，用 c 表示。

混凝土保护层有三个作用：

（1）保护纵向钢筋不被锈蚀；

（2）在火灾等情况下，使钢筋的温度上升缓慢；

（3）使纵向钢筋与混凝土有较好的粘结。

构件中纵向受力钢筋的混凝土保护层不应小于钢筋的公称直径 d；设计工作年限为 50 年的混凝土结构，最外层钢筋的保护层厚度应符合附表 1-17 的规定；设计工作年限为 100 年的混凝土结构，最外层钢筋的保护层厚度不应小于附表 1-17 中数值的 1.4 倍。

3.2　受弯构件正截面的受弯性能

3.2.1　适筋梁正截面受弯的三个受力阶段

1. 适筋梁正截面受弯承载力实验

在 3.1.2 节已经介绍过了配筋率的概念，实际上配筋率的大小将会影响梁的破坏形态

（3.2.2 节中会详细介绍），配筋率较为适中的梁的破坏过程是受拉钢筋先屈服，进而受压区混凝土再被压碎，在破坏之前有较为明显的预兆，我们把这种破坏称为“延性破坏”，把这种梁称为“适筋梁”。

图 3.4 为一适筋梁，梁截面尺寸 $b \times h = 150\text{mm} \times 350\text{mm}$，在截面的受拉区配置了 3Φ14，$A_s = 461\text{mm}^2$，实测钢筋屈服强度为 354N/mm^2，混凝土强度等级为 C25。为研究该梁的受弯性能，需尽可能地排除其他因素的影响，采用两点对称加载的方式，在忽略梁自重的情况下，使得两个加载点之间的截面，只承受弯矩而无剪力，我们将该区段称为“纯弯区段”。在纯弯区段沿截面高度布置了一系列的应变片，以测量混凝土的纵向应变沿截面高度分布情况，同时，在受拉钢筋表面也粘贴了钢筋应变片，用以记录钢筋的应变变化发展情况。此外，在梁的跨中底部位置以及两支座顶部位置安装三个位移计，用于测量和修正梁的挠度变形情况。

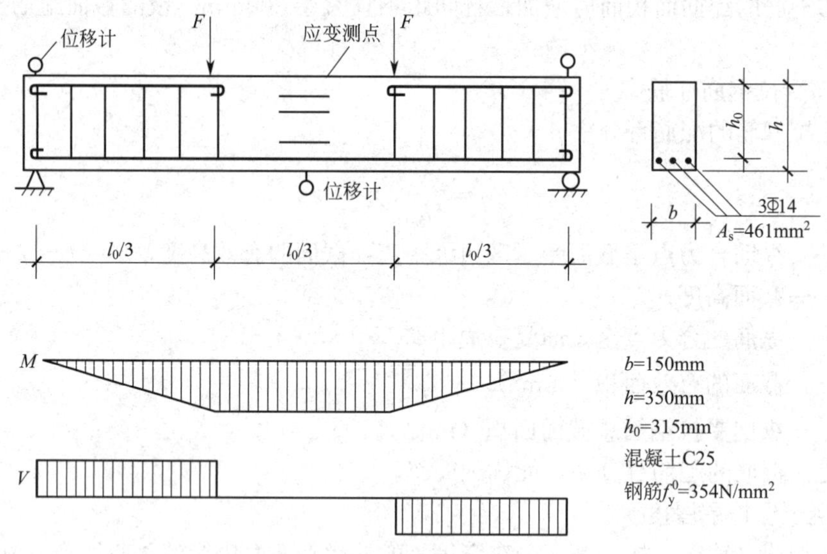

图 3.4　钢筋混凝土梁受弯实验

图 3.5 为中国建筑科学研究院开展的钢筋混凝土适筋梁的弯矩（M^0）-曲率（φ^0）试验结果。此处上标“0”表示实验值。

由图 3.5 可以看出，适筋梁的受力全过程分成三个阶段，即未裂阶段、屈服阶段和破坏阶段。

2. 三个受力阶段

1）未裂阶段（第Ⅰ阶段）

此阶段为加载开始到受拉区即将出现第一条裂缝的阶段，称出现第一条裂缝的时间点为“I_a 阶段”。由于这一阶段内，荷载较小，混凝土应变和钢筋应变均较小，弯矩-曲率图形基本为直线，截面应变符合平截面假定，截面应力分布近似为直线，如图 3.6(a) 所示。

当截面受拉边缘的拉应变达到混凝土极限拉应变时，截面达到即将开裂的临界状态即“I_a 阶段”，此时的弯矩称为开裂弯矩 M_{cr}（下标“cr”为“crack”的缩写）。此时，受拉区的混凝土应变沿截面高度呈现明显的曲线分布，受压区压应力较小，仍近似为直线分

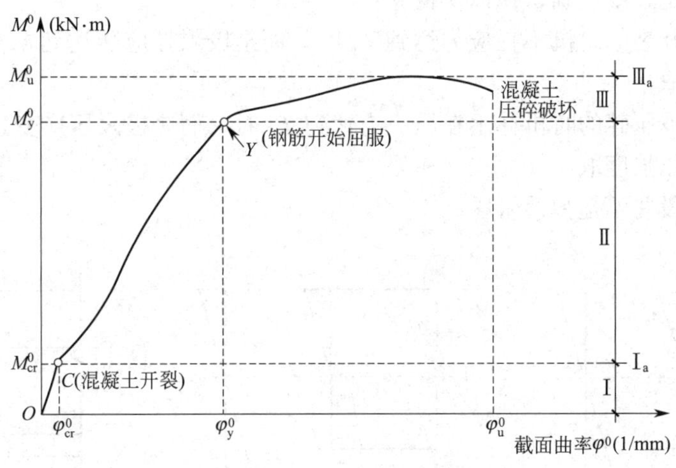

图 3.5　M^0-φ^0 图

布，如图 3.6(b) 所示。

I_a 阶段可作为受弯构件抗裂度的计算依据。

2）屈服阶段（第Ⅱ阶段）

此阶段为受拉区混凝土开裂至受拉纵筋即将屈服的阶段，称受拉纵筋屈服的时间点为"II_a 阶段"。在开裂弯矩下，梁纯弯段最薄弱截面位置处首先出现第一条裂缝，梁即由第Ⅰ阶段转入第Ⅱ阶段。开裂瞬间，裂缝截面处受拉区混凝土退出工作，其开裂前承担的拉应力将转由钢筋承担，钢筋应力将出现突然增加的现象，中和轴比开裂前有较大上移。此后，随着荷载的增加，裂缝的数量将不断增多，受拉区混凝土逐步退出工作，钢筋应变的增长速度明显加快，弯矩-曲率曲线斜率减小，表明该梁的刚度降低。如果纵向应变的测量标距跨越几条裂缝时，平均应变沿截面高度的分布规律仍近似符合平截面假定。

荷载继续增加，受压区混凝土的塑性特征表现得越来越明显，受压区应力图形逐渐呈曲线分布，如图 3.6(c) 所示。在这一阶段，钢筋的拉应力、梁端挠度、裂缝宽度均不断增大，但中和轴的位置没有显著变化，如图 3.6(d) 所示。

第Ⅱ阶段可作为正常使用阶段变形和裂缝宽度的验算依据。

3）破坏阶段（第Ⅲ阶段）

此阶段为受拉纵筋屈服至受压区混凝土被压碎的阶段，称受压区混凝土被压碎的时间点为"III_a 阶段"。纵向受拉钢筋屈服时，梁的曲率和挠度突然增大，几乎再无新的裂缝出现，原有裂缝的宽度将不断增大，裂缝亦将向受压区延伸，中和轴向上移动，受压区高度进一步减小，受压区压应力曲线更趋丰满，如图 3.6(e) 所示。

当受压区边缘混凝土的压应变达到极限压应变时，混凝土被压碎，梁将达到极限承载力 M_u，标志着截面破坏，即达到III_a 阶段，如图 3.6(f) 所示。此后，梁的变形仍可继续增大，但承载力将不断降低。

在第 2 章中，我们介绍过有明显流幅的钢筋屈服以后，会进入强化阶段，钢筋的强度会有所提高。但在结构承载力设计时，我们取钢筋的屈服强度作为计算依据，也即认为纵向受拉钢筋屈服以后，其应力将一直保持在屈服强度不变。

第III_a 阶段可作为正截面受弯承载力计算的依据。

需要指出的是，要正确认识以下概念：

(1) 混凝土开裂的时机不在应力达到 f_t 时，而是极限拉应变达到 ε_{tu}，但在承载力计算时，抗拉强度取 f_t；

(2) 混凝土被压碎的时机亦不在压应力达到 f_c 时，而是极限压应变达到 ε_{cu}，但在承载力计算时，抗压强度取 f_c；

(3) 第Ⅰ阶段并不是弹性阶段。

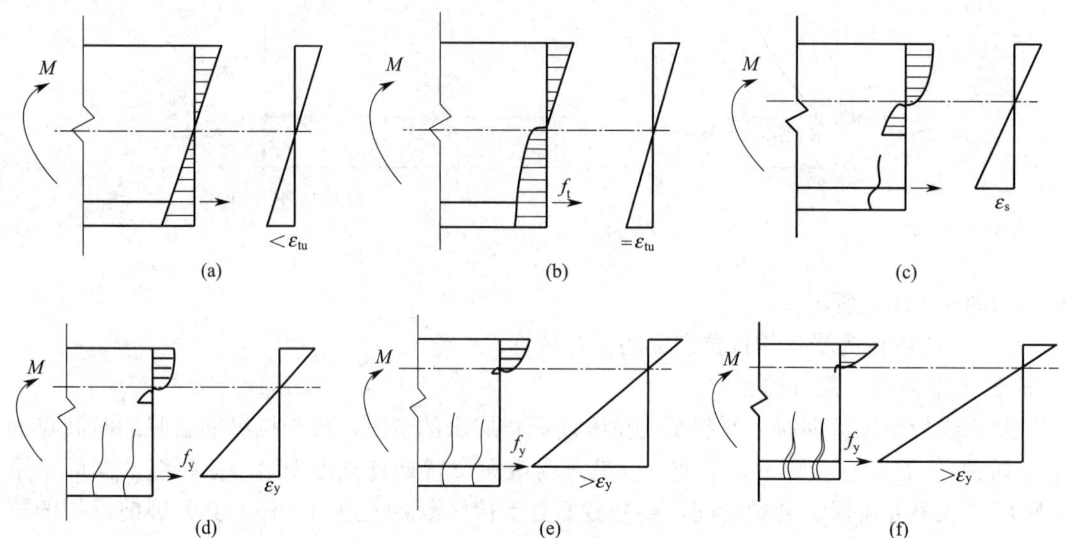

图 3.6 适筋梁受弯全过程的应力应变分布

(a) 第Ⅰ阶段截面应力和应变；(b) Ⅰ$_a$ 阶段截面应力和应变；(c) 第Ⅱ阶段截面应力和应变；(d) Ⅱ$_a$ 阶段截面应力和应变；(e) 第Ⅲ阶段截面应力和应变；(f) Ⅲ$_a$ 阶段截面应力和应变

3.2.2 正截面受弯的三种破坏形态

正截面破坏形态与纵向受拉钢筋配筋百分率 ρ 有关。根据纵向受拉钢筋配筋率的大小，可以将受弯构件正截面的破坏形态分成适筋破坏、超筋破坏和少筋破坏三种，如图 3.7 所示。

1. 适筋破坏形态 ($\rho_{min}h/h_0 \leqslant \rho \leqslant \rho_b$)

其特点是纵向受拉钢筋先屈服，裂缝急剧开展，挠度明显增加，受压区混凝土随后压碎，属于延性破坏类型。这种破坏既能充分利用钢筋和混凝土的强度，破坏前又具有较大的塑性变形，给人以明显的破坏预兆，实际设计时必须将受弯构件设计成适筋构件。

2. 超筋破坏形态 ($\rho > \rho_b$)

其特点是混凝土受压区先压碎，纵向受拉钢筋不屈服，故属于脆性破坏类型。超筋梁虽配置过多的受拉钢筋，但由于梁破坏时其应力低于屈服强度，不能充分发挥作用，造成钢材的浪费。这不仅不经济，且破坏前没有预兆，故设计中不允许采用超筋梁。

3. 少筋破坏形态 ($\rho < \rho_{min}h/h_0$)

其特点是受拉区混混凝土一裂就坏，裂缝往往只有一条，不仅开展宽度很大，且沿梁高延伸较高。同时它的承载力取决于混凝土的抗拉强度，属于脆性破坏类型，故在土木工程中不允许采用。

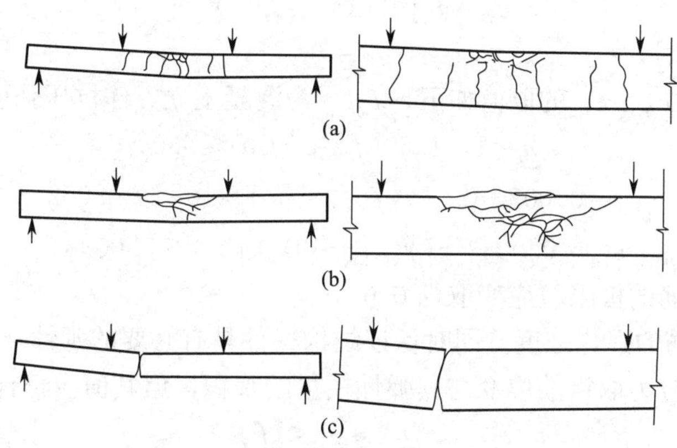

图 3.7　梁的三种破坏形态

(a) 适筋破坏；(b) 超筋破坏；(c) 少筋破坏

3.2.3　界限破坏与界限配筋率

由前述所知，适筋梁与超筋梁的界限是 $\rho=\rho_b$，把 $\rho=\rho_b$ 时的破坏形态称为“界限破坏”。在此状态时，受拉钢筋达到屈服强度的同时受压区混凝土被压碎，ρ_b 实际上就是梁的配筋率的上限。界限破坏也是适筋破坏，按照界限破坏设计的梁也是适筋梁，称 ρ_b 为界限配筋率。理论上，我们可以通过配筋率的大小来判断某梁是否为超筋梁，但对设计而言，很难预知配筋量的多少，因此在设计时往往是通过相对受压区和界限相对受压区高度来判断，这一问题将在 3.3.3 节中介绍。

少筋梁与适筋梁的界限是 $\rho=\rho_{min}h/h_0$，至于原因及最小配筋率的定义和确定，将在 3.3.4 节中介绍。

3.3　正截面受弯承载力计算的基本规定

3.3.1　基本假定

1. 截面应变保持平面

实验表明，在纵向受拉钢筋的应力达到屈服强度之前及达到屈服强度后的一定塑性转动范围内，截面的平均应变基本符合平截面假定。因此，按照平截面假定建立判别纵向受拉钢筋是否屈服的界限条件和确定屈服之前钢筋的应力 σ_s 是合理的。平截面假定作为计算手段，即使钢筋已达屈服，甚至进入强化段时，也还是可行的，计算值与试验值符合较好。

引用平截面假定可以将各种类型截面（包括周边配筋截面）在单向或双向受力情况下的正截面承载力计算贯穿起来，提高了计算方法的逻辑性和条理性，使计算公式具有明确的物理概念。

2. 不考虑混凝土的抗拉强度

因为混凝土的抗拉强度很小，仅为抗压强度的 1/15 左右，且混凝土拉力的合力点距离中和轴太近，能提供的力矩太小。

3. 混凝土受压的应力与应变关系曲线按下列规定取用：

当 $\varepsilon_c \leqslant \varepsilon_0$ 时，　　$\sigma_c = f_c[1-(1-\varepsilon_c/\varepsilon_c)^n]$　　(3.2)

当 $\varepsilon_0 < \varepsilon_c \leqslant \varepsilon_{cu}$ 时，　　$\sigma_c = f_c$　　(3.3)

式中，参数 n、ε_0、ε_{cu} 的取值如下，$f_{cu,k}$ 为混凝土立方体抗压强度标准值。

$$n = 2 - 1/60(f_{cu,k} - 50) \leqslant 2.0 \tag{3.4}$$

$$\varepsilon_0 = 0.002 + 0.5 \times (f_{cu,k} - 50) \times 10^{-5} \geqslant 0.002 \tag{3.5}$$

$$\varepsilon_{cu} = 0.0033 - (f_{cu,k} - 50) \times 10^{-5} \leqslant 0.0033 \tag{3.6}$$

4. 纵向受拉钢筋的极限拉应变取为 0.01

主要是限制钢筋的强化强度，同时保证结构构件具有必要的延性。

5. 纵向钢筋的应力取钢筋应变与其弹性模量的乘积，但其值应符合下列要求：

$$-f'_y \leqslant \sigma_{si} \leqslant f_y \tag{3.7}$$

式中　σ_{si}——第 i 层纵向普通钢筋的应力，正值代表拉应力，负值代表压应力。

3.3.2　等效矩形应力图

1. 受压区混凝土的压应力的合力及其作用点位置

受压区混凝土的压力图形（图 3.8）符合混凝土受压应力-应变曲线（图 3.9）的变化规律。但两者横坐标不同，图 3.8 是压应力关于受压区高度 $y=0 \sim x_c$（理论中和轴的高度）的函数，图 3.9 是压应力关于受压应变 $\varepsilon_c = 0 \sim \varepsilon_{cu}$ 的函数。

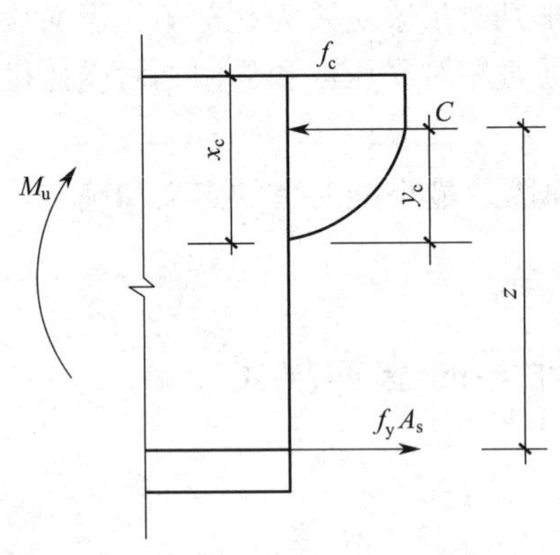

图 3.8　压力图形

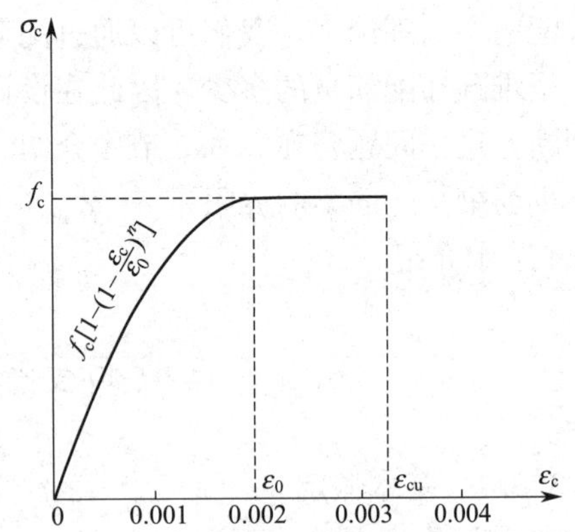

图 3.9　混凝土受压应力-应变曲线

由图 3.8 可知，受压区混凝土的合力：

$$C = \int_0^{\varepsilon_c} \sigma_c(\varepsilon_c) b \mathrm{d}y \tag{3.8}$$

式中　C——受压区混凝土的合力；

σ_c——受压区混凝土的压应力；

b——梁截面宽度。

合力 C 到中和轴 y_c 的距离

$$y_c = \frac{\int_0^{\varepsilon_c} \sigma_c(\varepsilon_c) b y \mathrm{d}y}{\int_0^{\varepsilon_c} \sigma_c(\varepsilon_c) b \mathrm{d}y} = \frac{\int_0^{\varepsilon_c} \sigma_c(\varepsilon_c) y \mathrm{d}y}{\int_0^{\varepsilon_c} \sigma_c(\varepsilon_c) \mathrm{d}y} \tag{3.9}$$

根据平截面假定：

$$\varepsilon_c = \frac{\varepsilon_{cu}}{x_c} y \tag{3.10}$$

可有：

$$y = \frac{\varepsilon_{cu}}{x_c} \varepsilon_c \tag{3.11}$$

$$dy = \frac{\varepsilon_{cu}}{x_c} d\varepsilon_c \tag{3.12}$$

因此：

$$C = \int_0^{\varepsilon_c} \sigma_c(\varepsilon_c) b \frac{x_c}{\varepsilon_{cu}} d\varepsilon_c = x_c b \frac{C_{cu}}{\varepsilon_{cu}} = k_1 f_c b x_c \tag{3.13}$$

$$y_c = \frac{\int_0^{\varepsilon_c} \sigma_c(\varepsilon_c) b \left(\frac{x_c}{\varepsilon_{cu}}\right)^2 \varepsilon_c d\varepsilon_c}{x_c b \frac{C_{cu}}{\varepsilon_{cu}}} = x_c \frac{y_{cu}}{\varepsilon_{cu}} = k_2 x_c \tag{3.14}$$

式中　x_c——中和轴高度，即受压区的理论高度；

y_c——合力 C 到中和轴的距离；

k_1、k_2——混凝土受压应力应变曲线系数，见表 3.2。

混凝土受压应力应变曲线系数　　**表 3.2**

强度等级	≤C50	C60	C70	C80
k_1	0.797	0.774	0.746	0.713
k_2	0.588	0.598	0.608	0.619

2. 等效矩形应力图

在实际计算时，若已知受压区压应力的合力的大小和合力点的位置即可列出力的平衡和力矩的平衡方程。因此，为简化计算，提出等效矩形应力图。即将图 3.8 中受压区混凝土的应力图形等效成图 3.10(a) 中虚线所示的受压应力图形。需要说明的是，受压区混凝土的合力是指受压区域整个面积上的合力，如图 3.10(b) 所示。

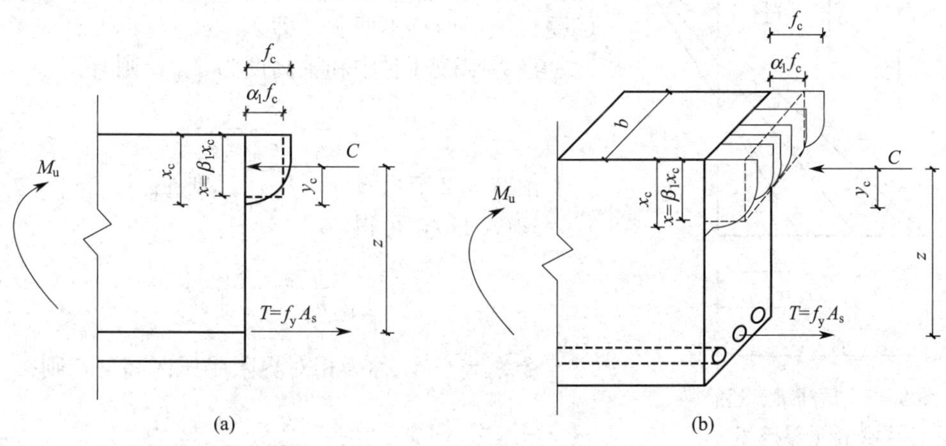

图 3.10　等效矩形应力图

图 3.8 和图 3.10(a) 等效的条件是：

(1) 压应力合力 C 的大小不变；

(2) 合力 C 的作用点位置不变。

设等效矩形应力图中混凝土的压应力大小为 $\alpha_1 f_c$，受压高度为 x 则按等效原则：

$$C=\alpha_1 f_c bx=k_1 f_c bx_c \tag{3.15}$$

$$x=2(x_c-y_c)=2(1-k_1)x_c \tag{3.16}$$

令 $\beta_1=\dfrac{x}{x_c}=2\ (1-k_1)$，$\alpha_1=\dfrac{k_1}{\beta_1}=\dfrac{k_1}{2\ (1-k_2)}$。

根据 k_1、k_2 可计算出 α_1 和 β_1，见表 3.3。α_1 和 β_1 仅与混凝土应力-应变曲线有关，称为等效矩形应力图系数。系数 α_1 是受压区混凝土应力图的应力值与混凝土轴心抗压强度设计值的比值；系数 β_1 是矩形应力图受压区高度 x 与理论中和轴高度 x_c 的比值。当混凝土强度等级不超过 C50 时，α_1 取为 1.0，当混凝土强度等级为 C80 时，α_1 取为 0.94，其间按线性内插法确定；当混凝土强度等级不超过 C50 时，β_1 取为 0.80，当混凝土强度等级为 C80 时，β_1 取为 0.74，其间按线性内插法确定。

混凝土受压区等效矩形应力图系数 **表 3.3**

	≤C50	C55	C60	C65	C70	C75	C80
α_1	1.0	0.99	0.98	0.97	0.96	0.95	0.94
β_1	0.8	0.79	0.78	0.77	0.76	0.75	0.74

3.3.3 界限受压区高度与界限相对受压区高度

如 3.2.3 节中介绍，可以通过界限受压区高度或界限相对受压区高度来判断适筋梁与超筋梁。根据平截面假定，适筋梁、超筋梁和界限配筋梁破坏时的正截面平均应变如图 3.11 所示，其中，a 为界限配筋梁，b 为适筋梁，c 为超筋梁。按照前文所述，三种破坏状态下受压区混凝土被压碎时，混凝土受压边缘纤维均达到其极限压应变 ε_{cu}。此时，适筋梁的受拉纵筋已先屈服，故受拉纵筋的应变将大于屈服应变，即 $\varepsilon_s>\varepsilon_y$；界限破坏梁的受拉纵筋刚好屈服，即 $\varepsilon_s=\varepsilon_y$；而超筋梁的受拉纵筋始终不屈服，即 $\varepsilon_s<\varepsilon_y$。

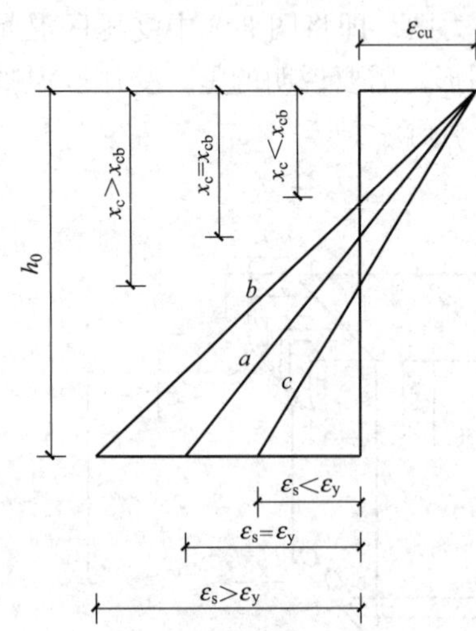

图 3.11 适筋梁、超筋梁、界限配筋梁破坏时的正截面平均应变图

设界限破坏时中和轴高度为 x_{cb}，则有：

$$\frac{x_{cb}}{h_0}=\frac{\varepsilon_{cu}}{\varepsilon_{cu}+\varepsilon_y} \tag{3.17}$$

由 3.3.2 节可知 $x=\beta_1 x_c$，则 $x_b=\beta_1 x_{cb}$，并将其代入式(3.17)，可得：

$$\frac{x_b}{\beta_1 h_0}=\frac{\varepsilon_{cu}}{\varepsilon_{cu}+\varepsilon_y} \tag{3.18}$$

令 $\xi_b=\dfrac{x_b}{h_0}$，称为相对界限受压区高度，则：

$$\xi_b=\frac{x_b}{h_0}=\frac{\beta_1\varepsilon_{cu}}{\varepsilon_{cu}+\varepsilon_y}=\frac{\beta_1}{1+\dfrac{\varepsilon_y}{\varepsilon_{cu}}} \tag{3.19}$$

又因为，$\varepsilon_y=f_y/E_s$，则式(3.19) 可以写成：

$$\xi_b=\frac{\beta_1}{1+\frac{f_y}{E_s\varepsilon_{cu}}} \tag{3.20}$$

式中　h_0——截面有效高度；

x_b——界限受压区高度；

f_y——纵向钢筋的抗拉强度设计值；

ε_{cu}——非均匀受压时混凝土极限压应变值，按式(3.6) 计算。

由式(3.20) 可知，界限相对受压区高度与使用的混凝土和钢筋材料有关，与截面形式和大小无关。由式(3.20) 算得的 ξ_b 见表 3.4。

相对界限受压区高度 ξ_b 和截面最大抵抗矩 $\alpha_{s,max}$　　**表 3.4**

混凝土强度等级	≤C50			C60		
钢筋强度等级	300MPa	400MPa	500MPa	300MPa	400MPa	500MPa
ξ_b	0.576	0.518	0.482	0.557	0.499	0.464
$\alpha_{s,max}$	0.410	0.384	0.366	0.402	0.375	0.356
混凝土强度等级	C70			C80		
钢筋强度等级	300MPa	400MPa	500MPa	300MPa	400MPa	500MPa
ξ_b	0.537	0.481	0.447	0.518	0.463	0.429
$\alpha_{s,max}$	0.393	0.365	0.347	0.384	0.356	0.337

通过受压区高度或相对受压区高度判断适筋梁和超筋梁的方法如下：

(1) 当 $x>x_b$ ($\xi>\xi_b$) 时，为超筋梁；

(2) 当 $x<x_b$ ($\xi<\xi_b$) 时，为适筋梁；

(3) 当 $x=x_b$ ($\xi=\xi_b$) 时，为平衡配筋梁（即受拉纵筋屈服的同时，受压区混凝土被压碎)。

3.3.4　最小配筋率

裂缝一旦出现，钢筋同时达到屈服，此时配筋率称为 ρ_{min}，它是区分适筋和少筋的界限。可见，梁的配筋应满足 $\rho_{min}h/h_0\leqslant\rho\leqslant\rho_b$ 的要求。注意，这里用 $\rho_{min}h/h_0$ 而不用 ρ_{min}，是 ρ_{min} 是按 A_s/bh 来定义的。

《混凝土结构通用规范》GB 55008—2021 规定了各类构件的最小配筋率，见附表 1-18。本章常用的梁内纵向受拉钢筋的配筋率不应小于 0.2%和 ($45f_t/f_y$)%中的较大者；对于板（非悬臂构件-柱支承板）来说，当采用 500MPa 的钢筋时，最小配筋率不应小于 0.15%和 ($45f_t/f_y$)%中的较大者，这是因为受弯板类构件的混凝土强度一般不超过 C30，配筋基本上全都由配筋率常数限值控制，对于高强度的 500MPa 钢筋，其强度得不到发挥，故对此类情况的最小配筋率常数限值定为 0.15%，实际使用时仍可保证结构的安全。另外，对于卧置于地基上的混凝土板（如独立基础的底板、筏板基础的底板等)，板中受拉钢筋的最小配筋率可适当降低，但不应小于 0.15%。

3.4 单筋矩形截面受弯构件正截面承载力计算

首先，必须要明确“单筋截面”是指只在受拉区配置受拉钢筋的截面，3.5 节中的“双筋截面”是指既在受拉区配置受拉钢筋又在受压区配置受压钢筋的截面。当然，单筋截面的受压区仍需要配置一定数量的“构造钢筋”，构造钢筋只起到和受拉钢筋以及箍筋共同组成钢筋骨架（即俗称的“钢筋笼”）的作用，而在承载力计算时不考虑其对受弯承载力的贡献。

3.4.1 基本计算公式和适用条件

单筋矩形截面适筋受弯构件，其正截面受弯承载力计算简图如图 3.12 所示。图中的 x 为“混凝土受压区高度”；z 为受压区混凝土合力点到受拉钢筋合力的距离，又称为“内力臂”。

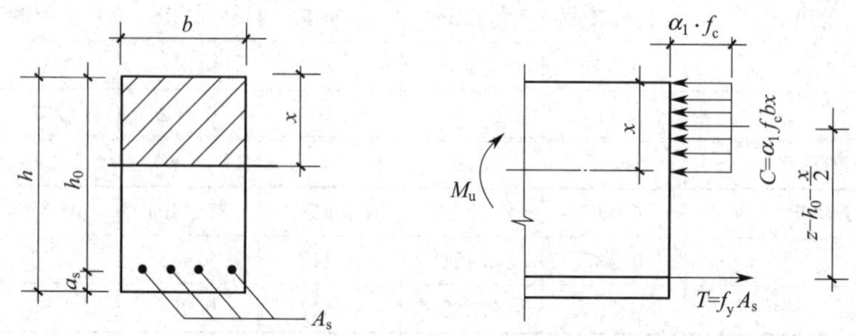

图 3.12 单筋矩形截面适筋受弯构件正截面受弯承载力计算简图

由静力的平衡条件，可得：

$$\sum X=0,\ \alpha_1 f_c bx-f_y A_s=0,\ 即\ \alpha_1 f_c bx=f_y A_s \tag{3.21}$$

$$\sum M=0,\ M_u=\alpha_1 f_c bx\ (h_0-x/2) \tag{3.22}$$

$$或\ M_u=f_y A_s\ (h_0-x/2) \tag{3.23}$$

式(3.22) 是对受拉钢筋合力点建立的力矩平衡方程，用于截面设计类问题；式(3.23) 是对受压区混凝土合力点建立的力矩平衡方程，用于截面承载力校核类问题。

由于式(3.21) ~式(3.23) 是建立在受拉纵筋屈服且受压区混凝土被压碎的情况（即适筋梁）之下，故必须满足以下两个适用条件：

(1) 不能出现超筋破坏，即 $x \leqslant x_b=\xi_b h_0$；

(2) 不能出现少筋破坏，即 $\rho \geqslant \rho_{min} h/h_0$。

3.4.2 截面承载力计算的两类问题及计算方法

承载力计算实际上是要解决各类基本构件的“两类问题”：一是，针对给定的截面内力设计出合理截面大小、混凝土强度、配筋数量等，此之谓“截面设计类问题”；二是，给定构件某截面的尺寸、材料强度、配筋等信息，判断在给定内力的情况下截面是否安全，此之谓“截面校核类问题”。下面就这两类问题分别介绍其计算方法。

1. 截面设计类问题

问题：已知截面尺寸 $b \times h$，混凝土强度等级和钢筋强度等级，弯矩设计值 M。求受拉纵筋的截面面积 A_s，并根据构造要求选取钢筋直径和根数。

在解决这类问题时，通常是在截面弯矩设计值 M 已知的情况下进行的，令 $M=M_u$，根据其他已知条件（如截面尺寸 b 和 h，混凝土强度等级，钢筋强度等级，环境类别等）建立两个平衡方程并求解得出 x 和 A_s，同时需满足适用条件。

关于 a_s 的确定：可按图 3.2 和图 3.3 确定，但由于此时纵筋的直径、根数、层数和保护层厚度以及箍筋直径等信息均未知，因此，在计算时往往需要预先估计 a_s 的值。

当环境类别为一类时，一般取：

梁内一层钢筋时，取 $a_s=40$mm；

梁内二层钢筋时，取 $a_s=65$mm；

对于板，取 $a_s=20$mm。

当环境类别为二～三类时，可用上述预估 a_s 值加上该环境类别与一类环境所规定的保护层厚度之差。

对于截面校核类问题，则根据实际情况计算得到。

截面设计类问题解决流程如图 3.13 所示。

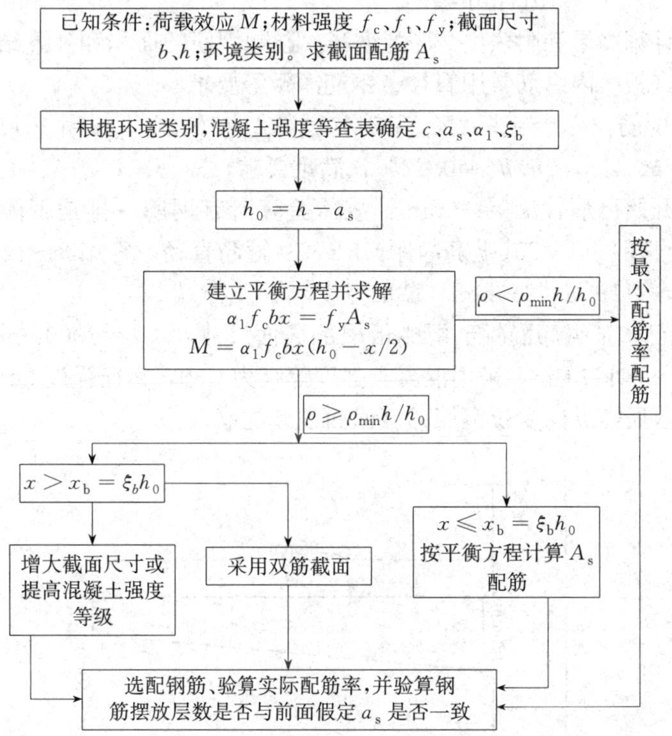

图 3.13 单筋矩形截面受弯构件正截面设计类问题解题流程图

【例题 3.1】 已知某矩形梁，截面尺寸 $b\times h=250\text{mm}\times500\text{mm}$，环境类别为一类，承受弯矩设计值为 180kN·m，混凝土强度等级为 C30，钢筋采用 HRB500 级钢筋。求：所需的纵向受拉钢筋截面面积并配筋。

【解】（1）设计参数

混凝土强度为 C30，查附表 1-3 和附表 1-4 可得，$f_c=14.3\text{N/mm}^2$；$f_t=1.43\text{N/mm}^2$；钢筋强度等级为 HRB500，查附表 1-11 可得，$f_y=435\text{N/mm}^2$；查表 3.3 和表 3.4

可知，$\alpha_1=1.0$；$\xi_b=0.482$；由于环境类别为一类，可先按一层钢筋假设 $a_s=40$mm；则可计算出：$h_0=h-a_s=500-40=460$mm。

（2）列平衡方程并求解

$$\begin{cases}\alpha_1 f_c bx=f_y A_s\\ M=\alpha_1 f_c bx\left(h_0-\dfrac{x}{2}\right)\end{cases}$$

代入数据

$$\begin{cases}1.0\times14.3\times250x=435\times A_s\\ 180\times10^6=1.0\times14.3\times250x\left(460-\dfrac{x}{2}\right)\end{cases}$$

解得：$x=127$mm；$A_s=1043.7\text{mm}^2$。

（3）验算适用条件和选配钢筋

①验算是否超筋：$x_b=\xi_b h_0=0.482\times460=221.7\text{mm}>x$，满足要求。

②选配：4Φ18，$A_s=1017\text{mm}^2$。

注意：根据计算结果和附表 2-1 选配钢筋；选配钢筋的面积和计算结果相差宜在±5%以内；应考虑梁（板）内纵筋常用直径、钢筋净距等要求。

③验算是否少筋：$\rho_{min}=\{0.2\%,45f_t/f_y\%\}_{max}=0.2\%$，$\rho=[1017/(250\times460)]\times100\%=0.88\%$，故 $\rho>\rho_{min}h/h_0=0.22\%$，满足要求。

由于本题一开始已假设 $a_s=40$mm，故需验算所有钢筋一排是否能放得下，方法如下：4×18(纵筋直径)＋3×25(纵筋净距)＋2×8(箍筋直径，常用 8～12mm)＋2×20(保护层厚度)＝203～211mm＜250mm（截面宽度），可以。

【例题 3.2】已知某钢筋混凝土雨棚板根部截面尺寸 $b\times h=1000\text{mm}\times120\text{mm}$，承受弯矩设计值 $M=-50\text{kN}\cdot\text{m}$，采用混凝土强度等级为 C30，钢筋强度等级为 HRB400，环境类别为一类。求所需纵向受拉钢筋的截面面积和配筋。

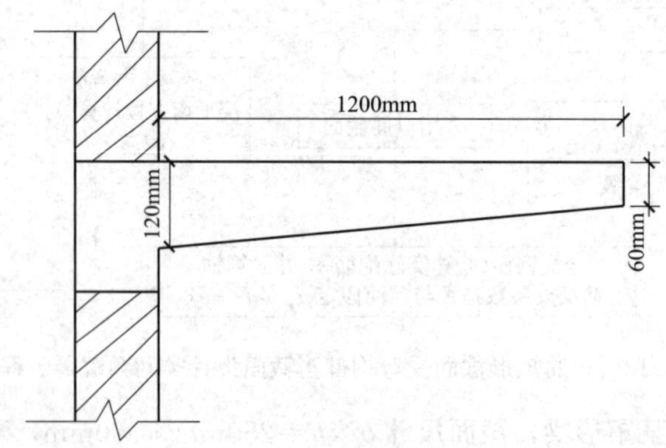

图 3.14 例题 3.2 图

【解】（1）设计参数

混凝土强度为 C30，查附表 1-3 和附表 1-4 可得，$f_c=14.3\text{N/mm}^2$；$f_t=1.43\text{N/mm}^2$；钢筋强度等级为 HRB400，查附表 1-11 可得，$f_y=360\text{N/mm}^2$；查表 3.3 和表 3.4

可知，$\alpha_1=1.0$；$\xi_b=0.518$；由于环境类别为一类，可先按一层钢筋假设 $a_s=20$mm；则可计算出：$h_0=h-a_s=120-20=100$mm。

（2）列平衡方程并求解

$$\begin{cases}\alpha_1 f_c bx=f_y A_s\\ M=\alpha_1 f_c bx\left(h_0-\dfrac{x}{2}\right)\end{cases}$$

代入数据：

$$\begin{cases}1.0\times14.3\times1000x=360\times A_s\\ 50\times10^6=1.0\times14.3\times1000x\left(100-\dfrac{x}{2}\right)\end{cases}$$

解得：$x=45.16$mm；$A_s=1793.9\text{mm}^2$。

注意：题目给出的负弯矩代表板截面上边缘受拉，计算时应取其绝对值，计算出的受拉钢筋面积亦为正值。

（3）验算适用条件和选配钢筋

①验算是否超筋：$x_b=\xi_b h_0=0.518\times100=51.8$（mm）$>x$，说明此板非超筋板，满足要求。

②选配钢筋：⌀12/14@75，$A_s=1780$（mm^2）。

⌀12/14@75 的含义：选用钢筋为 HRB400 级，直径为 12mm 和 14mm 两种，钢筋间距为 75mm；同时，两种直径的钢筋需要间隔布置。

③验算是否少筋：$\rho_{\min}=\{0.20\%, 45f_t/f_y\%\}_{\max}=0.2\%$，$\rho=[1780/(1000\times100)]\times100\%=1.78\%$，$\rho>\rho_{\min}h/h_0=0.24\%$，满足要求。

注意：受拉钢筋应配置梁（板）的受拉一侧！此题选配的受拉钢筋应放置截面上边缘内侧。

2. 截面校核类问题

问题：已知截面尺寸 $b\times h$，混凝土强度等级和钢筋强度等级，受拉纵筋的截面面积 A_s，弯矩设计值 M。求该截面的受弯承载力 M_u，判定该截面是否安全。

先验算给定配筋是否满足最小配筋率的要求，若 $\rho<\rho_{\min}h/h_0$，则表明该梁为少筋梁，此时可按式(3.24）计算其 M_u；若 $\rho\geqslant\rho_{\min}h/h_0$，按式(3.21）计算受压区高度 x 值，当 $x>x_b$ 时，说明该梁为超筋梁，则应取 $x=x_b$，并按式(3.22）计算 M_u；当 $x\leqslant x_b$ 时，说明该梁为适筋梁，按式(3.22）计算 M_u 即可。这种计算一般是在设计审核或结构检验鉴定时进行。

少筋梁的正截面受弯承载力设计值 M_u 可近似取素混凝土梁开裂时的弯矩：

$$M_u\approx M_{cr}=0.256f_t bh^2 \tag{3.24}$$

下面就素混凝土梁的开裂弯矩（图 3.15）进行讨论。混凝土临近开裂前，梁的截面应变保持平面。假设混凝土的最大拉应变为轴心受拉峰值应变 $\varepsilon_{t,p}$ 的两倍，即将开裂。这时，受拉区应力分布与轴心受拉应力-应变曲线相似，受压区混凝土的压应力很小，远低于其抗压强度，仍近似按三角形分布。受拉区的应力图简化为梯形，其最大拉应力为 f_t，受压区的应力图简化为三角形，最大压应力为 $2f_t\dfrac{x}{h-x}$。建立平衡方程 $\dfrac{1}{2}bx\cdot2f_t\dfrac{x}{h-x}=$

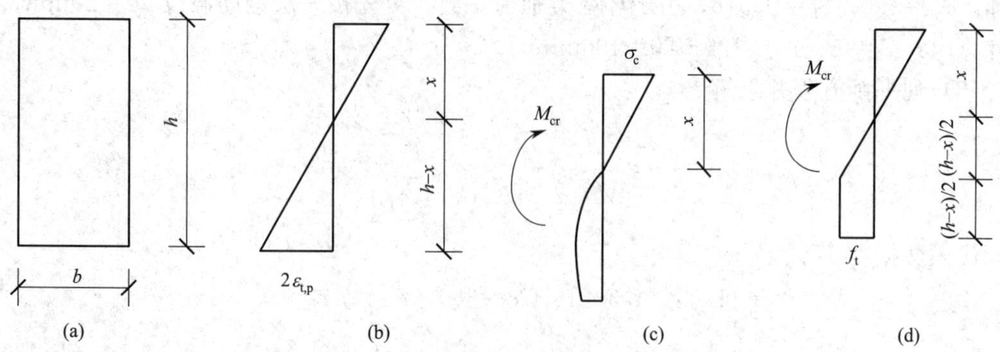

图 3.15　素混凝土梁临近开裂的状态

（a）截面；（b）应变分布；（c）应力分布；（d）计算应力图

$\frac{3}{4}b(h-x)f_{t}$，解得 $x=0.464h$，受压区最大压应力为 $1.731f_{t}$。这样便可求得计算截面的开裂弯矩式(3.24)。

截面校核类问题的解决流程如图 3.16 所示。

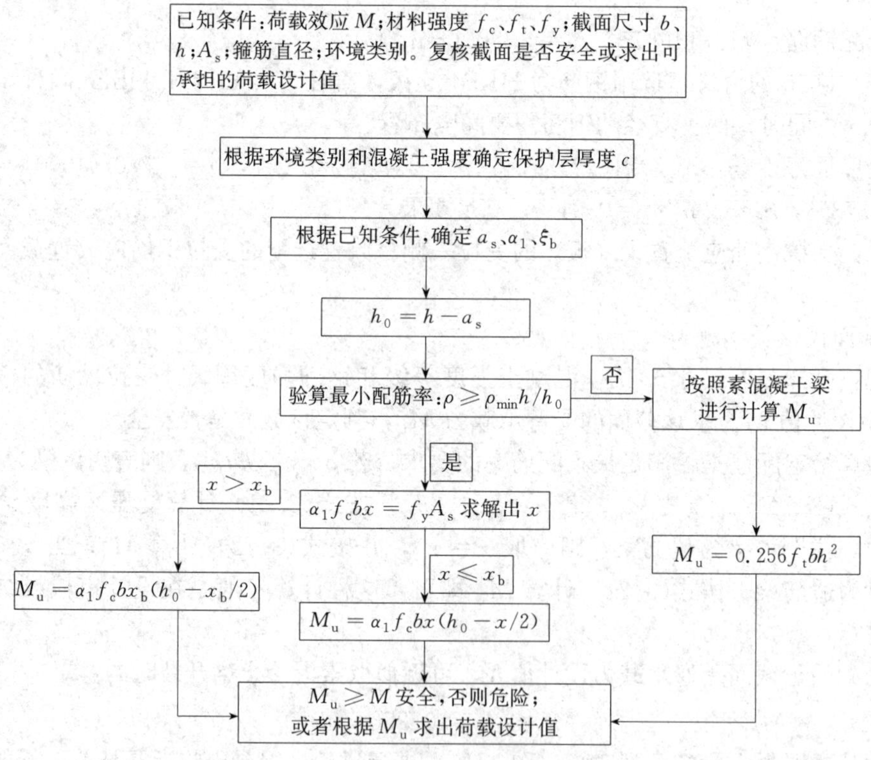

图 3.16　单筋矩形截面受弯构件正截面承载力校核类问题解题流程图

【例题 3.3】 已知矩形梁截面尺寸 $b\times h=250\text{mm}\times 500\text{mm}$；环境类别为一类，承受弯矩设计值为 160kN·m，混凝土强度等级为 C30，纵向受拉钢筋为 4Φ20（$A_{s}=1256\text{mm}^{2}$），箍筋直径为 8mm，保护层厚度 c 为 20mm。复核该截面是否安全。

【解】（1）设计参数

混凝土强度为 C30，查附表 1-3 和附表 1-4 可得，$f_c=14.3\text{N/mm}^2$；$f_t=1.43\text{N/mm}^2$；钢筋强度等级为 HRB400，查附表 1-11 可得，$f_y=360\text{N/mm}^2$；查表 3.3 和表 3.4 可知，$\alpha_1=1.0$；$\xi_b=0.518$；由于环境类别为一类，查附表 1-16 可知最小保护层厚度可取为 20mm；$a_s=20$（保护层厚度）+8（箍筋直径）+10（一排钢筋，0.5 倍纵筋直径）=38mm；则可计算出：$h_0=h-a_s=500-38=462\text{mm}$。

（2）验算最小配筋率

$\frac{A_s}{bh}\times100\%=\frac{1256}{250\times500}\times100\%=1.004\%$，$\rho_{min}=\{0.2\%,(45f_t/f_y)\%\}_{max}=0.2\%$，

$\frac{A_s}{bh}\times100\%>\rho_{min}$，说明该梁不是少筋梁。

（3）计算受压区高度并判断是否为超筋梁

$\alpha_1 f_c bx=f_y A_s$，代入数据，$1.0\times14.3\times250x=360\times1256$。

解得：$x=126.48\text{mm}$；$x_b=\xi_b h_0=0.518\times462=239.32\text{mm}>x$，说明该梁不是超筋梁。

（4）计算 M_u，并判断是否安全

按适筋梁计算：

$M_u=\alpha_1 f_c bx(h_0-x/2)=1.0\times14.3\times250x(462-x/2)=180.31\text{kN}\cdot\text{m}$，$M_u>M=160\text{kN}\cdot\text{m}$，说明该截面安全。

3.4.3 正截面受弯承载力的计算系数与计算方法

由力矩平衡方程 $M=\alpha_1 f_c bx(h_0-\frac{x}{2})$ 及 $x=\xi h_0$ 可知：

$$M=\alpha_1 f_c b\xi h_0\left(h_0-\frac{\xi h_0}{2}\right)=\alpha_1 f_c b\xi h_0^2(1-\frac{\xi}{2})=\alpha_1 f_c bh_0^2\xi\left(1-\frac{\xi}{2}\right)$$

令 $\alpha_s=\xi(1-0.5\xi)$，则：

$$\alpha_s=\frac{M}{\alpha_1 f_c bh_0^2} \tag{3.25}$$

式中 α_s——截面抵抗矩系数。

令内力臂 z 和截面有效高度 h_0 的比值为 γ_s，即：

$$\gamma_s=\frac{z}{h_0}=\frac{h_0-0.5x}{h_0}=\frac{h_0-0.5\xi h_0}{h_0}=1-0.5\xi \tag{3.26}$$

式中 γ_s——内力距的内力臂系数，内力臂 $z=\gamma_s h_0$。

由 $\alpha_s=\xi$（$1-0.5\xi$），可以解得：

$$\xi=1-\sqrt{1-2\alpha_s} \tag{3.27}$$

$$\gamma_s=\frac{1+\sqrt{1-2\alpha_s}}{2} \tag{3.28}$$

又因为 $M=f_y A_s\left(h_0-\frac{x}{2}\right)=f_y A_s z=f_y A_s\gamma_s h_0$，可得：

$$A_s=\frac{M}{f_y\gamma_s h_0} \tag{3.29}$$

因此，单筋矩形截面的最大受弯承载力：

$$M_{u,max}=\alpha_{s,max}\alpha_1 f_c bh_0^2 \tag{3.30}$$

$$\alpha_{s,max}=\xi_b(1-0.5\xi_b) \tag{3.31}$$

式中　$\alpha_{s,max}$——截面的最大抵抗矩系数，见表 3.4。

由力的平衡方程式(3.21) 可知，单筋矩形截面纵向受拉钢筋的最大截面面积为：

$$A_{s,max}=\frac{\xi_b\alpha_1 f_c bh_0}{f_y} \tag{3.32}$$

【例题 3.4】 已知某矩形梁，截面尺寸 $b\times h=200\text{mm}\times500\text{mm}$，环境类别为一类，承受弯矩设计值为 150kN·m，混凝土强度等级为 C30，钢筋采用 HRB400 级钢筋。求：所需的纵向受拉钢筋截面面积并配筋（利用计算系数法）。

【解】（1）设计参数

混凝土强度为 C30，查附表 1-3 和附表 1-4 可得，$f_c=14.3\text{N/mm}^2$；$f_t=1.43\text{N/mm}^2$；钢筋强度等级为 HRB400，查附表 1-11 可得，$f_y=360\text{N/mm}^2$；查表 3.3 和表 3.4 可知，$\alpha_1=1.0$；$\xi_b=0.518$；由于环境类别为一类，可先按一层钢筋假设 $a_s=40\text{mm}$；则可计算出：$h_0=h-a_s=500-40=460\text{mm}$。

（2）求截面抵抗矩

$$\alpha_s=\frac{M}{\alpha_1 f_c bh_0^2}=\frac{150\times10^6}{1.0\times14.3\times200\times460^2}=0.248$$

（3）求相对受压高度 ξ

$\xi=1-\sqrt{1-2\alpha_s}=1-\sqrt{1-2\times0.248}=0.290<\xi_b=0.518$，满足要求。

（4）求内力臂系数 γ_s

$$\gamma_s=\frac{1+\sqrt{1-2\alpha_s}}{2}=\frac{1+\sqrt{1-2\times0.248}}{2}=0.855$$

（5）计算受拉钢筋面积 A_s

$$A_s=\frac{M}{f_y\gamma_s h_0}=\frac{150\times10^6}{360\times0.855\times460}=1059.4\text{mm}^2$$

（6）选配钢筋并验算最小配筋率

选配 3Φ22，$A_s=1140(\text{mm}^2)$；$\rho_{min}=\{0.2\%,45f_t/f_y\%\}_{max}=0.2\%$，$\rho=[1140/(200\times460)]\times100\%=1.24\%>\rho_{min}h/h_0=0.22\%$，满足要求。

验算钢筋距离：$3\times22+2\times25+2\times(8\sim10)+2\times20=172\sim176(\text{mm})<200\text{mm}$，可以。

3.5　双筋矩形截面受弯构件正截面受弯承载力计算

在截面受压区配置钢筋，协助混凝土承受压力，这种钢筋称为“受压钢筋”，其总面积用 A_s' 表示。既在受拉区配置受拉钢筋又在受压区配置受压钢筋的截面，称为双筋截面。用纵向受压钢筋协助混凝土承受压力是不经济的，因而从承载力计算角度出发，双筋截面只适用于以下情况：

(1) 按单筋截面设计时出现超筋的情况，且截面尺寸和混凝土强度受建筑、施工等因素的限制不能增加时，可在采用双筋截面，即在受压区配置受压钢筋以弥补受压区混凝土抗压承载力不足；

(2) 在不同荷载组合情况下，梁截面承受异号弯矩。

另外，配置受压钢筋还可以起到以下有利作用：

(1) 减小梁在荷载长期作用下的徐变变形，这主要是因为受压钢筋的存在限制受压区混凝土受压徐变的发展；

(2) 提高截面的延性，这是因为在受拉钢筋相同的情况下，配置受压钢筋以后，截面受压区高度 x 将小于仅配置相同受拉钢筋的截面。在设计框架梁时，可将截面内的受压钢筋计算在内，以控制梁端截面混凝土受压区高度（主要是控制负弯矩下截面下部的混凝土受压区高度），从而实现梁端塑性铰区有较大的塑性转动能力的目的，保证框架梁端具有足够的曲率延性。

3.5.1　受压钢筋强度的利用

与单筋截面受弯构件类似，双筋矩形截面受弯构件达到极限弯矩的标志亦是受压区混凝土达到极限压应变 ε_{cu}。双筋矩形截面受弯构件应为适筋梁，则其受拉纵筋要先屈服。根据平截面假定（图3.17），可以计算出受压钢筋的压应变值。

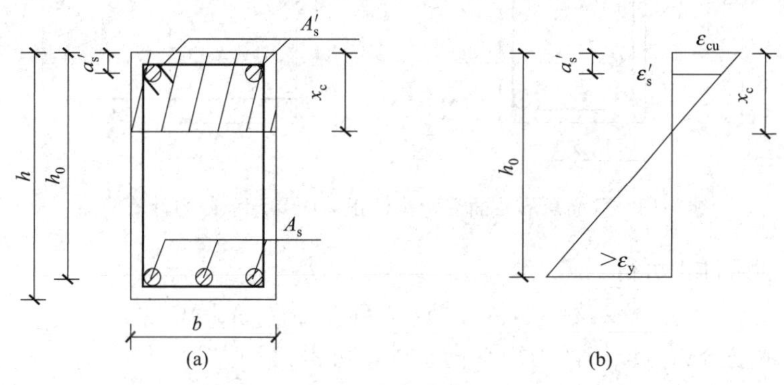

图3.17　受压钢筋的充分利用

(a) 截面配筋；(b) 截面应变分布

受压钢筋的压应变值为：

$$\varepsilon'_s=\frac{x_c-a'_s}{x_c}\varepsilon_{cu}=\left(1-\frac{a'_s}{x/\beta_1}\right)\varepsilon_{cu}$$

若取 $a'_s=0.5x$，则 $\varepsilon'_s=\left(1-\frac{a'_s}{x/\beta_1}\right)\varepsilon_{cu}=(1-0.5\beta_1)\varepsilon_{cu}$。

当 $f_{cu,k}=80\text{N/mm}^2$ 时，$\beta_1=0.74$，$\varepsilon_{cu}=0.003$，可得，$\varepsilon'_s=0.00189$，又由于 $E_s=2.0\times10^5\text{MPa}$，所以，$\sigma'_s=E_s\varepsilon'_s=2.0\times10^5\times0.00189=378\text{N/mm}^2$，对于300MPa和400MPa级钢筋，此时压应力值已超过其屈服强度设计值 f'_y。若 $a'_s>0.5x$，则 ε'_s 将变小，σ'_s 亦变小，受压钢筋可能达不到钢筋的受压屈服强度。a'_s 为受压钢筋合力点到截面受压区边缘的距离。

因此，为保证受压钢筋能够屈服需满足以下条件：$x\geqslant2a'_s$ 或 $z\leqslant h_0-a'_s$。

对于500MPa级钢筋，当取 $x=2a_s'$ 时，达不到其屈服强度设计值 $f_y'=435$MPa。若要使纵向受压钢筋屈服，则要求 $\varepsilon_s'\geqslant 435/200000=0.002175$，即 $\left(1-\frac{\beta_1 a_s'}{x}\right)\varepsilon_{cu}\geqslant 0.002175$，解得 $\frac{a_s'}{x}\leqslant 0.37162$ 或 $x\geqslant 2.69a_s'$。也可以按照《规范》式(6.2.8-1) 或式(6.2.8-3) 计算，确定受压区高度与受压纵筋合力点之间的关系。

此外，为避免纵向受压钢筋可能发生纵向弯曲而向外凸出，而引起保护层剥落甚至受压混凝土过早发生脆性破坏的情况，箍筋应做成封闭式，间距不大于15倍的受压纵筋最小直径且不大于400mm。

3.5.2 基本计算公式和适用条件

在受压钢筋能够满足上述条件时，双筋矩形截面适筋受弯构件的计算简图如图3.18所示。

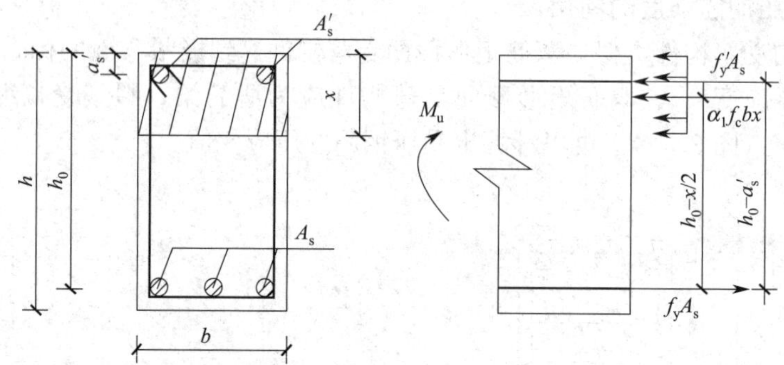

图3.18 双筋矩形截面受弯构件正截面受弯承载力计算简图

由力的平衡条件，可得：

$$\sum X=0,\ \alpha_1 f_c bx+f_y'A_s'-f_yA_s=0 \tag{3.33}$$

由对受拉钢筋合力点取矩的力矩平衡条件，可得：

$$\sum M=0,\ M_u=\alpha_1 f_c bx(h_0-x/2)+f_y'A_s'(h_0-a_s') \tag{3.34}$$

应用式(3.33) 和式(3.34) 时，必须要满足以下适用条件：

(1) 不能出现超筋破坏，即 $x\leqslant x_b=\xi_b h_0$；

(2) 确保受压钢筋屈服，即 $x\geqslant 2a_s'$。

若不满足条件 (2) 时，说明受压钢筋不屈服，受压钢筋的应力不能取 f_y'，且受压区混凝土的合力点位于受压钢筋合力点以上，此时对受压钢筋合力点取矩，可得：

$$M_u=\alpha_1 f_c bx(a_s'-x/2)+f_yA_s(h_0-a_s') \tag{3.35}$$

由于受压区混凝土的合力与受压钢筋合力之间的力臂非常小，可忽略其对受弯承载力的贡献，近似取 $x=2a_s'$，代入式(3.35) 可得：

$$M_u=f_yA_s(h_0-a_s') \tag{3.36}$$

在双筋截面的前提下，截面一般不会出现少筋破坏，因此，无需验算最小配筋率。

3.5.3 截面承载力计算的两类问题及计算方法

1. 截面设计类问题

这类问题可以分为两种情况：一种是受拉纵筋和受压纵筋均未知的情况；另一种是受

压纵筋已知的情况。

1）受拉纵筋和受压纵筋均未知的情况

问题：已知截面尺寸 $b\times h$，混凝土强度等级和钢筋强度等级，弯矩设计值 M。求受压钢筋 A_s' 和受拉钢筋 A_s，并根据构造要求选取钢筋直径和根数。

由式(3.33)和式(3.34)可知，两个基本公式中包含了 x、A_s 和 A_s' 三个未知数，该方程组没有唯一解，故需要在众多解之中确定最优解即总用钢量（A_s+A_s'）最小。

根据式(3.34)，可有：

$$A_s'=\frac{M-\alpha_1 f_c bx\left(h_0-\frac{x}{2}\right)}{f_y'(h_0-a_s')} \tag{3.37}$$

令 $f_y'=f_y$，并代入式(3.33)可得：

$$A_s=A_s'+\frac{\alpha_1 f_c bx}{f_y} \tag{3.38}$$

将式(3.37)和式(3.38)相加，并化简后可得：

$$A_s+A_s'=\frac{\alpha_1 f_c bx}{f_y}+2\frac{M-\alpha_1 f_c bx\left(h_0-\frac{x}{2}\right)}{f_y'(h_0-a_s')}$$

上式对 x 求一阶导数，并令 $\frac{d(A_s+A_s')}{dx}=0$，得到：

$$\frac{d(A_s+A_s')}{dx}=\frac{\alpha_1 f_c b}{f_y}-2\frac{\alpha_1 f_c bh_0}{f_y'(h_0-a_s')}+2\frac{\alpha_1 f_c bx}{f_y'(h_0-a_s')}=0$$

解得：

$$x=0.5(h_0+a_s')$$

则：

$$\xi=\frac{x}{h_0}=0.5\left(1+\frac{a_s'}{h_0}\right)\approx 0.55$$

由表3.4可知，对于HRB400级和HRB500级钢筋来说，$\xi_b\leqslant 0.55$，故在实际设计时可直接取 $\xi=\xi_b$。对HPB300级钢筋，当混凝土强度等级为C60以下时，$\xi_b>0.55$，故此时宜取 $\xi=0.55$。实际上，也可换个角度考虑，只有在充分利用受压区混凝土（即取 $\xi=\xi_b$）的基础上再配置受压钢筋，总用钢量才最少。

双筋矩形截面受弯构件正截面设计解决流程图（受拉纵筋和受压纵筋均未知）如图3.19所示。

【例题3.5】已知矩形梁截面尺寸 $b\times h=250\text{mm}\times 500\text{mm}$；环境类别为一类，承受弯矩设计值为330kN·m，混凝土强度等级为C30，钢筋采用HRB500级钢筋。求：所需的纵向受拉和受压钢筋截面面积并配筋。

【解】(1) 设计参数

混凝土强度为C30，查附表1-3和附表1-4可得，$f_c=14.3\text{N/mm}^2$；$f_t=1.43\text{N/mm}^2$；钢筋强度等级为HRB500，查附表1-11可得，$f_y=f_y'=435\text{N/mm}^2$；查表3.3和表3.4可知，$\alpha_1=1.0$；$\xi_b=0.482$；由于环境类别为一类，可先按二层钢筋假设 $a_s=65\text{mm}$；则可计算出：$h_0=h-a_s=500-65=435\text{mm}$。

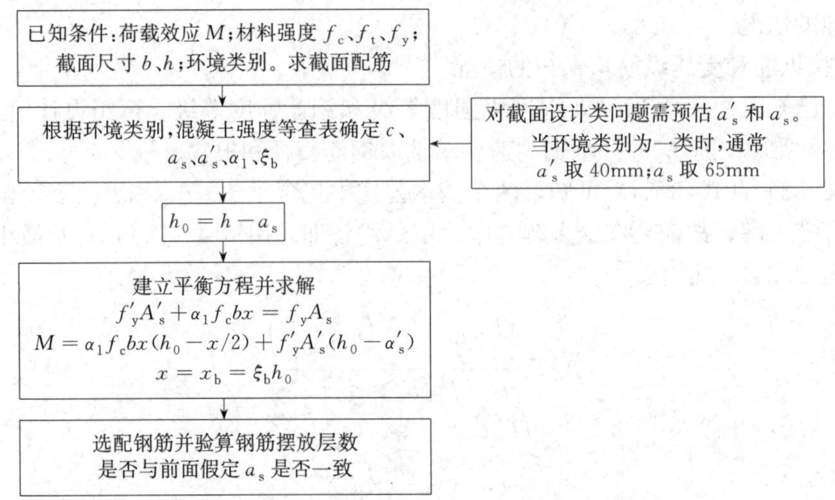

图 3.19　双筋矩形截面受弯构件正截面设计解决流程图（受拉纵筋和受压纵筋均未知）

（2）计算 $M_{u,max}$ 并与设计弯矩比较

$\alpha_{s,max}=0.366$，$M_{u,max}=\alpha_{s,max}\alpha_1f_cbh_0^2=0.366\times1.0\times14.3\times250\times435^2=247.59\text{kN}\cdot\text{m}$，$M_{u,max}<M$，说明如果按单筋设计时，将会出现超筋的情况，若不能增大截面尺寸和提高混凝土强度等级，则应设计成双筋矩形截面。

（3）列平衡方程并求解

$$\begin{cases}f_yA_s=f'_yA'_s+\alpha_1f_cbx\\ M\leqslant M_u=f'_yA'_s(h_0-a'_s)+\alpha_1f_cbx\left(h_0-\dfrac{x}{2}\right)\\ x=x_b\end{cases}$$

代入数据

$$\begin{cases}435A_s=435A'_s+1.0\times14.3\times250x\\ 330\times10^6=435A'_s(435-40)+1.0\times14.3\times250x\left(435-\dfrac{x}{2}\right)\\ x=x_b=0.482\times435=209.7\text{mm}\end{cases}$$

解得：$A_s=2203.5\text{ mm}^2$；$A'_s=480.1\text{mm}^2$。

（4）选配钢筋

受压钢筋，选配 2Φ18，$A'_s=509\text{mm}^2$。

受拉钢筋，选配 4Φ22＋2Φ20，$A_s=2148\text{mm}^2$，注意此时纵向受拉钢筋应放置两排，4Φ22 放置在外侧，2Φ20 放置在内侧。

（5）验算适用条件

$x=x_b=209.7>2\times40=80\text{mm}$，满足要求。

2）受压纵筋已知的情况

问题：已知截面尺寸 $b\times h$，混凝土强度等级和钢筋强度等级，受压钢筋 A'_s，弯矩设计值 M。求受拉钢筋 A_s。

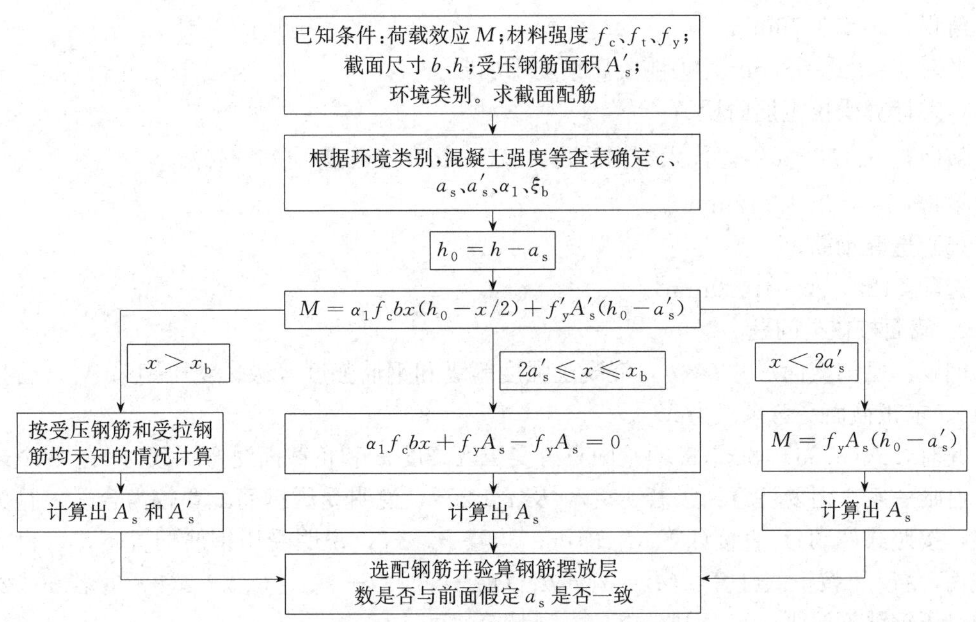

图 3.20 双筋矩形截面受弯构件正截面设计解决流程图（A'_s已知）

由于受压钢筋A'_s已知，式(3.33) 和式(3.34) 中包含了x、A_s两个未知数，便可直接联立求解。但必须注意的是，可能出现三种情况：①若$x\leqslant x_b$及$x\geqslant 2a'_s$，说明受压钢筋配置合适，按照计算出的A_s配筋即可；②若$x>x_b$，说明已配置的受压钢筋不足，仍会形成超筋截面，须按照受压钢筋A'_s未知的情况重新计算；③若$x<2a'_s$，取$x=2a'_s$，按式(3.36) 确定受拉钢筋面积。

双筋矩形截面受弯构件正截面设计解决流程图（受压纵筋已知）如图 3.20 所示。

【例题 3.6】已知矩形梁截面尺寸$b\times h=200\text{mm}\times 500\text{mm}$；环境类别为一类，承受弯矩设计值为 220kN·m，混凝土强度等级为 C30，钢筋采用 HRB400 级钢筋，受压区已配置 3Φ20 的受压钢筋，$A'_s=942\text{mm}^2$。求：所需的纵向受拉截面面积并配筋。

【解】(1) 设计参数

混凝土强度为 C30，查附表 1-3 和附表 1-4 可得，$f_c=14.3\text{N/mm}^2$；$f_t=1.43\text{N/mm}^2$；钢筋强度等级为 HRB400，查附表 1-11 可得，$f_y=f'_y=360\text{N/mm}^2$；查表 3.3 和表 3.4 可知，$\alpha_1=1.0$；$\xi_b=0.518$；由于环境类别为一类，可先按二层钢筋假设$a_s=65\text{mm}$；则可计算出：$h_0=h-a_s=500-65=435\text{mm}$。

(2) 计算$M_{u,max}$并与设计弯矩比较

$\alpha_{s,max}=0.384$，$M_{u,max}=\alpha_{s,max}\alpha_1 f_c bh_0^2=0.384\times 1.0\times 14.3\times 200\times 435^2=207.81\text{kN}\cdot\text{m}<M$，说明如果按单筋设计时，将会出现超筋的情况，若不能增大截面尺寸和提高混凝土强度等级，则应设计成双筋矩形截面。

(3) 求受压区高度x

$M=f'_y A'_s(h_0-a'_s)+\alpha_1 f_c bx\left(h_0-\dfrac{x}{2}\right)$，代入数据后得，$220\times 10^6=360\times 942\times(435-40)+1.0\times 14.3\times 200x\left(435-\dfrac{x}{2}\right)$。

解得：$x=75.76\text{mm}$。

此时 $x<2a'_s=80\text{mm}$，说明受压钢筋不屈服。

(4) 计算受拉钢筋面积 A_s

$M=f_yA_s(h_0-a'_s)$，代入数据后得，$220\times10^6=360A_s(435-40)$。

解得：$A_s=1547.12\text{mm}^2$。

(5) 选配钢筋

选配 4Φ22，$A_s=1520\text{mm}^2$。

2. 截面校核类问题

问题：已知截面尺寸 $b\times h$，混凝土强度等级和钢筋强度等级，受压钢筋 A'_s，受拉钢筋 A_s。求正截面受弯承载力 M_u。

此时，式(3.33) 和式(3.34) 中只有受压区高度 x 和正截面受弯承载力 M_u 两个未知数，有唯一解。但要注意：①若 $x\leqslant x_b$ 及 $x\geqslant 2a'_s$，说明受压钢筋配置较为合适，且为适筋梁，按照式(3.34) 直接计算 M_u 即可；②若 $x>x_b$，说明受压钢筋配置不足，仍为超筋截面，M_u 可按下式计算：$M_u=\alpha_1f_cbx_b(h_0-x_b/2)+f'_yA'_s(h_0-a'_s)$；③若 $x<2a'_s$，说明受压钢筋不屈服，M_u 可按式(3.36) 计算。

双筋矩形截面受弯构件正截面承载力校核类问题解决流程如图 3.21 所示。

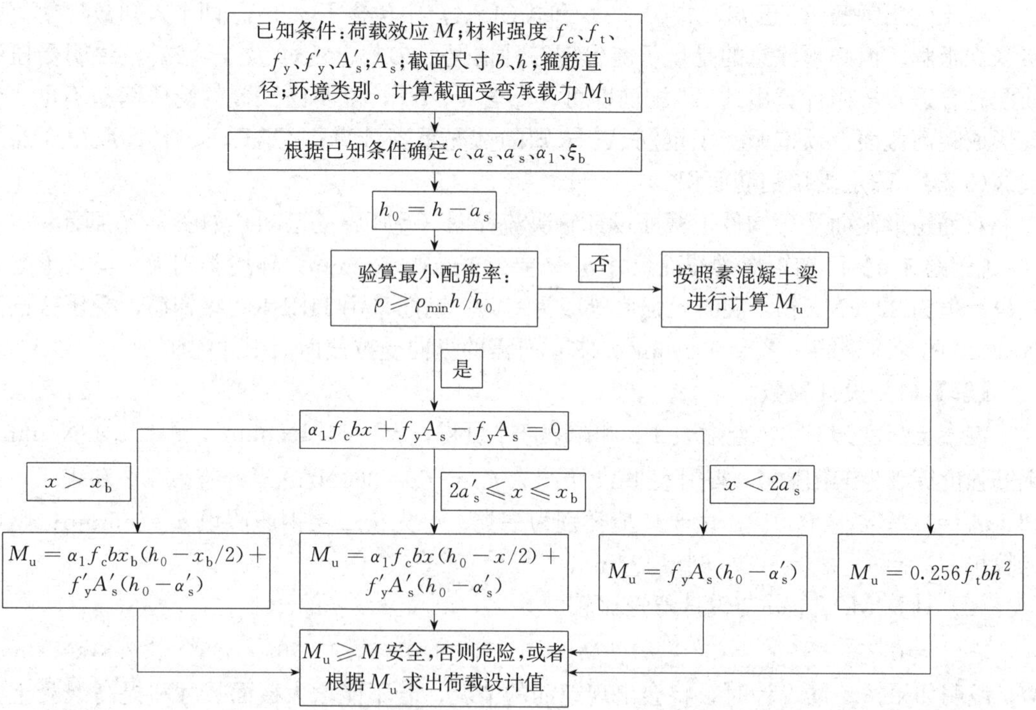

图 3.21 双筋矩形截面受弯构件正截面承载力校核类问题解决流程图

【例题 3.7】已知矩形梁截面尺寸 $b\times h=200\text{mm}\times500\text{mm}$；环境类别为一类，承受弯矩设计值为 300kN·m，混凝土强度等级为 C30，受拉钢筋为 5Φ25，$A_s=2454\text{mm}^2$，受压钢筋为 2Φ14（$A'_s=308\text{mm}^2$）的钢筋，箍筋直径为 8mm，保护层厚度 c 为 20mm。复核该截面是否安全。

【解】（1）设计参数

混凝土强度为 C30，查附表 1-3 和附表 1-4 可得，$f_c=14.3\text{N/mm}^2$；$f_t=1.43\text{N/mm}^2$；钢筋强度等级为 HRB400，查附表 1-11 可得，$f_y=360\text{N/mm}^2$；查表 3.3 和表 3.4 可知，$\alpha_1=1.0$；$\xi_b=0.518$；$a_s=20+8+25+12.5=65.5\text{mm}$；$a_s'=20+8+7=35\text{mm}$，则可计算出：$h_0=h-a_s=500-65.5=434.5\text{mm}$。

（2）验算最小配筋率

$\dfrac{A_s}{bh}\times 100\%=\dfrac{2454}{200\times 500}\times 100\%=2.45\%$，$\rho_{min}=\{0.2\%,45f_t/f_y\%\}_{max}=0.2\%$，$\dfrac{A_s}{bh}\times 100\%>\rho_{min}$，说明此梁非少筋梁。

（3）计算受压区高度 x

$\alpha_1 f_c bx+f_y'A_s'-f_yA_s=0$，代入数据，$1.0\times 14.3\times 200x+360\times 308=360\times 2454$。

解得：$x=270.13\text{mm}$。

$x_b=\xi_b h_0=0.518\times 434.5=225.07\text{mm}<x$，说明此梁为超筋梁。

（4）计算 M_u，并判断是否安全

$$\begin{aligned}M_u&=\alpha_1 f_c bx_b(h_0-x_b/2)+f_y'A_s'(h_0-a_s')\\&=1.0\times 14.3\times 200\times 225.07\times(434.5-225.07/2)+360\times 308\times(434.5-35)\\&=251.55\text{kN}\cdot\text{m}\end{aligned}$$

$M_u<M=300\text{kN}\cdot\text{m}$，该截面危险。

3.6　T 形截面受弯构件正截面受弯承载力计算

3.6.1　T 形截面的概念及翼缘计算宽度

对于矩形截面而言，受拉区混凝土由于开裂后退出工作，所以若挖去中和轴以下部分受拉区混凝土，并将钢筋集中放置（图 3.22），形成 T 形截面，对受弯承载力没有影响。这样做不仅可以节约混凝土而且可以减轻结构自重。

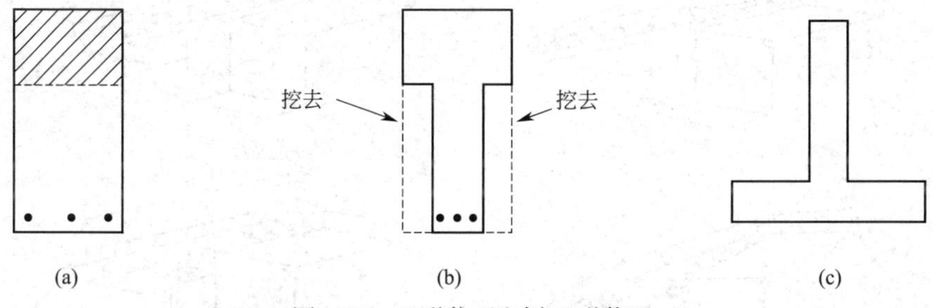

图 3.22　T 形截面和倒 T 形截面

T 形截面梁在工程中的应用是很多的，如现浇肋梁楼盖中的主、次梁，T 形吊车梁、槽形板等。有时为了建筑上的要求，也会将梁做成倒 T 形，如图 3.22(c) 所示。若受拉钢筋较多，为便于布置钢筋，可将受拉区截面底部适当增大，形成 I 形截面，I 形截面的承载力计算与 T 形截面形同。

I 形截面和 T 形截面各部分的名称和符号表达见图 3.23。值得注意的是，区分受压翼缘和受拉翼缘的标准是翼缘位于受拉区还是受压区，图 3.22 中给出的受拉翼缘和受压翼缘位置只是个示例。图 3.23 中，b_f 为受拉翼缘宽度；h_f 为受拉翼缘高度；b'_f 为受压翼缘宽度；h'_f 为受压翼缘高度；b 为腹板宽度；h 为梁总高度。

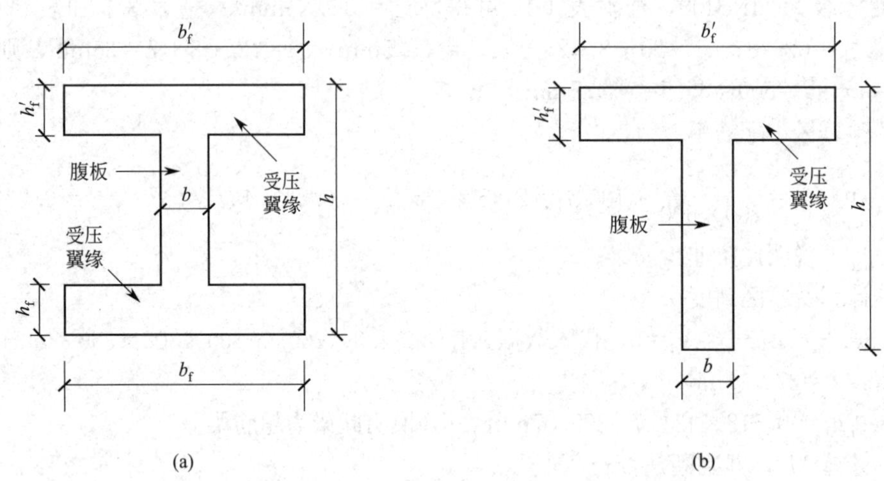

图 3.23　I形截面与T形截面各部分名称与符号表达

(a) I形截面；(b) T形截面

显然，对T形截面来说，受压翼缘宽度越大，受压区高度 x 就越小，内力臂就越大，对截面受弯越有利。但实验和理论分析均表明，整个受压翼缘混凝土的压应力分布是不均匀的，翼缘处的压应力与腹板处受压区压应力相比存在应力滞后现象，且离腹板越远，滞后程度越大，见图 3.24(a)、(c)。为了简化计算，并考虑受压翼缘压应力分布不均的影响，可采用有效翼缘宽度 b'_f，即认为 b'_f 范围以内压应力为均匀分布，见图 3.24 (b)、(d)，b'_f 范围以外的翼缘则不考虑，翼缘有效宽度 b'_f 又称为"翼缘计算宽度"。

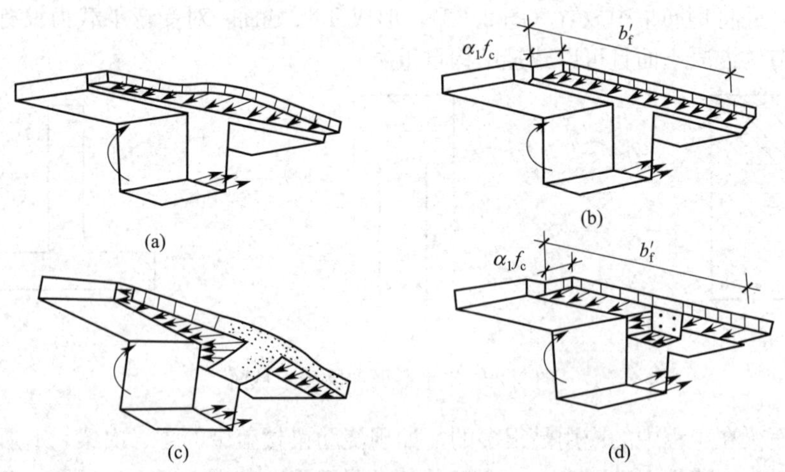

图 3.24　T形截面梁受压区实际应力图及计算应力图

(a)、(c) 实际应力图；(b)、(d) 计算应力图

对于现浇楼盖和装配整体式楼盖，宜考虑楼板作为翼缘对梁刚度和承载力的影响。梁受压区有效翼缘计算宽度 b'_f 可按表 3.5 计算，并取最小值。

受弯构件受压区有效翼缘计算宽度 b_f'　　　　表 3.5

情况			T形、I形截面		倒L形截面
			肋形梁(板)	独立梁	肋形梁(板)
1	按计算跨度 l_0 考虑		$l_0/3$	$l_0/3$	$l_0/6$
2	按梁(肋)净距 s_n 考虑		$b+s_n$	—	$b+s_n/2$
3	按翼缘高度 h_f' 考虑	$h_f'/h_0 \geqslant 0.1$	—	$b+12h_f'$	—
		$0.05 \leqslant h_f'/h_0 < 0.1$	$b+12h_f'$	$b+6h_f'$	$b+5h_f'$
		$h_f'/h_0 < 0.05$	$b+12h_f'$	b	$b+5h_f'$

注：1. 表中 b 为梁的腹板宽度；

2. 肋形梁在梁跨内设有间距小于纵肋间距的横肋时，可不考虑表中情况 3 的规定；

3. 加腋的 T 形、I 形和倒 L 形截面，当受压区加腋的高度 h_h 不小于 h_f' 且加腋的长度 b_h 不大于 $3h_h$ 时，其翼缘计算宽度可按表中情况 3 的规定分别增加 $2b_h$（T 形、I 形截面 ）和 b_h（倒 L 形截面）；

4. 独立梁受压区的翼缘板在荷载作用下经验算沿纵肋方向可能产生裂缝时，其计算宽度应取腹板宽度 b。

3.6.2　两类 T 形截面及其判别

采用有效翼缘宽度后，T 形截面受压区混凝土的应力图仍可按照等效矩形应力图考虑。根据受压区高度 x（或中和轴）与受压翼缘高度 h_f' 的关系，可以分成两类 T 形截面：

（1）第一类 T 形截面：受压区高度（或中和轴）在翼缘内，即 $x \leqslant h_f'$（图 3.25a、b）；

（2）第二类 T 形截面：受压区高度（或中和轴）在腹板内，即 $x > h_f'$（图 3.25c）。

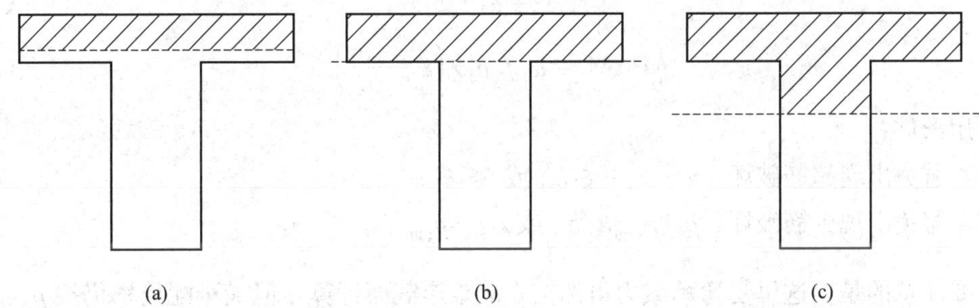

图 3.25　两类 T 形截面

(a) $x < h_f'$，第一类 T 形截面；(b) $x = h_f'$，界限情况；(c) $x > h_f'$，第二类 T 形截面

首先来分析两类 T 形截面的界限情况，即 $x = h_f'$（图 3.25b）的情况并按照结合图 3.26 建立其静力平衡方程：

$$f_y A_s = \alpha_1 f_c b_f' h_f' \tag{3.39}$$

$$M_f' = \alpha_1 f_c b_f' h_f' \left(h_0 - \frac{h_f'}{2}\right) \tag{3.40}$$

显然，当满足下列条件之一时为第一类 T 形截面：

$$f_y A_s \leqslant \alpha_1 f_c b_f' h_f' \tag{3.41}$$

$$M_u \leqslant \alpha_1 f_c b_f' h_f' \left(h_0 - \frac{h_f'}{2}\right) \tag{3.42}$$

当满足下列条件之一时为第二类 T 形截面：

$$f_y A_s > \alpha_1 f_c b_f' h_f' \tag{3.43}$$

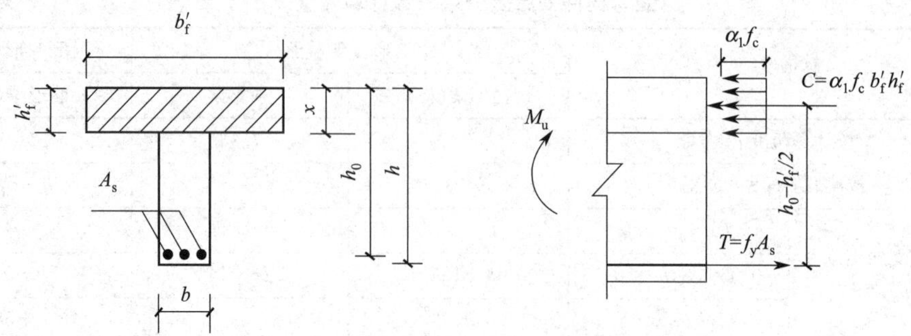

图 3.26　界限情况下 T 形截面受力分析

$$M_u > \alpha_1 f_c b_f' h_f' \left(h_0 - \frac{h_f'}{2}\right) \tag{3.44}$$

式(3.41) 和式(3.43) 适用于截面校核类问题中 T 形截面类型的判别，式(3.42) 和式(3.44) 适用于截面设计类问题中 T 形截面类型的判别。

3.6.3　基本计算公式及适用条件

1. 第一类 T 形截面

第一类 T 形截面的受压区为 $b_f'x$ 的矩形，因此其计算公式与宽度等于 b_f' 的矩形截面相同，当仅配置受拉钢筋时，基本计算公式为：

$$f_y A_s = \alpha_1 f_c b_f' x \tag{3.45}$$

$$M < M_u = \alpha_1 f_c b_f' x \left(h_0 - \frac{x}{2}\right) \tag{3.46}$$

适用条件：

(1) 避免出现超筋破坏，$x \leqslant x_b = \xi_b h_0$ 或 $\xi \leqslant \xi_b$；

(2) 避免出现少筋破坏，$\rho \geqslant \rho_{min} h/h_0$ 或 $A_s \geqslant \rho_{min} bh$。

需要注意的是，这里受弯承载力虽然按 $b_f'h$ 矩形截面计算，但最小配筋率仍按 $\rho_{min} = \dfrac{A_s}{bh}$ 计算，而不是按 $\rho_{min} = \dfrac{A_s}{h_f' h}$ 计算。这是因为最小配筋率是按 $M_u = M_{cr}$ 来确定的，而开裂弯矩 M_{cr} 主要取决于受拉区混凝土的面积，T 形截面的开裂弯矩与同样腹板宽度 b 的矩形截面基本相同。若存在受拉翼缘（如工字形截面或倒 T 截面），其最小配筋率应按下式计算：

$$\rho_{min} = \frac{A_s}{bh + (b_f - b)h_f} \tag{3.47}$$

2. 第二类 T 形截面

第二类 T 形截面的受压区为 T 形。其受压区可以分成两个部分（图 3.27），由截面静力平衡条件可得基本公式：

$$f_y A_s = \alpha_1 f_c (b_f' - b) h_f' + \alpha_1 f_c bx \tag{3.48}$$

$$M \leqslant M_u = \alpha_1 f_c bx \left(h_0 - \frac{x}{2}\right) + \alpha_1 f_c (b_f' - b) h_f' \left(h_0 - \frac{h_f'}{2}\right) \tag{3.49}$$

适用条件与第一类 T 形截面一样，这里不再赘述。

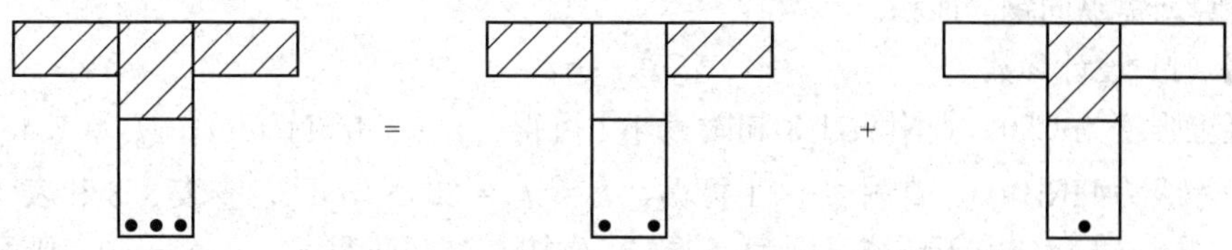

图 3.27　第二类 T 形截面受压区图形

3.6.4　截面承载力计算的两类问题及计算方法

1. 截面设计类问题

问题：已知截面尺寸 b、h、b'_f、h'_f，混凝土强度等级和钢筋强度等级，弯矩设计值 M。求受拉钢筋 A_s。

根据式(3.42) 和式(3.44) 判断 T 形截面的类型，若为第一类 T 形截面，联立式(3.45) 和式(3.46) 并令 $M=M_u$ 求解，同时满足适用条件。若为第二类 T 形截面，联立式(3.48) 和式(3.49) 并令 $M=M_u$ 求解，同时满足适用条件。需要注意的是，对于第二类 T 形截面有可能出现 $x>x_b$，即出现超筋的情况，当梁的截面尺寸不能增大和混凝土强度等级不能提高的情况，可采用“双筋 T 形截面”，双筋 T 形截面的设计思路与双筋矩形截面一致。

T 形截面设计类问题解决流程如图 3.28 所示。

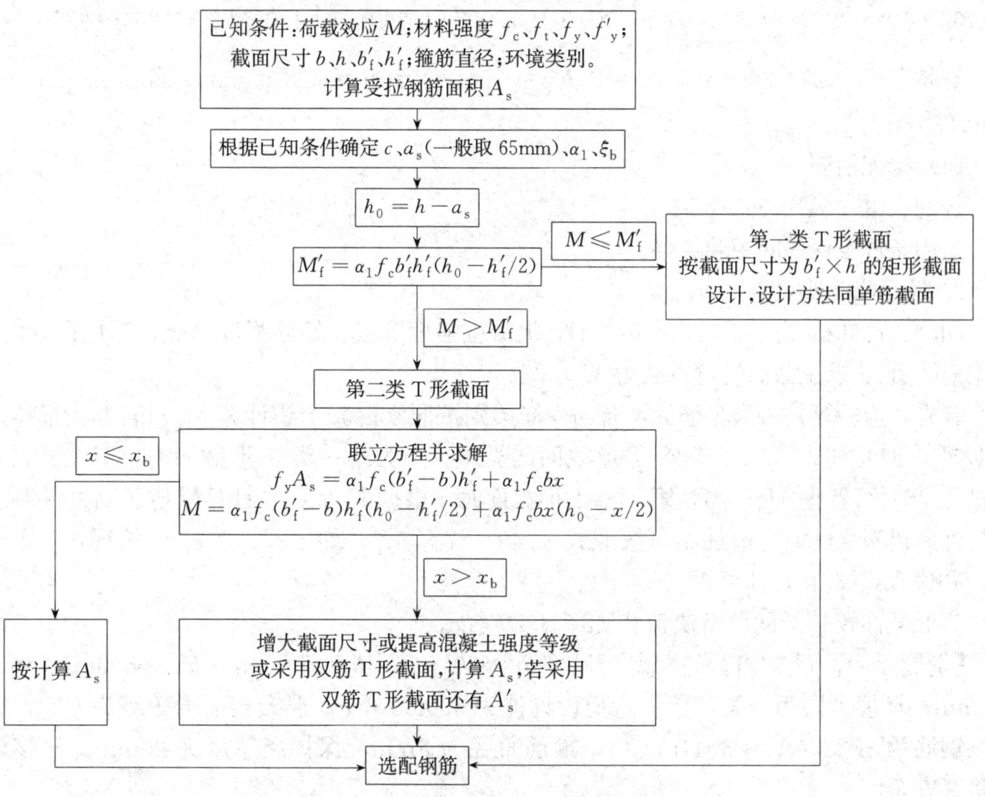

图 3.28　T 形截面设计类问题解决流程图

【例题 3.8】已知 T 形梁截面尺寸 $b=200$mm，$h=700$mm，$b'_f=600$mm，$h'_f=100$mm；环境类别为一类，承受弯矩设计值为 750kN·m，混凝土强度等级为 C30，采用 HRB400 级

钢筋。计算所需纵向钢筋面积。

【解】（1）设计参数

混凝土强度为C30，查附表1-3和附表1-4可得，$f_c=14.3\text{N/mm}^2$；$f_t=1.43\text{N/mm}^2$；钢筋强度等级为HRB400，查附表1-11可得，$f_y=f'_y=360\text{N/mm}^2$；查表3.3和表3.4可知，$\alpha_1=1.0$；$\xi_b=0.518$；由于环境类别为一类，可先按二层钢筋假设$a_s=65\text{mm}$；则可计算出：$h_0=h-a_s=700-65=635\text{mm}$。

（2）判断T形截面类型

$M'_f=\alpha_1 f_c b'_f h'_f\left(h_0-\dfrac{h'_f}{2}\right)$，代入数据$M'_f=1.0\times14.3\times600\times100\times(635-100/2)=501.93\text{kN}\cdot\text{m}$，$M'_f<M$，说明该截面为第二类T形截面。

（3）列平衡方程并求解

$$\begin{cases}f_yA_s=\alpha_1 f_c(b'_f-b)h'_f+\alpha_1 f_c bx\\ M=\alpha_1 f_c bx\left(h_0-\dfrac{x}{2}\right)+\alpha_1 f_c(b'_f-b)h'_f\left(h_0-\dfrac{h'_f}{2}\right)\end{cases}$$

代入数据，

$$\begin{cases}360A_s=1.0\times14.3\times(600-200)\times100+1.0\times14.3\times200x\\ 750\times10^6=1.0\times14.3\times(600-200)\times100\times(635-100/2)+1.0\times14.3\times200x\left(635-\dfrac{x}{2}\right)\end{cases}$$

解得：$x=299.22\text{mm}<x_b=\xi_b h_0=0.518\times635=328.93\text{mm}$，满足要求；$A_s=3966.03\text{ mm}^2$。

（4）选配钢筋

选配8⌀25，$A_s=3927\text{mm}^2$。

适用条件及钢筋间距验算略。

2. 截面校核类问题

问题：已知截面尺寸b、h、b'_f、h'_f，混凝土强度等级和钢筋强度等级，弯矩设计值M，受拉钢筋A_s。求正截面受弯承载力M_u。

首先，应验算是否为少筋梁，若为少筋梁则按照素混凝土梁计算M_u。若非少筋梁，则根据式(3.41)和式(3.43)判断T形截面的类型，当为第一类T形截面时，联立式(3.45)和式(3.46)可解得M_u；当为第二类T形截面时，根据式(3.48)计算受压区高度并判断该梁是否为超筋梁，如为适筋梁可按照式(3.49)计算M_u，如出现$x>x_b$的情况，应取$x=x_b$，并代入式(3.49)计算M_u。

T形截面校核类问题解决流程如图3.29所示。

【例题3.9】已知T形梁截面尺寸$b=300\text{mm}$，$h=700\text{mm}$，$b'_f=600\text{mm}$，$h_f'=120\text{mm}$；环境类别为一类，承受弯矩设计值为600kN·m，混凝土强度等级为C30，纵向受拉钢筋为8⌀22（$A_s=3041\text{mm}^2$），箍筋直径为8mm，保护层厚度为20mm。复核该截面是否安全。

【解】（1）设计参数

混凝土强度为C30，查附表1-3和附表1-4可得，$f_c=14.3\text{N/mm}^2$；$f_t=1.43\text{N/mm}^2$；钢筋强度等级为HRB400，查附表1-11可得，$f_y=f'_y=360\text{N/mm}^2$；查表3.3和表3.4

可知，$\alpha_1=1.0$；$\xi_b=0.518$；$a_s=20+8+22+12.5=62.5\text{mm}$；则可计算出：$h_0=h-a_s=700-62.5=637.5\text{mm}$。

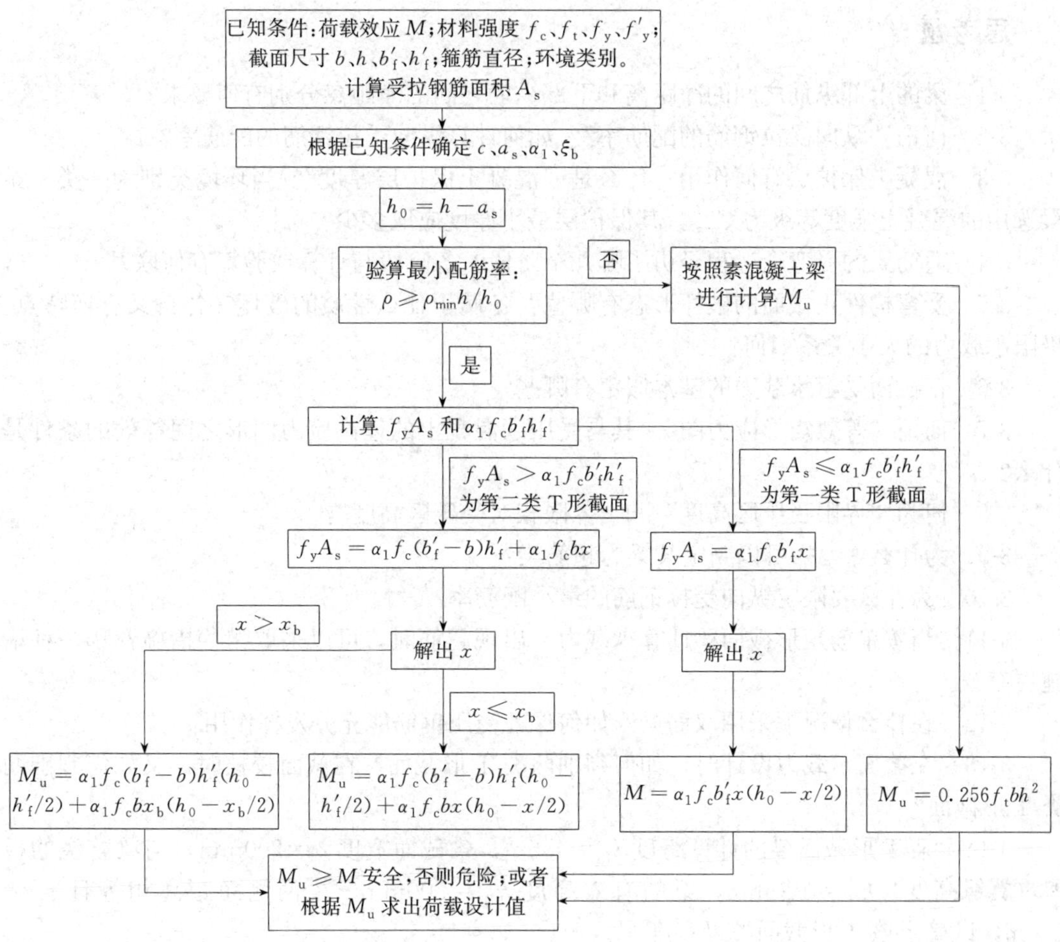

图 3.29　T形截面校核类问题解决流程图

（2）判断T形截面类型

$f_yA_s=360\times3041=1094.76\text{kN}$，$\alpha_1 f_c b'_f h'_f=1.0\times14.3\times600\times120=1029.6\text{kN}<f_yA_s$，说明该截面为第二类T形截面。

（3）列平衡方程并求解

$$\begin{cases}f_yA_s=\alpha_1 f_c(b'_f-b)h'_f+\alpha_1 f_c bx\\ M=\alpha_1 f_c bx\left(h_0-\dfrac{x}{2}\right)+\alpha_1 f_c(b'_f-b)h'_f\left(h_0-\dfrac{h'_f}{2}\right)\end{cases}$$

代入数据：

$$\begin{cases}360\times3041=1.0\times14.3\times(600-300)\times120+1.0\times14.3\times300x\\ M_u=1.0\times14.3\times(600-300)\times120\times(637.5-120/2)+1.0\times14.3\times300x\left(637.5-\dfrac{x}{2}\right)\end{cases}$$

解得：

$x=135.19\text{mm}<x_b=\xi_b h_0=0.518\times637.5=330.225\text{mm}$，$M_u=627.82\text{kN}\cdot\text{m}$。

(4) 判断截面是否安全

$M_u > M = 600\text{kN}\cdot\text{m}$，此截面安全。

思考题

3-1　梁的上部纵筋之间的净距离和下部纵筋之间的净距离分别有何要求？

3-2　何谓“纵向受拉钢筋的配筋率”？如何计算纵向受拉钢筋的配筋率？

3-3　混凝土保护层有何作用？什么是“混凝土保护层厚度”？当环境类别为一类，某梁选用的混凝土强度等级为 C25，其保护层最小厚度应取多少？

3-4　适筋梁的受弯全过程经历了哪几个阶段？各阶段与计算或验算有何联系？

3-5　受弯构件正截面的破坏形态有哪些？各属于什么性质的破坏？各自又有何特点？极限承载力的大小关系如何？

3-6　正截面受弯承载力的基本假定有哪些？

3-7　何谓“等效矩形应力图”？其与受压区混凝土的理论应力图形之间等效的条件是什么？

3-8　何为“界限受压区高度”和“界限相对受压区高度”？

3-9　为什么 $\xi > \xi_b$ 可以判定某梁为超筋梁？

3-10　为什么要限定纵向受拉钢筋的最小配筋率？

3-11　当按单筋矩形截面梁计算承载力，出现超筋时，可以采取哪些措施？哪一种措施更有效？

3-12　在什么情况下采用双筋梁？如何保证受压钢筋能充分发挥作用？

3-13　在截面承载力设计时，如何判别两类 T 形截面？在截面校核时，又如何判别两类 T 形截面？

3-14　某 T 形截面梁的计算跨度 $l_0 = 4.5\text{m}$，梁截面宽度 $b = 200\text{mm}$，与梁整浇的板厚（翼缘高度）$h'_f = 120\text{mm}$，梁的有效高度 $h_0 = 500\text{mm}$，梁两侧净距离相等且 $s_n = 2.0\text{m}$，试确定该 T 形截面翼缘宽度 b'_f。

习题

3-1　已知单筋矩形截面梁的截面尺寸 $b \times h = 250\text{mm} \times 550\text{mm}$，采用混凝土强度等级为 C30，HRB400 钢筋，承受弯矩设计值 $M = 300\text{kN}\cdot\text{m}$，环境类别为一类。试计算需配置的纵向受力钢筋。

3-2　已知某单筋矩形截面简支梁（图 3.30），计算跨度 $l_0 = 4.5\text{m}$，承受均布荷载 q，截面尺寸 $b \times h = 250\text{mm} \times 500\text{mm}$，采用混凝土强度等级为 C30，受拉区配置了 3⌀20（$A_s = 942\text{mm}^2$），配置的箍筋直径为 8mm，混凝土保护层厚度为 20mm。试确定该梁能承受的均布荷载 q_u。

3-3　已知某单筋矩形截面梁的截面尺寸 $b \times h = 250\text{mm} \times 550\text{mm}$，取 $a_s = 40\text{mm}$，承受的弯矩设计值 $M = 200\text{kN}\cdot\text{m}$，试确定以下情况该梁的纵向受拉钢筋面积。

(1) 情况一：混凝土强度等级为 C30，钢筋为 HRB400 级；

(2) 情况二：混凝土强度等级为 C30，钢筋为 HRB500 级钢筋；

(3) 情况三：混凝土强度等级为 C40，钢筋为 HRB400 级。

通过上述三种情况的计算比较，说明混凝土和钢筋强度等级的不同分别对配筋面积有何影响？

3-4　已知某双筋矩形截面梁，$b\times h=200\text{mm}\times500\text{mm}$，混凝土强度等级为 C30，采用 HRB335 级钢筋，截面弯矩设计值 $M=280\text{kN}\cdot\text{m}$，环境类别为一类，$a_s=65\text{mm}$。试求纵向受拉钢筋和纵向受压钢筋截面面积。

3-5　已知矩形梁截面尺寸 $b\times h=200\text{mm}\times500\text{mm}$；环境类别为一类，承受弯矩设计值为 300kN・m，混凝土强度等级为 C30，受拉钢筋为 6Φ20（$A_s=1884\text{mm}^2$），受压钢筋为 2Φ18（$A_s'=509\text{mm}^2$）的钢筋，箍筋直径为 8mm，保护层厚度 c 为 20mm。复核该截面是否安全。

3-6　已知 T 形梁截面尺寸 $b\times h=250\text{mm}\times800\text{mm}$，$b_f'=600\text{mm}$，$h_f'=100\text{mm}$；环境类别为一类，承受弯矩设计值为 650kN・m，混凝土强度等级为 C40，钢筋采用 HRB500 级钢筋。求：所需的纵向受拉钢筋截面面积并配筋。

3-7　已知 T 形梁截面尺寸 $b\times h=300\text{mm}\times700\text{mm}$，$b_f'=600\text{mm}$，$h_f'=130\text{mm}$；环境类别为一类，承受弯矩设计值为 600kN・m，混凝土强度等级为 C40，受拉区配置了 8Φ22（$A_s=3041\text{mm}^2$），箍筋直径为 10mm。试判断该截面是否安全。

3-8　已知某钢筋混凝土矩形截面简支梁（图 3.31），计算跨度 $l_0=5.4\text{m}$，跨中承受集中荷载 $P=80\text{kN}$，环境类别为二类 a。试设计该梁。要求：①自主确定梁的截面尺寸；②自主确定混凝土和钢筋的强度等级；③按照跨中弯矩计算该梁的纵向受力钢筋。

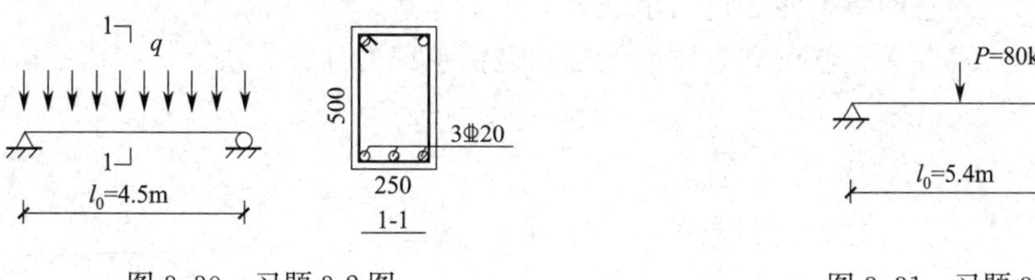

图 3.30　习题 3-2 图　　　　图 3.31　习题 3-8 图

第 4 章

受弯构件的斜截面承载力

学习目标：

（1）熟悉斜裂缝的出现及其形式；
（2）掌握受弯构件斜截面的破坏形态；
（3）熟悉影响斜截面抗剪承载力的主要因素；
（4）掌握无腹筋梁和有腹筋梁的斜截面承载力计算方法。

在第 3 章中已经介绍了钢筋混凝土受弯构件在主要承受弯矩的区段会产生竖向裂缝，发生正截面受弯破坏。而受弯构件截面上除了产生弯矩，还会有剪力。在弯矩和剪力共同作用的区段内，还有可能发生沿着与梁轴线成斜交的斜裂缝截面的受剪破坏或受弯破坏。因此，在工程设计时还需要保证受弯构件斜截面的受剪和受弯承载能力。斜截面受剪承载力通常由计算和构造来保证，斜截面受弯承载力则是通过对纵向钢筋和箍筋的构造要求来保证（本章只介绍斜截面受剪承载力有关问题，斜截面受弯承载能力相关构造措施将在第 5 章讲述）。

斜截面受剪承载力计算就是满足承载能力极限状态：$V \leqslant V_u$。

4.1　斜裂缝的出现及其形式

板正常承受均布荷载，并且跨高比相对来说较大，所以板的斜截面承载力相对于正截面承载力来说往往是足够的。因此，受弯构件斜截面承载力主要是对梁和厚板而言。

如图 4.1 所示，梁在弯矩和剪力共同作用的区域，裂缝出现前，弯矩产生的正应力 σ 和剪力产生的剪应力 τ 合成的主拉应力 σ_{tp} 和主压应力 σ_{cp} 在中和轴附近①点，正应力为 0，仅有剪应力作用，故主拉应力和梁轴线成 45°角；在受压区②点，正应力为压应力，与剪应力合成主拉应力与梁轴线成大于 45°角；在受拉区③点，正应力为拉应力与剪应力合成主拉应力与梁轴线成小于 45°角。各点主拉应力的连线称为主拉应力迹线（实线所示）。各点主压应力的连线称为主压应力迹线（虚线所示）。主拉应力迹线与主压应力迹线是正交的。

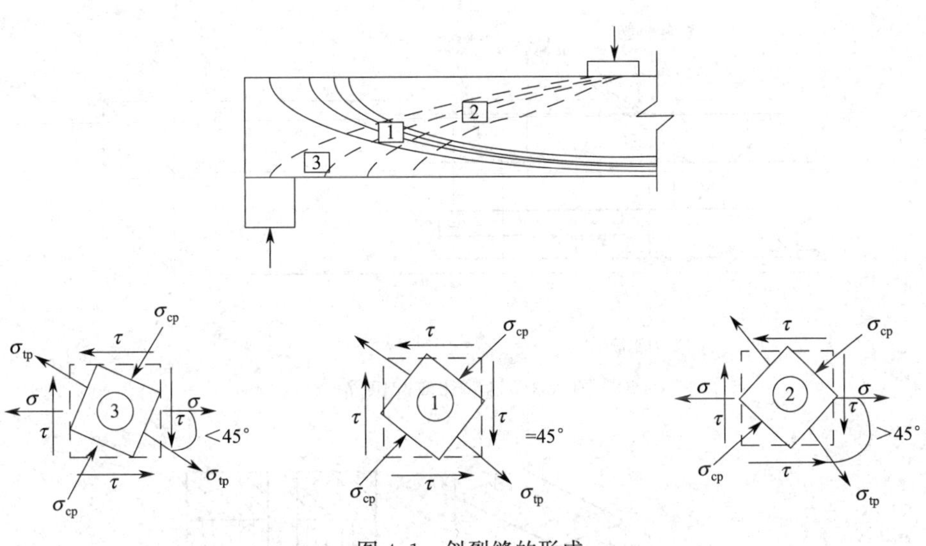

图 4.1　斜裂缝的形成

当主拉应力 σ_{tp} 超过混凝土的抗拉强度 f_t 后，拉应变达到混凝土的极限拉应变时，混凝土开裂。裂缝方向垂直于主拉应力方向，沿主压应力迹线开展，形成斜裂缝。

斜裂缝的形成有两种方式：

(1) 腹剪斜裂缝。此种斜裂缝出现在中和轴附近，主应力方向大致 45°，中间宽两头细，呈枣核形，常见于薄腹梁，形状如图 4.2(a) 所示。

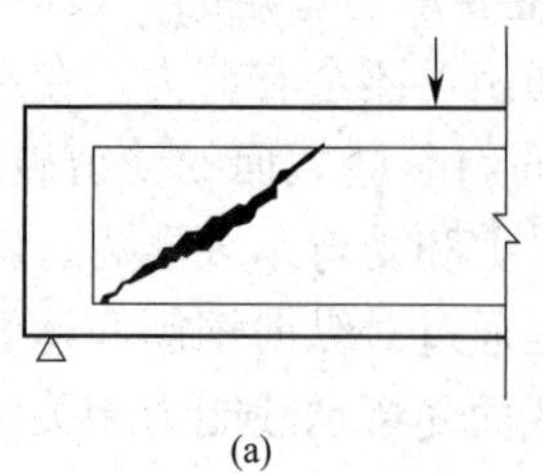
(a)

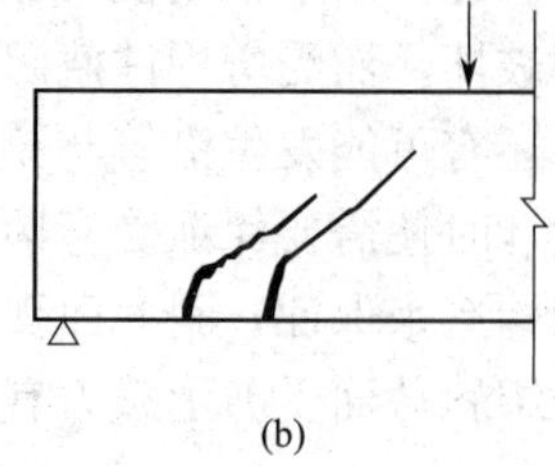
(b)

图 4.2　斜裂缝的形式
(a) 腹剪斜裂缝；(b) 弯剪斜裂缝

(2) 弯剪斜裂缝。在剪弯区段截面的下边缘，主拉应力水平方向，首先出一些较短的垂直裂缝，然后延伸成斜裂缝，向集中荷载作用点发展，由垂直裂缝延伸而成，这种裂缝上细下宽，较为常见，形状如图 4.2(b) 所示。

为了防止梁发生斜截面受剪破坏，梁中通常设置必要的垂直箍筋或在支座附近剪力较大区段设置弯起钢筋（将梁底受拉钢筋弯起），如图 4.3 所示。理论上来讲，抵抗斜裂缝发展的钢筋应与主拉应力方向一致，斜向箍筋抑制斜裂缝应该比垂直箍筋更为有效，弯起钢筋抑制斜裂缝应该比垂直箍筋更为有效。但是实际工程设计中，应优先选用垂直箍筋。原因如下：①斜向箍筋不便于绑扎，且斜向箍筋不能承受反向横向荷载的剪力；②弯起钢筋承受的拉力比较大，且集中，有可能引起弯起处混凝土的劈裂裂缝，同时增加钢筋的施工难度，见图 4.4。因此，实际工程设计中斜截面抗剪首选箍筋，再考虑弯起钢筋，弯起不宜在梁侧边缘，直径不宜过粗。箍筋和弯起钢筋统称腹筋。

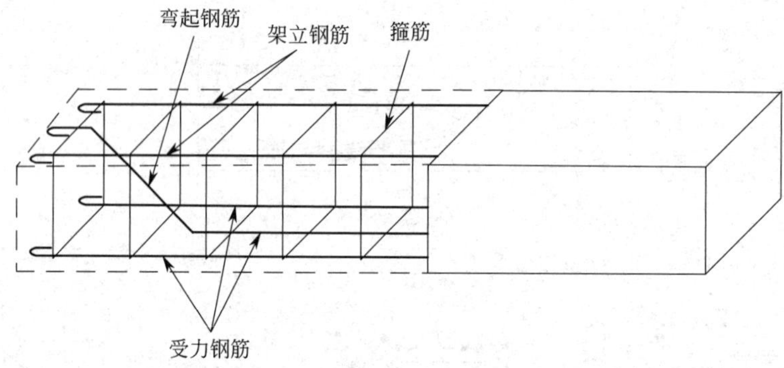

图 4.3　箍筋和弯起钢筋

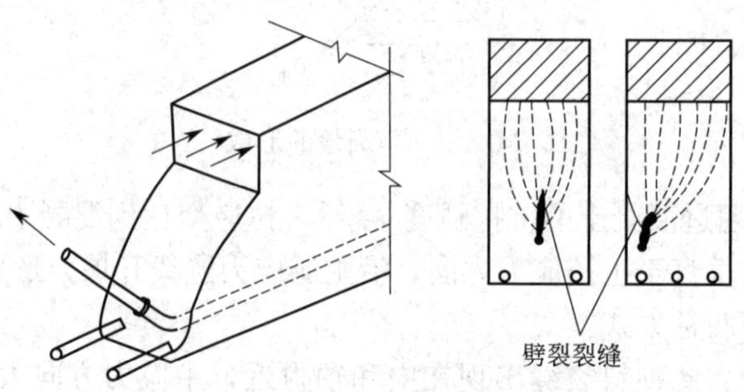

图 4.4　钢筋弯起处的受力集中

4.2 剪跨比的概念

在弯矩和剪力共同作用下的剪弯区，斜截面的受剪破坏形态和截面上的正应力和剪应力的比值有关，即 σ/τ。$\sigma=\alpha_1 M/bh_0^2$，$\tau=\alpha_2 V/bh_0$。因此，$\sigma/\tau=\alpha_1 M/\alpha_2 Vh_0$，$\sigma/\tau$ 与 M/V 成比例。

对于图 4.5 所示承受集中荷载的简支梁，最外侧的集中力到临近支座的距离 a 称为剪跨，剪跨 a 与梁截面有效高度 h_0 的比值，称为计算截面的剪跨比，简称剪跨比，用 λ 表示，$\lambda=M/(Vh_0)=a/h_0$。

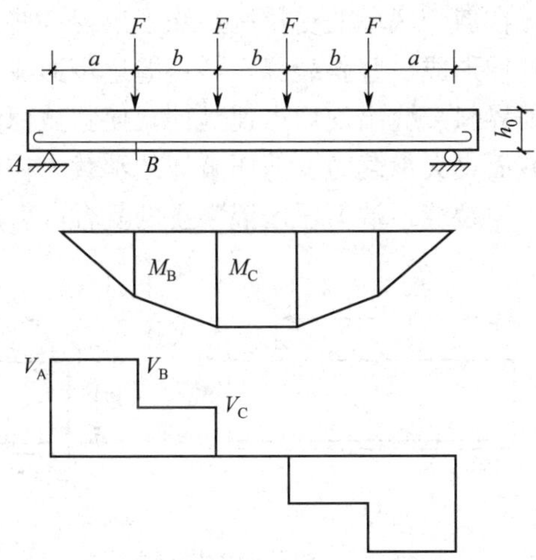

图 4.5　集中荷载作用下的简支梁

剪跨比 λ 反映了截面上正应力 σ 和剪应力 τ 的相对比值，在一定程度上也反映了截面上弯矩与剪力的相对比值。它对无腹筋梁的斜截面受剪破坏形态有着决定性的影响，对斜截面受剪承载力也有着极为重要的影响。

4.3 无腹筋梁的受剪性能

由于无腹筋梁的受剪承载能力很低，一旦出现斜裂缝就会很快发生斜截面受剪破坏，因此，实际工程中大多采用有腹筋梁。为便于说明钢筋混凝土梁的受剪性能和破坏特征，我们先讨论无腹筋梁的受剪性能。

4.3.1 无腹筋梁的受剪破坏形态

集中荷载作用下的无腹筋钢筋混凝土简支梁，在斜裂缝出现前，梁中的剪力基本由混凝土承担，截面应力可近似按换算截面方法确定。随着荷载增加，斜裂缝出现后，剪力一部分由斜裂缝上部混凝土承担，并由上部混凝土的拱作用传递到支座；还有一部分通过斜裂缝间的骨料咬合作用传递到支座，以及纵向钢筋的销栓作用向支座传递。

无腹筋梁的受剪破坏形态主要受剪跨比 λ 的影响，有以下三种形式：

1. 斜压破坏（$\lambda<1$）

剪跨比很小时，发生斜压破坏，见图 4.6(a)。这种破坏多数发生在剪力大而弯矩小的区段，以及梁腹板很薄的T形截面或I形截面梁内。此破坏系由梁中主压应力所致。破坏时，混凝土被腹剪斜裂缝分割成若干个斜向短柱而被压坏，破坏是突然发生，属于脆性破坏。斜压破坏的受剪承载力主要取决于混凝土的抗压强度。

2. 斜拉破坏（$\lambda>3$）

当剪跨比较大时，常发生斜拉破坏，见图 4.6(c)。当垂直裂缝一出现，就迅速向受压区斜向伸展，斜截面承载力随之丧失。破坏荷载与出现斜裂缝时的荷载很接近，破坏前变形小，呈明显脆性，其承载力取决于混凝土的抗拉强度。

3. 剪压破坏（$1\leqslant\lambda\leqslant3$）

一般当剪跨比适中时，常发生剪压破坏，见图 4.6(b)。此破坏系由梁中剪压区压应力和剪应力共同作用所致。在剪弯区段的受拉区边缘先出现一些垂直裂缝，它们沿竖向延伸一小段长度后，就斜向延伸形成一些斜裂缝，斜裂缝逐步形成一条贯穿的较宽的主要斜裂缝，称为临界斜裂缝，临界斜裂缝出现后迅速延伸，使斜截面剪压区的高度缩小，最后剪压区混凝土破坏，使斜截面丧失承载力。剪压破坏的承载力在很大程度上取决于混凝土的抗拉强度，也部分取决于斜裂缝顶端剪压区混凝土的复合（剪压）强度。

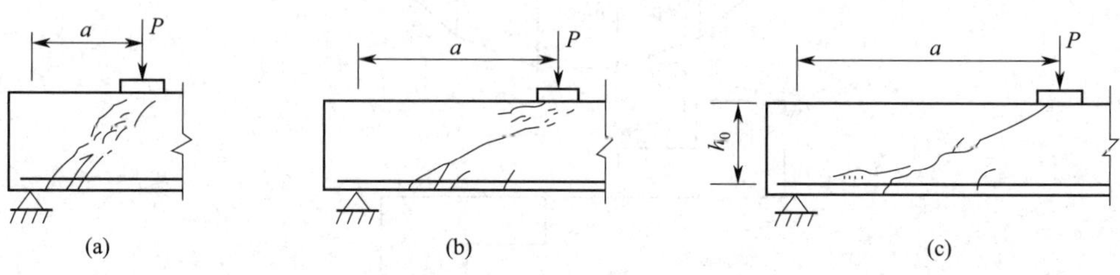

图 4.6　斜截面破坏形态

(a) 斜压破坏；(b) 剪压破坏；(c) 斜拉破坏

图 4.7 为斜截面破坏的荷载（F）-挠度（f）曲线图。由图可见，三种破坏形态的斜截面受剪承载力是不同的。斜压破坏的斜截面受剪承载力最大，斜拉破坏的斜截面受剪承载力最小，剪压破坏的承载力介于前两者之间。峰值荷载时，它们的跨中挠度都不大，破坏时荷载会迅速下降，说明它们都属于脆性破坏，工程中都应该避免出现。虽然这三种破坏形态都属于脆性破坏，但是它们的脆性程度不一样。混凝土的极限拉应变值比极限压应变值小得多，所以斜拉破坏的脆性性质最显著，斜压破坏次之。

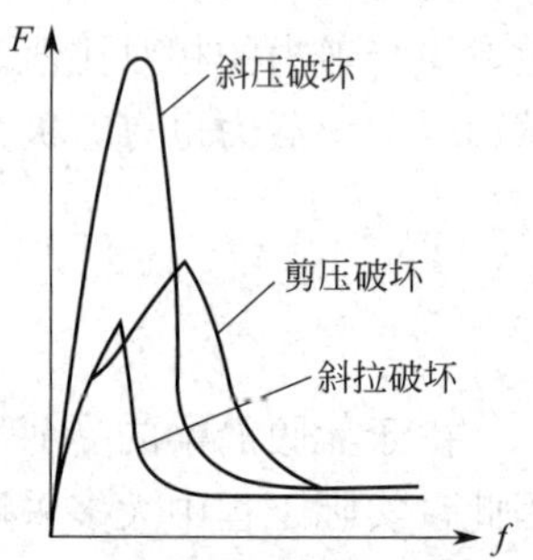

图 4.7　斜截面破坏的荷载（F）-挠度（f）曲线图

4.3.2　影响受剪承载力的因素

1. 剪跨比

剪跨比反映了荷载传递方式，从而直接影响到梁的应力分布和受剪承载力。剪跨比较大时，荷载主要依靠拉应力传递到支座；剪跨比较小时，荷载主要依靠压应力传递到支座。随着剪跨比的增大，受剪承载力很快减小，但当剪跨比大于 3 时，剪跨比的影响将不明显。图 4.8 为梁的受剪承载力与剪跨比 λ 的关系，l_0、h 分别为梁的跨度和截面高度。

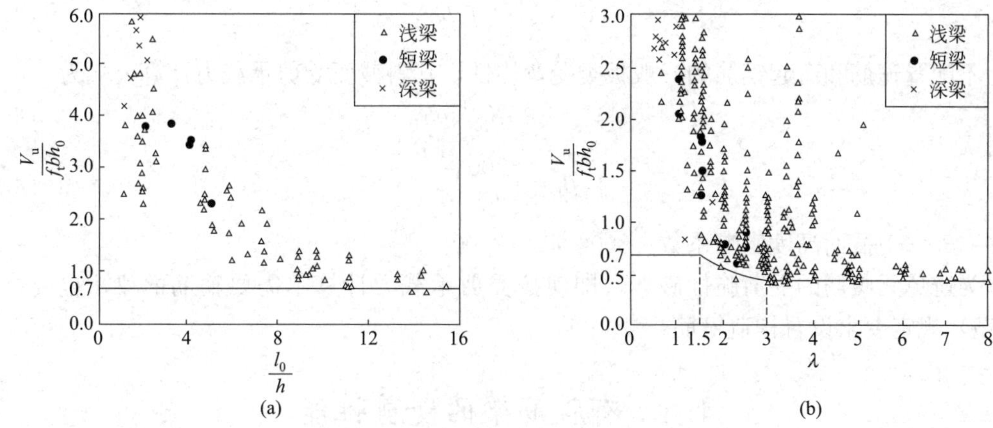

图 4.8　受剪承载力与剪跨比的关系

(a) 均布荷载；(b) 集中荷载

2. 混凝土的强度

梁的斜截面破坏均是由于混凝土达到复合应力状态下的强度而发生的，所以混凝土强度对受剪承载力有很大的影响。梁斜压破坏时，受剪承载力主要取决于混凝土的抗压强度；梁斜拉破坏时，受剪承载力主要取决于混凝土的抗拉强度；剪压破坏时，混凝土强度的影响介于上述两者之间。

3. 纵筋配筋率

纵筋配筋率越大，受压区面积越大，受剪面积也越大，并使纵筋的销栓作用也增加。同时，增大纵筋面积还可以限制斜裂缝的发展，增加斜裂缝间的骨料咬合力作用。因此，受剪承载力随纵筋配筋率的增大而增加。

4. 截面形状

T 形截面有受压翼缘，增加了剪压区的面积，对斜拉破坏和剪压破坏的受剪承载力可提高 20%～25%左右，但翼缘过大，增大作用就趋于平缓。增大梁截面宽度，也可以其提高受剪承载力。

5. 尺寸效应

如第 2 章所述，混凝土尺寸越大，其强度越低。对无腹筋梁，在其他条件相同情况下，梁的高度越大，相对抗剪承载力越低。无腹筋梁受剪承载力存在尺寸效应的原因是：随着梁的高度增大，斜裂缝宽度也较大，骨料咬合作用削弱，裂面残余拉应力减小，裂面剪应力传递能力降低，而且撕裂裂缝较明显，导致销栓作用大大降低。对于高度较大的梁，配置腹筋后，尺寸效应的影响减小。

4.3.3　无腹筋梁的受剪承载力计算公式

由前述可知，钢筋混凝土梁的受剪机理复杂，影响因素较多。《规范》根据斜裂缝截面受剪平衡条件，并通过大量试验结果分析，给出偏保守的受剪承载力经验计算公式。对于无腹筋受弯构件，其受剪承载力可表示为：

均布荷载时：

$$V_c = 0.7 f_t bh_0 \tag{4.1}$$

集中荷载下的独立梁：

$$V_c = \frac{1.75}{\lambda + 1} f_t b h_0 \tag{4.2}$$

不配置箍筋和弯起钢筋的一般板类受弯构件，其斜截面受剪承载力计算公式为：

$$V_u = 0.7 \beta_h f_t b h_0 \tag{4.3}$$

$$\beta_h = \left(\frac{800}{h_0} \right)^{\frac{1}{4}} \tag{4.4}$$

式中　β_h——截面高度影响系数，$800 \leqslant h_0 \leqslant 2000$。

为避免无腹筋的受剪脆性破坏，即使按受剪承载力计算不需要箍筋的梁，也要按照《规范》规定要求设置构造箍筋。

4.4　有腹筋梁的受剪性能

4.4.1　箍筋

1. 箍筋的作用

箍筋对抑制斜裂缝开展的效果较好，工程设计中，优先应选用箍筋。梁内设置箍筋的主要作用有：

（1）提供斜截面受剪承载力和斜截面受弯承载力，抑制斜裂缝的开展；

（2）连系梁的受压区和受拉区，构成整体；

（3）防止纵向受压钢筋的压屈；

（4）与纵向钢筋构成钢筋骨架。

2. 配箍率

梁内箍筋的配箍率是指沿梁长，在箍筋的一个间距范围内，箍筋各肢的全部截面面积与混凝土水平截面面积（图 4.9）的比值：

$$\rho_{sv} = \frac{A_{sv}}{bs} = \frac{nA_{sv1}}{bs} \tag{4.5}$$

式中　A_{sv1}——单肢箍筋的截面面积；

n——箍筋的肢数，见图 4.10；

s——箍筋间距；

b——梁截面宽度。

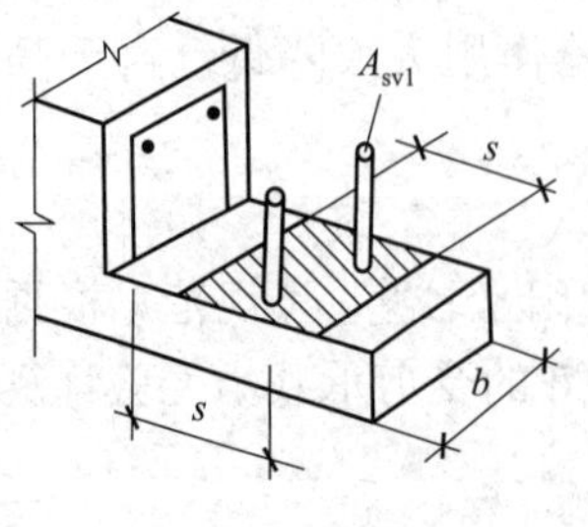

图 4.9　配箍率

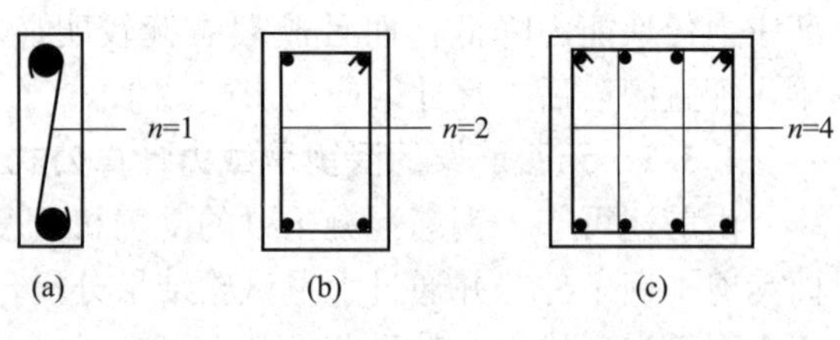

图 4.10　箍筋的肢数

（a）单肢箍；（b）双肢箍；（c）四肢箍

4.4.2　有腹筋梁的受剪破坏形态

有腹筋梁的斜截面受剪破坏形态是以无腹筋梁为基础的，也分为斜压破坏、剪压破坏和斜拉破坏三种破坏形态。有腹筋梁破坏形态除了和剪跨比有关外，还和配箍率密切相关。

1. 斜拉破坏

当$\lambda>3$，且箍筋配置数量过少时，斜裂缝一旦出现，与斜裂缝相交的箍筋承受不了原来由混凝土所负担的拉力，箍筋立即屈服而不能限制斜裂缝的开展，与无腹筋梁相似，发生斜拉破坏。

2. 剪压破坏

如果$\lambda>3$，箍筋配置数量适当的话，则可避免斜拉破坏，而转为剪压破坏。这是因为斜裂缝产生后，与斜裂缝相交的箍筋不会立即受拉屈服，箍筋限制了斜裂缝的开展，避免了斜拉破坏。箍筋屈服后，斜裂缝迅速向上发展，使斜裂缝上端剩余截面缩小，使剪压区的混凝土在正应力σ和剪应力τ共同作用下产生剪压破坏。

3. 斜压破坏

如果箍筋配置数量过多，箍筋应力增长缓慢，在箍筋尚未屈服时，梁腹混凝土就因抗压能力不足而发生斜压破坏。在薄腹梁中，即使剪跨比较大，也会发生斜压破坏。

4.4.3　有腹筋梁的受剪承载力计算公式

1. 计算模型

解释有腹筋梁斜截面受剪机理的结构模型有多种，这里仅简要介绍桁架模型和拱形桁架模型两种。

桁架模型中将斜裂缝间的混凝土比拟为斜压杆，箍筋比拟为受拉腹杆，受拉钢筋比拟为受拉下弦杆，受压区混凝土及受压钢筋比拟受压上弦杆，如图4.11所示。

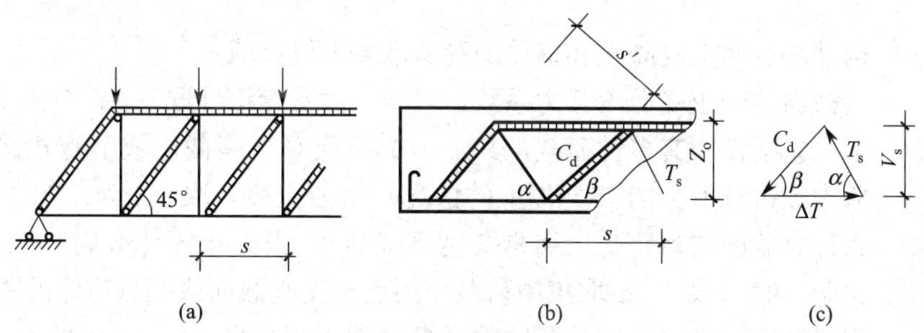

图4.11　桁架模型

(a) 45°桁架模型；(b) 变角桁架模型；(c) 变角桁架模型的内力分析

拱形桁架模型把开裂后的有腹筋梁看作为拱形桁架，其中拱体是上弦杆，裂缝间的混凝土齿块是受压的斜腹杆，箍筋则是受拉腹杆，受拉纵筋是下弦杆，如图4.12所示。

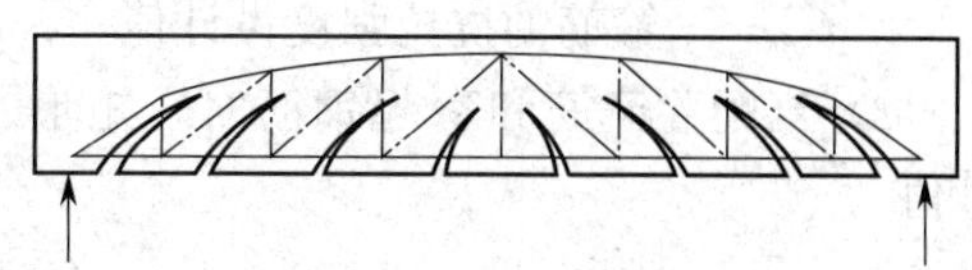

图4.12　拱形桁架模型

2. 基本假设

对于梁的三种斜截面受剪破坏形态，在工程设计时都应设法避免，但采用的方式有所不同。①斜压破坏：通常用限制截面尺寸的条件来防止；②斜拉破坏：用满足最小配箍率条件及构造要求来防止；③剪压破坏：因其承载力变化幅度较大，必须通过计算，使构件满足一定的斜截面受剪承载力，从而防止剪压破坏。

我国《规范》目前采用的是半理论半经验的实用计算公式。其基本假设如下：

(1) 如图 4.13 所示，受剪承载力的组成：

$$V_u=V_c+V_s+V_{sb}=V_{cs}+V_{sb} \tag{4.6}$$

式中 V_c——混凝土剪压区所承受的剪力；

V_s——与斜截面相交的箍筋所承受的剪力；

V_{sb}——与斜截面相交的弯起钢筋所承受的剪力；

V_{cs}——箍筋和混凝土共同承受的剪力。

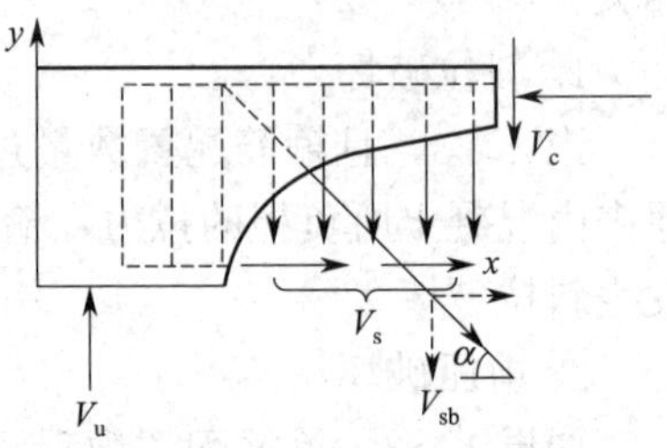

图 4.13 受剪承载力的组成

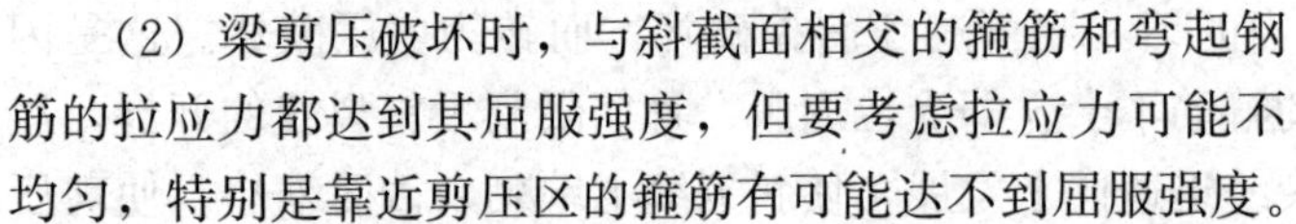

(2) 梁剪压破坏时，与斜截面相交的箍筋和弯起钢筋的拉应力都达到其屈服强度，但要考虑拉应力可能不均匀，特别是靠近剪压区的箍筋有可能达不到屈服强度。

(3) 斜裂缝处的骨料咬合力和纵筋的销栓力，在无腹筋梁中的作用是比较显著的，两者承受的剪力可达总剪力的 50%～90%；但在有腹筋梁中，由于箍筋的存在，虽然可以使骨料咬合力和销栓力有所提高，但它们的抗剪作用大部分被箍筋代替。因此，为了计算简便，不考虑咬合力和销栓力对受剪承载力的贡献。

(4) 不考虑截面尺寸的影响，仅在不配箍筋和弯起钢筋的厚板计算时才予以考虑。

(5) 剪跨比 λ 的影响仅在计算受集中荷载为主的独立梁时才予以考虑。

3. 计算公式

1) 仅配置箍筋的矩形、T 形和 I 形截面受弯构件的斜截面受剪承载力设计值

$$V_u=V_{cs} \tag{4.7}$$

$$V_{cs}=\alpha_{cv}f_tbh_0+f_{yv}\frac{A_{sv}}{s}h_0 \tag{4.8}$$

式中 V_{cs}——构件斜截面上混凝土和箍筋的受剪承载力设计值；

α_{cv}——斜截面混凝土受剪承载力系数，对于一般受弯构件取 0.7；对集中荷载作用下（包括作用有多种荷载，其中集中荷载对支座截面或节点边缘所产生的剪力值占总剪力的 75%以上的情况）的独立梁，取 α_{cv} 为 $1.75/(1+\lambda)$，λ 为计算截面的剪跨比，可取 λ 等于 a/h_0，当 λ 小于 1.5 时，取 1.5，当 λ 大于 3 时，取 3，a 取集中荷载作用点至支座截面或节点边缘的距离；

A_{sv}——配置在同一截面内箍筋各肢的全部截面面积，即 nA_{sv1}，此处，n 为在同一个截面内箍筋的肢数，A_{sv1} 为单肢箍筋的截面面积；

s——沿构件长度方向的箍筋间距；

f_{yv}——箍筋的抗拉强度设计值。

2) 当配置箍筋和弯起钢筋时，矩形、T 形和 I 形截面受弯构件的斜截面承载力设计值

$$V_u=V_{cs}+V_{sb} \tag{4.9}$$

$$V_{sb}=0.8f_yA_{sb}\sin\alpha_s \tag{4.10}$$

$$V_{cs}=\alpha_{cv}f_tbh_0+f_{yv}\frac{A_{sv}}{s}h_0+0.8f_yA_{sb}\sin\alpha_s \tag{4.11}$$

式中　f_y——弯起钢筋的抗拉强度设计值；

A_{sb}——同一平面内的弯起钢筋截面面积；

α_s——斜截面上弯起钢筋与构件纵轴线的夹角，一般为45°，当梁截面超过800mm时，通常为60°。

对式(4.8)和式(4.11)做以下说明：

(1)两个公式适用于矩形、T形和I形截面，并不能简单地理解为截面形状对受剪承载力没用影响，只是影响不大。对于厚腹的T形梁，其抗剪性能与矩形截面梁相似，但受剪承载力略高于矩形截面梁，当翼缘宽度超度肋宽两倍时，受剪承载力基本不再提高；对于薄腹的T形梁，腹板中的剪应力较大，在剪跨区段内常常出现均匀的腹剪斜裂缝，当裂缝间斜向混凝土被压碎时，梁将出现斜压破坏，受剪承载力比厚腹梁要低，翼缘不能提高梁的受剪承载力。

(2)系数0.8是对弯起钢筋受剪承载力的折减。这是因为考虑到弯起钢筋与斜裂缝相交时，有可能已接近剪压区，在斜截面受剪破坏时达不到屈服强度的缘故。

(3) V_{cs} 由两项组成，前一项 $\alpha_{cv}f_t bh_0$ 是由混凝土剪压区承担的剪力，后一项 $f_{yv}A_{sv}h_0/s$ 中大部分是由箍筋承担的剪力，但有小部分属于混凝土的，因为配置箍筋后，箍筋将抑制斜裂缝的开展，从而提高了混凝土剪压区的受剪承载力，但是究竟提高了多少，很难把它从第二项中分离出来，并且也没有必要。因此，应该把 V_{cs} 理解为混凝土剪压区与箍筋共同承担的剪力。

(4)建筑工程中的独立梁，除吊车梁和试验梁以外是很少见的。

(5)混凝土梁宜采用箍筋作为承受剪力的钢筋。由于箍筋对受弯构件抗剪性能的提高要优于弯起钢筋、设计和施工的方便等原因，除悬臂梁外的一般梁、板都已不再使用弯起钢筋了。但是，弯起钢筋在桥梁工程中的应用还是很普遍的。

4.4.4　截面限制条件、最小配箍率和构造要求

计算公式是基于剪压破坏建立的，在实际工程设计时亦不能发生斜拉破坏和斜压破坏。

1. 截面的最小尺寸（上限值，防止斜压破坏）

当梁截面尺寸过小，而剪力较大时，梁往往发生斜压破坏，这时，即使多配箍筋，也无济于事。因而，设计时为防止斜压破坏，同时也为了防止梁在使用阶段斜裂缝过宽（主要是薄腹梁），必须对梁的截面尺寸作如下的规定：

当 $h_w/b \leqslant 4$ 时（厚腹梁，也即一般梁），应满足：

$$V \leqslant 0.25\beta_c f_c bh_0 \tag{4.12}$$

当 $h_w/b \geqslant 6$ 时（薄腹梁），应满足：

$$V \leqslant 0.2\beta_c f_c bh_0 \tag{4.13}$$

当 $4 < h_w/b < 6$ 时，按直线内插法取用。

式中　β_c——混凝土强度影响系数，当混凝土强度等级不大于C50时，取1.0；当混凝土强度等级为C80时，取0.8；其间按线性插值法确定；

f_c——混凝土抗压强度设计值；

b——矩形截面的宽度，T形截面或I形截面的腹板宽度；

h_w——截面的腹板高度，矩形截面取 h_0；T形截面取 h_0 减去翼缘高度；I形截面取腹板净高。

2. 最小配箍率（下限值，防止斜拉破坏）

为了防止斜拉破坏，规定了配箍率的下限值，即最小配箍率：

$$\rho_{sv}=\frac{nA_{sv1}}{bs}\geqslant\rho_{sv,\min}=0.24\frac{f_t}{f_{yv}} \tag{4.14}$$

3. 箍筋的构造要求

1）直径

当梁高大于 800mm 时，直径不宜小于 8mm；当梁高小于或等于 800mm 时，直径不宜小于 6mm。当梁中配有计算需要的纵向受压钢筋时，箍筋直径尚不应小于 $d/4$（d 为纵向受压钢筋的最大直径）。

2）箍筋的设置

对于计算不需要箍筋的梁：当梁高大于 300mm 时，仍应沿梁全长设置箍筋；当梁高为 150～300mm 时，可仅在构件端部各 $l_0/4$ 范围内设置箍筋，但当在构件中部 $l_0/2$ 范围内有集中荷载时，则应沿梁全长设置箍筋；当梁的高度在 150mm 以下时，可不设置箍筋。

箍筋的间距除按计算要求确定外，其最大的间距还应满足表 4.1 的规定，当 $V>0.7f_tbh_0$ 时，箍筋的配筋率还不应小于 $0.24f_t/f_{yv}$。

梁中箍筋的最大间距（mm） **表 4.1**

梁高 h	$V>0.7f_tbh_0$	$V\leqslant0.7f_tbh_0$
$150<h\leqslant300$	150	200
$300<h\leqslant500$	200	300
$500<h\leqslant800$	250	350
$h>800$	300	400

为了防止受压钢筋的压曲，箍筋的间距在绑扎骨架中不应大于 $15d$，同时不应大于 400mm，d 为纵向受压钢筋中的最小直径。这是为了使箍筋的设置与受压钢筋协调，以防止受压筋的压曲。因此，当梁中配有计算需要的纵向受压钢筋时，箍筋还必须做成封闭式（图 4.14a），而不应做成开口式（图 4.14b）。当梁宽不大于 400mm，但纵向钢筋一层内多于 4 根时，还应设置符合箍筋；当一层内的纵向受压钢筋大于 5 根，且直径大于 18mm 时，箍筋的间距取必须不大于 $10d$，d 为纵筋直径。

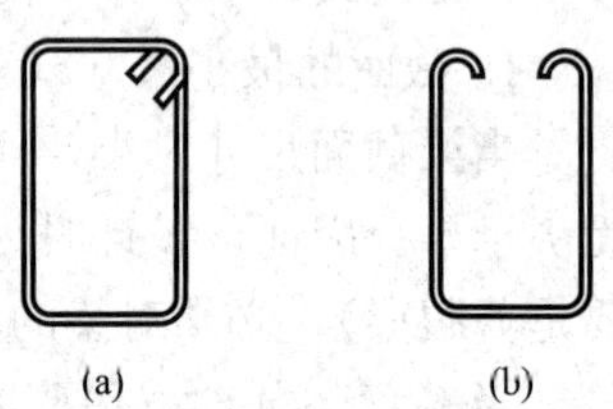

图 4.14 双肢箍筋的形式
（a）封闭式；（b）开口式

当梁中绑扎骨架内纵向钢筋为非焊接搭接时，在搭接长度内，箍筋直径不宜小于搭接钢筋直径的 0.25 倍，箍筋间距应符合以下规定：纵筋受拉时，箍筋间距不应大于 $5d$，且不应大于 100mm。纵筋受压时，箍筋间距不应大于 $10d$，且不应大于 200mm。d 为搭接钢筋中的最小直径。当受压钢筋直径大于 25mm 时，应在搭接接头两个端面外 100mm 范围内，各设置两个箍筋。

另外，为了防止弯起钢筋间距太大，出现斜裂缝不与弯起钢筋相交的情况，关于弯起钢筋的相关构造要求详见5.4.2节。

4.5　斜截面受剪承载力的计算

4.5.1　计算截面的选取

若计算斜截面上的最大剪力设计值不超过该截面的受剪承载力设计值，则不会发生剪压破坏，表达为：$V \leqslant V_u$。

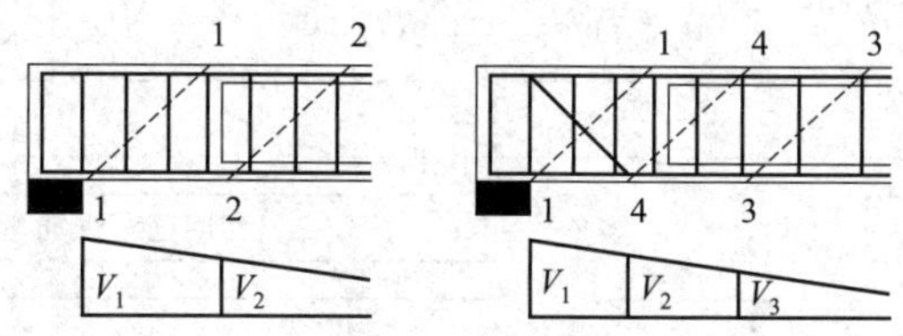

图4.15　斜截面受剪承载力的计算截面

在计算斜截面受剪承载力时，剪力设计值V应按下列计算截面采用，如图4.15所示。

（1）支座边缘处斜截面。截面1-1，设计剪力值一般为最大。

（2）腹板宽度改变处的斜截面。截面2-2，该截面为薄腹梁的截面变化处，由于腹板宽度变小，必然使梁的受剪承载力降低。

（3）箍筋数量和间距改变处的斜截面。截面3-3，由于与该截面相交的箍筋数量或间距改变，将影响梁的受剪承载力。

（4）弯起钢筋弯起点处的斜截面。截面4-4，已无弯筋相交，受剪承载力会有变化。

上述截面位置均属计算梁的斜截面受剪承载力时应考虑的关键部位，梁的剪切破坏很可能在这些薄弱的环节上出现。

4.5.2　设计计算方法

1. 截面设计类问题

问题：已知截面尺寸，混凝土强度等级、钢筋强度等级，剪力设计值V，求所需箍筋或弯起钢筋的数量。

首先，应判明梁的截面尺寸是否能满足斜压破坏的要求，即最小截面尺寸的要求，当满足式(4.12)和式(4.13)的要求时，按式(4.8)～式(4.11)计算箍筋和弯起钢筋；当不满足式(4.12)和式(4.3)的要求时，则应加大截面尺寸，优先考虑增大梁的截面高度，当满足最小截面尺寸要求后，再按式(4.8)～式(4.11)计算箍筋和弯起钢筋。最后，验算箍筋的最小配箍率和箍筋最大间距的要求。

在设置弯起钢筋时，不宜将梁底角部的纵筋弯起，且应满足弯起点和弯终点之间的距离要求。

受弯构件斜截面受剪设计类问题的解决流程如图4.16所示。

【例题4.1】 承受均布荷载作用的矩形截面简支梁，如图4.17所示，支座厚度为370mm的墙体，净跨$l_0=5.64$m，均布荷载设计值$q=60$kN/m（包括梁自重）。梁截面尺寸$b=250$mm，$h=600$mm，混凝土强度等级为C25，箍筋采用HPB300级钢筋，$a_s=60$mm。试确定所需要的箍筋数量。

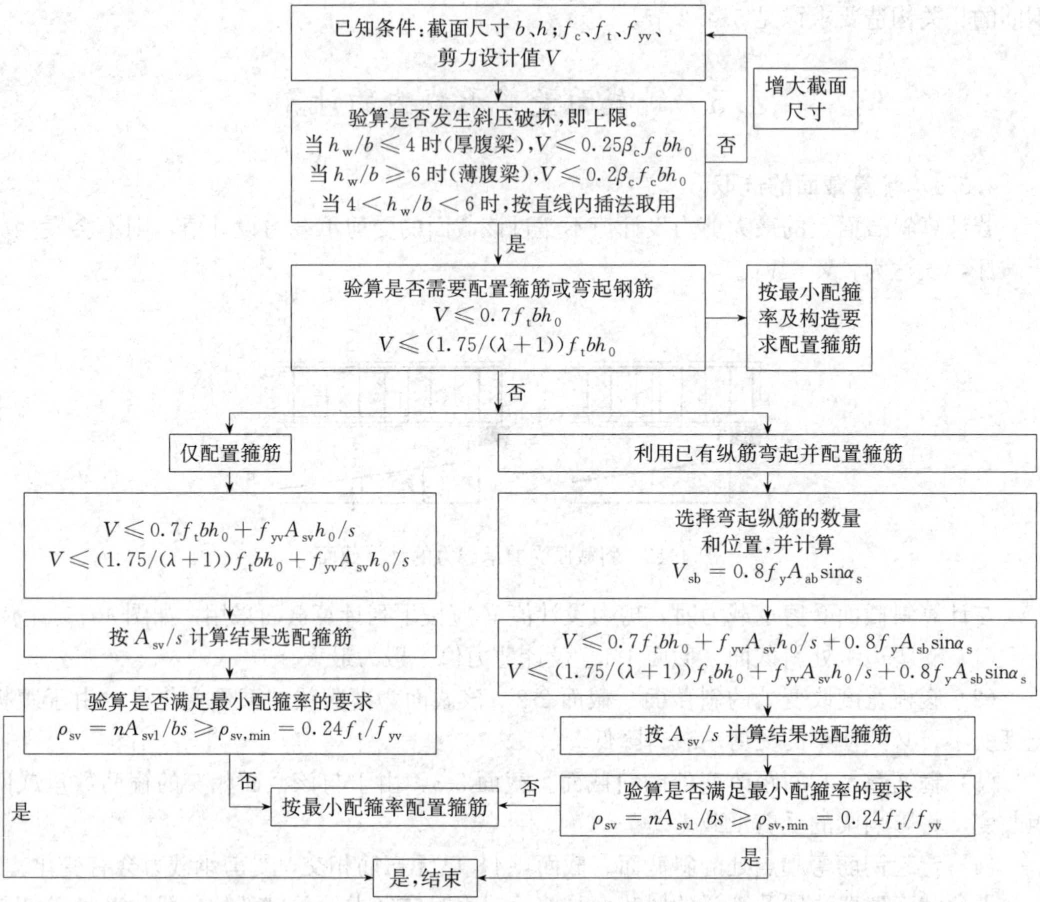

已知条件：截面尺寸 b、h；f_c、f_t、f_{yv}、剪力设计值 V

验算是否发生斜压破坏，即上限。
当 $h_w/b \leqslant 4$ 时（厚腹梁），$V \leqslant 0.25\beta_c f_c b h_0$
当 $h_w/b \geqslant 6$ 时（薄腹梁），$V \leqslant 0.2\beta_c f_c b h_0$
当 $4 < h_w/b < 6$ 时，按直线内插法取用

否 → 增大截面尺寸（返回已知条件）

是 ↓

验算是否需要配置箍筋或弯起钢筋
$V \leqslant 0.7 f_t b h_0$
$V \leqslant (1.75/(\lambda+1)) f_t b h_0$

→ 按最小配箍率及构造要求配置箍筋

否 ↓

仅配置箍筋：

$V \leqslant 0.7 f_t b h_0 + f_{yv} A_{sv} h_0/s$
$V \leqslant (1.75/(\lambda+1)) f_t b h_0 + f_{yv} A_{sv} h_0/s$

按 A_{sv}/s 计算结果选配箍筋

验算是否满足最小配箍率的要求
$\rho_{sv} = nA_{sv1}/bs \geqslant \rho_{sv,min} = 0.24 f_t/f_{yv}$

否 → 按最小配箍率配置箍筋；是 → 是，结束

利用已有纵筋弯起并配置箍筋：

选择弯起纵筋的数量和位置，并计算
$V_{sb} = 0.8 f_y A_{sb} \sin\alpha_s$

$V \leqslant 0.7 f_t b h_0 + f_{yv} A_{sv} h_0/s + 0.8 f_y A_{sb} \sin\alpha_s$
$V \leqslant (1.75/(\lambda+1)) f_t b h_0 + f_{yv} A_{sv} h_0/s + 0.8 f_y A_{sb} \sin\alpha_s$

按 A_{sv}/s 计算结果选配箍筋

验算是否满足最小配箍率的要求
$\rho_{sv} = nA_{sv1}/bs \geqslant \rho_{sv,min} = 0.24 f_t/f_{yv}$

否 → 按最小配箍率配置箍筋；是 → 是，结束

图 4.16　受弯构件斜截面设计类问题解题流程图

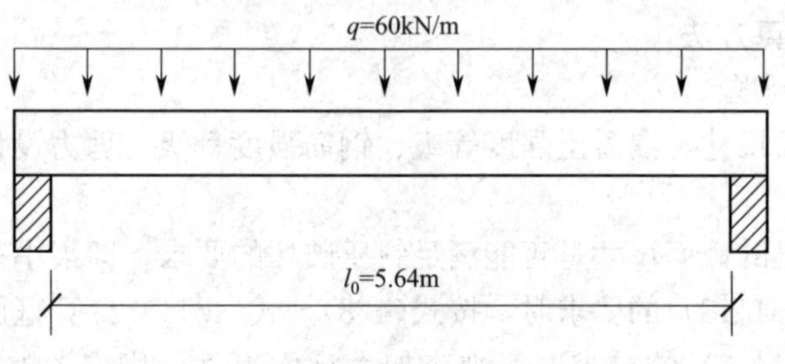

图 4.17　例题 4.1 图

【解】（1）设计参数

混凝土强度等级为 C25，查附表 1-3 和附表 1-4 可得，$f_c=11.9\text{N/mm}^2$；$f_t=1.27\text{N/mm}^2$；钢筋强度等级为 HPB300，查附表 1-11 可得，$f_{yv}=270\text{N/mm}^2$；$h_0=h-60=600-60=540\text{mm}$。

（2）计算支座边缘剪力设计值

$$V=ql_0/2=169.2\text{kN}$$

（3）验算截面尺寸（上限）

$$h_w/b=540/250=2.16<4$$

$0.25\beta_c f_c bh_0 = 0.25 \times 1.0 \times 11.9 \times 250 \times 540 = 401.625\text{kN} > V$，截面尺寸符合要求。

（4）验算是否需要按计算配置箍筋

$0.7 f_t bh_0 = 0.7 \times 1.27 \times 250 \times 540 = 120.125\text{kN} < V$，故需要按计算配置箍筋。

（5）配箍计算

$V - 0.7 f_t bh_0 = f_{yv} A_{sv} h_0 / s$，代入数据可得：$A_{sv}/s = 49185/(270 \times 540) = 0.337\text{mm}^2/\text{mm}$。

箍筋选用Φ8@200（2），$A_{sv}/s = (2 \times 50.3)/200 = 0.503\text{mm}^2/\text{mm} > 0.337\text{mm}^2/\text{mm}$，满足要求。

（6）验算最小配箍率（下限）

$\rho_{sv} = 2 \times 50.3/(250 \times 200) = 0.2\% > \rho_{sv,\min} = 0.24 \times 1.27/270 = 0.113\%$，满足要求。

【例题 4.2】 有一钢筋混凝土矩形截面独立梁，荷载设计值为两个集中力 $F=200\text{kN}$，忽略自重影响，纵向受拉钢筋采用4Φ22，梁截面尺寸 $b=250\text{mm}$，$h=500\text{mm}$，如图4.18（a）所示，混凝土强度等级为C30，箍筋采用HRB400钢筋，$a_s=40\text{mm}$。求配置腹筋。

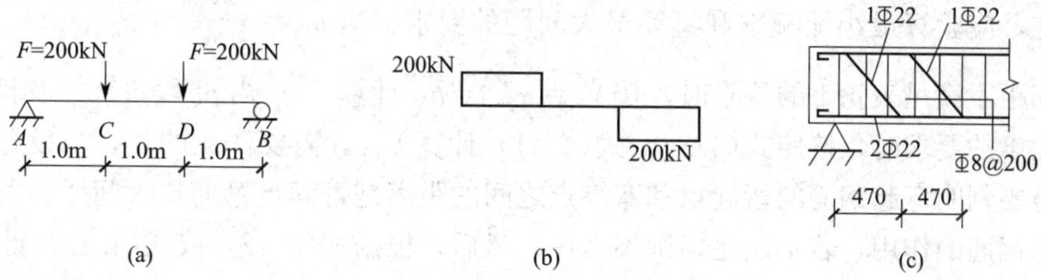

图4.18　例题4.2图

（a）计算简图；（b）剪力图；（c）箍筋及弯起钢筋

【解】（1）设计参数

混凝土强度为C30，查附表1-3和附表1-4可得，$f_c = 14.3\text{N/mm}^2$；$f_t = 1.43\text{N/mm}^2$；钢筋强度等级为HRB400，查附表1-11可得，$f_{yv} = f_y = 360\text{N/mm}^2$；$h_0 = h - 60 = 500 - 40 = 460\text{mm}$。

（2）求剪力设计值

$$V = 200\text{kN}$$

（3）验算截面尺寸（上限）

$$h_w / b = 460/200 = 2.3 < 4$$

$0.25\beta_c f_c bh_0 = 0.25 \times 1.0 \times 14.3 \times 250 \times 460 = 411.125\text{kN} > 200\text{kN}$，截面尺寸符合要求。

（4）确定箍筋及弯起钢筋

AC 段：考虑到现有纵筋的配置情况，可在梁底纵向受拉钢筋4Φ22中弯起中间一根（$A_{sb} = 380.1\text{mm}^2$），弯起角度为45°。故：

$$V_{sb} = 0.8 A_{sb} f_y \sin\alpha_s = 0.8 \times 380.1 \times 360 \times 0.707 = 77.39\text{kN}$$

$$V_{cs} = V_A - V_{sb} = 200 - 77.39 = 122.61\text{kN}$$

$$\lambda = a/h_0 = 1000/460 = 2.17$$

$1.75 f_t bh_0 / (1+\lambda) = 1.75 \times 1.43 \times 250 \times 460 / (1+2.17) = 90.78\text{kN} < V_{cs}$，需按计算配置箍筋。

$$\frac{A_{sv}}{s}=\frac{(122.61-90.78)\times 10^3}{360\times 460}=0.192\text{mm}^2/\text{mm}$$

选配双肢箍Φ8@200，实有 $A_{sv}/s=(2\times 50.3)/200=0.503\text{mm}^2/\text{mm}>0.192\text{mm}^2/\text{mm}$，满足要求。

(5) 验算最小配箍率

$\rho_{sv}=2\times 50.3/(250\times 200)=0.2\%>\rho_{sv,min}=0.24\times 1.43/360=0.095\%$，满足要求。

DB 段同理，计算过程从略。

2. 截面校核类问题

问题：已知截面尺寸，混凝土强度等级、钢筋强度等级，剪力设计值 V，所配箍筋及弯起钢筋。判断该截面是否安全。

斜截面受剪承载力截面校核类问题与受弯承载力截面校核一样都有三种表现形式，本质是要求出给定条件下截面能够承受的弯矩值即 V_u。

首先，应验算最小配箍率和箍筋最大间距的要求，当 $\rho_{sv}=\dfrac{nA_{sv1}}{bs}<\rho_{sv,min}=0.24\dfrac{f_t}{f_{yv}}$ 或箍筋间距不满足表 4.1 的要求时，按 $V_u=\alpha_{cv}f_tbh_0$ 计算 V_u；当 $\rho_{sv}\geqslant\rho_{sv,min}$ 及箍筋间距满足表 4.1 的要求时，按照式(4.8)～式(4.11) 计算 V_{u1}，需要注意的是，当设置弯起钢筋时，需要判明弯起钢筋的弯起点和弯终点之间的距离是否满足箍筋最大间距，若满足则考虑弯起钢筋的作用，若不满足，则不考虑；最后，根据式(4.12) 或式(4.13) 计算 V_{u2}，并取 $V_u=\min\{V_{u1},V_{u2}\}$。

受弯构件斜截面校核类问题解决流程如图 4.19 所示。

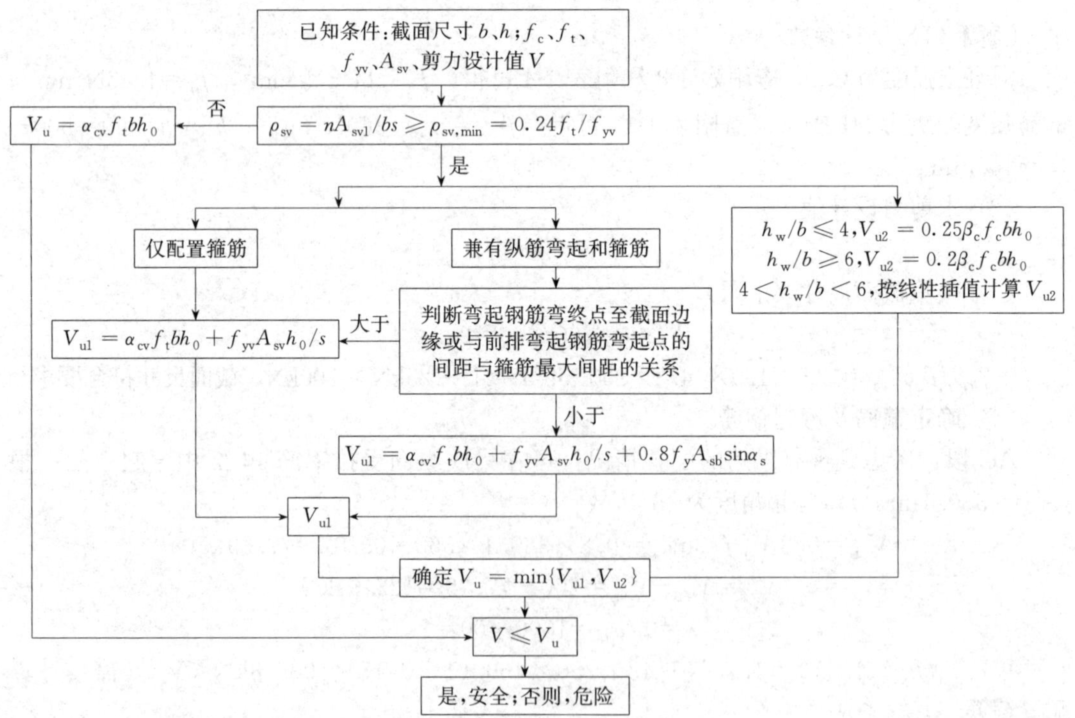

图 4.19　受弯构件斜截面校核类问题解题流程图

【例题 4.3】 一承受均布荷载的矩形截面简支梁，截面尺寸 $b\times h=200\text{mm}\times500\text{mm}$，采用 C35 混凝土，箍筋采用 HRB400 级，已配置双肢箍筋Φ8@200，承受剪力设计值 $V=200\text{kN}$，试复核此梁斜截面抗剪是否安全。

【解】（1）设计参数

混凝土强度为 C35，查附表 1-3 和附表 1-4 可得，$f_c=16.7\text{N/mm}^2$；$f_t=1.57\text{N/mm}^2$；钢筋强度等级为 HRB400，查附表 1-11 可得，$f_{yv}=360\text{N/mm}^2$；$h_0=h-40=500-40=460\text{mm}$。

（2）验算最小配箍率

$\rho_{sv}=2\times50.3/(200\times200)=0.25\%>\rho_{sv,min}=0.24\times1.57/360=0.1\%$，满足要求。

（3）验算截面尺寸（上限）

$$h_w/b=460/200=2.3<4$$

$$0.25\beta_c f_c bh_0=0.25\times1.0\times16.7\times200\times460=384.1\text{kN}>V$$

（4）计算斜截面受剪承载力

$$V_{cs}=0.7\times1.57\times200\times460+360\times\frac{2\times50.3}{200}\times460=184.4\text{kN}<200\text{kN}，不安全。$$

4.5.3　连续梁的抗剪性能及受剪承载力的计算

连续梁的受剪承载力，受集中荷载时偏低于简支梁，均布荷载时承载力是相当的。为了简化计算，设计规范采用了与简支梁相同的受剪承载力计算公式。其他的截面限制条件及最小配箍率等均与简支梁相同。

思考题

4-1　斜裂缝主要有哪几类？各自有何特点？

4-2　无腹筋梁的斜截面破坏形态有哪几种？

4-3　剪跨比对无腹筋梁的斜截面破坏形态和承载能力有何影响？

4-4　箍筋的作用有哪些？

4-5　影响有腹筋梁斜截面承载力的因素有哪些？

4-6　何为“配箍率”？如何确定最小配箍率？

4-7　采取什么措施来防止斜拉破坏和斜压破坏？

4-8　斜截面受剪承载力的计算截面位置如何选取？

4-9　为什么弯起钢筋的设计强度要取 $0.8f_y$？

4-10　《规范》给出的斜截面受剪承载力计算公式是以哪种破坏形态为依据的？建立该公式时引入了哪些基本假设？

习题

4-1　钢筋混凝土简支梁，截面尺寸 $b\times h=200\text{mm}\times500\text{mm}$，$a_s=40\text{mm}$，混凝土为 C30，承受剪力设计值 $V=150\text{kN}$，环境类别为一类，箍筋采用 HPB300 级钢筋，求所需受剪箍筋。

4-2　钢筋混凝土梁如图 4.20 所示，采用 C30 级混凝土，均布荷载设计值 $q=45\text{kN/m}$（含自重），环境类别为一类，求截面 A、$B_{左}$、$B_{右}$受剪钢筋（只配置箍筋）。

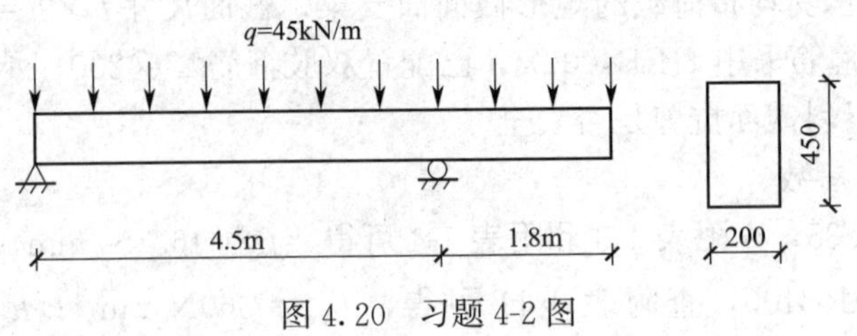

图 4.20　习题 4-2 图

4-3　某教学楼简支梁承受荷载设计值如图 4.21 所示。其中，集中荷载 $F=100\text{kN}$，均布荷载 $q=20\text{kN}$。梁截面尺寸 $b\times h=250\text{mm}\times600\text{mm}$，$a_s=40\text{mm}$，配有 4Φ25 的受拉纵筋，混凝土强度等级为 C30，箍筋采用 HPB300 级钢筋，试求：

（1）不设弯起钢筋时的受剪箍筋；

（2）利用现有纵筋为弯起钢筋，求所需箍筋。

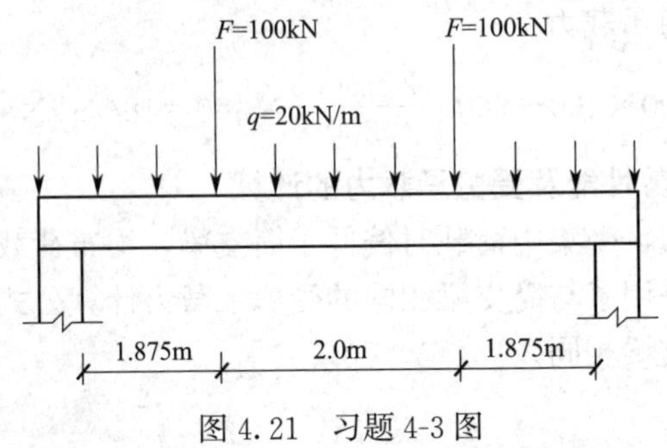

图 4.21　习题 4-3 图

4-4　如图 4.22 所示钢筋混凝土简支梁，采用 C30 混凝土，配置了 4Φ25 的受拉纵筋，箍筋为Φ8@150(2)，环境类别为一类，混凝土保护层厚度 $c=20\text{mm}$。试确定能够承受的最大均布荷载值 q_u。（提示：须考虑正截面承载力和斜截面承载力两种情况，其中正截面承载力按单筋矩形截面梁计算）

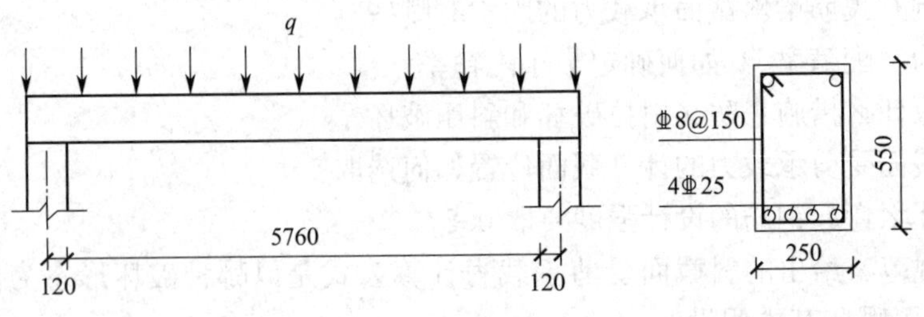

图 4.22　习题 4-4 图

第 5 章

受弯构件的配筋构造和钢筋布置

学习目标：

（1）熟悉纵筋在支座内的锚固与搭接要求；
（2）熟悉箍筋的锚固要求；
（3）掌握纵筋的弯起与截断；
（4）能够正确进行受弯构件的钢筋布置。

在第 3 章和第 4 章中已经介绍了受弯构件正截面受弯承载力设计和斜截面受剪承载力的计算。在这些承载力计算中，钢筋强度的充分发挥是建立在可靠的配筋构造基础上的。没有可靠的配筋构造，材料强度就得不到充分的发挥，承载力计算模型将不成立。因此，在钢筋混凝土结构及构件的设计中，配筋构造与计算设计同等重要。在实际工程中，因配筋构造不当而引发的工程事故很多，故不能重计算而轻构造。

5.1 钢筋的锚固

纵向受拉钢筋和受压钢筋的锚固要求已在 2.3.3 节作了介绍。这里只讲述梁端支座处的锚固要求。

5.1.1 纵筋在简支支座内的锚固

支座处由于存在支承压应力的有利影响，粘结作用将得到很好的改善。当支座处出现斜裂缝以后，纵向钢筋应力增加，此时，梁的受弯承载力还取决于纵向钢筋在支座处的锚固。

《规范》规定，钢筋混凝土简支梁和连续梁简支端的下部纵向受力钢筋，从支座边缘算起深入支座内的锚固长度（l_a）应满足以下要求：

当 $V \leqslant 0.7 f_t b h_0$ 时：

$$l_a \geqslant 5d \tag{5.1}$$

当 $V > 0.7 f_t b h_0$ 时：

$$\text{带肋钢筋：} l_a \geqslant 12d \tag{5.2}$$

$$\text{光面钢筋：} l_a \geqslant 15d \tag{5.3}$$

式中　d——纵向钢筋的最大直径。

如果纵向受力钢筋伸入梁支座范围内的锚固长度不符合式(5.1)～式(5.3) 的要求时，可以采用弯钩或机械锚固措施，并应满足 2.3.3 节的相关要求。

支承在砌体结构上的钢筋混凝土独立梁，在纵向受力钢筋的锚固长度范围内应配置不少于 2 个箍筋，箍筋直径不宜小于 $d/4$，d 为纵向受力钢筋的最大直径；间距不宜大于 $10d$，当采用机械锚固措施时箍筋间距尚不宜大于 $5d$，d 为纵向钢筋的最小直径。

简支板或连续板下部纵向受力钢筋伸入支座的锚固长度不应小于钢筋直径的 5 倍，且宜伸过支座中心线。

另外，伸入梁支座范围内的纵筋不应少于 2 根。

5.1.2 纵筋在梁柱节点内的锚固

对端部节点而言，梁上部纵向钢筋伸入节点的锚固：①当采用直线锚固形式时，锚固长度不应小于 l_a，且应伸过柱中心线，伸过的长度不宜小于 $5d$，d 为梁上部纵向钢筋的直径；②当柱截面尺寸不满足直线锚固要求时，梁上部纵向钢筋可按照 2.3.3 节要求采用钢筋端部加机械锚头的锚固方式，梁上部纵向钢筋宜伸至柱外侧纵向钢筋内边，包括机械锚头在内的水平投影锚固长度不应小于 $0.4l_{ab}$（图 5.1a)；③梁上部纵向钢筋也可采用 90°弯折锚固的方式，此时梁上部纵向钢筋应伸至柱外侧纵向钢筋内边并向节点内弯折，其包含弯弧在内的水平投影长度不应小于 $0.4l_{ab}$，弯折钢筋在弯折平面内包含弯弧段的投影长度不应小于 $15d$（图 5.1b)。

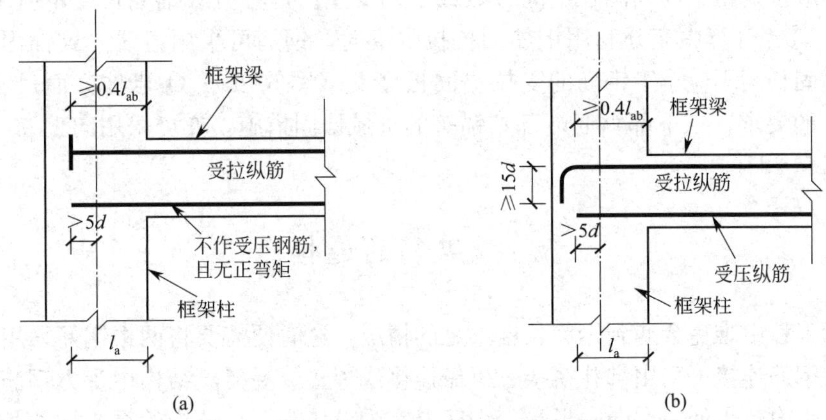

图 5.1　梁上部纵向钢筋在中间层端节点内的锚固

（a）钢筋端部加锚头锚固；（b）钢筋末端 90°弯折锚固

当计算中充分利用梁下部纵筋的抗拉强度时，钢筋的锚固方式和长度按照梁上部纵向钢筋锚固要求确定。

对框架中间层中间节点或连续梁中间支座，梁的上部纵向钢筋应贯穿节点或支座。梁的下部纵向钢筋宜贯穿节点或支座。当必须锚固时，应符合下列要求：①当计算中不利用钢筋强度时，按式(5.2)～式(5.3) 确定 l_a（图 5.2a)；②当计算中充分利用钢筋的抗压强

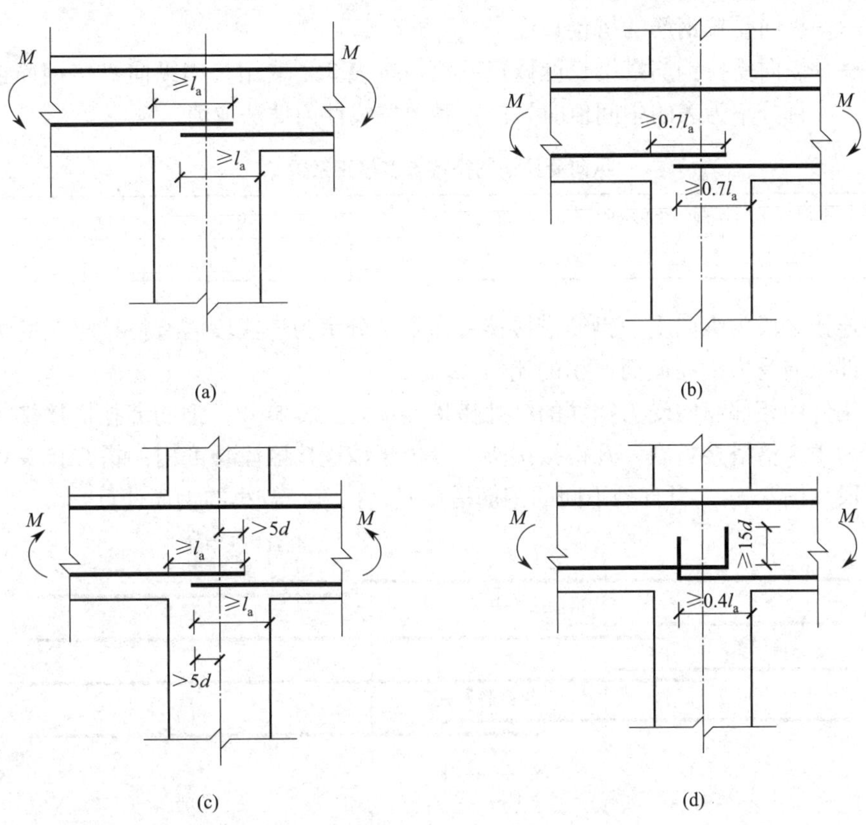

图 5.2　梁下部纵向钢筋在中间节点或中间支座范围内的锚固

度时，钢筋应按受压钢筋锚固在中间节点或中间支座内，其直线锚固长度不应小于 $0.7l_a$（图 5.2b）；③当计算中充分利用钢筋的抗拉强度时，钢筋可采用直线方式锚固在节点或支座内，锚固长度不应小于钢筋的受拉锚固长度 l_a（图 5.2c）；④当柱截面尺寸不足时，可按图 5.2 的要求，在下部纵筋端部加锚头的机械锚固措施，亦可采用向上 90°弯折锚固的方式（图 5.2d）。

5.2 纵筋的连接

在实际工程中难免会遇到钢筋长度不足的情况，这时便需要将两根钢筋采用一定方式连接起来。钢筋连接可采用绑扎搭接、机械连接或焊接。混凝土结构中受力钢筋的连接接头宜设置在受力较小处。在同一根受力钢筋上宜少设接头。在结构的重要构件和关键传力部位，纵向受力钢筋不宜设置连接接头。

5.2.1 绑扎搭接

轴心受拉及小偏心受拉杆件的纵向受力钢筋不得采用绑扎搭接；其他构件中的钢筋采用绑扎搭接时，受拉钢筋直径不宜大于 25mm，受压钢筋直径不宜大于 28mm。

纵向受拉钢筋绑扎搭接接头的搭接长度，应根据位于同一连接区段内的钢筋搭接接头面积百分率按式(5.4) 计算，且不应小于 300mm。

$$l_l=\zeta_l l_a \tag{5.4}$$

式中 l_l——纵向受拉钢筋的搭接长度；

ζ_l——纵向受拉钢筋搭接长度修正系数，按表 5.1 取用；当纵向搭接钢筋接头面积百分率为表的中间值时，修正系数按线性内插法取值。

纵向受拉钢筋搭接长度修正系数 ζ_l **表 5.1**

纵向搭接钢筋接头面积百分率(%)	≤25	50	60
ζ_l	1.2	1.4	1.6

同一连接区段内纵向受力钢筋搭接接头面积百分率为该区段内有搭接接头的纵向受力钢筋与全部纵向受力钢筋截面面积的比值。

同一构件中相邻纵向受力钢筋的绑扎搭接接头宜互相错开。钢筋绑扎搭接接头连接区段的长度为 1.3 倍搭接长度，凡搭接接头中点位于该连接区段长度内的搭接接头均属于同一连接区段（图 5.3)。当直径不同的钢筋搭接时，按直径较小的钢筋计算。

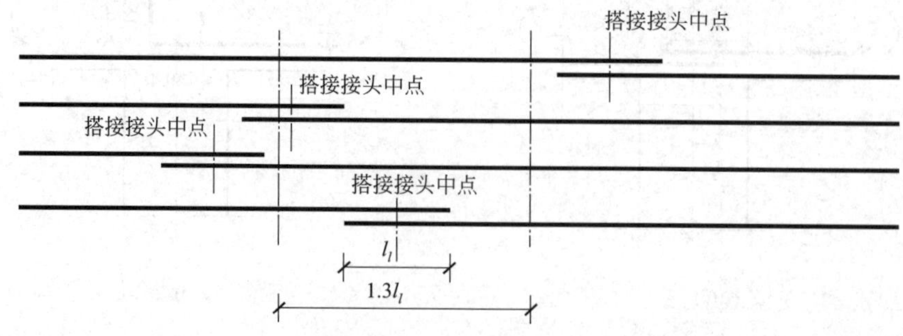

图 5.3 同一连接区段内纵向受拉钢筋的绑扎搭接接头

当图5.3中四根钢筋直径相同时，自上数第2根和第4根纵筋搭接接头中点位于$1.3l_l$范围内，所以钢筋搭接接头百分率为50%。

位于同一连接区段内的受拉钢筋搭接接头面积百分率：对梁类、板类及墙类构件，不宜大于25%；对柱类构件，不宜大于50%。当工程中确有必要增大受拉钢筋搭接接头面积百分率时，对梁类构件，不宜大于50%；对板、墙、柱及预制构件的拼接处，可根据实际情况放宽。

并筋采用绑扎搭接连接时，应按每根单筋错开搭接的方式连接。接头面积百分率应按同一连接区段内所有的单根钢筋计算。并筋中钢筋的搭接长度应按单筋分别计算。

构件中的纵向受压钢筋当采用搭接连接时，其受压搭接长度不应小于本纵向受拉钢筋搭接长度的70%，且不应小于200mm。

在梁、柱类构件的纵向受力钢筋搭接长度范围内的横向构造钢筋应符合：当锚固钢筋的保护层厚度不大于$5d$时，锚固长度范围内应配置横向构造钢筋，其直径不应小于$d/4$；对梁、柱、斜撑等构件间距不应大于$5d$，对板、墙等平面构件间距不应大于$10d$，且均不应大于100mm，此处d为锚固钢筋的直径。当受压钢筋直径大于25mm时，尚应在搭接接头两个端面外100mm的范围内各设置两道箍筋。

5.2.2　机械连接或焊接连接

机械连接是通过连接件的机械咬合作用或钢筋端面的承压作用，使两根钢筋能够传递力的连接方法。常用的机械连接接头有：挤压套筒连接、锥螺纹套筒连接和直螺纹套筒连接，见图5.4(a)。

焊接连接可以分为压焊和熔焊两种形式。压焊包括闪光对焊、电阻点焊和气压焊；熔焊包括电弧焊和电渣压力焊，见图5.4(b)。

(a)

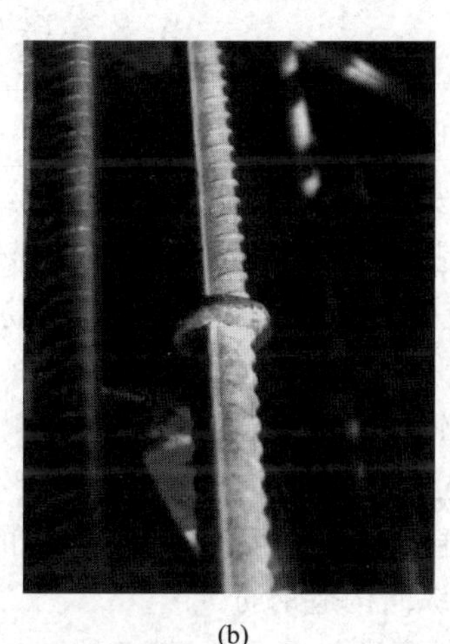
(b)

图5.4　典型的机械连接和焊接连接（图片来源于网络）
(a) 直螺纹套筒连接；(b) 电渣压力焊接接头

1. 机械连接

纵向受力钢筋的机械连接接头宜相互错开。钢筋机械连接区段的长度为$35d$，d为连接钢筋的较小直径。凡接头中点位于该连接区段长度内的机械连接接头均属于同一连接区段。

位于同一连接区段内的纵向受拉钢筋接头面积百分率不宜大于50%；但对板、墙、柱及预制构件的拼接处，可根据实际情况放宽。纵向受压钢筋的接头百分率可不受限制。

机械连接套筒的保护层厚度宜满足有关钢筋最小保护层厚度的规定。机械连接套筒的横向净间距不宜小于25mm；套筒处箍筋的间距仍应满足相应的构造要求。

直接承受动力荷载结构构件中的机械连接接头，除应满足设计要求的抗疲劳性能外，位于同一连接区段内的纵向受力钢筋接头面积百分率不应大于50%。

2. 焊接连接

细晶粒热轧带肋钢筋以及直径大于28mm的带肋钢筋，其焊接应经试验确定；余热处理钢筋不宜焊接。

纵向受力钢筋的焊接接头应相互错开。钢筋焊接接头连接区段的长度为35d且不小于500mm，d为连接钢筋的较小直径，凡接头中点位于该连接区段长度内的焊接接头均属于同一连接区段。

纵向受拉钢筋的焊接接头面积百分率不宜大于50%，但对预制构件的拼接处，可根据实际情况放宽。纵向受压钢筋的接头百分率可不受限制。

需进行疲劳验算的构件，其纵向受拉钢筋不得采用绑扎搭接接头，也不宜采用焊接接头，除端部锚固外不得在钢筋上焊有附件。

当直接承受吊车荷载的钢筋混凝土吊车梁、屋面梁及屋架下弦的纵向受拉钢筋采用焊接接头时，应满足：①应采用闪光接触对焊，并去掉接头的毛刺及卷边；②同一连接区段内纵向受拉钢筋焊接接头面积百分率不应大于25%，焊接接头连接区段的长度应取为45d，d为纵向受力钢筋的较大直径；③疲劳验算时，焊接接头应符合疲劳应力幅限值的规定。

5.3 梁的纵向构造钢筋

1. 上部纵向构造钢筋

当梁端按简支计算但实际受到部分约束时，将会产生一定的负弯矩，应在支座区上部设置纵向构造钢筋。其截面面积不应小于梁跨中下部纵向受力钢筋计算所需截面面积的1/4，且不应少于2根。该纵向构造钢筋自支座边缘向跨内伸出的长度不应小于$l_0/5$，l_0为梁的计算跨度。

2. 架立钢筋

梁内架立钢筋的直径，当梁的跨度小于4m时，直径不宜小于8mm；当梁的跨度为4～6m时，直径不应小于10mm；当梁的跨度大于6m时，直径不宜小于12mm。

3. 侧面纵向构造钢筋

梁的腹板高度h_w不小于450mm时，在梁的两个侧面应沿高度配置纵向构造钢筋（腰筋）。每侧纵向构造钢筋（不包括梁上、下部受力钢筋及架立钢筋）的间距不宜大于200mm，截面面积不应小于腹板截面面积（bh_w）的0.1%，但当梁宽较大时可以适当放松。

薄腹梁或需作疲劳验算的钢筋混凝土梁，应在下部1/2梁高的腹板内沿两侧配置直径8～14mm的纵向构造钢筋，其间距为100～150mm并按下密上疏的方式布置。在上部1/2梁高的腹板内，纵向构造钢筋可按前述要求配置。

5.4 受弯构件的钢筋布置

5.4.1 抵抗弯矩图

抵抗弯矩图是指按实际纵向受力钢筋布置情况画出的各截面抵抗弯矩（受弯承载力 M_u），沿构件轴线方向的分布图形，也称为“M_u 图”。

如图 5.5 所示，某一均布荷载作用下的钢筋混凝土简支梁，按跨中最大弯矩设计值 M_{max} 计算，需配置的纵向受拉钢筋为 2Φ22＋1Φ18。沿梁轴线各截面无变化，在全部纵筋伸入支座且锚固可靠的情况下，该梁所有截面均可承受相同的 $M_u=M_{max}$。这种钢筋布置方式足以满足受弯承载力的要求，但仅有跨中截面的纵筋被充分利用，其他截面纵筋的应力均达不到抗拉强度设计值 f_y。为了节约钢筋，可以根据设计弯矩图（M 图）的变化将钢筋弯起用以承担剪力或者直接截断（一般情况下，梁的下部钢筋不宜截断）。当弯起或截断后的 M_u 图可以将 M 图包住，便可以满足受弯承载力的要求。

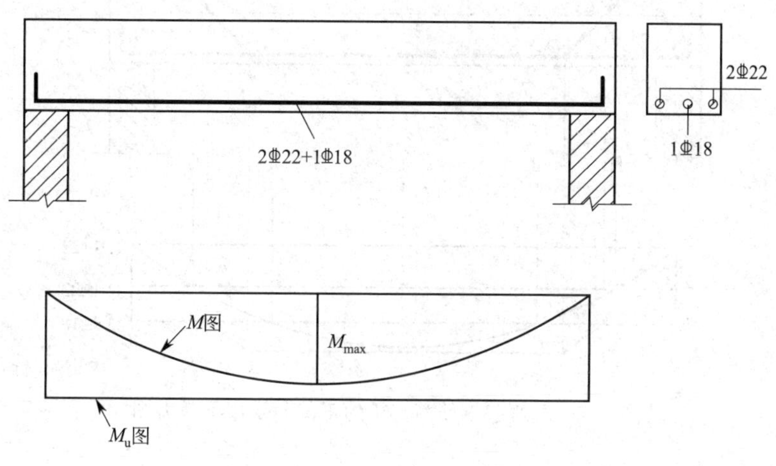

图 5.5 配通长纵筋简支梁的正截面受弯承载力图

5.4.2 纵筋的弯起

将图 5.5 中的 2Φ22 分别记为①号钢筋和②号钢筋，将 1Φ18 记为③号钢筋，将 3 根纵筋的总截面面积记为 A_s，单根钢筋的截面面积记为 A_{si}，将单根钢筋可承受的弯矩记为“M_{ui}”，则 $M_{ui}=(A_{si}/A_s)M_u$，这样便可将 M_u 图分成 3 份，如图 5.6 所示。

由图 5.6 可知：在Ⅰ截面处，①号钢筋、②号钢筋和③号钢筋均被充分利用；在Ⅱ截面处，①号钢筋和②号钢筋被充分利用；在Ⅲ截面处，只有①号钢筋被充分利用。也就是说，Ⅱ截面向外便不需要③号钢筋，Ⅲ截面向外便不需要②号钢筋和③号钢筋。因此，可以把截面Ⅰ、Ⅱ、Ⅲ分别称为③、②、①号钢筋的充分利用截面。

如果将③号钢筋在其充分利用点以外弯起，如图 5.7 所示。由于弯起钢筋的力臂是逐渐减小的，当弯起钢筋进入受压区（这里近似取梁的轴线）以后将不再提供拉力进而无法提供受弯承载力，故③号钢筋弯起后的 M_u 图为 $abcdefgh$ 连线，且该 M_u 图仍能完全包住 M 图，能够满足各截面受弯承载力的要求。将 D、E 点称为弯起钢筋的弯起点，I、J 点称为弯起钢筋的弯终点。

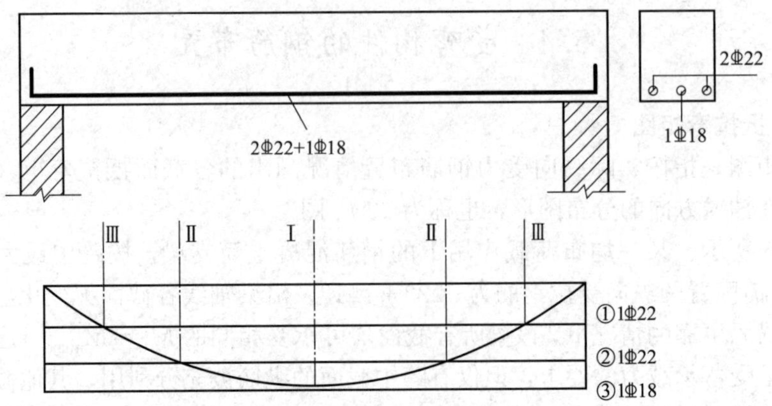

图 5.6　配通长纵筋简支梁的 M_{ui} 图

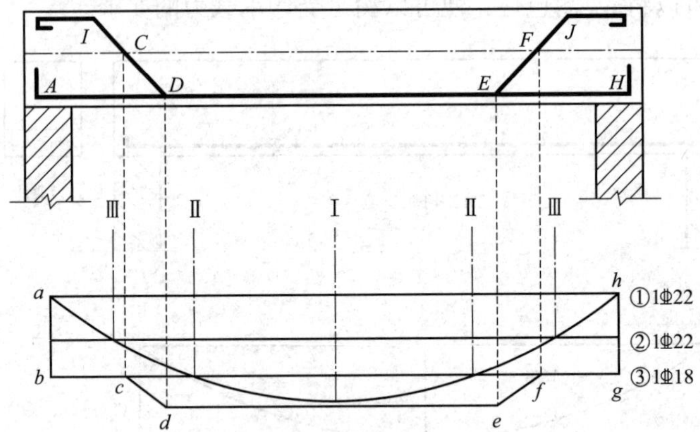

图 5.7　配弯起钢筋简支梁的正截面受弯承载力图

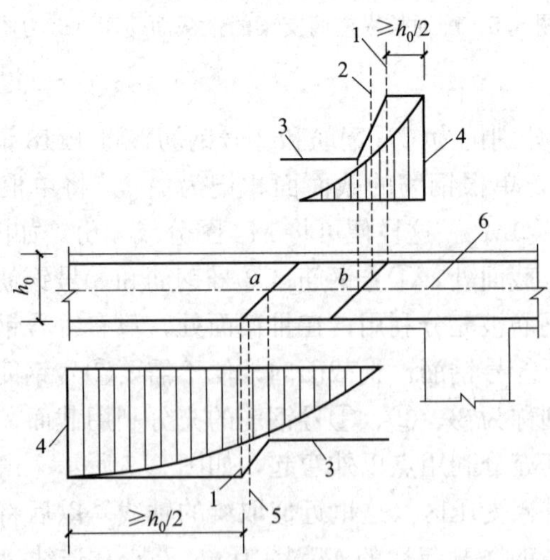

图 5.8　弯起钢筋弯起点与弯矩图的关系

1—在受拉区域中的弯起截面；2—按计算不需要钢筋“*b*”的截面；3—正截面受弯承载力图；
4—按计算充分利用钢筋“*a*”或“*b*”强度的截面；5—按计算不需要钢筋“a”的截面；6—梁中心线

考虑到斜裂缝出现的可能性，钢筋弯起时还应满足斜截面受弯承载力的要求，《规范》规定：弯起钢筋弯起点与按计算充分利用该钢筋的截面之间的距离不应小于 $h_0/2$，见图 5.8。

如图 5.9 所示，弯起钢筋的弯终点到支座边或到前一排弯起钢筋弯起点之间的距离，都不应大于箍筋的最大间距，其值见表 4.1 内 $V>0.7f_tbh_0$ 一栏的规定。这一要求是为了使每根弯起钢筋都能与斜裂缝相交，以保证斜截面的受剪和受弯承载力。

弯起钢筋的弯终点外应留有平行于梁轴线方向的锚固长度，且在受拉区不应小于 $20d$，在受压区不应小于 $10d$，d 为弯起钢筋的直径。另外，梁底层钢筋中的角筋不应弯起，顶层钢筋中的角部钢筋不应弯下。

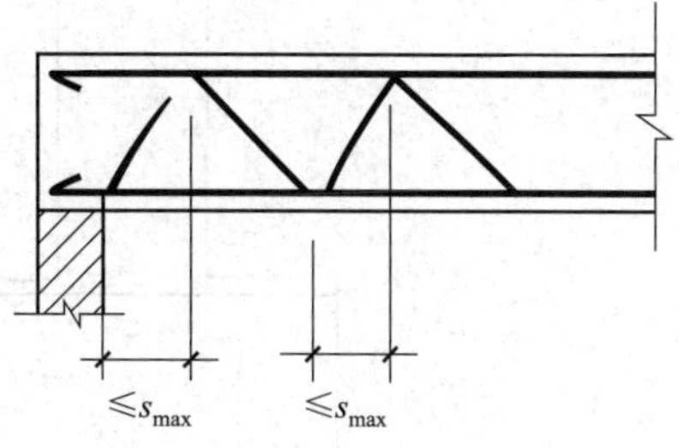

图 5.9　弯终点位置

当没有纵筋可以弯起时，亦可单独设置弯起钢筋，但必须在集中荷载或支座两侧同时设置弯起钢筋，将其称为“吊筋”或“鸭筋”，见图 5.10(a)，而不能设置仅在受拉区有不大水平段的“浮筋”，见图 5.10(b)，以防止由于浮筋发生较大的滑移使斜裂缝发展过大。

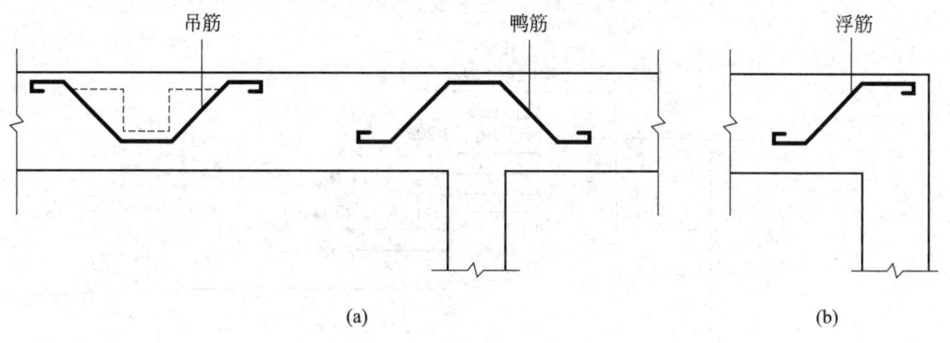

图 5.10　吊筋、鸭筋与浮筋

(a) 吊筋与鸭筋；(b) 浮筋

5.4.3　纵筋的截断

正弯矩区段内的纵向钢筋都是采用弯向支座（用来抗剪或抵抗负弯矩）的方式来减少其多余的数量，而不应在受拉区截断。支座附近负弯矩区段内的纵筋，往往采用截断的方式来减少纵筋的数量，但不宜在受拉区截断，当需要截断时，应符合下列规定：

①当 $V\leqslant0.7f_tbh_0$ 时，应延伸至按正截面受弯承载力计算不需要该钢筋的截面以外不小于 $20d$ 处截断，且从该钢筋强度充分利用截面伸出的长度不应小于 $1.2l_a$，见图 5.11(a)；

②当 $V>0.7f_tbh_0$ 时，应延伸至按正截面受弯承载力计算不需要该钢筋的截面以外不小于 h_0 且不小于 $20d$ 处截断，且从该钢筋强度充分利用截面伸出的长度不应小于 $1.2l_a+h_0$，见图 5.12(b)；

③若按上述规定的截断点仍位于负弯矩受拉区内，则应延伸至按正截面受弯承载力计算不需要该钢筋的截面以外不小于 $1.3h_0$，且不小于 $20d$ 处截断，且从该钢筋强度充分利用截面伸出的延伸长度不应小于 $1.2l_a+1.7h_0$，见图 5.11(b)。

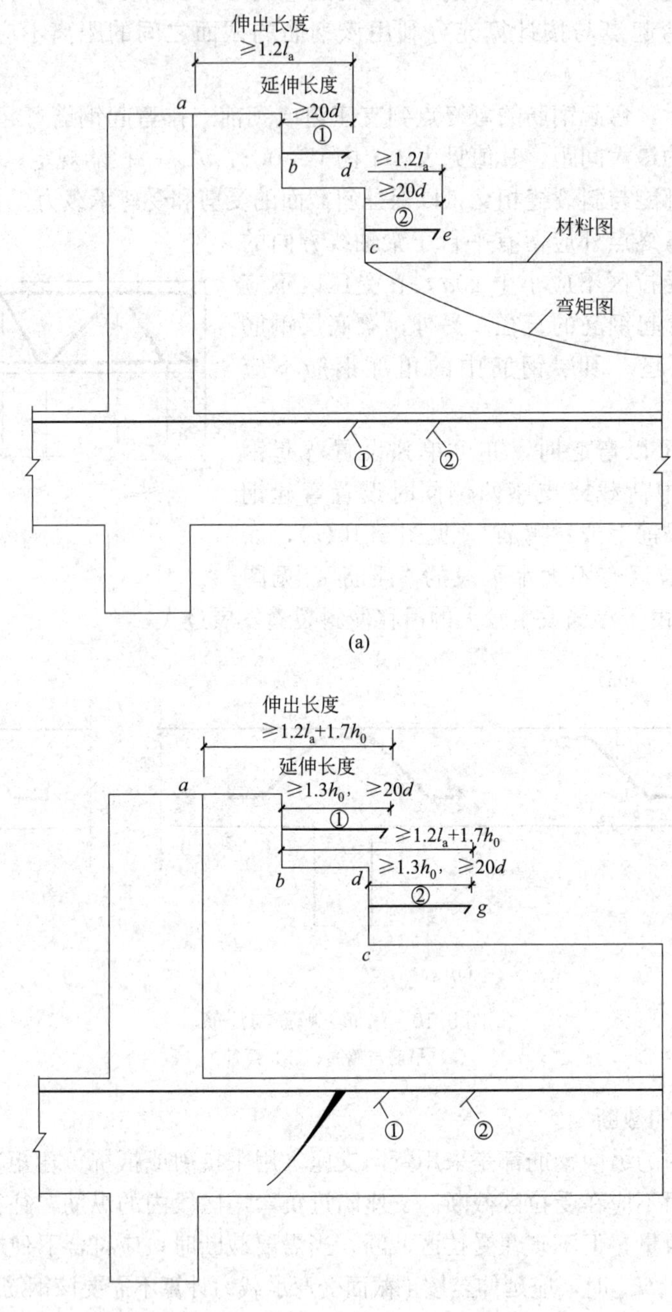

图 5.11　负弯矩区段纵向受拉钢筋的截断

(a) $V\leqslant 0.7f_tbh_0$；(b) $V>0.7f_tbh_0$，且截断点位于负弯矩受拉区

在钢筋混凝土悬臂梁中，应有不少于 2 根上部钢筋伸至悬臂梁外端，并向下弯折不小于 $12d$；其余钢筋不应在梁的上部截断，而应从弯起点位置向下弯折，并满足相应的锚固要求。

5.5　设计例题

【例题 5.1】 某两跨连续梁，见图 5.12(a)，AB 跨跨度为 7.0m，BC 跨跨度为 5.0m，承受均布荷载设计值为 70kN/m，混凝土强度等级为 C30，纵向受力钢筋采用 HRB400 级钢筋，箍筋采用 HPB300 级钢筋，设计该梁并布置钢筋。

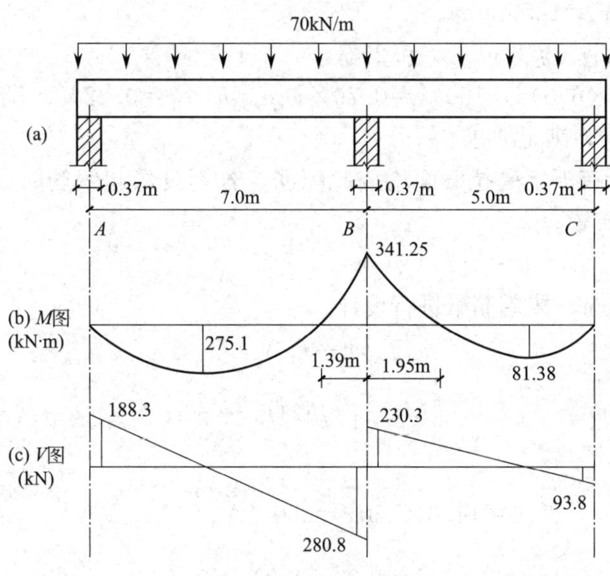

图 5.12　例题 5.1 图

【解】（1）计算 M 和 V

M 图和 V 图见图 5.12（b）、（c）。

（2）初步选定梁的截面尺寸

①确定截面高度 h：AB 跨：h_{AB} 取 700mm；BC 跨：h_{BC} 取 500mm。

②确定截面宽度 b：AB 跨：b_{AB} 取 250mm；BC 跨：b_{BC} 取 250mm。

（3）设计参数

混凝土强度为 C30，查附表 1-3 和附表 1-4 可得，$f_c=14.3\text{N/mm}^2$；$f_t=1.43\text{N/mm}^2$；纵筋强度等级为 HRB400，查附表 1-11 可得，$f_y=f'_y=360\text{N/mm}^2$；箍筋强度等级为 HPB300，$f_{yv}=270\text{N/mm}^2$；查表 3.3 和表 3.4 可知，$\alpha_1=1.0$；$\beta_c=1.0$；$\xi_b=0.518$；由于环境类别为一类，可先按一层钢筋假设 $a_s=40\text{mm}$；则可计算出：$h_{AB0}=h-a_s=700-40=660\text{mm}$；$h_{BC0}=h-a_s=500-40=460\text{mm}$。

（4）正截面设计

①AB 跨跨中

$M=275.1\text{kN}\cdot\text{m}$，按单筋梁进行设计。

$$\begin{cases}\alpha_1 f_c bx=f_y A_s\\ M=\alpha_1 f_c bx\left(h_0-\dfrac{x}{2}\right)\end{cases}$$

代入数据：

$$\begin{cases}1.0\times14.3\times250x=360\times A_s\\275.1\times10^6=1.0\times14.3\times250x\left(660-\dfrac{x}{2}\right)\end{cases}$$

解得：$x=129.25\text{mm}$；$A_s=1283.5\text{mm}^2$。

$x_b=\xi_b h_0=0.518\times660=341.88\text{mm}>x$，说明此梁非超筋梁，满足要求。

选配：4Φ20，$A_s=1256\text{mm}^2$。

$\rho_{min}=\{0.2\%,45f_t/f_y\%\}_{max}=0.2\%$；

$\rho=[1256/(250\times660)]\times100\%=0.76\%>\rho_{min}h/h_0=0.22\%$，说明按此面积配置受拉钢筋的梁非少筋梁，满足要求。

注意：AB 跨所有下部受拉截面均按此配筋，若不设弯起钢筋时，4Φ20 均应从 A 支座至 B 支座内通长布置。

②BC 跨跨中

$M=81.38\text{kN}\cdot\text{m}$，按单筋梁进行设计。

$$\begin{cases}\alpha_1 f_c bx=f_y A_s\\M=\alpha_1 f_c bx\left(h_0-\dfrac{x}{2}\right)\end{cases}$$

代入数据：

$$\begin{cases}1.0\times14.3\times250x=360\times A_s\\81.38\times10^6=1.0\times14.3\times250x\left(460-\dfrac{x}{2}\right)\end{cases}$$

解得：$x=52.48\text{mm}$；$A_s=521.15\text{mm}^2$；$x_b=\xi_b h_0=0.518\times460=238.28\text{mm}>x$，说明此梁非超筋梁，满足要求。

选配：2Φ20，$A_s=628\text{mm}^2$；$\rho_{min}=\{0.2\%,45f_t/f_y\%\}_{max}=0.2\%$；$\rho=[628/(250\times460)]\times100\%=0.55\%>\rho_{min}h/h_0=0.22\%$，说明按此面积配置受拉钢筋的梁非少筋梁，满足要求。

③B 支座

由于支座左右两跨梁的截面宽度相同，可选择截面高度较小者设计。实际上应选择支座边缘截面进行计算，这里为方便计算选择支座中心截面进行计算。$M=-341.25\text{kN}\cdot\text{m}$，按双筋梁（已验算按单筋计算时超筋），并按 BC 跨梁高进行设计，计算时弯矩取绝对值，并利用 2Φ20 为受压钢筋。

$$\begin{cases}\alpha_1 f_c bx+f'_y A'_s=f_y A_s\\M=\alpha_1 f_c bx\left(h_0-\dfrac{x}{2}\right)+f'_y A'_s(h_0-a'_s)\end{cases}$$

代入数据：

$$\begin{cases}1.0\times14.3\times250x=435\times A_s\\341.25\times10^6=1.0\times14.3\times250x\left(460-\dfrac{x}{2}\right)+360\times628\times(460-40)\end{cases}$$

解得：$x=188.32\text{mm}$；$A_s=1870\text{mm}^2$；$x_b=\xi_b h_0=0.518\times460=238.28\text{mm}>x$，

说明此梁非超筋梁，满足要求。

选配：4Φ25，$A_s=1964\text{mm}^2$；$\rho_{min}=\{0.2\%,45f_t/f_y\%\}_{max}=0.2\%$；$\rho=[1964/(250\times460)]\times100\%=1.71\%>\rho_{min}h/h_0=0.22\%$，说明按此面积配置受拉钢筋的梁非少筋梁，满足要求。

支座处的负弯矩钢筋应横跨 B 支座分别伸进 AB 跨和 BC 跨。

(5) 斜截面设计

选择 A 支座内侧截面、B 支座左右两侧截面、C 支座内侧截面分别进行计算。本题按仅配箍筋进行设计。

①A 支座内侧截面

$V_A=183.3\text{kN}$；

验算截面尺寸：$h_w=h_0=660\text{mm}$，$h_w/b=660/250=2.64<4$，属于厚腹梁；

验算最小截面尺寸：$0.25\beta_c f_c bh_0=0.25\times14.3\times250\times660=589.875\text{kN}>183.3\text{kN}$，满足要求；

验算是否需要配置箍筋：$0.7f_t bh_0=0.7\times1.43\times250\times660=165.17\text{kN}<183.3\text{kN}$，需要按照计算配置箍筋；

$V=0.7f_t bh_0+1.0f_{yv}A_{sv}h_0/s$；

则，$A_{sv}/s=(183300-165170)/(270\times660)=0.102$；

选配Φ8@250(2)，$A_{sv}/s=(2\times50.3)/(250)=0.402>0.102$，可以。

验算配箍率：$\rho_{sv}=A_{sv}/bs=100.6/(250\times250)=0.16\%$，$\rho_{sv,min}=0.24f_t/f_{yv}=0.24\times1.43/270=0.127\%$，$\rho_{sv}>\rho_{sv,min}$，满足要求。

②B 支座左侧截面

$V_{B左}=280.8\text{kN}$；

验算截面尺寸：$h_w=h_0=660\text{mm}$，$h_w/b=660/250=2.64<4$，属于厚腹梁；

验算最小截面尺寸：$0.25\beta_c f_c bh_0=0.25\times14.3\times250\times660=589.875\text{kN}>280.8\text{kN}$，满足要求；

验算是否需要配置箍筋：$0.7f_t bh_0=0.7\times1.43\times250\times660=165.17\text{kN}<280.8\text{kN}$，需要按照计算配置箍筋；

$V=0.7f_t bh_0+1.0f_{yv}A_{sv}h_0/s$；

则，$A_{sv}/s=(280800-165170)/(270\times660)=0.649$；

选配Φ8@150(2)，$A_{sv}/s=(2\times50.3)/(150)=0.671>0.649$，可以。

验算箍筋配箍率：$\rho_{sv}=A_{sv}/bs=100.6/(250\times150)=0.27\%$；

$\rho_{sv,min}=0.24f_t/f_{yv}=0.24\times1.43/270=0.127\%$，$\rho_{sv}>\rho_{sv,min}$，满足要求。

③B 支座右侧截面

$V_{B左}=230.3\text{kN}$；

验算截面尺寸：$h_w=h_0=460\text{mm}$，$h_w/b=460/250=1.84<4$，属于厚腹梁；

验算最小截面尺寸：$0.25\beta_c f_c bh_0=0.25\times14.3\times250\times460=410.125\text{kN}>280.8\text{kN}$，满足要求；

验算是否需要配置箍筋：$0.7f_t bh_0=0.7\times1.43\times250\times460=115.115\text{kN}<230.3\text{kN}$，需要按照计算配置箍筋；

$V=0.7f_tbh_0+1.0f_{yv}A_{sv}h_0/s$；

则，$A_{sv}/s=(230300-115115)/(270\times460)=0.927$；

选配Φ8@100(2)，$A_{sv}/s=(2\times50.3)/(100)=1.006>0.927$，可以。

验算箍筋配箍率：$\rho_{sv}=A_{sv}/bs=100.6/(250\times100)=0.40\%$；

$\rho_{sv,min}=0.24f_t/f_{yv}=0.24\times1.43/270=0.127\%$，$\rho_{sv}>\rho_{sv,min}$，满足要求。

④C 支座左侧截面

$V_{C左}=93.8kN$；

验算截面尺寸：$h_w=h_0=460mm$，$h_w/b=460/250=1.84<4$，属于厚腹梁；

验算最小截面尺寸：$0.25\beta_cf_cbh_0=0.25\times14.3\times250\times460=410.125kN>93.8kN$，满足要求；

验算是否需要配置箍筋：$0.7f_tbh_0=0.7\times1.43\times250\times460=115.115kN>93.8kN$，不需要按照计算配置箍筋，按构造要求配置箍筋；

选配Φ8@300(2)。

验算箍筋配箍率：$\rho_{sv}=A_{sv}/bs=100.6/(250\times300)=0.134\%$；

$\rho_{sv,min}=0.24f_t/f_{yv}=0.24\times1.43/270=0.127\%$，$\rho_{sv}>\rho_{sv,min}$，满足要求。

（6）纵向构造钢筋设置

①选择 2Φ25 兼做架立钢筋

②侧面纵向构造钢筋

AB 跨梁：每侧中间配置 2Φ12，面积为 $226mm^2>0.1\%\ bh_w=0.001\times250\times660=165mm^2$，可以；$BC$ 跨梁：每侧中间配置 2Φ12，面积为 $226mm^2>0.1\%\ bh_w=0.001\times250\times660=165mm^2$，可以。

（7）上部纵筋的截断

可将 B 支座负弯矩钢筋中间 2 根Φ25 的钢筋截断，截断位置应根据抵抗弯矩图来确定。基本锚固长度 $l_{ab}=\alpha\dfrac{f_y}{f_t}d=0.14\times\dfrac{360}{1.43}\times25=881mm$，钢筋端部采用 135°弯钩，所以其锚固长度可以取基本锚固长度的 60%：$l_a=0.6\times\xi_al_{ab}=0.6\times1.1\times881=581.5mm>200mm$。

①Ⅰ号钢筋截断点

其充分利用截面为 B 支座中心截面。B 支座左右两侧，均需按计算配置箍筋，即 $V>0.7f_tbh_0$。

对 AB 跨：AB 跨的理论不需要点距 B 支座中心线的距离为 290mm。Ⅰ号钢筋在 AB 跨内自理论不需要点伸出长度应取 $\max(h_0,20d)=660mm$，加上 AB 跨的理论不需要点距 B 支座中心线的距离后的伸出长度为 $660mm+290mm=950mm$，小于 $1.2l_a+h_0=1357mm\approx1360mm<1390mm$，说明该截断点仍位于受拉区。这样便需要按图 5.12(b) 来计算钢筋截断点。

Ⅰ号钢筋在 AB 跨内自理论不需要点伸出长度应取 $\max(1.3h_0,20d)=858mm$，加上 AB 跨的理论不需要点距 B 支座中心线的距离后的伸出长度为 $858mm+290mm=1148mm$，小于 $1.2l_a+1.7h_0=1819.8mm$，取 1820mm。

对 BC 跨：BC 跨的理论不需要点距 B 支座中心线的距离为 350mm。

Ⅰ号钢筋在 BC 跨内自理论不需要点伸出长度应取 $\max(h_0, 20d)=500$mm，加上 BC 跨的理论不需要点距 B 支座中心线的距离后的伸出长度为 500mm＋350mm＝850mm，小于 $1.2l_a+h_0=1157.8$mm≈1160mm＜1950mm，说明该截断点仍位于受拉区。同样需要按图 5.12(b) 来重新计算钢筋截断点。

Ⅰ号钢筋在 BC 跨内自理论不需要点伸出长度应取 $\max(1.3h_0, 20d)=598$mm，加上 BC 跨的理论不需要点距 B 支座中心线的距离后的伸出长度为 598mm＋350mm＝948mm≈950mm，小于 $1.2l_a+1.7h_0=1479.8$mm，取 1480mm。

②Ⅱ号钢筋

对 AB 跨：

AB 跨的理论不需要点距 B 支座中心线的距离分别为 628mm。理论不需要点的剪力设计值为 249.79kN＞$0.7f_tbh_0=165.17$kN。

Ⅱ号钢筋在 AB 跨内自理论不需要点伸出长度应取 $\max(h_0, 20d)=660$mm，加上 AB 跨的理论不需要点距 B 支座中心线的距离后的伸出长度为 660mm＋628mm＝1288mm，小于 $1.2l_a+h_0+290=1647$mm，取 1650mm。

对 BC 跨：

BC 跨的理论不需要点距 B 支座中心线的距离分别为 792mm。

Ⅱ号钢筋在 BC 跨内自理论不需要点伸出长度应取 $\max(h_0, 20d)=500$mm，加上 BC 跨的理论不需要点距 B 支座中心线的距离后的伸出长度为 500mm＋792mm＝1292mm，小于 $1.2l_a+h_0+350=1507.8$mm≈1510mm＜1950mm，说明该截断点仍位于受拉区。同样需要按图 5.12(b) 来重新计算钢筋截断点。

Ⅰ号钢筋在 BC 跨内自理论不需要点伸出长度应取 $\max(1.3h_0, 20d)=598$mm，加上 BC 跨的理论不需要点距 B 支座中心线的距离后的伸出长度为 598mm＋792mm＝1390mm，小于 $1.2l_a+1.7h_0+792=2272$mm，取 2280mm。

(8) 箍筋布置

①AB 梁自 A 支座起

判别哪一截面仅按构造要求配置箍筋便可满足受剪承载力的要求。当 AB 梁按构造要求配置箍筋时的抗剪承载力：

$$V_u=0.7f_tbh_0+1.0f_{yv}A_{sv}h_0/s=165170+270\times100.6\times660/250=236.9\text{kN}$$

故从 A 支座边缘向跨中均按照Φ8@250(2) 配置箍筋。

②AB 梁自 B 支座左侧起

从 B 支座左侧边缘截面至按抗剪承载力为 236.9kN 截面的距离为：(280.8－236.9)/70＝0.62m。

③BC 梁自 B 支座右侧起

当 BC 梁按构造要求配置箍筋时的抗剪承载力：

$$V_u=0.7f_tbh_0+1.0f_{yv}A_{sv}h_0/s=115115+270\times100.6\times460/300=153.8\text{kN}$$

从 B 支座左侧边缘截面至按抗剪承载力为 153.8kN 截面的距离为：(230.3－153.8)/70＝1.1m。BC 梁从 B 支座左侧 1100mm 处至 C 支座内侧边缘截面均按Φ8@300(2) 配置箍筋。

(9) 纵筋的锚固长度

梁的纵筋均伸入梁端支座至构件边缘 25mm 处，且端部设向上 90°弯钩，弯钩平直长

度取 $12d=96$mm≈100mm，则锚固长度为 370－25＝345mm＞96mm，满足要求。

该梁的配筋详图见图 5.13。

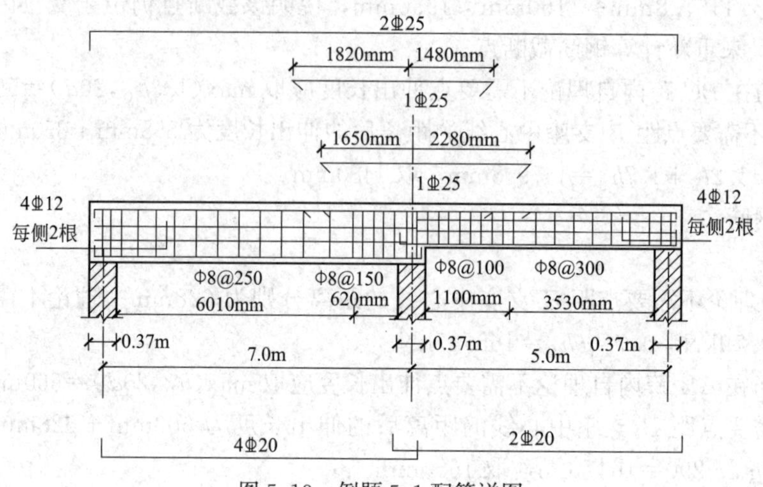

图 5.13　例题 5.1 配筋详图

思考题

5-1　伸入梁支座范围内的纵筋数量有何要求？

5-2　钢筋连接的方式有哪些？

5-3　如何计算纵向受力钢筋的接头百分率？

5-4　梁内架立钢筋和侧面纵向构造钢筋的布置有哪些要求？

5-5　何谓“抵抗弯矩图”？

5-6　弯起钢筋弯起点与按计算充分利用该钢筋的截面之间的距离有何要求？

5-7　如何确定纵筋截断点的位置？

习题

5-1　受均布荷载作用的伸臂梁见图 5.14，简支跨跨度为 6m，均布荷载设计值为 65kN/m，伸臂跨跨度为 2.0m，均布荷载设计值 120kN/m。梁的截面尺寸 $b\times h=250\text{mm}\times 650\text{mm}$。采用 C30 级混凝土，HRB400 级钢筋，要求对该梁进行配筋计算并布置钢筋。

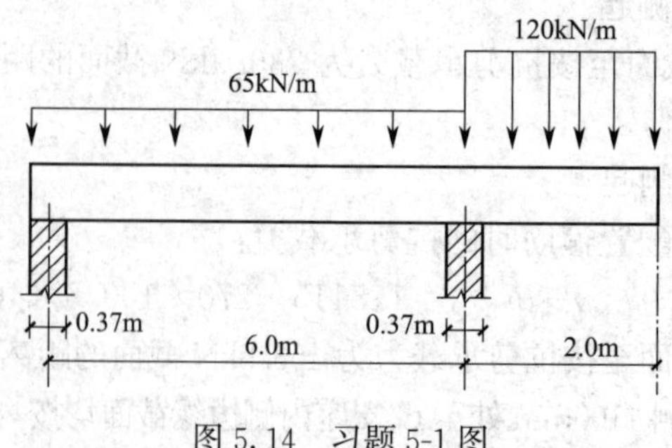

图 5.14　习题 5-1 图

5-2　某车间平台梁如图 5.15 所示，承受均布荷载设计值 90kN/m。梁的截面尺寸 $b=$

250mm，h＝700mm。采用 C30 级混凝土，HRB400 级钢筋，要求对该梁进行配筋计算并布置钢筋。

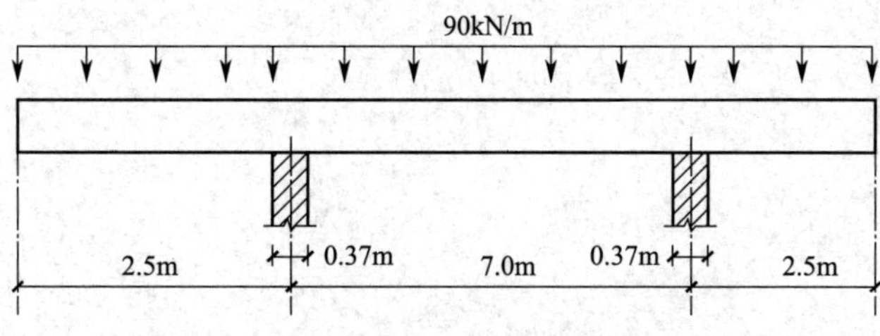

图 5.15　习题 5-2 图

第6章

受压构件的截面承载力

学习目标：

（1）熟悉受压构件的构造要求；
（2）掌握配有普通箍筋和螺旋箍筋的轴心受压构件承载力计算方法；
（3）了解偏心受压构件的破坏过程和破坏特征；
（4）掌握偏心受压的破坏形态和二阶效应；
（5）掌握矩形截面偏心受压构件正截面受压承载力计算方法；
（6）了解I形截面偏心受压构件正截面受压承载力计算方法；
（7）掌握偏心受压构件正截面承载力 N_u-M_u 关系曲线的特点及其应用；
（8）掌握偏心受压构件的斜截面承载力计算。

受压构件指的是承受轴向压力为主的构件，例如房屋结构中的柱、桥梁结构中的桥墩、桁架中的受压弦杆及腹杆、单层厂房柱、剪力墙、桩等。受压构件主要充当传递竖向力的作用，一旦产生破坏，将导致整个结构的严重损坏，甚至倒塌。

一般情况下，受压构件同时作用有压力、弯矩和剪力等。在轴向压力 N 和弯矩 M 共同作用下将产生正截面压弯破坏，这与受弯构件正截面受力情况类似，只是比正截面受弯多了轴向压力 N 的作用。按轴向压力作用的位置，受压构件可以分为轴心受压构件、单向偏心受压构件和双向偏心受压构件。

6.1 受压构件的构造要求

6.1.1 截面形式及尺寸

正方形、矩形、圆形、多边形、环形等；柱的截面尺寸不宜过小，一般应控制在 $l_0/b \leqslant 30$ 及 $l_0/h \leqslant 25$（主要是防止长细比较大，承载力降低过多）。

当柱截面的边长在 800mm 以下时，一般以 50mm 为模数，边长在 800mm 以上时，以 100mm 为模数。

对Ⅰ形截面，翼缘厚度不宜小于 120mm，因为翼缘太薄，会使构件过早出现裂缝，同时在靠近柱底部位的混凝土容易在车间生产过程中碰坏，影响柱的承载力和使用年限。腹板厚度不宜小于 100mm，地震区采用Ⅰ形截面柱时，其腹板宜再加厚。

6.1.2 材料强度

混凝土常用 C30～C40，对于高层建筑的底层柱，必要时可采用高强度等级的混凝土；纵向钢筋常用 HRB400 级和 HRB500 级钢筋；箍筋一般采用 HRB400 级钢筋，也可采用 HPB300 级钢筋。

6.1.3 纵向钢筋的要求

①纵向受力钢筋直径不宜小于 12mm，全部纵向钢筋的配筋率不宜大于 5%。柱宜采用大直径钢筋作纵向受力钢筋。这是因为配筋过多的柱在长期受压混凝土徐变后卸载，钢筋弹性恢复会在柱中引起横裂，故对柱的最大配筋率作出限制；②柱中纵向钢筋的净间距不应小于 50mm，且不宜大于 300mm。间距过密影响混凝土浇筑密实，过疏则难以维持对芯部混凝土的围箍约束；③偏心受压柱的截面高度不小于 600mm 时，在柱的侧面上应设置直径不小于 10mm 的纵向构造钢筋，并相应设置复合箍筋或拉筋。设置复合箍筋或拉筋亦是为了维持对芯部混凝土的约束；④圆柱中纵向钢筋不宜少于 8 根，不应少于 6 根，且宜沿周边均匀布置；⑤在偏心受压柱中，垂直于弯矩作用平面的侧面上的纵向受力钢筋以及轴心受压柱中各边的纵向受力钢筋，其中距不宜大于 300mm。

6.1.4 箍筋的要求

柱中箍筋的作用：①架立纵向钢筋；②承担剪力和扭矩；③与纵筋一起形成对芯部混凝土的围箍约束。

柱内箍筋应满足以下要求：①箍筋直径不应小于 $d/4$，且不应小于 6mm，d 为纵向钢筋的最大直径；②箍筋间距不应大于 400mm 及构件截面的短边尺寸，且不应大于 $15d$，d 为纵向钢筋的最小直径；③柱及其他受压构件中的周边箍筋应做成封闭式；对圆柱中的箍筋，搭接长度不应小于锚固长度的要求，且末端应做成 135°弯钩，弯钩末端平直段长度不

应小于 $5d$，d 为箍筋直径；④当柱截面短边尺寸大于 400mm 且各边纵筋多于 3 根时，或当柱截面短边尺寸不大于 400mm 但各边纵向钢筋多于 4 根时，应设置复合箍筋；⑤柱中全部纵向受力钢筋的配筋率大于 3%时，箍筋直径不应小于 8mm，间距不应大于 $10d$，且不应大于 200mm。箍筋末端应做成 135°弯钩，弯钩末端平直段长度不应小于 $10d$ 为箍筋直径；⑥配有螺旋式或焊接环式箍筋的柱中，如在正截面受压承载力计算中考虑间接钢筋的作用时，箍筋间距不应大于 80mm 及 $d_{cor}/5$，且不宜小于 40mm，d_{cor} 为按箍筋内表面确定的核心截面直径。

注意，对于截面形状复杂的构件，不可采用具有内折角的箍筋，以避免产生向外拉力，致使折角处的混凝土破损，见图 6.1。

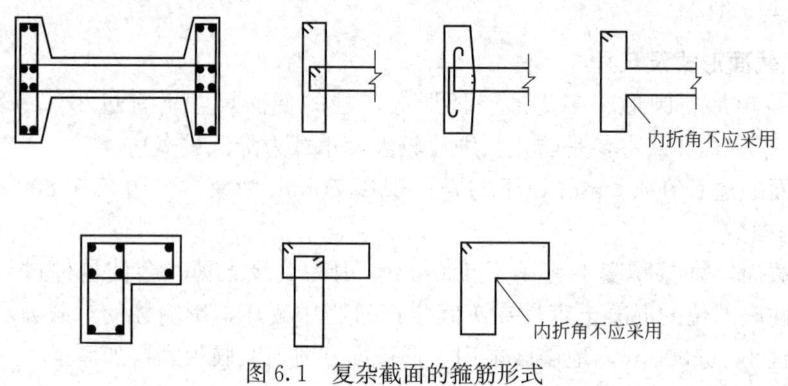

图 6.1　复杂截面的箍筋形式

6.2　轴心受压构件的承载力计算

在实际结构中，理想的轴心受压构件几乎是不存在的，主要是由于混凝土材料本身的非均匀性、施工误差、荷载作用位置偏差、纵筋的不对称布置等原因造成的。但有些构件，例如以承受恒载为主的等跨多层房屋的内柱、桁架中的受压腹杆等，可以近似按照轴心受压构件计算。此外，轴心受压构件承载力计算可用于受压构件的截面尺寸估算和偏心受压构件垂直弯矩平面的承载力验算。

按照柱中箍筋的配置方式和作用的不同，轴心受压构件分成两种：普通箍筋柱和螺旋箍筋柱（或焊接环式箍筋柱），见图 6.2。

6.2.1　普通箍筋柱

柱内纵筋的主要起到以下作用：①协助混凝土承受压力；②承受可能都存在的不大的弯矩以及混凝土收缩和温度变化引起的拉应力；③改善破坏时构件的延性。

1. 受力分析和破坏形态

配有纵筋和普通箍筋的短柱，在轴心荷载作用下，整个截面的应变基本上是均匀分布的。荷载较小时，钢筋和混凝土近似处于弹性阶段，柱的压缩变形的增大与荷载的增大基本成正比，纵筋和混凝土的压应力的增加也与荷载的增大成正比。当荷载较大时，由于混凝土的塑性变形的发展，随着压力的增加混凝土应力的增长速率逐渐减缓，而钢筋的应力增长速率逐渐加快，见图 6.3。随着荷载的继续增加，柱中开始出现微细裂缝，在临近破坏荷载时，柱四周出现明显的纵向裂缝，箍筋件的纵筋发生压屈，向外凸出，混凝土被压碎，柱即破

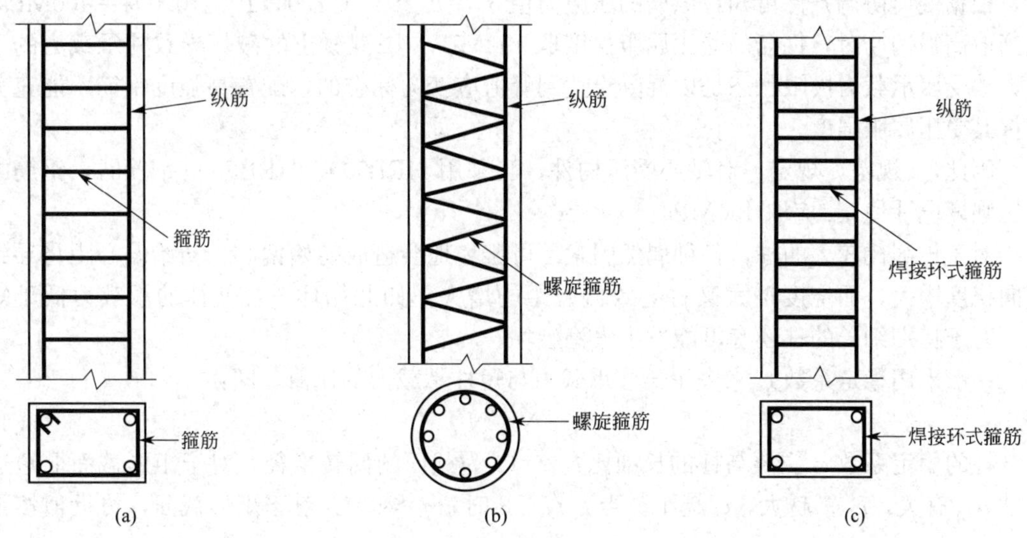

图 6.2　不同配箍形式的柱

（a）普通箍筋柱；（b）螺旋箍筋柱；（c）焊接环式箍筋柱

坏，见图 6.4。

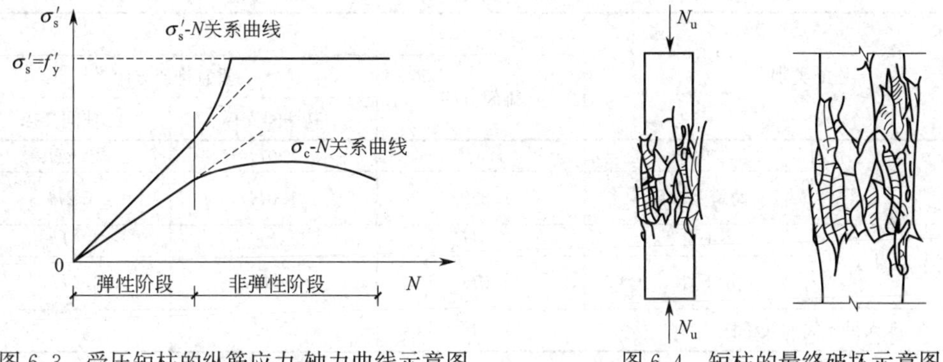

图 6.3　受压短柱的纵筋应力-轴力曲线示意图　　图 6.4　短柱的最终破坏示意图

研究表明，素混凝土棱柱体构件达到最大压应力时的压应变值为 0.0015～0.002，而钢筋混凝土短柱达到应力峰值时的压应变一般在 0.0025～0.0035 之间。主要原因是纵向钢筋起到了调整混凝土应力的作用，使混凝土的塑性得到了较好的发挥，改善了受压破坏的脆性。在破坏时，一般是纵筋先达到屈服强度，此时可继续增加一些荷载，最后达到混凝土的极限压应变值。

若受压钢筋屈服应变较大，混凝土达到极限压应变被压碎时纵向钢筋仍处于弹性阶段，即受压钢筋达不到屈服强度。如果继续施加压力，混凝土应力-应变曲线将进入下降段，混凝土承受的应力将释放。由于混凝土抗压强度较高，破坏时钢筋不能承受混凝土退出受压而产生应力重分布，受压承载力将急剧下降。如果配置足够的箍筋，一方面抗压防止钢筋压曲，缓和柱压坏时的突然性，另一方面箍筋本身对混凝土也有一定的约束作用，使混凝土的下降段变缓。

如果不考虑纵筋和箍筋对混凝土极限压应变的影响，即取混凝土极限压应变为 0.002

时，根据变形协调条件可知，纵筋的压应力值 $\sigma_s = E_s \times \varepsilon'_s = 2.0 \times 10^5 \times 0.002 = 400\text{MPa}$。故当取高强钢筋时，钢筋的受压屈服强度取 400MPa。因混凝土的破坏导致柱承载力的下降，故受压承载力极限状态是以混凝土达到峰值应变为标志的，配置高强度钢筋不能充分发挥其受压屈服强度。

因此，《规范》规定：对轴心受压构件，当采用 HRB500、HRBF500 钢筋时，钢筋的抗压强度设计值 f'_y 应取 400MPa。

对于长细比较大的柱，各种偶然因素不可避免地会造成初始偏心，初始偏心距将导致侧向挠度增大，而挠度增大又将导致偏心距的增大，如此循环，会使柱的承载力低于短柱。对于特别细长的柱还有可能发生失稳破坏。

一般采用稳定系数 φ 来表示长柱承载力与短柱承载力的比值，即：

$$\varphi = N_u^l / N_u^s \tag{6.1}$$

柱的稳定系数 φ 主要与柱的长细比 l_0/i（i 为截面的回转半径，对于矩形截面取短边尺寸 b）有关，l_0/i 越大，φ 越小。当 $l_0/i \leqslant 8$ 时，$\varphi \approx 1.0$。对于矩形截面，可近似按下式计算：$\varphi = [1 + 0.002(l_0/b - 8)^2]^{-1}$，对任意截面 $b = (12i)^{1/2}$，对圆形截面 $b = (3)^{1/2} d/2$。刚性屋盖单层房屋排架柱、露天吊车柱和栈桥柱的计算长度 l_0 按表 6.1 确定；一般多层房屋中梁柱为刚接的框架结构，各层柱的计算长度 l_0 按表 6.2 确定。

刚性屋盖单层房屋排架柱、露天吊车柱和栈桥柱的计算长度　　表 6.1

柱的类别		l_0		
		排架方向	垂直排架方向	
			有柱间支撑	无柱间支撑
无吊车房屋	单跨	$1.5H$	$1.0H$	$1.2H$
	两跨及多跨	$1.25H$	$1.0H$	$1.2H$
有吊车房屋	上柱	$2.0H_u$	$1.25H_u$	$1.5H_u$
	下柱	$1.0H_l$	$0.8H_l$	$1.0H_l$
露天吊车柱和栈桥柱		$2.0H_l$	$1.0H_l$	—

注：1. 表中 H 为从基础顶面算起的柱子全高；H_l 为从基础顶面值装配式吊车梁底面或现浇式吊车梁顶面的柱子下部高度；H_u 为从装配式吊车梁底面或从现浇式吊车梁顶面的柱子上部高度；

2. 表中有吊车房屋排架柱的计算长度，当计算中不考虑吊车荷载时，可按无吊车房屋柱的计算长度采用，但上柱的计算长度仍可按有吊车房屋采用；

3. 表中有吊车房屋排架柱的上柱在排架方向的计算长度，仅适用于 H_u/H_l 不小于 0.3 的情况；当 H_u/H_l 小于 0.3 时，计算长度宜采用 $2.5H_u$。

框架结构各层柱的计算长度　　表 6.2

楼盖类型	柱的类别	l_0
现浇楼盖	底层柱	$1.0H$
	其余各层柱	$1.25H$
装配式楼盖	底层柱	$1.25H$
	其余各层柱	$1.5H$

注：表中 H 为底层柱从基础顶面到一层楼盖顶面的高度；对其余各层柱为上下两层楼盖顶面之间的高度。

《混凝土结构设计规范》GB 50010—2010（2015版）给出了 φ 的值，见表6.3。

钢筋混凝土轴心受压构件的稳定系数 φ　　　　**表6.3**

l_0/b	≤8	10	12	14	16	18	20	22	24	26	28
l_0/d	≤7	8.5	10.5	12	14	16.5	17	19	21	22.5	24
l_0/i	≤28	35	42	48	55	62	69	76	83	90	97
φ	1.00	0.98	0.95	0.92	0.87	0.81	0.75	0.70	0.65	0.60	0.56
l_0/b	30	32	34	36	38	40	42	44	46	48	50
l_0/d	26	28	29.5	31	33	34.5	37.5	38	40	41.5	43
l_0/i	104	111	118	125	132	139	146	153	160	167	174
φ	0.52	0.48	0.44	0.40	0.36	0.32	0.29	0.26	0.23	0.21	0.19

注：1. l_0 为构件的计算长度，对钢筋混凝土柱可按表6.1和表6.2确定；

2. b 为矩形截面的短边尺寸，d 为圆形截面的直径，i 为截面的最小回转半径，$i=\sqrt{I/A}$。

2. 基本计算公式

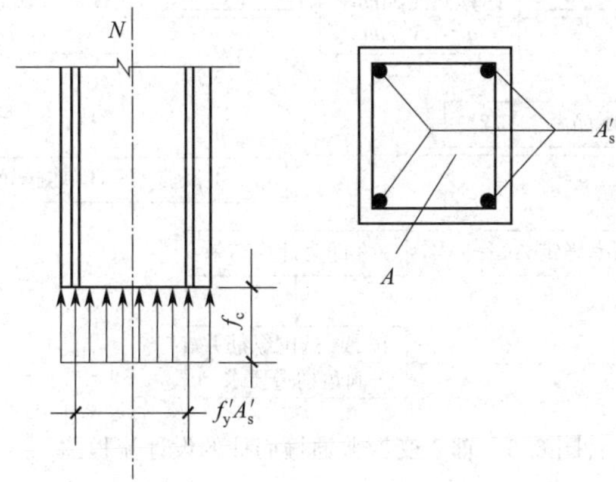

图6.5　普通箍筋柱正截面受压承载力计算简图

由于轴心受压柱截面上的应力是均匀分布的，见图6.5。在考虑长柱承载力的稳定系数及0.9的可靠度调整系数等因素后，《混凝土结构设计规范》GB 50010—2010（2015版）给出了配有普通箍筋柱的轴心受压承载力计算基本公式如下：

$$N=0.9\varphi(f_cA+f'_yA'_s) \tag{6.2}$$

式中　N——轴向压力设计值；

φ——钢筋混凝土构件的稳定系数，按表6.3采用；

f_c——混凝土轴心抗压强度设计值；

A——构件截面面积，当纵向普通钢筋的配筋率大于3%时，A 应扣除纵筋截面的面积；

f'_y——纵向钢筋的抗压强度设计值；

A'_s——全部纵向普通钢筋的截面面积。

3. 截面承载力计算的两类问题及计算方法

1）截面设计类问题

问题：已知截面尺寸 b、h，柱高 H，轴心压力设计值 N，混凝土强度等级，纵筋强度等级。求纵向钢筋截面面积 A'_s。

根据已知条件确定稳定系数 φ，代入式(6.2) 计算出 A'_s 即可，并根据附表 1-17 截面最小配筋率及单侧配筋率，同时注意配筋率是否满足最大配筋率 5%的要求。需要注意的是，若配筋率大于 3%时，需要将式(6.2) 中的 A 改成 $(A-A'_s)$，即 $N=0.9\varphi[f_c(A-A'_s)+f'_yA'_s]$，重新计算 A'_s。

轴心受压普通箍筋柱的设计流程如图 6.6 所示。

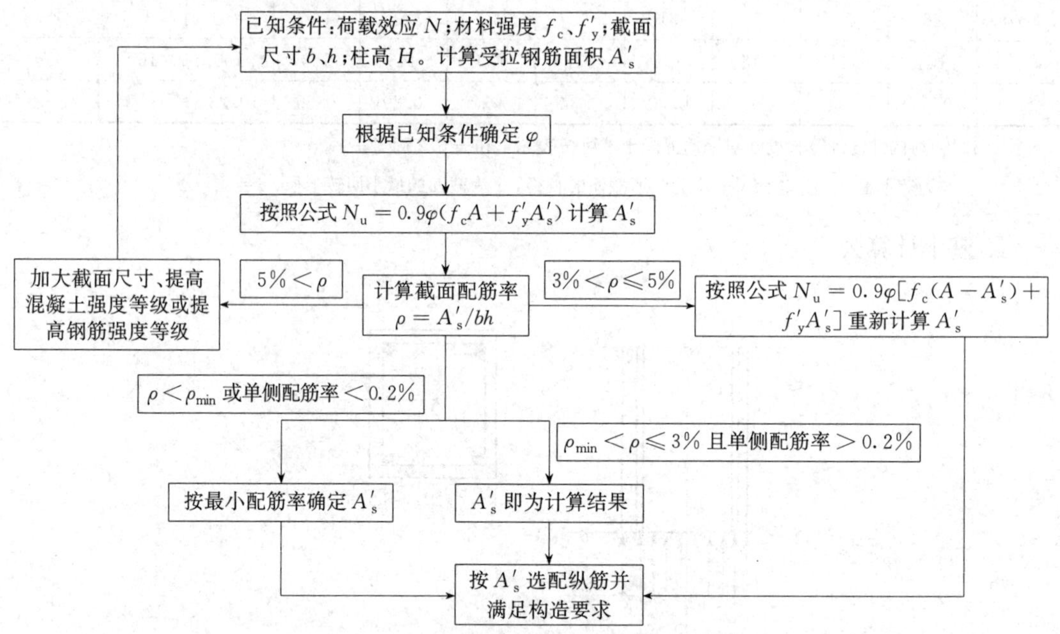

图 6.6　轴心受压普通箍筋柱的设计流程图

【例题 6.1】某现浇多层钢筋混凝土框架结构，底层中柱按轴心受压普通箍筋柱设计，截面尺寸 $b\times h=400\text{mm}\times400\text{mm}$，柱高 $H=6.6\text{m}$，承受轴向压力设计值 $N=2300\text{kN}$，采用 C30 级混凝土，HRB400 级钢筋。计算受压纵筋面积 A'_s 并配筋。

【解】(1) 设计参数

混凝土强度为 C30，查附表 1-3 和附表 1-4 可得，$f_c=14.3\text{N/mm}^2$；$f_t=1.43\text{N/mm}^2$；钢筋强度等级为 HRB400，查附表 1-11 可得，$f'_y=360\text{N/mm}^2$；根据表 6.2 可知，$l_0=1.0H=6.6\text{m}$；$l_0/b=6600/400=16.5$；查表 6.3 可得，$\varphi=0.86$。

(2) 计算 A'_s

$N=0.9\varphi(f_cA+f'_yA'_s)$，代入数据得：

$$2300000=0.9\times0.86\times(14.3\times400\times400+360A'_s)$$

解得：$A'_s=1898.8\text{mm}^2$。

(3) 验算配筋率

$\rho=\dfrac{A'_s}{A}=\dfrac{1898.8}{160000}=1.19\%<3\%$，满足要求。

选配 8Φ18（$A'_s=2036\text{mm}^2$），4 个角部各放一根，每侧面中部放置 1 根。$\rho_{一侧}=\frac{A'_{s一侧}}{A}=\frac{763}{160000}=0.477\%>0.2\%$，满足要求。

2）截面校核类问题

问题：已知截面尺寸 b、h，柱高 H，轴心压力设计值 N，混凝土强度等级，纵筋强度等级，纵向钢筋截面面积 A'_s，求截面轴心受压承载力 N_u。

根据已知条件确定稳定系数 φ，首先须计算出配筋率 ρ，若 $\rho\leqslant3\%$，则按式(6.2) 计算 N_u；若 $\rho>3\%$，需要将式(6.2) 中的 A 改成 $(A-A'_s)$，按式 $N_u=0.9\varphi[f_c(A-A'_s)+f'_yA'_s]$ 计算 N_u。

轴心受压普通箍筋柱的截面承载力校核流程如图 6.7 所示。

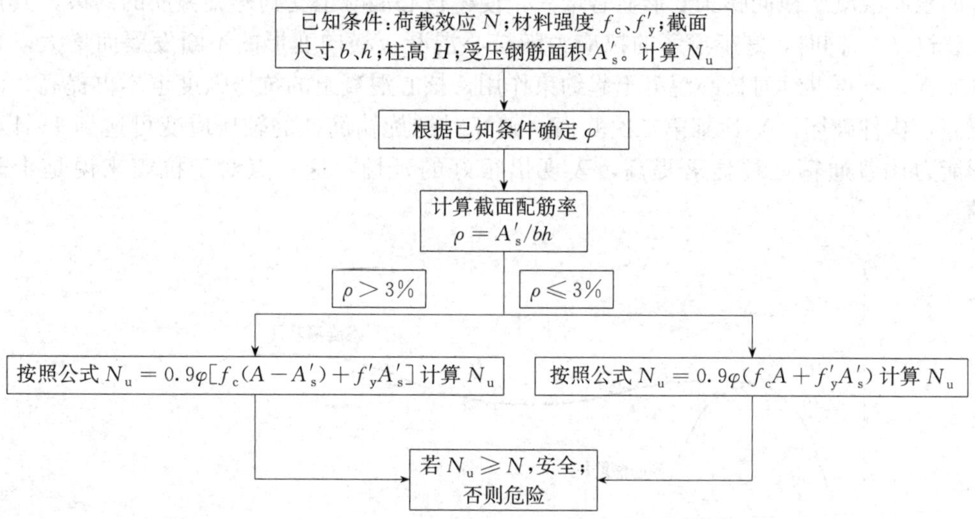

图 6.7　轴心受压普通箍筋柱的截面承载力校核流程图

【例题 6.2】 某现浇多层钢筋混凝土框架结构，底层中柱按轴心受压普通箍筋柱设计，截面尺寸 $b\times h=450\text{mm}\times450\text{mm}$，柱高 $H=4.5\text{m}$，承受轴向压力设计值 $N=3500\text{kN}$，采用 C30 级混凝土，柱内配有 8Φ20（$A'_s=2513\text{mm}^2$）钢筋。验算该截面是否安全。

【解】（1）设计参数

混凝土强度为 C30，查附表 1-3 和附表 1-4 可得，$f_c=14.3\text{N/mm}^2$；$f_t=1.43\text{N/mm}^2$；钢筋强度等级为 HRB400，查附表 1-11 可得，$f'_y=360\text{N/mm}^2$；根据表 6.2 可知，$l_0=1.0H=4.5\text{m}$；$l_0/b=4500/450=10$；查表 6.3 可得，$\varphi=0.98$。

（2）验算配筋率

$$\rho=\frac{A'_s}{A}=\frac{2513}{450\times450}=1.24\%<3\%$$

（3）计算 N_u 并验算

$$N_u=0.9\varphi(f_cA+f'_yA'_s)=0.9\times0.98\times(14.3\times450\times450+360\times2513)=3351.98\text{kN}$$

$N_u < N$，截面危险。

6.2.2 螺旋箍筋柱

当柱承受的轴心压力很大，且其截面尺寸受到建筑与使用等要求上的限制，即便提高混凝土强度和增加纵筋配筋率也不足以满足承载力的要求时，可以考虑采用螺旋箍筋或焊接环式箍筋（以下统称螺旋箍筋）来提高承载力。

1. 受力性能与基本公式

螺旋箍筋柱的受力性能与普通箍筋柱有很大不同。图 6.8 为螺旋箍筋柱与普通箍筋柱的轴向压力 N 和轴线应变 ε 关系曲线的对比。由图可见，在混凝土应力达到其临界应力 $0.8f_c$ 以前，两者的 N-ε 曲线并无显著区别。当轴向应变超过混凝土峰值应变时，螺旋箍筋柱的保护层混凝土开始受压破坏剥落，构件截面面积减小，荷载有所下降。而螺旋箍筋内部的核心混凝土横向膨胀变形显著增大，使得核心混凝土受到螺旋箍筋的约束，其抗压强度超过 f_c。同时，螺旋箍筋的拉应力随核心混凝土横向变形的不断发展而增大，直至达到屈服，不再继续对核心混凝土起约束作用，核心混凝土的抗压强度也不再提高，混凝土压碎，构件破坏，N 达到第二次峰值。破坏时螺旋箍筋柱的轴压应变可达到 1%以上，变形能力比普通箍筋柱显著提高，表现出很好的延性，这一点对于抗震来说是十分有利的。

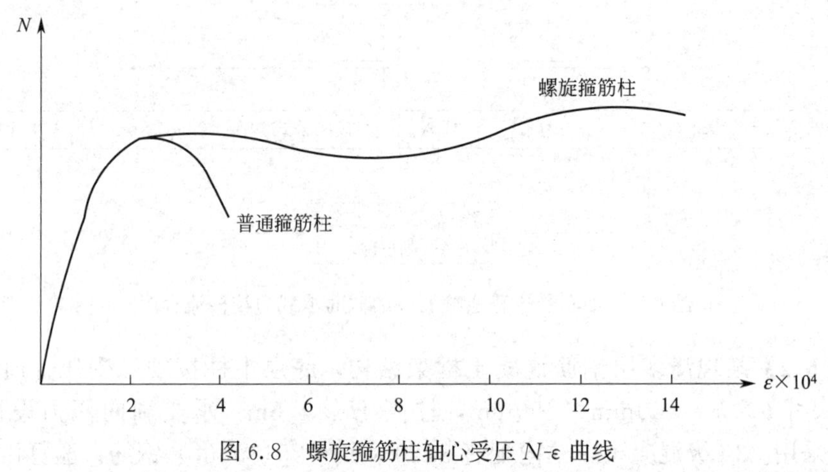

图 6.8　螺旋箍筋柱轴心受压 N-ε 曲线

由以上分析可知，在柱中配置螺旋箍筋或焊接环式箍筋也能像直接配置纵向钢筋那样起到提高承载力和变形能力的作用，我们又将这种配筋称为“间接钢筋”。同时，由于间接钢筋约束的是箍筋内部的核心混凝土而对保护层范围内的混凝土无约束作用，因此在计算时不考虑保护层范围内混凝土的作用。

由第 2 章分析可知，混凝土处于三向受压时的强度可近似按下式计算：

$$f = f_c + \beta\sigma_r \tag{6.3}$$

式中　f——被约束后的混凝土轴心抗压强度设计值；

σ_r——当间接钢筋的应力达到屈服强度时，柱的核心混凝土受到的径向压应力值；

β——径向应力系数。

设螺旋箍筋的截面面积为 A_{ss1}，间距为 s，螺旋箍筋的内径（即核心混凝土截面的直径）为 d_{cor}。螺旋箍筋柱达到轴心受压极限状态时，螺旋箍筋将屈服，其对核心混凝土约束产生的径向压应力 σ_r 可由图 6.9(c) 所示隔离体的平衡条件得到：

$$\sigma_r s d_{cor} = 2 f_{yv} A_{ss1} \tag{6.4}$$

式中　s——间接钢筋沿构件轴线方向的间距；

f_{yv}——间接钢筋的抗拉强度设计值；

A_{ss1}——螺旋箍筋或焊接环式箍筋单根截面面积。

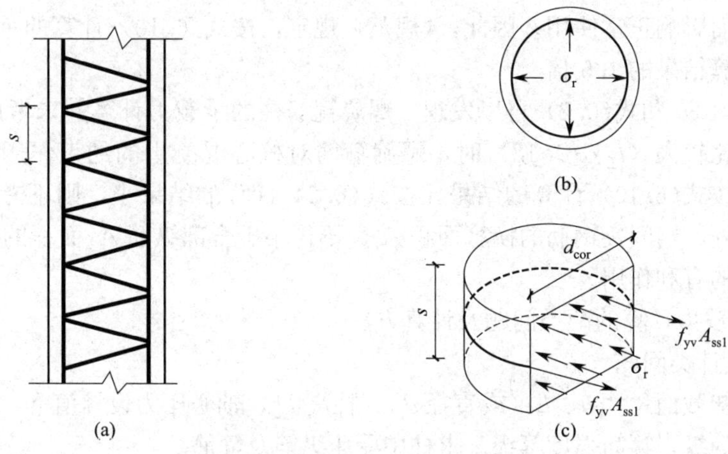

图 6.9　混凝土径向压力示意图

由式(6.4) 可解得 σ_r：

$$\sigma_r = \frac{2 f_{yv} A_{ss1}}{s d_{cor}} \tag{6.5}$$

将式(6.5) 带入式(6.3)，可得：

$$f = f_c + \beta \frac{2 f_{yv} A_{ss1}}{s d_{cor}} \tag{6.6}$$

根据极限状态时轴向力的平衡（混凝土面积取核心混凝土面积 A_{cor}，因为此时混凝土保护层已剥落，对极限承载力没有贡献)，可得螺旋箍筋柱的轴心受压承载力：

$$N_u = \left[f_c + \beta \frac{2 f_{yv} A_{ss1}}{s d_{cor}} \right] A_{cor} + f'_y A'_s = f_c A_{cor} + \beta \frac{2 f_{yv} A_{ss1}}{s d_{cor}} A_{cor} + f'_y A'_s \tag{6.7}$$

按照体积相等条件（即$V_{箍筋} = V_{s长度的等效纵筋}$)，将螺旋箍筋换算成相当的纵向钢筋，换算纵向钢筋面积为 A_{ss0}，即 $\pi d_{cor} A_{ss1} = s A_{ss0}$，可得：

$$A_{ss0} = \frac{\pi d_{cor} A_{ss1}}{s} \tag{6.8}$$

将式(6.8) 和 $A_{cor} = \dfrac{\pi d_{cor}^2}{4}$ 代入式(6.7) 可得：

$$N_u = f_c A_{cor} + \frac{\beta f_{yv} A_{ss0}}{2} + f'_y A'_s \tag{6.9}$$

令 $2\alpha=\beta/2$ 代入式(6.9)，并考虑可靠度调整系数 0.9 后，可得：

$$N\leqslant N_u=f_cA_{cor}+2\alpha f_{yv}A_{ss0}+f'_yA'_s \tag{6.10}$$

式中　α——间接钢筋对混凝土约束的折减系数，当混凝土强度等级不超过 C50 时，取 1.0；当混凝土强度等级为 C80 时，取 0.85；其间按线性内插法确定。

根据上述分析可知，采用螺旋箍筋可以有效提高柱的轴心受压承载力。但是，如果螺旋箍筋配置的过多，将会使极限承载力提高过多，从而使柱在远未达到极限承载力之前保护层剥落，进而影响正常使用。因此，《规范》规定，按式(6.10）计算的承载力不应大于按式(6.2）计算结果的 1.5 倍。

比较式(6.10）和式(6.2）可以发现，螺旋箍筋柱的承载力计算并未考虑稳定系数 φ，这是因为长细比较大（$l_0/d>12$）时，螺旋箍筋对核心混凝土的约束作用得不到充分发挥。同时，若按式(6.10）计算的结果比按式(6.2）计算的结果小，则不考虑螺旋箍筋的约束作用。另外，当间接钢筋的换算面积 A_{ss0} 不得小于全部纵筋 A'_s 面积的 25%时，亦不考虑间接钢筋的有利作用。

2. 截面承载力计算的两类问题及计算方法

1）截面设计类问题

问题：已知截面尺寸 b、h（或直径 d），柱高 H，轴心压力设计值 N，混凝土强度等级，纵筋强度等级，箍筋强度等级。求柱中受压纵筋及箍筋。

在解决此类问题时，由于式(6.10）中包含了 A_{ss0} 和 A'_s 两个未知数，无法直接解出。先按式(6.2）计算 A'_s，并判断 ρ'_s 是否大于 5%，若 ρ'_s 大于 5%，则可取 $\rho'_s=5\%$ 并选定纵筋，计算实际选定纵筋的截面面积 $A'_{s实配}$（$A'_{s实配}\leqslant5\%A$），初步选定箍筋直径并计算 A_{ss1} 和 A_{cor}，便可算出 A_{ss0}（$A_{ss0}\geqslant25\%\ A'_{s实配}$），根据式(6.8）计算箍筋间距 s，若 $A_{ss0}<25\%\ A'_{s实配}$ 或箍筋间距 $s<40$mm 时，可采取减少纵筋面积或增大箍筋直径的措施重新计算直至满足要求。

实际上，先按照构造要求确定箍筋直径和间距，进而再确定所需纵筋的思路也是可行的，这里不再赘述。

螺旋箍筋柱的截面设计类问题解决流程如图 6.10 所示。

【例题 6.3】某框架底层现浇钢筋混凝土内柱，采用圆形截面，直径 $d=500$mm，承受轴向压力 $N=6500$kN，柱高为 6.5m。采用 C40 级混凝土，柱中纵筋和箍筋均采用 HRB400 级钢筋。求该柱的配筋。

【解】（1）设计参数

混凝土强度为 C40，查附表 1-3 和附表 1-4 可得，$f_c=19.1\text{N/mm}^2$；$f_t=1.71\text{N/mm}^2$；钢筋强度等级为 HRB400，查附表 1-11 可得，$f_{yv}=f'_y=360\text{N/mm}^2$；根据表 6.2 可知，$l_0=1.0H=6.5$m；$l_0/d=6500/500=13$；查表 6.3 可得，$\varphi=0.94$。

（2）按普通箍筋柱求纵筋 A'_s

$$A=\pi d^2/4=3.14\times500^2/4=196250\text{mm}^2$$

$N=0.9\varphi(f_cA+f'_yA'_s)$，代入数据得：

$$6500000=0.9\times0.94\times(19.1\times196250+360A'_s)$$

解得：$A'_s=10930\text{mm}^2$。

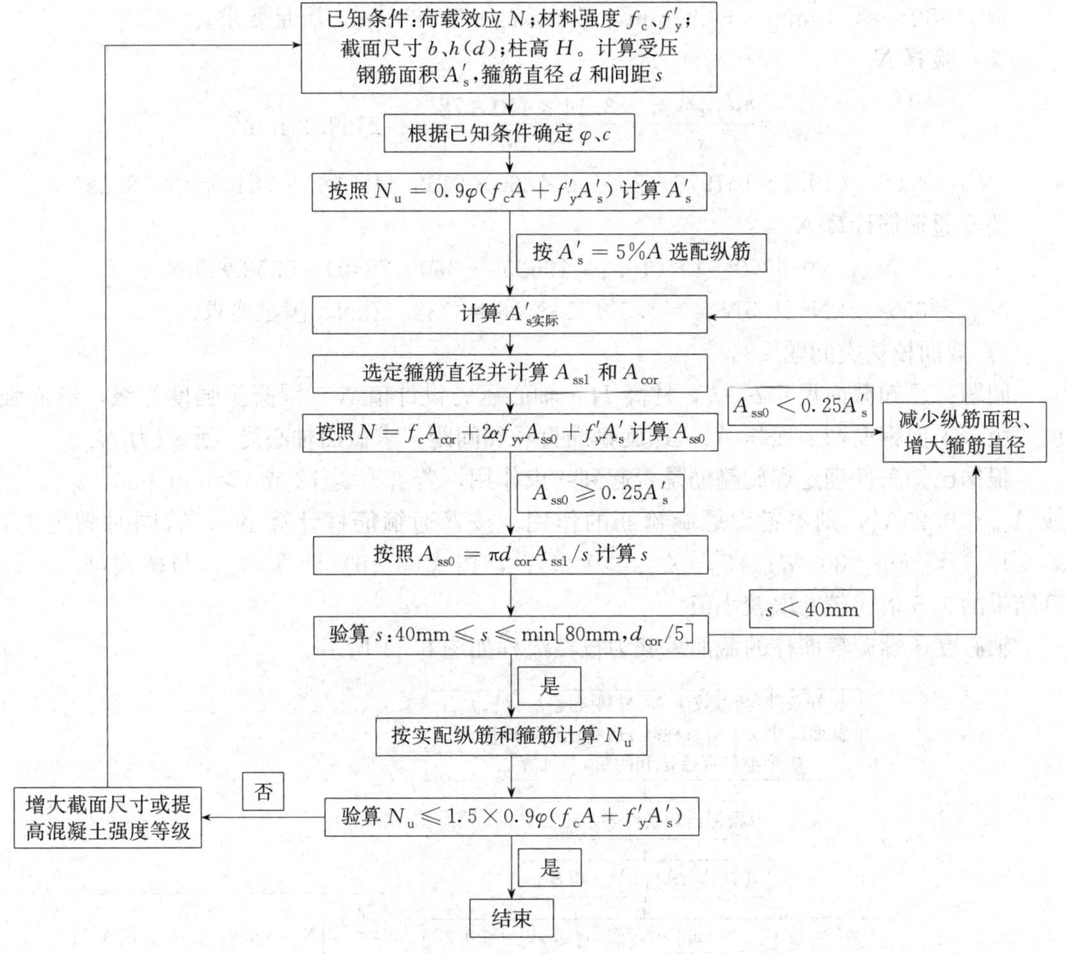

图 6.10　螺旋箍筋柱的截面设计类问题解决流程图

$\rho_s{}' = \frac{A'_s}{A} = \frac{10930}{196250} \times 100\% = 5.57\% > 5\%$，不可以。在不增大截面尺寸和提高混凝土强度等级的前提下，可以采用螺旋箍筋柱。

（3）按照 $\rho'_s = 5\%$ 选配纵筋

$$A'_s = 5\%A = 5\% \times 196250 = 9812.5\text{mm}^2$$

选配 16Φ25，$A'_s = 7840\text{mm}^2$。

（4）计算箍筋

初选箍筋直径为 10mm，$A_{ss1} = 78.5\text{mm}^2$，环境类别为一类，故可选保护层厚度 $c = 20$mm，$d_{cor} = d - 2\times20 - 2\times10 = 500 - 60 = 440$mm，$A_{cor} = \pi d^2_{cor}/4 = 151976\text{mm}^2$。

$N = 0.9(f_cA_{cor} + 2\alpha f_{yv}A_{ss0} + f'_yA'_s)$，代入数据得：

$$6500000 = 0.9 \times (19.1 \times 151976 + 2 \times 1.0 \times 360A_{ss0} + 360 \times 7840)$$

$A_{ss0} = 2079.28\text{mm}^2 > 0.25 \times 7840 = 1960\text{mm}^2$，则应取 $A_{ss0} = 2079.28\text{mm}^2$。

$$s = \frac{\pi d_{cor}A_{ss1}}{A_{ss0}} = \frac{3.14 \times 440 \times 78.5}{2079.28} = 52.16\text{mm}$$

取 $s=50\text{mm}$，$40\text{mm}<s<80\text{mm}$，且 $s<d_{cor}/5=88\text{mm}$，满足要求。

（5）验算 N_u

$$A_{ss0}=\frac{\pi d_{cor}A_{ss1}}{s}=\frac{3.14\times440\times78.5}{50}=2169.11\text{mm}^2$$

$$N_{u螺}=0.9\times(19.1\times151976+2\times1.0\times360\times2169.11+360\times7840)=6558.2\text{kN}$$

按普通箍筋计算 $N_{u普}$：

$$N_{u普}=0.9\times0.94\times(19.1\times196250+360\times7840)=5558.88\text{kN}$$

$N_{u螺}=6558.2\text{kN}<1.5N_{u普}=1.5\times5558.88=8338.32\text{kN}$，满足要求。

2）截面校核类问题

问题：已知截面尺寸 b、h，柱高 H，轴心压力设计值 N，混凝土强度等级，纵筋强度等级，纵向钢筋截面面积 A'_s，螺旋箍筋直径和间距，求截面轴心受压承载力 N_u。

根据已知条件确定螺旋箍筋是否起到约束作用，若 $l_0/d>12$ 或 $s>\min[80, d_{cor}/5]$ 或 $A_{ss0}<0.25A'_s$，则不考虑螺旋箍筋的作用，按普通箍筋柱计算 N_u；若同时满足 $l_0/d\leqslant12$、$s\leqslant\min[80, d_{cor}/5]$、$A_{ss0}\geqslant0.25A'_s$，按式(6.10) 计算 N_u，与按式(6.2) 计算结果的 1.5 倍比较并取较小值。

轴心受压螺旋箍筋柱的截面承载力校核流程如图 6.11 所示。

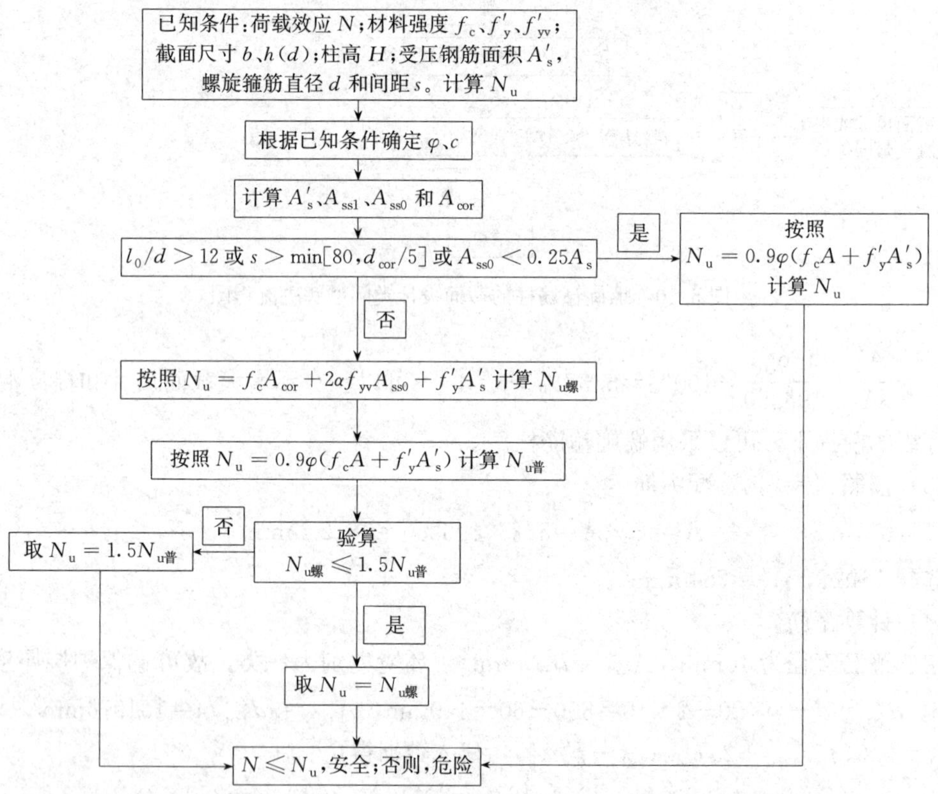

图 6.11　轴心受压螺旋箍筋柱的截面承载力校核流程图

【例题 6.4】某框架底层现浇钢筋混凝土内柱，采用圆形截面，直径 $d=470\text{mm}$，承受轴向压力 $N=6000\text{kN}$，柱高为 5.2m。采用 C40 级混凝土，柱中纵筋为 16Φ25（$A'_s=7854\text{mm}^2$），箍

筋为 LΦ10@40（L 表示螺旋箍筋），保护层厚度取 20mm。验算该柱是否安全。

【解】（1）设计参数

混凝土强度为 C40，查附表 1-3 和附表 1-4 可得，$f_c=19.1\text{N/mm}^2$；$f_t=1.71\text{N/mm}^2$；查附表 1-11 可得，$f_{yv}=270\text{N/mm}^2$；$f'_y=360\text{N/mm}^2$；根据表 6.2 可知，$l_0=1.0H=5.2\text{m}$；$l_0/d=5200/470=11.06$；查表 6.3 可得，$\varphi=0.938$。因混凝土强度等级为 C40，所以 $\alpha=1.0$。

（2）判断螺旋箍筋是否起作用

$l_0/d=11.06<12$，$d_{cor}=470-2\times20-2\times10=410\text{mm}$，$s=40\text{mm}<\min[80, 410/5]=80\text{mm}$，$A_{ss1}=3.14\times10^2/4=78.5\text{mm}^2$，$A_{ss0}=\dfrac{\pi d_{cor}A_{ss1}}{s}=\dfrac{3.14\times410\times78.5}{40}=2526.5\text{mm}^2$，$A_{ss0}>0.25\times7854=1963.5\text{mm}^2$，螺旋箍筋能够发挥作用。

（3）计算 N_u

$$A_{cor}=\pi d_{cor}^2/4=131958.5\text{mm}^2$$

$$N_{u螺}=f_cA_{cor}+2\alpha f_{yv}A_{ss0}+f'_yA'_s=19.1\times131958.5+2\times1.0\times270\times2527.5+360\times7854=6712.2\text{kN}$$

$$N_{u普}=0.9\varphi(f_cA+f'_yA'_s)=0.9\times0.938\times(19.1\times470\times470+360\times7854)=5948.8\text{kN}$$

$$N_{u螺}<1.5N_{u普}=1.5\times5948.8=8923.2\text{kN}$$

$$N_u=N_{u螺}=6712.2\text{kN}$$

（4）判断该柱是否安全

$N<N_u$，该柱安全。

6.3　偏心受压构件正截面受压破坏形态

6.3.1　偏心受压短柱的破坏形态

如图 6.12 所示柱，受压力 N 和弯矩 M 共同作用的截面，和偏心距 $e_0=M/N$ 的偏心受压构件等效。当 $e_0=0$ 时，即只有轴力而无弯矩作用时，为轴心受压情况；当 $N=0$ 时，即表示只有弯矩而无轴力作用时，为纯弯情况。因此，偏心受压构件的受力性能界于轴心受压和纯弯构件之间。为增强抵抗压力和弯矩的能力，偏心受压构件一般同时在截面的两侧配置纵向受拉钢筋（A_s）和受压钢筋（A'_s），同时在构件应配置适量的箍筋，以防止受压钢筋的压曲。

偏心受压构件的破坏形态与偏心距和纵向钢筋的配筋率有关，分为以下两种。

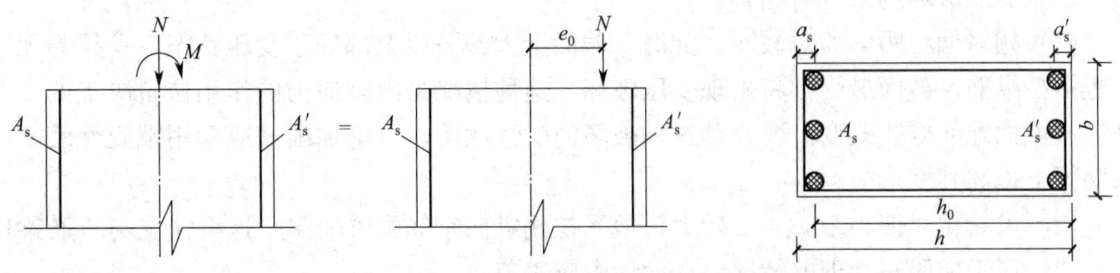

图 6.12　偏心受压构件及其截面配筋示意图

1. 受拉破坏

当相对偏心距 e_0/h_0 较大，且受拉钢筋 A_s 配置合适时，截面受拉侧混凝土较早出现裂缝，受拉侧钢筋的应力随荷载增加发展较快，首先达到屈服。此后，裂缝迅速开展，受压区高度减小，最后受压侧钢筋 A_s' 受压屈服、受压区混凝土压碎而达到破坏。这种破坏具有明显的预兆，变形能力较大，其破坏特征与配有受压钢筋的适筋梁相似，承载力取决于受拉侧钢筋。形成这种破坏的条件是：偏心距 e_0 较大，且受拉侧钢筋的配筋率合适，又称为大偏心受压。构件破坏时，其正截面上的应力分布如图 6.13(a) 所示；构件破坏时的立面展开图如图 6.13(b) 所示。

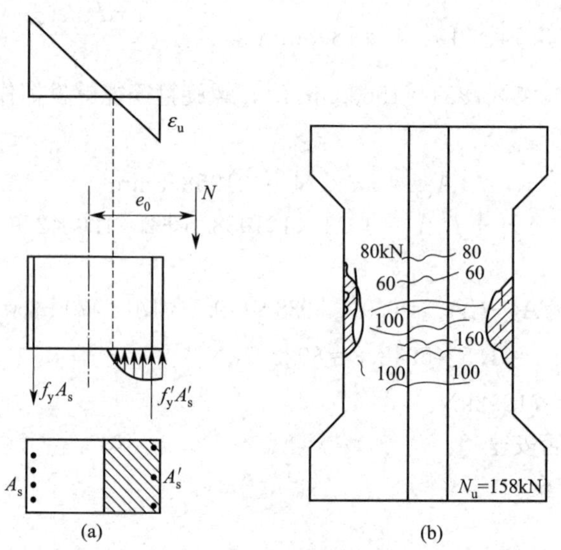

图 6.13 受拉破坏时的截面应力和受拉破坏形态

(a) 截面应力；(b) 受拉破坏形态

2. 受压破坏

当相对偏心距 e_0/h_0 较小，或虽然相对偏心距 e_0/h_0 较大，但受拉钢筋 A_s 配置较多时，截面受压侧混凝土和钢筋的受力较大，而受拉侧钢筋应力较小。当相对偏心距 e_0/h_0 很小时，距轴压力 N 较远侧钢筋 A_s 还有可能出现受压情况。截面最后是由于受压区混凝土首先压碎而达到破坏，承载力主要取决于压区混凝土和受压侧钢筋 A_s'，破坏时受压区高度较大，而受拉侧钢筋未达到受拉屈服，破坏具有脆性性质。构件破坏时，其正截面上的应力分布如图 6.14(a) 和 (b) 所示；构件破坏时的立面展开图如图 6.14(c) 所示。

产生受压破坏的条件有两种：

(1) 相对偏心距 e_0/h_0 较小。此时，截面上大部分或全部处于受压状态，受拉侧无论配置多少纵筋，截面最终都将出现受压破坏。这种情况是由轴向力的作用位置决定的，无法通过截面配筋方式改变。要改善这种破坏的脆性性质，可增加配箍或采用螺旋箍筋来约束混凝土提高其变形能力。

(2) 虽然相对偏心距 e_0/h_0 较大，但受拉侧纵向钢筋配置较多。这种情况与双筋梁比较类似，属于配筋不合理的情况，在设计中应避免。

我们习惯上又将受压破坏称为“小偏心受压破坏”。

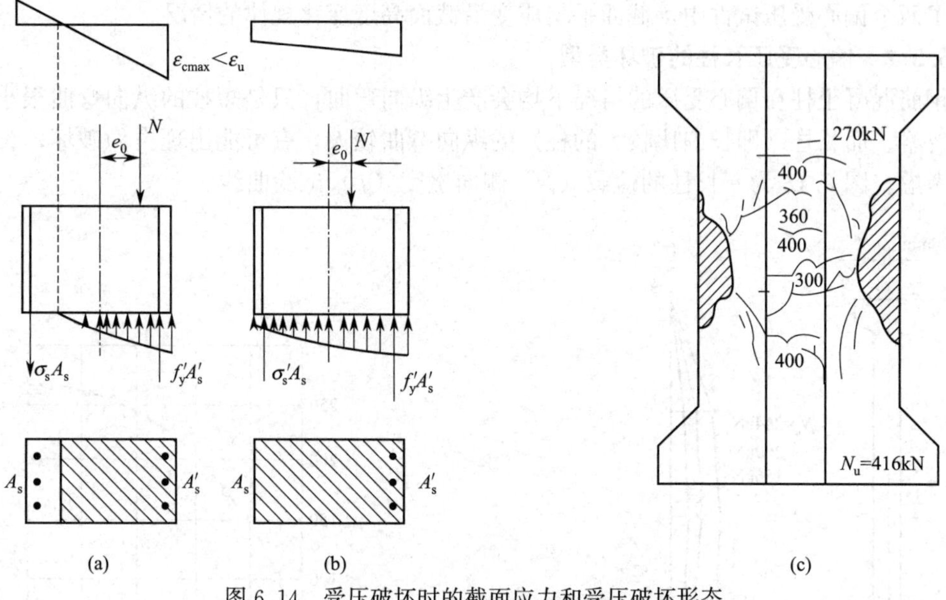

图 6.14　受压破坏时的截面应力和受压破坏形态

(a)、(b) 截面应力；(c) 受压破坏形态

综上可知，“受拉破坏形态”与“受压破坏形态”都属于材料破坏。两者相同之处是截面的最终破坏都是受压区边缘混凝土达到其极限压应变而被压碎；不同之处在于截面破坏的起因，前者的起因是受拉钢筋屈服，后者则是受压区边缘混凝土被压碎。

在“受拉破坏形态”与“受压破坏形态”之间存在着一种界限破坏形态，称为“界限破坏”。它不仅有横向主裂缝，而且比较明显。其主要特征是：在受拉钢筋应力达到屈服强度的同时，受压区混凝土被压碎。界限破坏形态也属于受拉破坏形态。

试验还表明，从加载开始到接近破坏为止，沿偏心受压构件截面高度，用较大的测量标距量测到的偏心受压构件的截面各处的平均应变值都较好地符合平截面假定。图 6.15

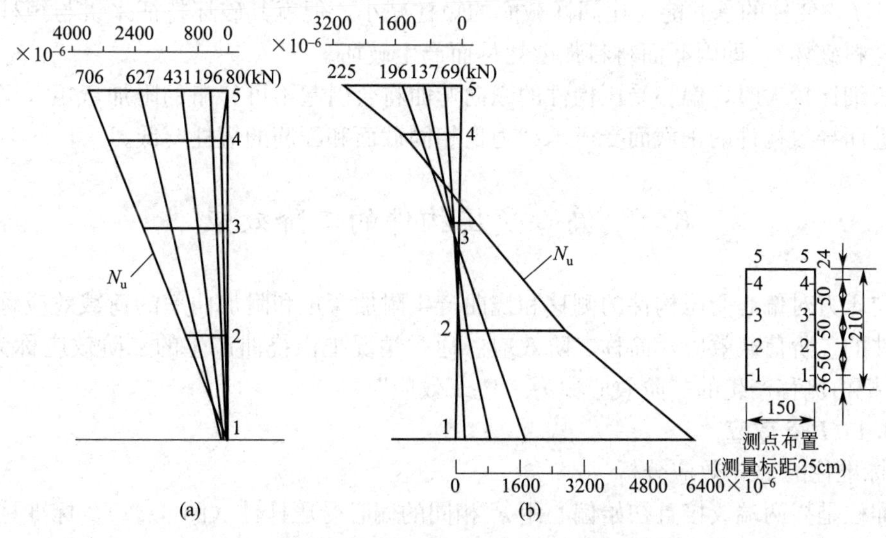

图 6.15　偏心受压构件截面实测的平均应变分布

(a) 受压破坏情况，$e_0/h_0=0.24$；(b) 受拉破坏情况，$e_0/h_0=0.68$

反映了两个偏心受压试件中，截面平均应变沿截面高度变化规律的情况。

6.3.2 偏心受压长柱的破坏类型

钢筋混凝土柱在偏心受压的情况下均会产生纵向弯曲，只是短柱的纵向弯曲很小，一般可忽略。而长柱（即长细比较大的柱）的纵向弯曲较大，有可能出现失稳破坏，设计时必须考虑。图6.16为一长柱的荷载（N）-侧向挠度（f）试验曲线。

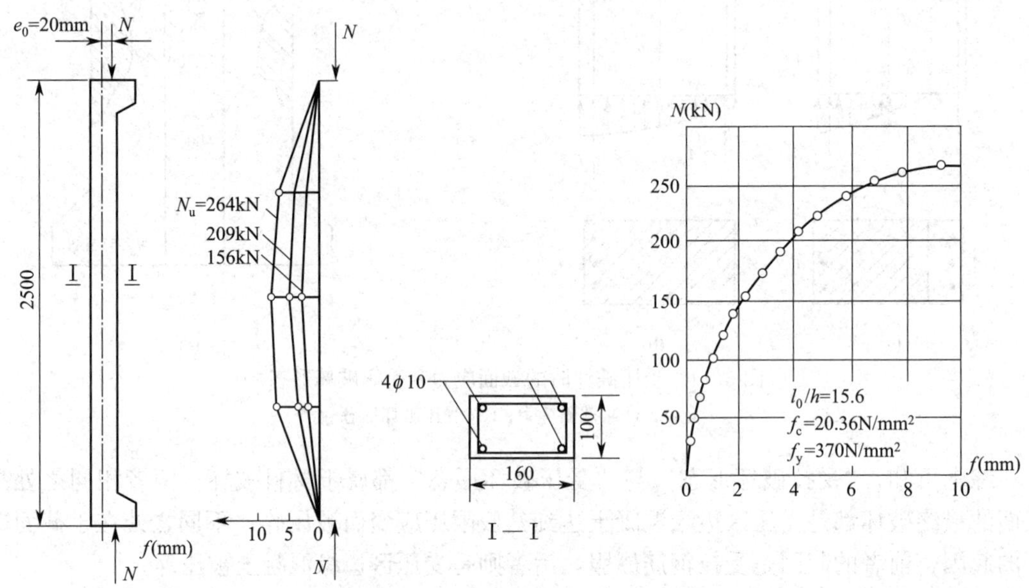

图6.16 某长柱的N-f实测曲线

偏心受压长柱在纵向弯曲影响下，可能发生失稳破坏和材料破坏两种破坏类型。长细比很大时，构件的破坏不是由材料引起的，而是由于构件纵向弯曲失去平衡引起的，称为"失稳破坏"。当柱长细比在一定范围内时，虽然在承受偏心受压荷载后，偏心距由e_i增加到e_i+f，使柱的承载能力比同样截面的短柱减小，但就其破坏特征来讲与短柱一样都属于"材料破坏"，即因截面材料强度耗尽而产生破坏。

当长细比较大时，偏心受压构件的纵向弯曲将会引起不可忽略的附加弯矩（又称二阶弯矩）进而导致构件的正截面受压承载力比相同截面和配筋的短柱要低。

6.4 偏心受压构件的二阶效应

轴向压力对偏心受压构件的侧移和挠曲产生附加弯矩和附加曲率的荷载效应称为偏心受压构件的二阶荷载效应，简称二阶效应。通常情况把由挠曲产生的二阶效应称为"P-δ效应"，把由侧移产生的二阶效应称为"P-Δ效应"。

6.4.1 P-δ 效应

1. 标准柱的P-δ效应分析

标准柱是指两端铰接且初始偏心距e_i相同的偏心受压杆件（图6.17）。标准柱在构件两端偏心压力N的作用下，将产生侧向挠曲变形$y(x)$。因此，柱中的弯矩除柱端初始弯矩$M_i=Ne_i$外，压力N还会因柱的侧向挠曲变形$y(x)$产生附加弯矩$M_2=Ny(x)$，M_2

称为二阶弯矩。

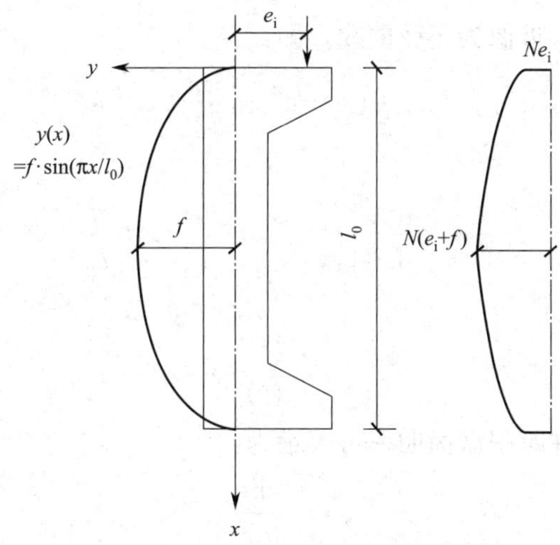

图 6.17　标准柱的侧向挠曲变形

柱跨中侧向挠度变形最大，记为 f，因此柱跨中截面的总弯矩，也即柱中的最大弯矩 $M_{max}=N(e_i+f)$。在材料、截面配筋和初始偏心距 e_i 相同的情况下，随着柱的支撑长度 l_0 增大，相应柱的长细比 l_0/b 也增大，柱跨中截面最大弯矩也会相应增大，二阶弯矩 M_2 对柱的受力特性和其受压承载力的影响程度会有很大差别，将产生不同的破坏类型。

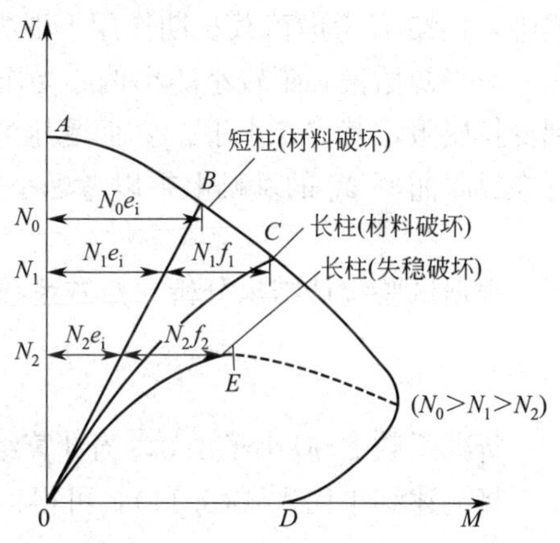

图 6.18　柱长细比对承载力的影响

(1) 对长细比 $l_0/h\leqslant5$ 的短柱，设计中可忽略柱的 $P\text{-}\delta$ 效应，柱跨中截面弯矩 M_{max} 随轴向压力 N 的增加基本呈线性关系（图 6.18 中 OB 直线）。

(2) 对长细比 $l_0/h=5\sim30$ 的中长柱，柱中侧向挠度已不能忽略。随着轴向压力 N 的增大，即柱中最大弯矩 M_{max} 随轴向压力 N 的增加呈明显的非线性增长，这种非线性是由柱的侧向挠曲变形引起的，称为几何非线性。虽然最终柱仍可出现材料破坏，但其承载力明显低于同样截面和初始偏心距情况下的短柱的承载力（图 6.18 中 OC 曲线）。因此，设计中应考虑柱的 $P\text{-}\delta$ 效应。

(3) 对长细比 $l_0/h>30$ 的长柱，柱跨中侧向挠曲变形 f 已很大，即二阶效应的影响显著增大，在 $N\text{-}M$ 加载曲线 OE 未与 $N_u\text{-}M_u$ 相交之前，柱跨中侧向挠曲变形 f 已呈不稳定发展。如能控制住的侧向挠曲变形，则随柱跨中挠曲变形的增加，轴向压力 N 需相应降低，才能维持柱内的弯矩平衡，柱的承载力不取决于柱正截面的材料破坏，这种破坏为非线性失稳破坏，应专门计算。

对长细比 $l_0/h=5\sim30$ 的中长柱，由于杆件自身侧向挠曲变形产生的 $P\text{-}\delta$ 效应所引起的附加弯矩可用弯矩增大系数 η_{ns} 考虑：

$$\eta_{ns}=\frac{M_{max}}{M_1}=\frac{N(e_i+f)}{Ne_i}=1+\frac{f}{e_i} \tag{6.11}$$

令柱的侧向挠曲变形近似为正弦曲线，即：

$$y(x)=f\sin\frac{\pi x}{l_0} \tag{6.12}$$

柱跨中截面曲率为：

$$\varphi=-\frac{d^2y}{dx^2}\bigg|_{x=l_0/2}=f\frac{\pi^2}{l_0^2}\approx 10\frac{f}{l_0^2} \tag{6.13}$$

可得：

$$f=\frac{l_0^2}{10}\phi \tag{6.14}$$

根据平截面假定，柱跨中截面曲率可表示为：

$$\phi=\frac{\varepsilon_c+\varepsilon_s}{h_0} \tag{6.15}$$

试验表明，偏心受压构件达到极限状态时，受压边缘混凝土应变 ε_c 和受拉钢筋应变 ε_s 与初始偏心距和长细比有关。对于界限破坏情况，$\varepsilon_c=\varepsilon_{cu}=0.0033$（对高强混凝土偏于安全），$\varepsilon_s=\varepsilon_y=f_y/E_s$（取 400 级和 500 级钢筋的平均值），故界限破坏时的截面曲率为：

$$\phi=\frac{0.0033\times 1.25+0.00225}{h_0}=\frac{1}{157h_0} \tag{6.16}$$

式中，1.25 是考虑荷载长期作用下混凝土的徐变引起的混凝土压应变增大的系数。

对于初始偏心距较小的小偏心受压情况，达到承载力极限状态时"受拉侧"钢筋未达到受拉屈服，其应变小于 ε_y，而受压边缘混凝土的应变 ε_c 一般也小于 ε_{cu}，因此截面曲率可在界限曲率 ϕ_b 的基础上乘以考虑小偏心受压情况的折减系数 ζ_c，即：

$$\phi=\zeta_c\phi_b \tag{6.17}$$

根据试验统计结果分析，折减系数 ζ_c 取：

$$\zeta_c=\frac{0.5f_cA}{N} \tag{6.18}$$

折减系数 ζ_c 应小于 1.0，当计算结果大于 1.0 时，取 1.0。A 为构件截面面积。

将上述结果代入式(6.11)，可得：

$$\eta_{ns}=1+\frac{1}{1297\dfrac{e_i}{h_0}}\left(\frac{l_0}{h}\right)^2\zeta_c \tag{6.19}$$

《规范》偏于安全考虑，近似按下式计算：

$$\eta_{ns}=1+\frac{1}{1300\dfrac{e_i}{h_0}}\left(\frac{l_0}{h}\right)^2\zeta_c \tag{6.20}$$

2. 考虑 P-δ 效应的条件

《规范》规定，当满足下述三个条件之一时，就要考虑二阶效应：

$$M_1/M_2>0.9 \tag{6.21}$$

$$N/f_cA>0.9 \tag{6.22}$$

$$l_c/i>34-12(M_1/M_2) \tag{6.23}$$

式中　M_1、M_2——分别为已考虑侧移影响的偏心受压构件两端截面按结构弹性分析确定的对同一主轴的组合弯矩设计值，绝对值较大端为 M_2，绝对值较小端为 M_1，当构件按单曲率弯曲时，M_1/M_2 取正值，否则取负值；

l_c——构件的计算长度，可近似取偏心受压构件相应主轴方向上下支撑点之间的距离；

i——偏心方向的截面回转半径，$i=\sqrt{\dfrac{I}{A}}$。

3. 考虑 P-δ 效应后控制截面的弯矩设计值

《规范》规定，其他偏心受压构件考虑轴向压力在挠曲杆件中产生的二阶效应后控制截面的弯矩设计值，应按下列公式计算：

$$M=C_m\eta_{ns}M_2 \tag{6.24}$$

$$C_m=0.7+0.3\frac{M_1}{M_2}\geqslant 0.7 \tag{6.25}$$

$$\eta_{ns}=1+\frac{1}{1300\left(\dfrac{M_2}{N}+e_a\right)/h_0}\left(\frac{l_c}{h}\right)^2\zeta_c \tag{6.26}$$

式中　C_m——构件端截面偏心距调节系数，当小于 0.7 时取 0.7；

η_{ns}——弯矩增大系数；

N——与弯矩 M_2 相应的轴向压力设计值；

e_a——附加偏心距，取 20mm 和偏心方向截面最大尺寸的 1/30 两者中的较大值；

ζ_c——截面曲率修正系数，当计算值大于 1.0 时取 1.0；

h——截面高度；对环形截面，取外直径；对圆形截面，取直径；

h_0——截面有效高度；对环形截面，取 $h_0=r_2+r_s$；对圆形截面，取 $h_0=r+r_s$；r_2 是环形截面的外半径，r 是圆形截面的半径，r_s 是纵向普通钢筋重心所在圆周的半径。

当 $C_m\eta_{ns}$ 小于 1.0 时取 1.0；对剪力墙及核心筒墙，可取 $C_m\eta_{ns}$ 等于 1.0。

当柱产生双曲率弯曲（杆端弯矩异号）时，虽然纵向压力对杆件长度中部的截面将产生附加弯矩，增大其弯矩值，但弯矩增大后还是比不过端节点截面的弯矩值，即不会发生控制截面转移的情况，故不必考虑二阶效应。

6.4.2　P-Δ 效应

对于有侧移结构，其二阶效应主要取决于水平荷载侧移引起的二阶效应（图 6.19），即 P-Δ 效应。

高层建筑结构的重力二阶效应可采用有限单元法进行计算，也可采用对未考虑重力二阶效应的计算结果乘以增大系数的方法近似考虑。近似考虑时，结构位移增大系数 F_1、F_{1i} 以及结构构件弯矩和剪力增大系数 F_2、F_{2i} 分别按下式计算：

框架结构：

$$F_{1i}=\frac{1}{1-\sum_{j=i}^{n}G_j/(D_ih_i)}\qquad (i=1,2,\cdots,n) \tag{6.27}$$

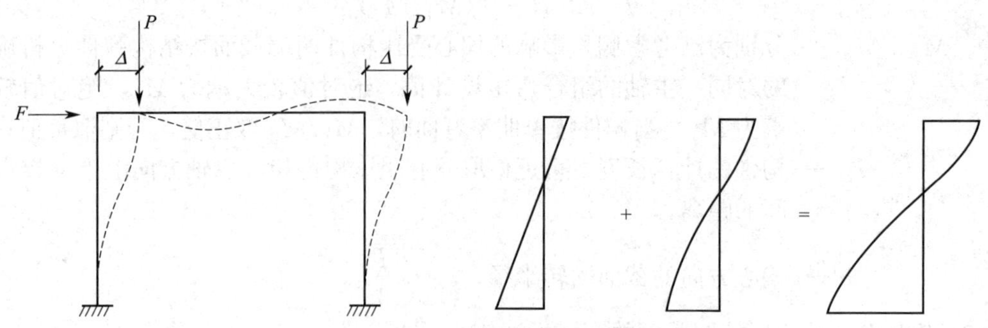

图 6.19　有侧移框架的二阶效应

$$F_{2i}=\frac{1}{1-2\sum_{j=i}^{n}G_j/(D_i h_i)}\qquad (i=1,2,\cdots,n)\tag{6.28}$$

剪力墙结构、框架-剪力墙结构、筒体结构：

$$F_1=\frac{1}{1-0.14H^2\sum_{i=1}^{n}G_i/(EJ_{\mathrm{d}})}\qquad (i=1,2,\cdots,n)\tag{6.29}$$

$$F_2=\frac{1}{1-0.28H^2\sum_{i=1}^{n}G_i/(EJ_{\mathrm{d}})}\qquad (i=1,2,\cdots,n)\tag{6.30}$$

式中　G_i、G_j——分别为第 i、j 楼层重力荷载设计值，取 1.2 倍的永久荷载标准值与 1.4 倍的楼面可变荷载标准值的组合值；

h_i——第 i 楼层层高；

D_i——第 i 楼层的弹性等效侧向刚度，可取该层剪力与层间位移的比值；

n——结构计算总层数；

H——房屋高度；

EJ_{d}——结构一个主轴方向的弹性等效侧向刚度，可按倒三角形荷载作用下结构顶点位移相等的原则，将结构的侧向刚度折算为竖向悬臂受弯构件的等效侧向刚度；假定倒三角形分布荷载的最大值为 q，在该荷载作用下结构顶点质心的弹性水平位移为 u，房屋高度为 H，则结构的弹性等效侧向刚度 EJ_{d} 可按下式计算：$EJ_{\mathrm{d}}=\dfrac{11qH^4}{120u}$。

6.5　矩形截面偏心受压构件正截面受压承载力计算

6.5.1　区分大、小偏心受压破坏形态的界限

偏心受压构件正截面受力分析方法与受弯构件相同，仍以 3.3.1 节中讲的正截面承载力计算的基本假定为基础，对受压区混凝土亦采用等效矩形应力图。

大偏心受压破坏和小偏心受压破坏的界限，即受拉钢筋达到屈服的同时受压区混凝土边缘压应变达到极限压应变 $\varepsilon_{\mathrm{cu}}$，这与适筋梁和超筋梁的界限情况类似。因此，我们依旧

可以通过受压区高度和界限受压区高度来区分大、小偏心受压。当 $x \leqslant x_b$ 或 $\xi \leqslant \xi_b$ 时，为大偏心受压；当 $x > x_b$ 或 $\xi > \xi_b$ 时，为小偏心受压。

6.5.2　基本计算公式及适用条件

1. 大偏心受压

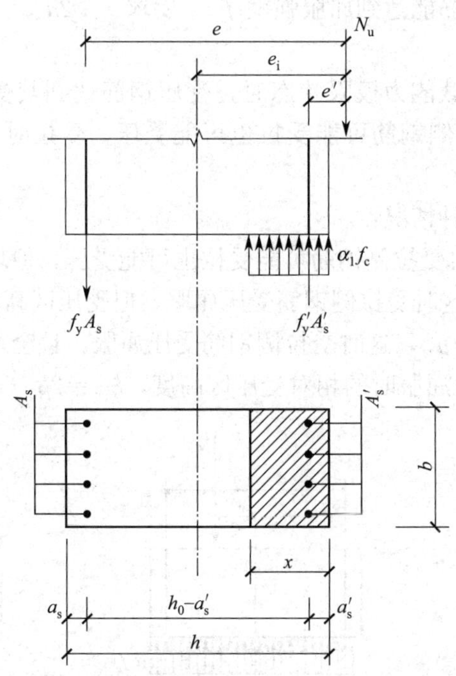

图 6.20　大偏心受压截面承载力计算简图

由前述可知，对大偏心受压，达到承载能力极限状态时，受拉钢筋达到受拉屈服强度 f_y，受压钢筋达到受压屈服强度 f'_y，受压区混凝土的应力为 $\alpha_1 f_c$，受压区高度为 x，其计算简图如图 6.20 所示。

由力的平衡和对受拉钢筋合力点取矩的力矩平衡，可得：

$$N_u = \alpha_1 f_c b x + f'_y A'_s - f_y A_s \tag{6.31}$$

$$N_u e = \alpha_1 f_c b x \left(h_0 - \frac{x}{2}\right) + f'_y A'_s (h_0 - a'_s) \tag{6.32}$$

$$e = e_i + \frac{h}{2} - a_s \tag{6.33}$$

$$e_i = e_0 + e_a \tag{6.34}$$

$$e_0 = \frac{M}{N} \tag{6.35}$$

式中　N_u——受压承载力设计值；

e——轴向力作用点至受拉钢筋 A_s 合力点之间的距离；

e_i——初始偏心距；

e_0——轴向力对截面中心的偏心距；

e_a——附加偏心距；

M——控制截面弯矩设计值，考虑二阶 P-δ 效应时，按式(6.24) 计算；

N——与 M 相应的轴向压力设计值；

x——混凝土受压区高度。

适用条件：

(1) 为了保证受拉纵筋达到屈服强度 f_y，要求 $x \leqslant x_b$；

(2) 为了保证受压钢筋能达到屈服强度 f'_y，要求 $x \geqslant 2a'_s$。

2. 小偏心受压

小偏心受压，达到承载能力极限状态时，受压钢筋达到其受压屈服强度 f'_y，受拉侧钢筋的应力 $\sigma_s < f_y$，受拉侧钢筋可能受拉也可能受压，受拉时一定不会屈服，受压时可能屈服也可能不屈服。

小偏心受压可分为三种情况：

(1) $\xi_{cy} > \xi > \xi_b$，这时受拉侧钢筋可能受拉也可能受压，但均不屈服，见图 6.21(a)；

(2) $h/h_0 > \xi \geqslant \xi_{cy}$，这时受拉侧钢筋受压屈服，但受压区高度 $x < h$，见图 6.21(b)；

(3) $\xi > \xi_{cy}$，且 $\xi \geqslant h/h_0$，这时受拉侧钢筋受压屈服，且全截面受压，见图 6.21(c)。

ξ_{cy} 为受拉侧钢筋受压屈服时的相对受压区高度，$\xi_{cy} = 2\beta_1 - \xi_b$。

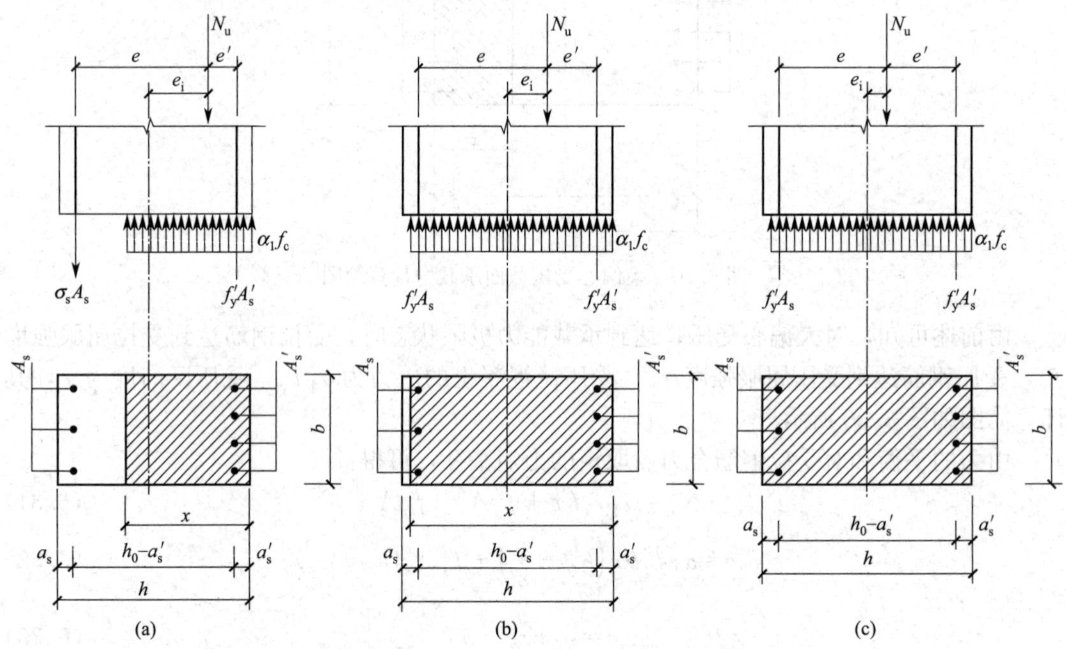

图 6.21 小偏心受压截面承载力计算简图

(a) $\xi_{cy} > \xi > \xi_b$；(b) $h/h_0 > \xi \geqslant \xi_{cy}$；(c) $\xi > \xi_{cy}$，且 $\xi \geqslant h/h_0$

根据图 6.21(a) 建立力的平衡方程和力矩平衡方程，可得：

$$N_u = \alpha_1 f_c bx + f'_y A'_s - \sigma_s f_y \tag{6.36}$$

$$N_u e = \alpha_1 f_c bx \left(h_0 - \frac{x}{2}\right) + f'_y A'_s (h_0 - a'_s) \tag{6.37}$$

$$\text{或}\ N_u e' = \alpha_1 f_c bx \left(\frac{x}{2} - a'_s\right) + \sigma_s A_s (h_0 - a'_s) \tag{6.38}$$

$$\sigma_s=\frac{\xi-\beta_1}{\xi_b-\beta_1}f_y \tag{6.39}$$

$$e'=\frac{h}{2}-e_i-a'_s \tag{6.40}$$

式中　σ_s——钢筋的应力值，可按式(6.39）确定，同时$-f'_y\leqslant\sigma_s<f_y$；

e'——轴向力作用点至受压钢筋合力点之间的距离，按式(6.40）计算。

需要注意的是，当偏心距很小，受压钢筋A'_s比受拉钢筋A_s大得多，且轴向力很大时，截面的实际形心轴偏向A'_s，导致偏心方向的改变，有可能在离轴向力较远一侧的边缘混凝土先压坏的情况，称为反向破坏。其计算简图如图6.22所示。

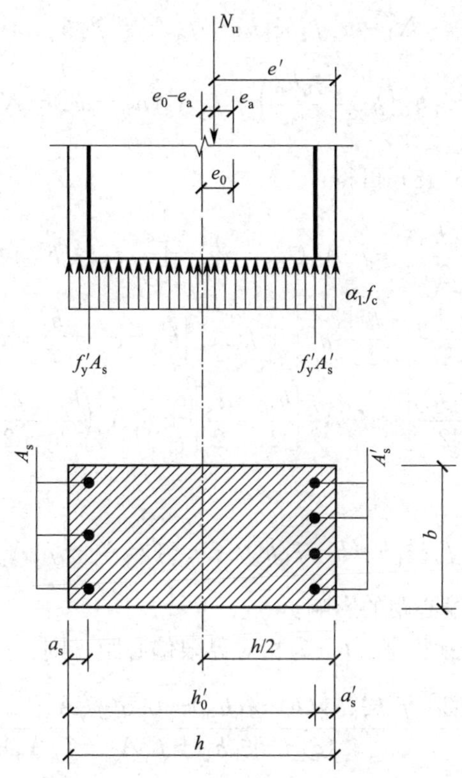

图6.22　反向破坏时的截面承载力计算简图

这时，附加偏心距e_a反向，使得e_0减小，即：

$$e'=h/2-a'_s-(e_0-e_a) \tag{6.41}$$

对A'_s合力点取矩，得：

$$N_ue'=\alpha_1f_cbh\left(h'_0-\frac{h}{2}\right)+f_yA_s(h'_0-a_s) \tag{6.42}$$

《规范》规定，当$N>f_cbh$时，应按式(6.43）验算。

$$N_ue'\leqslant\alpha_1f_cbh\left(h'_0-\frac{h}{2}\right)+f_yA_s(h'_0-a_s) \tag{6.43}$$

当按式(6.43)求得的 $A_s<0.2\%bh$ 时，应取 $A_s=0.2\%bh$。

6.5.3 非对称配筋方式的矩形截面承载力计算的两类问题及计算方法

1. 截面设计类问题

由 6.5.1 节可知，若要准确判断某截面时大偏心受压还是小偏心受压，则须先知道混凝土受压区高度 x，但如想求出 x，则需先判明该截面的破坏形态，才能按照 6.5.2 节的平衡方程求解。这样，问题就无法得到解决。

下面介绍通过初始偏心距来判断偏心受压破坏形态的初步方法。

将 $x=x_b=\xi_b h_0$ 代入式(6.31)和式(6.32)，并令 $a_s=a_s'$，可得界限破坏时的轴力 N_b 和弯矩 M_b：

$$N_b=\alpha_1 f_c b\xi_b h_0+f_y'A_s'-f_yA_s \tag{6.44}$$

$$M_b=\alpha_1 f_c b\xi_b h_0\left(h_0-\frac{\xi_b h_0}{2}\right)+f_y'A_s'(h_0-a_s')-N_b\left(\frac{h}{2}-a_s\right) \tag{6.45}$$

则式(6.44)代入式(6.45)可得：

$$\begin{aligned}M_b&=\alpha_1 f_c b\xi_b h_0\left(h_0-\frac{\xi_b h_0}{2}\right)+f_y'A_s'(h_0-a_s')-[\alpha_1 f_c b\xi_b h_0+f_y'A_s'-f_yA_s]\left(\frac{h}{2}-a_s\right)\\&=\alpha_1 f_c b\xi_b h_0\left[h_0-\frac{\xi_b h_0}{2}-\frac{h}{2}+a_s\right]+f_y'A_s'\left[h_0-a_s'-\frac{h}{2}+a_s\right]+f_yA_s\left(\frac{h}{2}-a_s\right)\\&=\alpha_1 f_c b\xi_b h_0\left[\frac{h}{2}-\frac{\xi_b h_0}{2}\right]+f_y'A_s'\left[\frac{h_0}{2}-\frac{a_s'}{2}\right]+f_yA_s\left(\frac{h_0}{2}-\frac{a_s}{2}\right)\end{aligned}$$

整理后可得：

$$M_b=0.5\alpha_1 f_c b\xi_b h_0(h-\xi_b h_0)+0.5(f_y'A_s'+f_yA_s)(h_0-a_s') \tag{6.46}$$

此处 M_b 已考虑附加偏心距的影响。

取 e_{ib} 为界限初始偏心距，e_{ib}/h_0 为相对界限偏心距，则：

$$\frac{e_{ib}}{h_0}=\frac{M_b}{N_b h_0}=\frac{0.5\alpha_1 f_c b\xi_b h_0(h-\xi_b h_0)+0.5(f_y'A_s'+f_yA_s)(h_0-a_s')}{(\alpha_1 f_c b\xi_b h_0+f_y'A_s'-f_yA_s)h_0} \tag{6.47}$$

对于给定截面尺寸、材料强度及配筋 A_s 和 A_s' 的受压构件来说，界限相对偏心距 e_{ib}/h_0 为定值。当偏心距 $e_i\geqslant e_{ib}$ 时，为大偏心受压情况；当偏心距 $e_i<e_{ib}$ 时，为小偏心受压情况。

当截面尺寸和材料强度给定时，相对界限偏心距 e_{ib}/h_0 就取决于截面配筋 A_s 和 A_s'。随着 A_s 和 A_s' 的减小，e_{ib}/h_0 也减小，所以当 A_s 和 A_s' 分别取最小配筋率时，可得 e_{ib}/h_0 的最小值 $e_{ib,min}/h_0$。受压构件中受拉纵筋和受压纵筋的最小配筋率均取 0.2%，近似取 $h=1.05h_0$，$a_s=a_s'=0.05h_0$，代入式(6.47)可得对于常用的各种混凝土强度等级和 HRB400、HRB500 级钢筋，相对界限偏心距的最小值 $e_{ib,min}/h_0$ 为 0.297～0.472，见表 6.4。截面设计时，可根据实际材料强度，按表 6.4 或近似取表 6.4 中的偏小值 $e_{ib,min}/h_0=0.297\approx0.3$ 来初步判别大小偏心。当 $e_i>0.3h_0$ 时，可先按大偏心受压情况计算；当 $e_i\leqslant0.3h_0$ 时，先按小偏心受压情况计算，然后利用有关计算公式解得 A_s 和 A_s'，根据要求选配纵筋后计算实配 A_s 和 A'_s，再计算 x，并通过与 x_b 比较来检查原先假定是否正确，如果不正确，需重新计算。

最小相对界限偏心距 $e_{ib,min}/h_0$　　　　表 6.4

钢筋＼混凝土	C20	C30	C40	C50	C60	C70	C80
HRB400	0.410	0.363	0.339	0.326	0.329	0.333	0.339
HRB500	0.472	0.409	0.378	0.361	0.362	0.365	0.370

1）大偏心受压

可以分为受压钢筋 A'_s 未知和 A'_s 已知的两种情况，下面对两种情况分别介绍。

(1) 受压钢筋 A'_s 未知

问题：已知截面尺寸 $b\times h$，混凝土强度等级，钢筋强度等级（一般情况下，同一根柱内采用的纵筋为同一种类），轴向压力设计值 N，柱端弯矩 M_1 和 M_2，长细比 l_c/h，钢筋截面面积 A_s 和 A'_s。

首先应根据式(6.21)～式(6.23) 判断是否需要考虑 p-δ 效应，并根据式(6.24)～式(6.26) 计算 M。当 $e_i>0.3h_0$ 时，联立式(6.31)和式(6.32) 可以看出共有 x、A_s 和 A'_s 三个未知数，而只有两个方程，无法直接求得唯一解。我们可以采取与双筋梁类似的方法，即取 $x=x_b=\xi_b h_0$，并将 $x=x_b$ 作为补充条件代入式(6.32) 便可求出 A'_s，通过式(6.31) 即可求得 A_s。值得注意的是，此时应通过 A_s 和 A'_s 选配钢筋并将实配钢筋面积代入式(6.31) 求出 x 并检查之前假定为大偏心受压是否正确，如不正确，则需按照小偏心受压重新计算。

最后，应验算最小配筋率，并按轴心受压构件验算垂直于弯矩作用平面的受压承载力。

大偏心受压构件正截面设计类问题（受压钢筋 A'_s 未知）解决流程如图 6.23 所示。

【例题 6.5】 已知柱的轴向力设计值 $N=300\text{kN}$，沿截面长边方向承受弯矩 $M_1/M_2=159\text{kN}\cdot\text{m}$，截面尺寸：$b=300\text{mm}$，$h=400\text{mm}$，$a_s=a'_s=40\text{mm}$；混凝土强度等级为 C30，钢筋采用 HRB400 级；$l_c=4.0\text{m}$。求 A_s 和 A'_s。

【解】(1) 设计参数

混凝土强度为 C30，查附表 1-3 和附表 1-4，$f_c=14.3\text{N/mm}^2$；$f_t=1.43\text{N/mm}^2$；查附表 1-11，$f_y=f'_y=360\text{N/mm}^2$；查表 3.3，$\alpha=1.0$；查表 3.4，$\xi_b=0.518$；$h_0=400-40=360\text{mm}$；$l_c/b=4000/300=13.33$；查表 6.3，$\varphi=0.930$。

$$A=300\times400=120000\text{mm}^2;e_a=\max[20\text{mm},h/30]=20\text{mm}$$

(2) 判断是否需要考虑 p-δ 效应

因为 $M_1/M_2=1>0.9$，所以需要考虑 p-δ 效应。

(3) 计算 M

$$C_m=0.7+0.3M_1/M_2=1.0$$

$$\zeta_c=\frac{0.5f_cA}{N}=\frac{0.5\times14.3\times120000}{300000}=2.86>1,\text{取 }\zeta_c=1。$$

$$\eta_{ns}=1+\frac{1}{1300(M_2/N+e_a)/h_0}\left(\frac{l_c}{h}\right)^2\zeta_c$$

$$=1+\frac{1}{1300\times(159000000/300000+20)/360}\times\left(\frac{4000}{400}\right)^2\times1.0=1.05$$

$$M=C_m\eta_{ns}M_2=1.0\times1.05\times159=167.95\text{kN}\cdot\text{m}$$

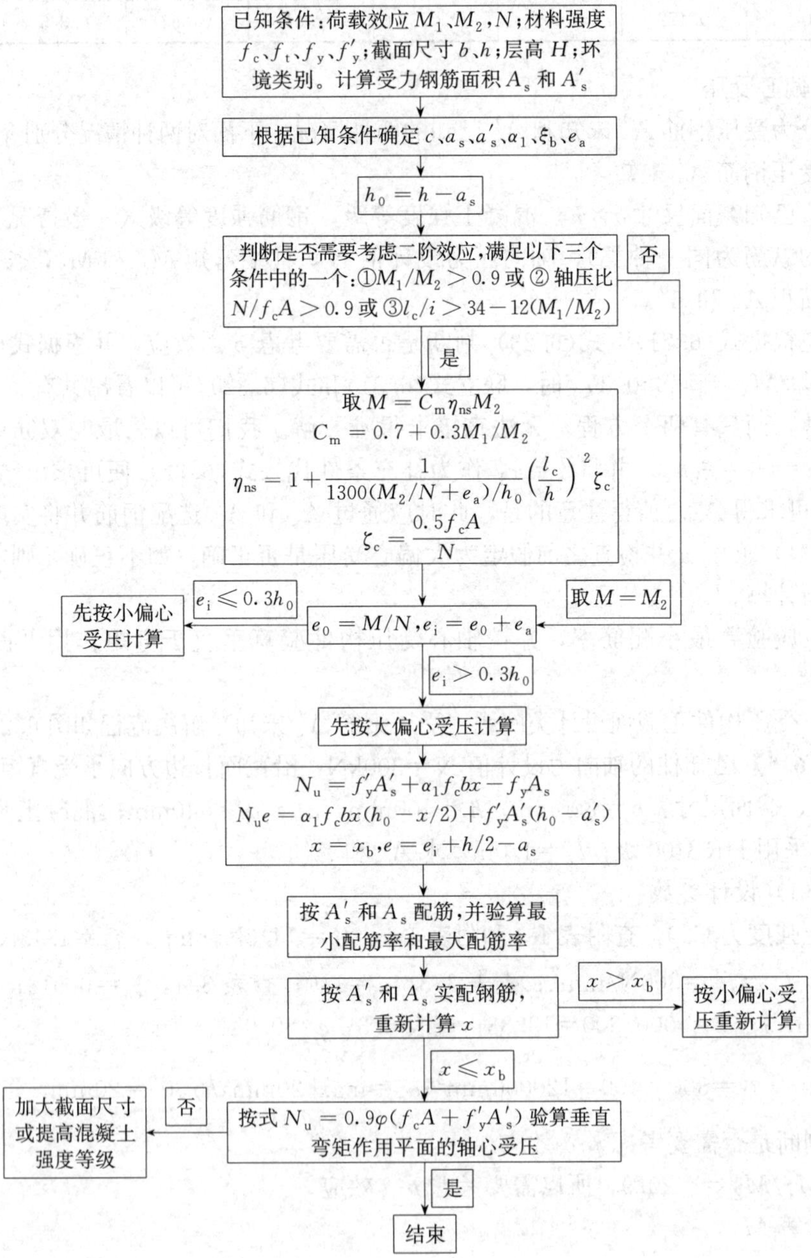

已知条件：荷载效应 M_1、M_2、N；材料强度 f_c、f_t、f_y、f'_y；截面尺寸 b、h；层高 H；环境类别。计算受力钢筋面积 A_s 和 A'_s

根据已知条件确定 c、a_s、a'_s、α_1、ξ_b、e_a

$h_0=h-a_s$

判断是否需要考虑二阶效应，满足以下三个条件中的一个：①$M_1/M_2>0.9$ 或 ② 轴压比 $N/f_cA>0.9$ 或 ③$l_c/i>34-12(M_1/M_2)$

否

取 $M=M_2$

是

取 $M=C_m\eta_{ns}M_2$

$C_m=0.7+0.3M_1/M_2$

$\eta_{ns}=1+\frac{1}{1300(M_2/N+e_a)/h_0}\left(\frac{l_c}{h}\right)^2\zeta_c$

$\zeta_c=\frac{0.5f_cA}{N}$

$e_0=M/N$，$e_i=e_0+e_a$

$e_i\leqslant0.3h_0$

先按小偏心受压计算

$e_i>0.3h_0$

先按大偏心受压计算

$N_u=f'_yA'_s+\alpha_1f_cbx-f_yA_s$

$N_ue=\alpha_1f_cbx(h_0-x/2)+f'_yA'_s(h_0-a'_s)$

$x=x_b$，$e=e_i+h/2-a_s$

按 A'_s 和 A_s 配筋，并验算最小配筋率和最大配筋率

按 A'_s 和 A_s 实配钢筋，重新计算 x

$x>x_b$

按小偏心受压重新计算

$x\leqslant x_b$

按式 $N_u=0.9\varphi(f_cA+f'_yA'_s)$ 验算垂直弯矩作用平面的轴心受压

否

加大截面尺寸或提高混凝土强度等级

是

结束

图 6.23　大偏心受压构件正截面设计类问题(受压钢筋 A'_s 未知)解决流程图

(4) 判断大、小偏心

$$e_0=M/N=167.95/300=557.5\text{mm}$$
$$e_i=e_0+e_a=557.5+20=577.5\text{mm}$$
$$0.3h_0=0.3\times360=108\text{mm}<e_i$$

先按大偏心受压计算。

(5) 列平衡方程并求解

$$e=e_i+h/2-a_s=577.5+200-40=737.5\text{mm}$$
$$x=x_b=\xi_b h_0=0.518\times360=187.48\text{mm}$$
$$N_u=\alpha_1 f_c bx+f'_y A'_s-f_y A_s$$
$$N_u e=\alpha_1 f_c bx\left(h_0-\frac{x}{2}\right)+f'_y A'_s(h_0-a'_s)$$

将 $N=N_u$ 和 $x=x_b$，代入方程：

$$300000=1.0\times14.3\times300\times186.48+360A'_s-360A_s$$

$$300000\times736.5=1.0\times14.3\times300\times186.48\times\left(360-\frac{186.48}{2}\right)+360A'_s(360-40)$$

解得：$A'_s=452.01\text{ mm}^2$；$A_s=1840.9\text{mm}^2$。

选配：受拉纵筋 2Φ28（$A_s=1847\text{mm}^2$）；受压纵筋 3Φ14（$A'_s=461\text{mm}^2$）。

将适配 A_s 和 A'_s 代入方程中，重新求解，$x=187.23\text{mm}<x_b$，故前面假定为大偏心受压正确。

(6) 验算配筋率

$A_s>\rho_{min}bh=0.002\times300\times400=240\text{mm}^2$；$A'_s>\rho_{min}bh=0.002\times300\times400=240\text{mm}^2$；$A_s+A'_s=2308\text{mm}^2<0.05\times300\times400=6000\text{mm}^2$，满足要求。

(7) 验算垂直于弯矩作用平面的轴心受压承载力

$$N_u=0.9\varphi(f_c A+f'_y A'_s)=0.9\times0.930\times(14.3\times120000+360\times2308)=2131.74\text{kN}>N$$

满足要求。

【例题 6.5】至此结束。

(2) 受压钢筋 A'_s 已知

问题：已知截面尺寸 $b\times h$，混凝土强度等级，钢筋强度等级，轴向压力设计值 N，柱端弯矩 M_1 和 M_2，长细比 l_c/h，受压钢筋截面面积 A'_s，求受拉钢筋截面面积 A_s。

由于 A'_s 已知，故式(6.31) 和式(6.32) 只有 x 和 A_s 两个未知数，故可直接联立求解。如果 $x\leqslant x_b$，则按照求得 A_s 配筋；如果 $x>x_b$，则应按小偏心受压重新计算，若仍按大偏心受压进行设计，则可以采取加大截面尺寸、提高混凝土强度等级、加大 A'_s 或按 A'_s 未知的情况等措施重新计算。如果求得 $x<2a'_s$，则应对受压钢筋合力点取矩，计算 A_s。

$$N_u\left(e_i-\frac{h}{2}+a'_s\right)=f_y A_s(h_0-a'_s) \tag{6.48}$$

最后，亦须验算最小配筋率和按轴心受压构件验算垂直于弯矩作用平面的受压承载力。

大偏心受压构件正截面设计类问题（受压钢筋 A'_s 已知）解决流程如图 6.24 所示。

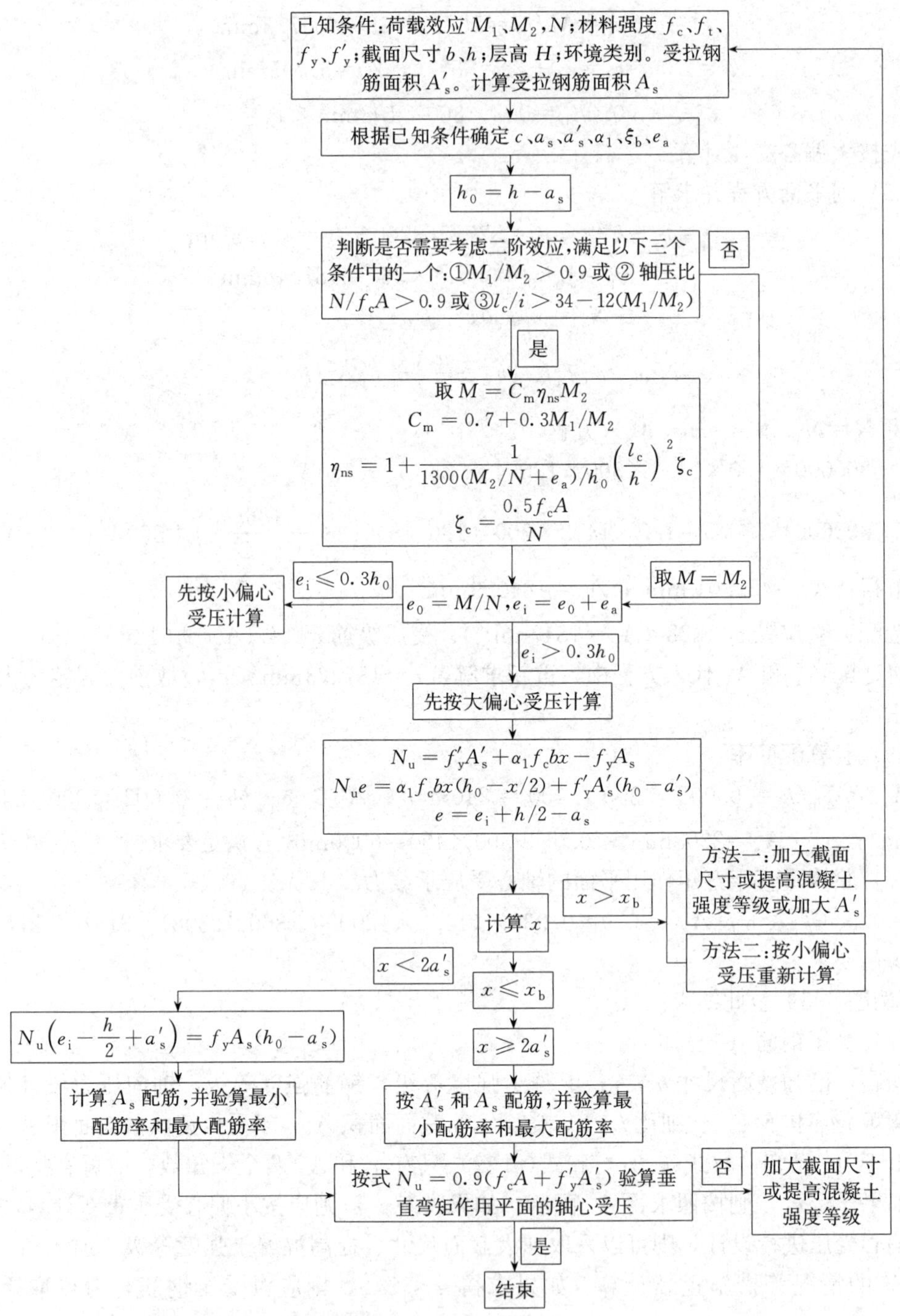

图 6.24　大偏心受压构件正截面设计类问题（受压钢筋 A'_s 已知）解决流程图

【例题 6.6】 已知柱的轴向力设计值 $N=300\text{kN}$，沿截面长边方向承受弯矩 $M_1/M_2=159\text{kN}\cdot\text{m}$，截面尺寸：$b=300\text{mm}$，$h=400\text{mm}$，$a_s=a'_s=40\text{mm}$；混凝土强度等级为 C30，钢筋采用 HRB400 级；$l_c=4.0\text{m}$；已配置 3Φ20（$A'_s=942\text{mm}^2$）受压钢筋。求 A_s。

【解】（1）设计参数

混凝土强度为C30，查附表1-3和附表1-4，$f_c=14.3\text{N/mm}^2$；$f_t=1.43\text{N/mm}^2$；查附表1-11，$f_y=f'_y=360\text{N/mm}^2$；查表3.3，$\alpha=1.0$；查表3.4，$\xi_b=0.518$；$h_0=400-40=360\text{mm}$；$l_c/b=4000/300=13.33$；查表6.3，$\varphi=0.930$。

$$A=300\times400=120000\text{mm}^2;e_a=\max[20\text{mm},h/30]=20\text{mm}$$

（2）判断是否需要考虑 p-δ 效应

因为 $M_1/M_2=1>0.9$，所以需要考虑 p-δ 效应

（3）计算 M

$$C_m=0.7+0.3\,M_1/M_2=1.0$$

$$\zeta_c=\frac{0.5f_cA}{N}=\frac{0.5\times14.3\times120000}{300000}=2.86>1,\text{取}\ \zeta_c=1。$$

$$\eta_{ns}=1+\frac{1}{1300(M_2/N+e_a)/h_0}\left(\frac{l_c}{h}\right)^2\zeta_c$$

$$=1+\frac{1}{1300\times(159000000/300000+20)/360}\times\left(\frac{4000}{400}\right)^2\times1.0=1.05$$

$$M=C_m\eta_{ns}M_2=1.0\times1.05\times159=167.95\text{kN}\cdot\text{m}$$

（4）判断大、小偏心

$$e_0=M/N=167.95/300=557.5\text{mm}$$

$$e_i=e_0+e_a=557.5+20=577.5\text{mm}$$

$$e=e_i+h/2-a_s=577.5+200-40=737.5\text{mm}$$

$N_ue=\alpha_1f_cbx\left(h_0-\dfrac{x}{2}\right)+f'_yA'_s(h_0-a'_s)$，代入数据：

$$300000\times736.5=1.0\times14.3\times300x\left(360-\frac{x}{2}\right)+360\times942\times(360-40)$$

解得：$x=82.18\text{mm}<x_b=0.518\times360=187.48\text{mm}$ 且 $x>2a'_s=80\text{mm}$，属于大偏心受压。

（5）列平衡方程并求解 A_s

$N_u=\alpha_1f_cbx+f'_yA'_s-f_yA_s$，代入数据：

$$300000=1.0\times14.3\times300\times82.18+360\times942-360A_s$$

解得：$A_s=1087.98\text{ mm}^2$

选配：受拉纵筋3Φ22（$A_s=1140\text{mm}^2$）。

（6）验算配筋率

$A_s>\rho_{min}bh=0.002\times300\times400=240\text{mm}^2$；$A'_s>\rho_{min}bh=0.002\times300\times400=240\text{mm}^2$；$A_s+A'_s=2082\text{mm}^2<0.05\times300\times400=6000\text{mm}^2$，满足要求。

（7）验算垂直于弯矩作用平面的轴心受压承载力

$N_u=0.9\varphi(f_cA+f_y{'}A_s{'})=0.9\times0.930\times(14.3\times120000+360\times2082)=2063.64\text{kN}>N$

满足要求。

2）小偏心受压

问题：已知截面尺寸 $b\times h$，混凝土强度等级，钢筋强度等级，轴向压力设计值 N，柱端弯矩 M_1 和 M_2，长细比 l_c/h，求钢筋截面面积 A_s 和 A'_s。

由式(6.36)和式(6.37)可知，有 x、A_s 和 A'_s 三个未知数，无唯一解，故必须补充一个条件才能求解。根据式（6.39），当 $\xi_{cy}>\xi>\xi_b$，A_s 无论配筋多少，而且 A_s 既可能受拉也可能受压，但均达不到屈服，所以此时可按照最小配筋率 0.2%确定 $A_s=A_s=0.2\%bh$；为了防止反向破坏，还需按照式(6.43)确定 A_s，若求得的 $A_s<0.2\%bh$ 时，应取 $A_s=0.2\%bh$。上述两种情况确定的 A_s 与 ξ、A'_s 无关，设计时取较大者为 A_s 配筋。

确定 A_s 后，式(6.36)和式(6.37)就只有 x、A'_s 两个未知数，将两式联立求解便可得 ξ：

$$\xi=u+\sqrt{u^2+v} \tag{6.49}$$

$$u=\frac{a'_s}{h_0}+\frac{f_yA_s}{(\xi_b-\beta_1)\alpha_1 f_c bh_0}\left(1-\frac{a_s'}{h_0}\right) \tag{6.50}$$

$$v=\frac{2Ne'}{\alpha_1 f_c bh_0^2}-\frac{2\beta_1 f_y A_s}{(\xi_b-\beta_1)\alpha_1 f_c bh_0}\left(1-\frac{a'_s}{h_0}\right) \tag{6.51}$$

根据解得 ξ，可以分成三种情况：①若 $\xi_{cy}>\xi>\xi_b$，则相应的 A'_s 解即为所求受压钢筋面积；②若 $h/h_0>\xi\geqslant\xi_{cy}$，此时 A_s 受压屈服，则取 $\sigma_s=-f'_y$，并代入式(6.36)和式(6.37)重新求解 x 和 A'_s；③若 $\xi\geqslant h/h_0$，此时全截面受压，应取 $x=h$、$\sigma_s=-f'_y$ 和 $\alpha_1=1.0$，代入式(6.37)便可求得 A'_s。

如果以上求得的 $A'_s<0.2\%bh$，应取 $A'_s=0.2\%bh$。

小偏心受压构件正截面设计类问题解决流程如图 6.25 所示。

【例题 6.7】已知柱的轴向力设计值 $N=4600\text{kN}$，沿截面长边方向承受弯矩 $M_1=0.5M_2=65\text{kN}\cdot\text{m}$，截面尺寸：$b=400\text{mm}$，$h=600\text{mm}$，$a_s=a'_s=45\text{mm}$；混凝土强度等级为 C35，钢筋采用 HRB400 级；$l_c=3.0\text{m}$。求 A_s 和 A'_s。

【解】（1）设计参数

混凝土强度为 C35，查附表 1-3 和附表 1-4，$f_c=17.7\text{N/mm}^2$；$f_t=1.57\text{N/mm}^2$；查附表 1-11，$f_y=f'_y=360\text{N/mm}^2$；查表 3.3，$\alpha=1.0$；查表 3.4，$\xi_b=0.518$；$h_0=600-45=555\text{mm}$；$l_c/b=3000/400=7.5$；查表 6.3，$\varphi=1.0$。

$$A=400\times600=240000\text{mm}^2;e_a=\max[20\text{mm},h/30]=20\text{mm}$$

（2）判断是否需要考虑 p-δ 效应

因为 $N/f_c bh=1.15>0.9$，所以需要考虑 p-δ 效应。

（3）计算 M

$$C_m=0.7+0.3M_1/M_2=0.85;\zeta_c=\frac{0.5f_cA}{N}=\frac{0.5\times16.7\times240000}{4600000}=0.436$$

$$\begin{aligned}\eta_{ns}&=1+\frac{1}{1300(M_2/N+e_a)/h_0}\left(\frac{l_c}{h}\right)^2\zeta_c\\&=1+\frac{1}{1300\times(130000000/4600000+20)/555}\times\left(\frac{3000}{400}\right)^2\times0.436\\&=1.096\end{aligned}$$

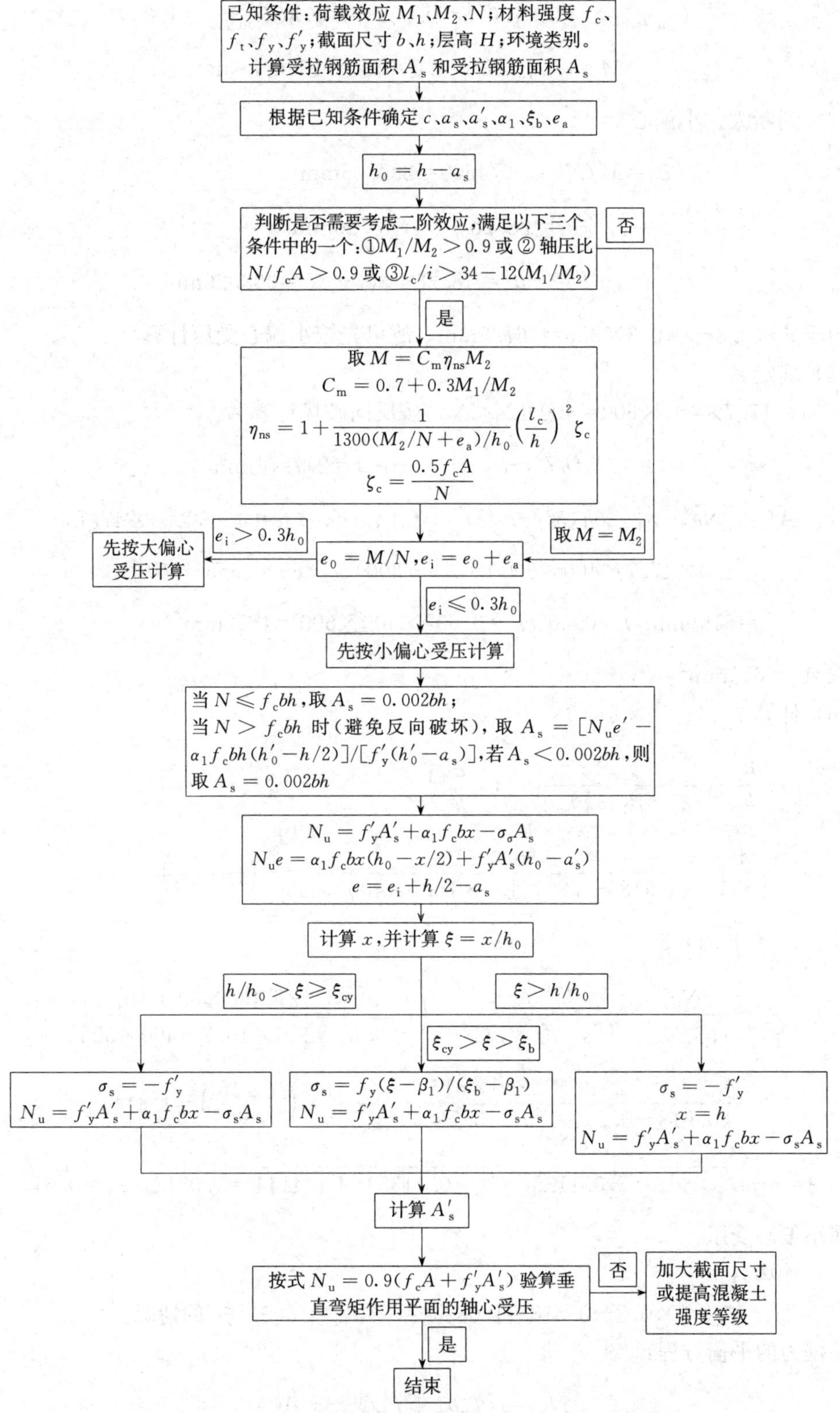

图 6.25　小偏心受压构件正截面设计类问题解决流程图

$$C_m\eta_{ns}=0.85\times1.096=0.932<1.0,取\ C_m\eta_{ns}=1.0$$

$$M=C_m\eta_{ns}M_2=1.0\times130=130\text{kN}\cdot\text{m}$$

(4) 判断大、小偏心

$$e_0=M/N=130/4600=287.26\text{mm}$$

$$e_i=e_0+e_a=28.26+20=48.26\text{mm}$$

$$e=e_i+h/2-a_s=48.26+300-45=303.26\text{mm}$$

由于 $e_i<0.3h_0=0.3\times555=167.5\text{mm}$，故可先按小偏心受压计算。

(5) 确定 A_s

$f_cbh=17.7\times400\times600=4008\text{kN}<N$，按反向破坏计算 A_s。

$$e'=h/2-a_s'-(e_0-e_a)=247.74\text{mm}$$

$$\begin{aligned}A_s&=[Ne'-\alpha_1f_cbh(h_0'-h/2)]/[f_y'(h_0'-a_s)]=[4600000\times247.74-\\&\quad1.0\times17.7\times400\times600\times(555-300)]/[360\times(555-45)]\\&=615(\text{mm}^2)>0.002bh=0.002\times400\times600=480(\text{mm}^2)\end{aligned}$$

取 $A_s=615\text{mm}^2$。

(6) 计算 ξ

$$\begin{aligned}u&=\frac{a_s'}{h_0}+\frac{f_yA_s}{(\xi_b-\beta_1)\alpha_1f_cbh_0}\left(1-\frac{a_s'}{h_0}\right)\\&=\frac{45}{555}+\frac{360\times615}{(0.518-0.8)\times1.0\times16.7\times400\times555}\times\left(1-\frac{45}{555}\right)\\&=-0.1135\end{aligned}$$

$$\begin{aligned}v&=\frac{2Ne'}{\alpha_1f_cbh_0^2}-\frac{2\beta_1f_yA_s}{(\xi_b-\beta_1)\alpha_1f_cbh_0}\left(1-\frac{a_s'}{h_0}\right)=\frac{2\times4600000\times246.74}{1.0\times16.7\times400\times555^2}\\&\quad-\frac{2\times0.8\times360\times615}{(0.518-0.8)\times1.0\times16.7\times400\times555}\times\left(1-\frac{45}{555}\right)=1.4144\end{aligned}$$

$$\xi=u+\sqrt{u^2+v}=-0.1135+\sqrt{(-0.1135)^2+1.4144}=1.0812>\xi_b=0.518$$

属小偏心受压。

(7) 计算 A_s'

$\xi_{cy}=2\beta_1-\xi_b=2\times0.8-0.518=1.082>\xi$，属于 $\xi_{cy}>\xi>\xi_b$ 的情况。

根据力的平衡方程：

$$N_u=\alpha_1f_cbx+f_y'A_s'-\sigma_sA_s$$

代入数据并求解：

$$4600000=1.0\times16.7\times400\times1.0812\times555+360A_s'-\frac{1.0812-0.518}{0.518-0.8}\times360\times615$$

解得：$A_s'=1030\ \text{mm}^2$。

选配：受拉钢筋 3Φ16（$A_s=603\text{mm}^2$）；受压钢筋 4Φ18（$A_s'=1017\text{mm}^2$）。

（8）验算垂直于弯矩作用平面的轴心受压承载力

$$N_u=0.9\varphi(f_cA+f_y'A_s')=0.9\times1.0\times(17.7\times240000+360\times2082)$$
$$=3910.46\text{kN}<N$$

不满足要求。

可以通过加大截面尺寸、提高混凝土强度等级或增加受力钢筋面积等措施使垂直弯矩作用平面的轴心受压承载力满足要求。

本题采取增加受压钢筋面积的方法，选配受压钢筋 6Φ25（$A_s'=2945\text{mm}^2$）。

$$N_u=0.9\varphi(f_cA+f_y'A_s')=0.9\times1.0\times(17.7\times240000+360\times3548)$$
$$=4757.75\text{kN}>N$$

满足要求。

2. 截面校核类问题

对于截面校核类问题，应包含两个方面，即弯矩作用平面的承载力复核和垂直于弯矩作用平面的承载力复核。

1）弯矩作用平面的承载力复核

（1）已知轴向力设计值 N，求弯矩设计值 M

问题：已知截面尺寸 $b\times h$，混凝土强度等级，钢筋强度等级，轴向压力设计值 N，钢筋截面面积 A_s 和 A_s'，长细比 l_c/b，求柱端弯矩 M。

先假设该截面为大偏心受压，可由式(6.31) 便可求得 x。如果 $x\leqslant x_b$，说明假设是正确的，按式(6.32) 计算 e；如果 $x>x_b$，说明假设是错误的，即为小偏心受压，先假设 $\xi_{cy}>\xi>\xi_b$，按式(6.36) 和式(6.39) 计算 x，当 $x<\xi_{cy}h_0$，说明假设是正确的，再根据式(6.37) 计算 e，当 $h>x\geqslant\xi_{cy}h_0$，取 $\sigma_s=-f_y'$，并代入式(6.36) 重新求解 x，再根据式(6.37) 计算 e，当 $x\geqslant h$ 时，则取 $x=h$，根据式(6.37) 计算 e。求出 e 后，通过式(6.33)～式(6.35) 求出 M 即可。

弯矩作用平面的承载力复核（已知 N，求 M）流程图如图 6.26 所示。

（2）已知偏心距 e_0 求轴向力设计值 N

问题：已知截面尺寸 $b\times h$，混凝土强度等级，钢筋强度等级，初始偏心距 e_0，钢筋截面面积 A_s 和 A_s'，长细比 l_c/b，求柱端弯矩 N。

由于截面配筋已知，可以按照图 6.21 对 N 作用点取矩可得平衡方程：

$$f_y'A_s'\left(e_i-\frac{h}{2}+a_s'\right)+\alpha_1f_cbx\left(e_i-\frac{h}{2}+\frac{x}{2}\right)=f_yA_s\left(e_i+\frac{h}{2}-a_s\right)\qquad(6.52)$$

可以通过式(6.52) 求出 x，如果 $x\leqslant x_b$，为大偏心受压，可通过式(6.31) 求出 N 即可；如果 $x>x_b$，为小偏心受压，可联立式(6.36)、式(6.37) 和式(6.39) 重新解得 x 和 N，当 $x\geqslant\xi_{cy}h_0$，取 $\sigma_s=-f_y'$，并代入式(6.36) 和式(6.37) 重新求解 x 和 N，当

$x \geqslant h$ 时，则取 $x=h$，根据式(6.37) 计算 N。

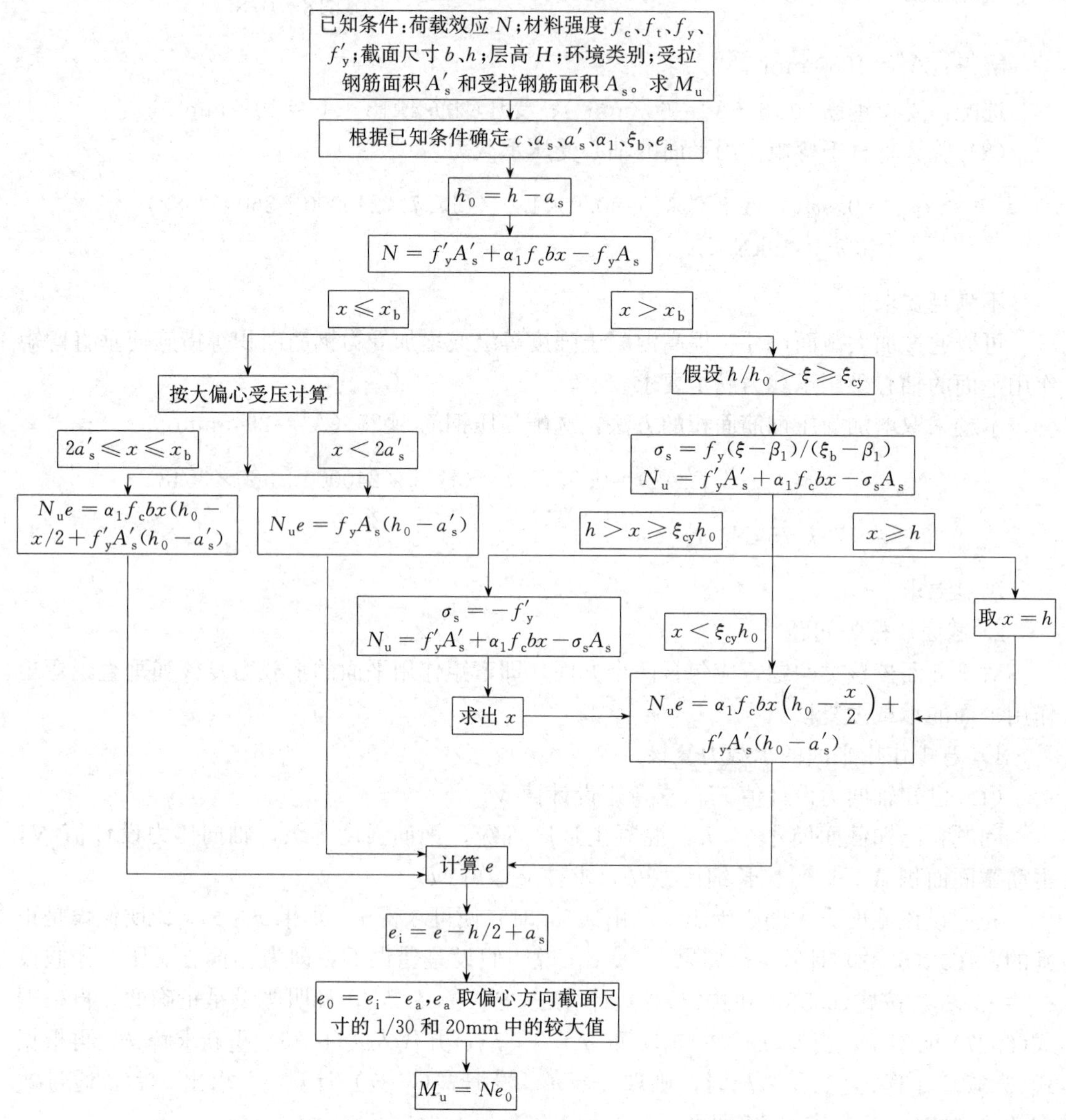

图 6.26　弯矩作用平面的承载力复核(已知 N，求 M)流程图

弯矩作用平面的承载力复核（已知 e_0，求 N）流程图如图 6.27 所示。

2）垂直于弯矩作用平面的承载力复核

按轴心受压承载力计算公式即式(6.2) 计算 N_u，并和弯矩作用平面承载力计算结果 N_u 比较后取较小值。

【例题 6.8】 已知柱的轴向力设计值 $N=1200$kN，截面尺寸：$b=400$mm，$h=600$mm，$a_s=a'_s=40$mm；混凝土强度等级为 C40，钢筋采用 HRB400 级；$l_c=4.0$m，受拉钢筋 4⌀20（$A_s=1256\text{mm}^2$）、受压钢筋 4⌀22（$A'_s=1520\text{mm}^2$）。求：该截面在 h 方向能承受的弯矩设计值。

【解】(1) 设计参数

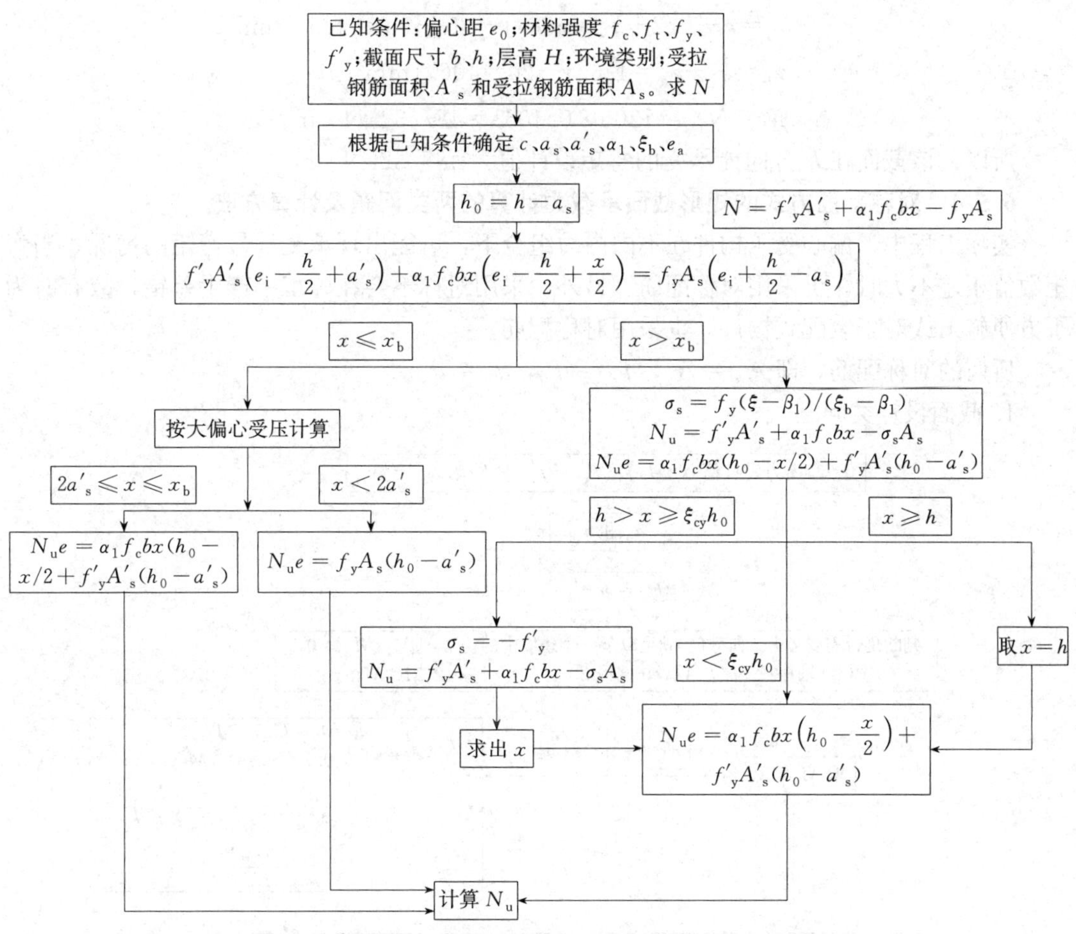

图 6.27 弯矩作用平面的承载力复核(已知 e_0,求 N)流程图

混凝土强度为 C40，查附表 1-3 和附表 1-4 可得，$f_c=19.1\text{N/mm}^2$；$f_t=1.71\text{N/mm}^2$；查附表 1-11，$f_y=f'_y=360\text{N/mm}^2$；查表 3.3，$\alpha=1.0$；查表 3.4，$\xi_b=0.518$；$h_0=600-40=560\text{mm}$；$l_c/d=4000/400=10.0$；查表 6.3，$\varphi=0.98$。

$$A=400\times600=240000\text{mm}^2;e_a=\max[20\text{mm},h/30]=20\text{mm}$$

(2) 判断大、小偏心

$N=f'_yA'_s+\alpha_1 f_c bx-f_yA_s$，代入数据：

$$1200000=360\times1520+1.0\times19.1\times400x-360\times1256$$

解得：$x=144.6\text{mm}<\xi_b h_0=0.518\times560=290\text{mm}$ 且 $x>2a'_s=80\text{mm}$，属于大偏心受压，同时受压钢筋可以达到屈服强度。

(3) 计算 M

$Ne=\alpha_1 f_c bx\left(h_0-\dfrac{x}{2}\right)+f'_yA'_s(h_0-a'_s)$，代入数据：

$$1200000e=1.0\times19.1\times400\times145\times\left(560-\frac{145}{2}\right)+360\times1520\times(560-40)$$

解得：$e=686.1\text{mm}$

$$e_i = e - h/2 + a_s = 686.1 - 300 + 40 = 426.1\text{mm}$$

$$e_0 = e_i - e_a = 426.1 - 20 = 406.1\text{mm}$$

$$M = Ne_0 = 1200 \times 0.4061 = 487.32\text{kN} \cdot \text{m}$$

所以，该截面在 h 方向能承受的弯矩设计值为 487.32kN · m。

6.5.4 对称配筋方式的矩形截面承载力计算的两类问题及计算方法

实际工程中，偏心受压构件在不同内力组合下，可能出现承受异号弯矩的情况，当弯矩数值相差不大时，可采用对称配筋。另外，采用对称不会在施工中产生差错，故有时为了方便施工或对于装配式构件，也采用对称配筋。

所谓的对称配筋，即 $A_s = A'_s$，$f_y = f_y$，$a_s = a'_s$。

1. 截面设计类问题

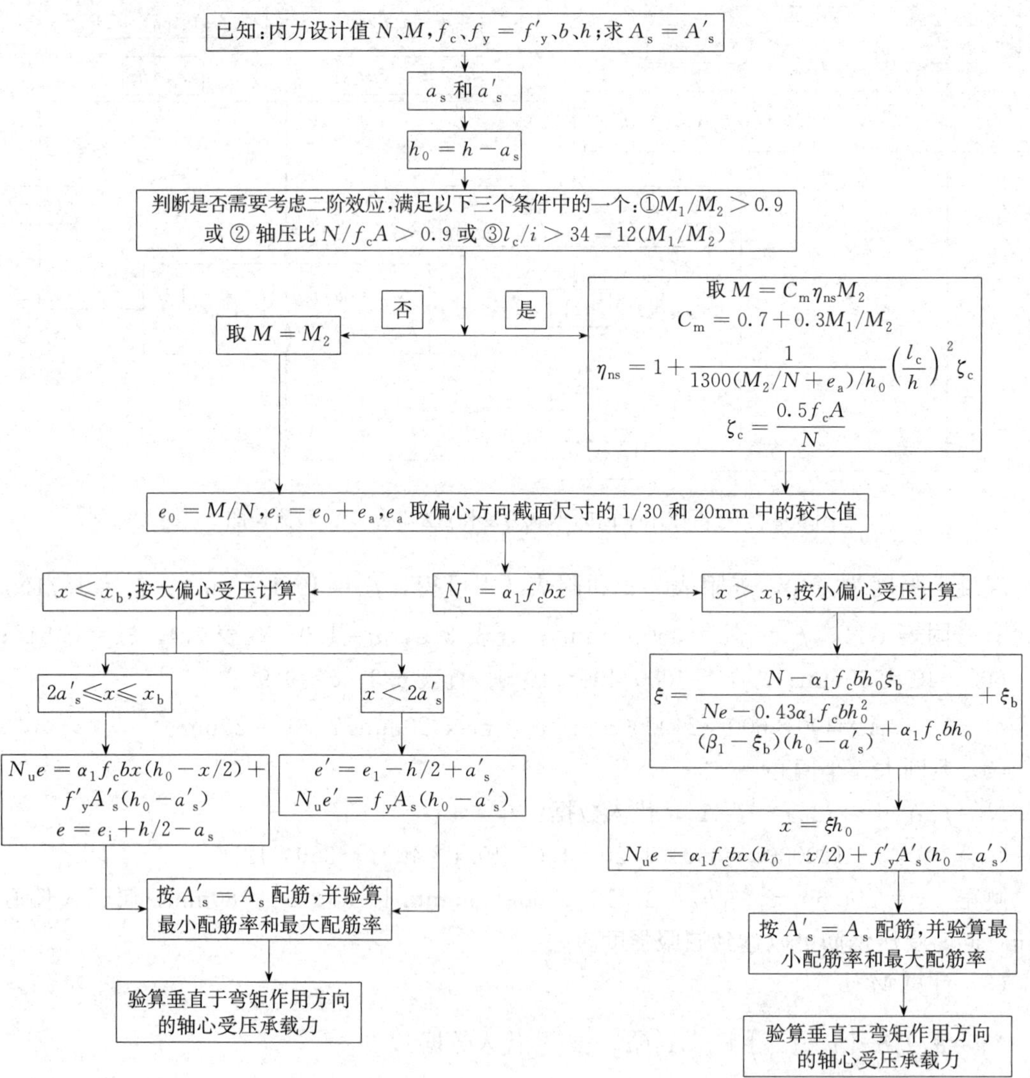

图 6.28 对称配筋受压构件正截面设计类问题解决流程图

由于 $f_y A_s = f_y A'_s$，所以力的平衡方程可写为：

$$N_u=\alpha_1 f_c bx \tag{6.53}$$

根据式(6.53) 求出 x，如果 $x\leqslant x_b$，则表明该截面为大偏心受压，当 $2a'_s\leqslant x\leqslant x_b$ 时，按式(6.32) 计算 $A_s=A'_s$ 即可；当 $x<2a'_s$ 时，则按式(6.48) 计算 $A_s=A'_s$。

如果 $x>x_b$，则表明该截面为小偏心受压，可以按式(6.54) 计算相对受压区高度 ξ：

$$\xi=\frac{N-\xi_b\alpha_1 f_c bh_0}{\dfrac{Ne-0.43\alpha_1 f_c bh_0^2}{(\beta_1-\xi_b)(h_0-a'_s)}+\alpha_1 f_c bh_0}+\xi_b \tag{6.54}$$

求出 ξ 后，并计算 $x=\xi h_0$，并代入式(6.37) 便可求得 $A_s=A'_s$。

另外，仍需验算配筋率和垂直于弯矩作用平面的轴心受压承载力。

采用对称配筋的受压构件正截面承载力设计流程图如图 6.28 所示。

2. 截面校核类问题

可按照非对称配筋的截面校核方法进行验算，但须取 $A_s=A'_s$，$f_y=f'_y$。

【例题 6.9】已知柱的轴向力设计值 $N=3500$kN，沿截面长边方向承受弯矩 $M_1=0.88M_2$，$M_2=350$kN·m，截面尺寸：$b=400$mm，$h=700$mm，$a_s=a'_s=45$mm；混凝土强度等级为 C40，钢筋采用 HRB400 级；$l_c=3.3$m。求按对称配筋时 $A_s=A'_s$。

【解】（1）设计参数

混凝土强度为 C40，查附表 1-3 和附表 1-4 可得，$f_c=19.1\text{N/mm}^2$；$f_t=1.71\text{N/mm}^2$；查附表 1-11，$f_y=f'_y=360\text{N/mm}^2$；查表 3.3，$\alpha=1.0$；查表 3.4，$\xi_b=0.518$；$h_0=700-45=655$mm；$l_c/b=3300/400=8.25$；查表 6.3，$\varphi=0.998$。

$$A=400\times600=240000\text{mm}^2;e_a=\max[20\text{mm},h/30]=23.3\text{mm}$$

（2）判断是否需要考虑 p-δ 效应

因为 $N/f_c bh=0.65<0.9$，$M_1/M_2=0.88<0.9$；$l_c/i=3300/(0.289\times700)=17.3<34-12M_1/M_2=23.4$

所以需要不考虑 p-δ 效应

（3）计算 M

$$M=M_2=350\text{kN}\cdot\text{m}$$

（4）判断大、小偏心

$e_0=M/N=350/3500=100$mm；$e_i=e_0+e_a=100+23.3=123.3$mm；$e=e_i+h/2-a_s=123.3+350-45=428.3$mm

$N=\alpha_1 f_c bx$，代入数据：

$$3500000=1.0\times19.1\times400x$$

解得：$x=458.12\text{mm}>x_b=0.518\times655=339.29\text{mm}$

故按小偏心受压计算。

（5）计算 $A_s=A'_s$

$$\xi=\frac{N-\xi_b\alpha_1 f_c bh_0}{\dfrac{Ne-0.43\alpha_1 f_c bh_0^2}{(\beta_1-\xi_b)(h_0-a'_s)}+\alpha_1 f_c bh_0}+\xi_b$$

代入数据：

$$\xi=\frac{3500000-0.518\times1.0\times19.1\times400\times655}{\frac{3500000\times428-0.43\times1.0\times19.1\times400\times655^2}{(0.8-0.518)\times(655-45)}+1.0\times19.1\times400\times655}+0.518$$

$=0.6823$

$$x=\xi_b h_0=0.6823\times655=446.9\text{mm}$$

$$A_s'=A_s=\frac{Ne-\alpha_1 f_c bx\left(h_0-\frac{x}{2}\right)}{f_y'(h_0-a_s')}=\frac{3500000\times428.3-1.0\times19.1\times400\times446.9\times\left(655-\frac{446.9}{2}\right)}{360\times(655-45)}$$

$=116.6\text{mm}^2$

(6) 验算配筋率并选配钢筋

验算最小配筋率：$A_s'=A_s<\rho_{min}'bh=0.002\times400\times700=560\ \text{mm}^2$。

取 $A_s'=A_s=0.002\times400\times700=560\text{mm}^2$。

选配：受拉和受压钢筋 3Φ16（$A_s'=A_s=603\text{mm}^2$）。

(7) 验算垂直于弯矩作用平面的轴心受压承载力

$$N_u=0.9\varphi(f_cA+f_y'A_s')=0.9\times0.998\times(19.1\times280000+360\times1206)=5193.54\text{kN}>N$$

满足要求。

6.6 Ⅰ形截面偏心受压构件正截面受压承载力计算

在单层工业厂房中，为了节约混凝土及减轻构件的自重，对截面尺寸较大的柱，一般采用Ⅰ形截面。Ⅰ形截面偏心受压构件的破坏特征、计算方法与矩形截面类似，区别只在于增加了受压翼缘参与受力，T形截面是Ⅰ形截面的一种特殊截面形式。计算时，同样按照大偏心受压和小偏心受压两种情况进行。

6.6.1 非对称配筋

1. 大偏心受压

与T形截面受弯构件相同，按受压区高度 x 的位置可以分为两类（图 6.29）。

(1) 当 $x\leqslant h_f'$ 时，即受压区高度位于翼缘内，此时按照宽度为 b_f' 的矩形截面计算，见图 6.29(a)；

由力的平衡和对受拉钢筋合力点取矩的力矩平衡，可得：

$$N_u=\alpha_1 f_c b_f' x+f_y'A_s'-f_yA_s \tag{6.55}$$

$$N_u e=\alpha_1 f_c b_f' x\left(h_0-\frac{x}{2}\right)+f_y'A_s'(h_0-a_s') \tag{6.56}$$

式中 b_f'——Ⅰ形截面受压翼缘宽度；

h_f'——Ⅰ形截面受压翼缘高度。

(2) 当 $x>h_f'$，即受压区高度位于腹板内，此时受压区为T形，见图 6.29(b)，按下列公式计算：

$$N_u=\alpha_1 f_c[(b_f'-b)h_f'+bx]+f_y'A_s'-f_yA_s \tag{6.57}$$

$$N_u e=\alpha_1 f_c\left[(b_f'-b)h_f'\left(h_0-\frac{h_f'}{2}\right)+bx\left(h_0-\frac{x}{2}\right)\right]+f_y'A_s'(h_0-a_s') \tag{6.58}$$

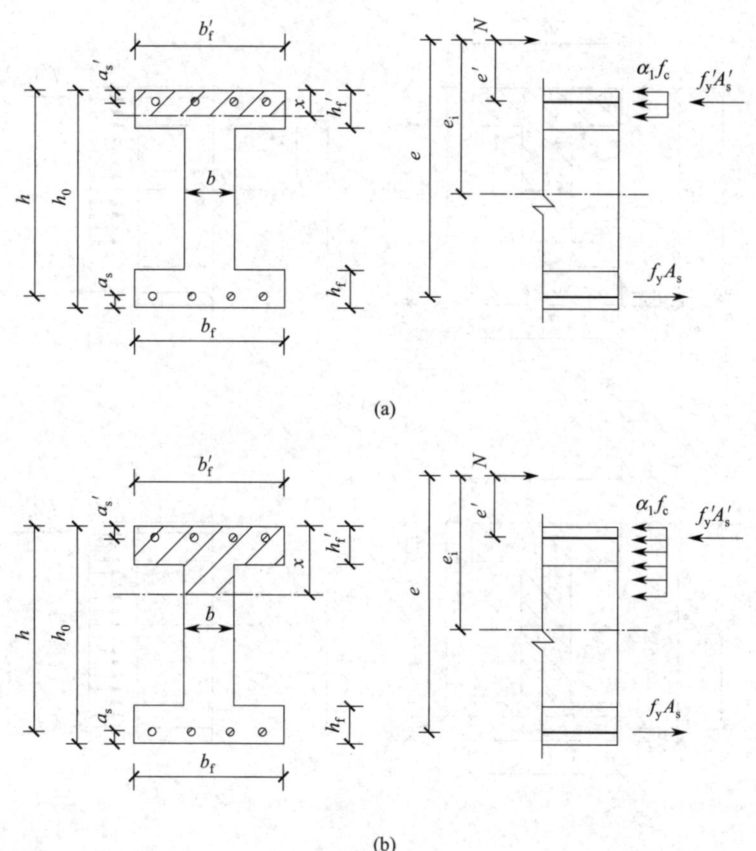

图6.29　Ⅰ形截面大偏心受压计算简图

(a) $x \leqslant h'_f$；(b) $x > h_f$

为了保证上述计算公式中的受拉钢筋和受压钢筋能达到屈服强度，一样要满足 $x \leqslant x_b$ 和 $x \geqslant 2a'_s$。

2. 小偏心受压

此时，通常受压区高度已大于受压翼缘高度，即 $x > h'_f$，如图6.30所示。

对于 $x < h - h'_f$（图6.30a），可按下列公式计算：

$$N_u = \alpha_1 f_c[(b'_f - b)h'_f + bx] + f'_y A'_s - \sigma_s A_s \tag{6.59}$$

$$N_u e = \alpha_1 f_c\left[(b'_f - b)h'_f\left(h_0 - \frac{h'_f}{2}\right) + bx\left(h_0 - \frac{x}{2}\right)\right] + f'_y A'_s(h_0 - a'_s) \tag{6.60}$$

对于 $x > h - h'_f$（图6.31b），可按下列公式计算：

$$N_u = \alpha_1 f_c[(b'_f - b)h'_f + bx + (b_f - b)(x + h_f - h)] + f'_y A'_s - \sigma_s A_s \tag{6.61}$$

$$N_u e = \alpha_1 f_c\left[(b'_f - b)h'_f\left(h_0 - \frac{h'_f}{2}\right) + bx\left(h_0 - \frac{x}{2}\right) + (b_f - b)(x + h_f - h)\left(h_f - \frac{x + h_f - h}{2} - a_s\right)\right] + f'_y A'_s(h_0 - a'_s) \tag{6.62}$$

当 $x > h$ 时，应取 $x = h$。σ_s 仍可近似按式(6.39)计算。

同时，对于小偏心受压构件还应考虑反向破坏，应满足式(6.63)的要求。

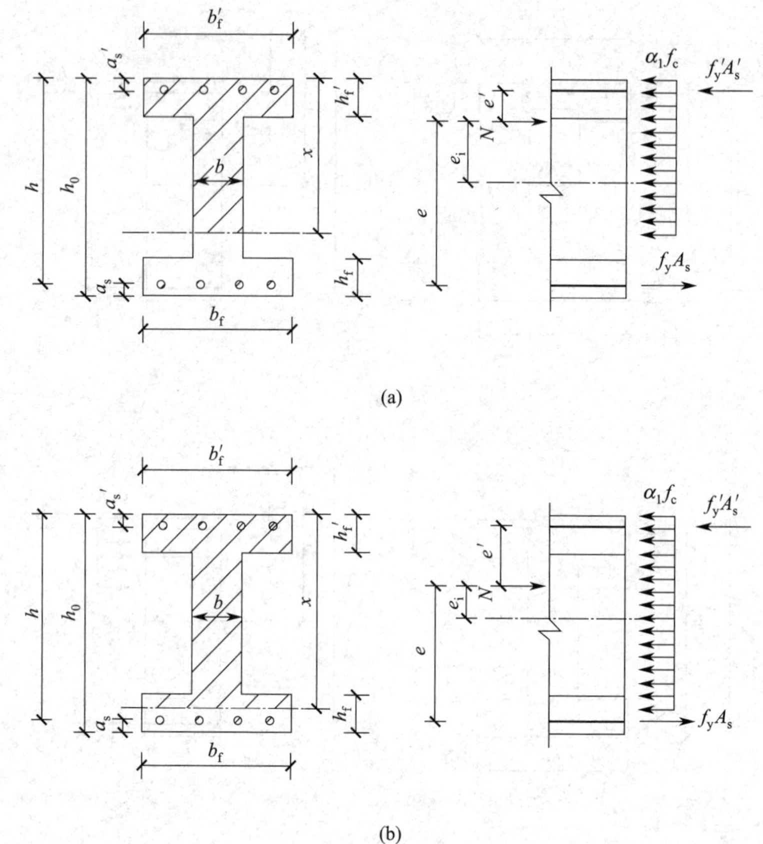

图 6.30　Ⅰ形截面小偏心受压计算简图

(a) $x<h-h_f'$；(b) $x>h-h_f'$

$$N_u\left[\frac{h}{2}-a_s'-e_0+e_a\right]\leqslant\alpha_1 f_c\left[(b_f'-b)h_f'\left(\frac{h_f'}{2}-a_s'\right)+bh\left(h_0'-\frac{h}{2}\right)\right.$$

$$\left.+(b_f-b)h_f\left(h_0'-\frac{h_f}{2}\right)\right]+f_y'A_s'(h_0-a_s') \tag{6.63}$$

式中　h_0'——受压钢筋合力点至力纵向力 N 较远一侧的距离，即 $h_0'=h-a_s$。

需要指出的是，截面设计时需初步选择受拉钢筋面积 A_s，与矩形截面相同仍按受拉钢筋最小配筋率（$A_s=\rho_{min}[bh+(b_f-b)h_f]$）、受压钢筋最小配筋率（$A_s=\rho'_{min}[bh+(b_f-b)h_f+(b_f'-b)h_f']$）和反向破坏确定的受拉钢筋面积的最大值。

6.6.2　对称配筋

可按下列情况进行配筋计算：

(1) 当 $N\leqslant\alpha_1 f_c b_f' h_f'$ 时，受压区高度 x 小于翼缘厚度 h_f'，此时一般情况下属于大偏心受压，可按宽度为 b_f' 的矩形截面计算；

(2) 当 $\alpha_1 f_c b_f' h_f'<N\leqslant\alpha_1 f_c[(b_f'-b)h_f'+\xi h_0]$ 时，受压区高度 x 进入腹板，但仍属于大偏心受压，将 $f_yA_s=f_y'A_s'$ 代入式(6.55)～式(6.56)，便可求得钢筋面积 $A_s=A_s'$；

(3) 当 $N>\alpha_1 f_c[(b_f'-b)h_f'+\xi h_0]$ 时，受压区高度 $x>x_b$，属于小偏心受压情况，可按式(6.64) 近似计算 ξ，并将 $x=\xi h_0$，代入式(6.60) 可以求得钢筋面积 $A_s=A_s'$。

$$\xi=\frac{N-\xi_b\alpha_1 f_c bh_0-\alpha_1 f_c(b'_f-b)h'_f}{\dfrac{Ne-\alpha_1 f_c(b'_f-b)h'_f\left(h_0-\dfrac{h'_f}{2}\right)-0.43\alpha_1 f_c bh_0^2}{(\beta_1-\xi_b)(h_0-a'_s)}+\alpha_1 f_c bh_0}+\xi_b \tag{6.64}$$

非对称配筋和对称配筋Ⅰ形截面受压构件的承载力设计问题和截面校核类问题的计算方法与矩形截面并无原则性区别，这里不再赘述。

6.7　正截面承载力 N_u-M_u 相关曲线及其应用

图 6.31 是西南交通大学所做的一组偏心受压试件，在不同偏心距下，测得的 N_u-M_u 相关曲线试验图，由图 6.31 可以看出：小偏心受压情况下，随着轴向压力的增加，正截面受弯承载力随之减小；但在大偏心受压情况下，轴向压力的存在反而使构件正截面的受弯承载力提高。在界限破坏时，正截面受弯承载力达到最大值。

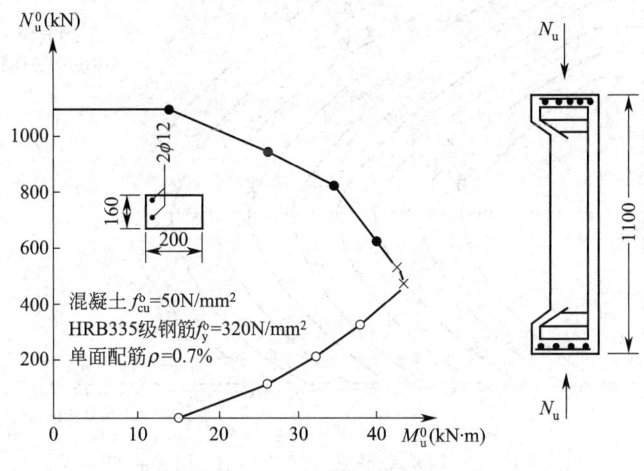

图 6.31　N_u-M_u 相关试验曲线

（注：试验中采用的 HRB335 级钢筋，《混凝土结构通用规范》GB 55008—2021 已经不再推荐使用。）

对于给定截面、材料强度和配筋的偏心受压构件，达到正截面压弯承载力极限状态时，其压力 N_u 和弯矩 M_u 是相互关联的，也就是说当给定轴力 N_u 时 M_u 也就随之确定下来。下面以对称配筋矩形截面为例来建立 N_u-M_u 相关曲线方程。

6.7.1　大偏心受压构件的 N_u-M_u 曲线方程

根据式(6.53) 可得：

$$x=\frac{N_u}{\alpha_1 f_c b} \tag{6.65}$$

将式(6.65) 和式(6.33) 代入式(6.32)，可得：

$$N_u\left(e_i+\frac{h}{2}-a'_s\right)=\alpha_1 f_c b\,\frac{N_u}{\alpha_1 f_c b}\left(h_0-\frac{N_u}{2\alpha_1 f_c b}\right)+f'_y A'_s(h_0-a'_s) \tag{6.66}$$

整理后可得：

$$N_u e_i = N_u h_0 - \frac{N_u^2}{2\alpha_1 f_c b} - \frac{N_u h}{2} + N_u a_s' + f_y' A_s' (h_0 - a_s') \tag{6.67}$$

由于是对称配筋，故 $a_s = a_s'$，所以 $h_0 + a_s' = h$，并代入式(6.67) 可得：

$$M_u = N_u e_i = -\frac{N_u^2}{2\alpha_1 f_c b} + \frac{N_u h}{2} + f_y' A_s' (h_0 - a_s') \tag{6.68}$$

式(6.68) 就是矩形截面大偏心受压构件在对称配筋条件的 N_u-M_u 曲线方程。由该方程可以看出，M_u 是 N_u 的二次函数，随着 N_u 的增大 M_u 也增大，见图 6.32 水平虚线以下部分的曲线。

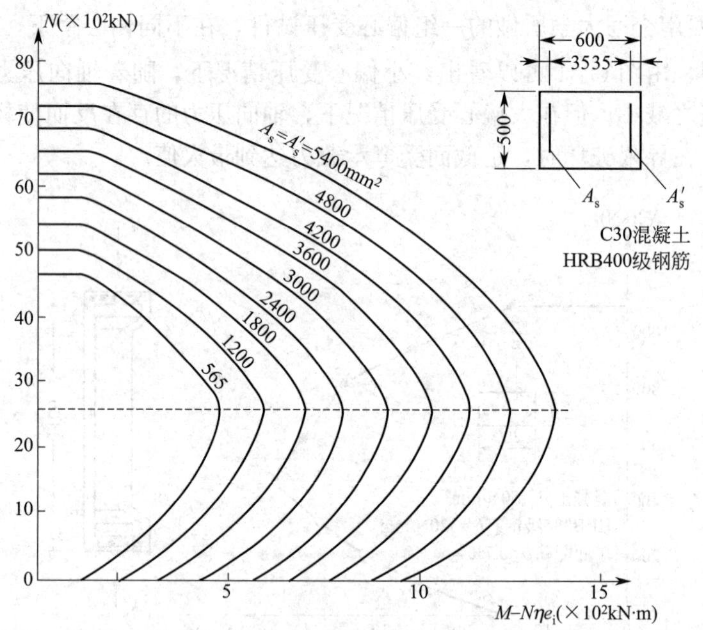

图 6.32　对称配筋试件的 N_u-M_u 相关曲线

6.7.2　小偏心受压构件的 N_u-M_u 曲线方程

假定截面为局部受压，将 N_u、σ_s（式 6.39）、$x = \xi h_0$，代入式(6.36) 和式(6.37) 后可得：

$$N_u = \alpha_1 f_c b \xi h_0 + f_y' A_s' - \frac{\xi - \beta_1}{\xi_b - \beta_1} f_y A_s \tag{6.69}$$

$$N_u e = \alpha_1 f_c b \xi h_0^2 \left(1 - \frac{\xi}{2}\right) + f_y' A_s' (h_0 - a_s') \tag{6.70}$$

将 $f_y A_s = f_y' A_s'$ 代入式(6.69) 并整理后可得：

$$N_u = \frac{\alpha_1 f_c b h_0 (\xi_b - \beta_1) - f_y' A_s'}{\xi_b - \beta_1} \xi + \frac{\xi_b}{\xi_b - \beta_1} f_y' A_s' \tag{6.71}$$

由式(6.71) 解得 ξ：

$$\xi = \frac{\xi_b - \beta_1}{\alpha_1 f_c b h_0 (\xi_b - \beta_1) - f_y' A_s'} N_u - \frac{\xi_b}{\alpha_1 f_c b h_0 (\xi_b - \beta_1) - f_y' A_s'} f_y' A_s' \tag{6.72}$$

令： $\lambda_1=\frac{\beta_1-\xi_b}{\alpha_1 f_c b h_0(\beta_1-\xi_b)+f'_y A'_s},\lambda_2=\frac{\xi_b}{\alpha_1 f_c b h_0(\beta_1-\xi_b)+f'_y A'_s}f'_y A'_s$

则：

$$\xi=\lambda_1 N_u+\lambda_2 \tag{6.73}$$

将式(6.73)和式(6.33)代入式(6.70)可得：

$$N_u\left(e_i+\frac{h}{2}-a_s\right)=\alpha_1 f_c b h_0^2[(\lambda_1 N_u+\lambda_2)-0.5(\lambda_1 N_u+\lambda_2)^2]+f'_y A'_s(h_0-a'_s)$$

整理后可得：

$$M_u=N_u e_i=-0.5\alpha_1 f_c b h_0^2\lambda_1^2 N_u^2+\left[\lambda_1(1-\lambda_2)\alpha_1 f_c b h_0^2-\frac{h}{2}+a_s\right]N_u$$
$$-\lambda_2(1-\lambda_2)\alpha_1 f_c b h_0^2+f'_y A'_s(h_0-a'_s) \tag{6.74}$$

式(6.74)就是矩形截面小偏心受压构件在对称配筋条件的 N_u-M_u 曲线方程。由该方程可以看出，M_u 亦是 N_u 的二次函数，随着 N_u 的增大 M_u 而减小，见图 6.32 水平虚线以上部分的曲线。

6.7.3 N_u-M_u 相关曲线的特点与应用

N_u-M_u 相关曲线反映的是钢筋混凝土受压构件在弯矩和轴向压力共同作用下承载力的规律，具有以下特点：

(1) N_u-M_u 相关曲线上的任一点代表截面处于正截面承载能力极限状态时的一种内力组合。如果一组内力（N_u,M_u）在曲线内侧，说明截面未达到承载能力极限状态，是安全的；如果（N_u,M_u）在曲线外侧，则表明截面承载力不足。

(2) 当 $M_u=0$ 时，轴向压力 N_u 达到最大，即为轴心受压承载力 N_0，对应图 6.33 中 A 点。

(3) 当 $N_u=0$ 时，受弯承载力 M_u 达到最大，即为纯弯承载力 M_u，对应图 6.33 中 C 点。

(4) 截面受弯承载 M_u 与作用的轴压力 N 大小有关。当轴压力 N 小于界限破坏时的轴力 N_b（即大偏心受压）时，M_u 随 N 的增加而增加（图 6.33 中 BC 段）；当轴压力 N 大于界限破坏时的轴力 N_b（即小偏心受压）时，M_u 随 N 的增加而减小（图 6.33 中 AB 段）。

(5) 截面受弯承载力 M_0 在 B 点（M_b,N_b）达到最大，该点近似为界限破坏。B 点以上为受压破坏，以下为受拉破坏。

(6) 如果截面尺寸和材料强度保持不变，N_u-M_u 相关曲线随配筋率的增加而向外侧增大。

(7) 对于对称配筋截面，界限破坏时的轴力 N_b 与配筋率无关，而 M_b 随着配筋率的增加而增大。

应用 N_u-M_u 的相关曲线方程，可以对一些特定的截面尺寸、特定的混凝土强度等级和特定的钢筋级别的偏心受压构件，通过计算机预先绘制出一系列图表。设计时可直接查图表求得所需的钢筋面积，以简化计算，节省大量的计算工作。设计时，先计算 e_i 和 η 值，然后查与设计条件完全对应的图表，由 N 和 $M=Ne_i$ 值可查出所需的 A_s 和 A'_s。

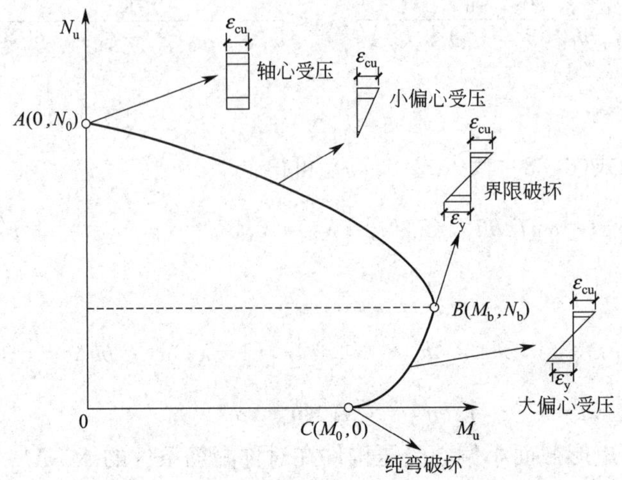

图 6.33　相关曲线上特征点处的截面应变分布

6.8　受压构件的斜截面承载力

试验表明，轴向压力的存在，延缓了斜裂缝的出现和开展，斜裂缝角度减小，混凝土剪压区高度增大，从而使斜截面受剪承载力有所提高。但当压力超过一定数值后，由于剪压区混凝土压应力过大，使得混凝土的受剪强度降低，反而会使斜截面受剪承载力降低。根据桁架-拱模型理论，轴向压力主要通过拱作用直接传递，如图 6.34 所示，拱作用增大，其横向分力为拱作用分担的抗剪能力。如果轴向压力太大，将导致拱机构的过早压坏。

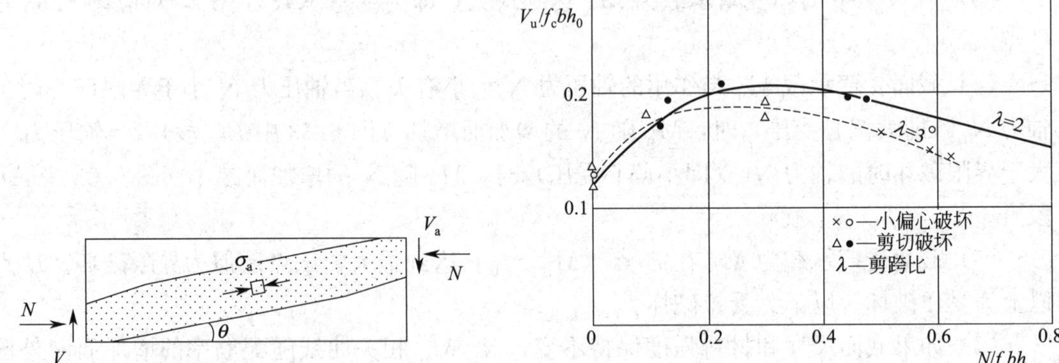

图 6.34　轴向压力的拱作用传递模型　　　图 6.35　受剪承载力与轴向压力的关系

图 6.35 为柱受剪承载力 V_u 与轴压比 N/f_cbh 的关系。可见，当轴压比 N/f_cbh 小于 0.3 时，V_u 随轴压比 N/f_cbh 的增加而增大；当轴压比 N/f_cbh 在 0.3 附近时，V_u 基本不再增加；而当轴压比 N/f_cbh 大于 0.4 时，V_u 随轴压比 N/f_cbh 的增加反而减小，构件将出现小偏心受压破坏。

《规范》规定了矩形、T 形和 I 形截面的钢筋混凝土偏心受压构件斜截面受剪承载力计算公式：

$$V_u=\frac{1.75}{\lambda+1.0}f_t bh_0+1.0f_{yv}\frac{A_{sv}}{s}h_0+0.07N \tag{6.75}$$

式中　λ——偏心受压构件计算截面的剪跨比；对各类结构的框架柱，取 $\lambda=\frac{M}{Vh_0}$；当框架结构中柱的反弯点在层高范围内时，可取 $\lambda=\frac{H_n}{2h_0}$（H_n 为柱的净高）；当 $\lambda<1$ 时，取 $\lambda=1$；当 $\lambda>3$ 时，取 $\lambda=3$；对其他偏心受压构件，当承受均布荷载时，取 $\lambda=1.5$；当承受集中荷载时，取 $\lambda=\frac{a}{h_0}$，当 $\lambda<1.5$ 时，取 $\lambda=1.5$；当 $\lambda>3$ 时，取 $\lambda=3$。

N——与剪力设计值 V 相应的轴向压力设计值；当 $N>0.3f_c bh$ 时，取 $N=0.3f_c bh$。

若满足下式要求时，可仅按构造要求配置箍筋：

$$V_u\leqslant\frac{1.75}{\lambda+1.0}f_t bh_0+0.07N \tag{6.76}$$

为防止出现斜压破坏，偏心受压构件的受剪截面应满足式(4.11）和式(4.12）的要求。

思考题

6-1　受压构件中配置箍筋有何作用？

6-2　螺旋箍筋柱与普通箍筋在受力性能上有何区别？

6-3　《规范》为什么要求轴心受压构件纵筋配筋率不超过 5%？

6-4　在哪些情况下，不考虑间接钢筋对螺旋箍筋柱承载力的影响？

6-5　偏心受压短柱的破坏形态有哪几种？破坏特征怎样？

6-6　偏心受压长柱的破坏类型有哪几种？

6-7　何谓“P-δ 效应”？哪些情况下要考虑“P-δ 效应”？

6-8　如何计算考虑“P-δ 效应”后控制截面的弯矩设计值？

6-9　怎样区分大、小偏心受压的界限？

6-10　什么是偏心受压构件正截面承载力 N_u-M_u 关系曲线？通过该曲线可以发现哪些规律？

6-11　轴向压力对受压构件斜截面承载力有何影响？计算时如何考虑其影响？

6-12　试布置图 6.36 所示截面的箍筋。

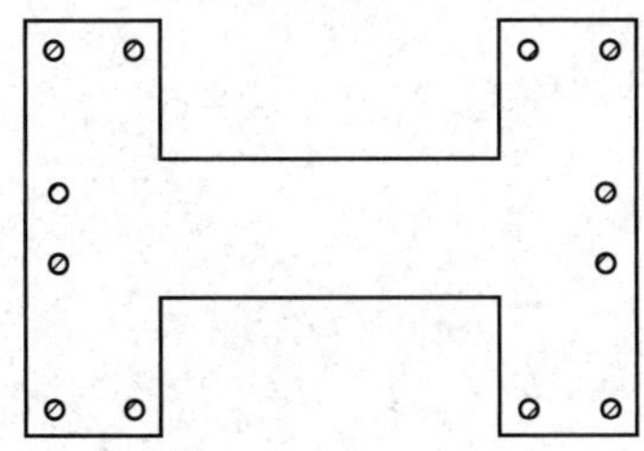
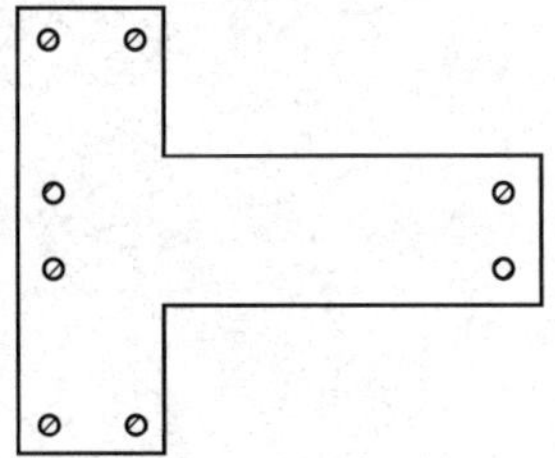
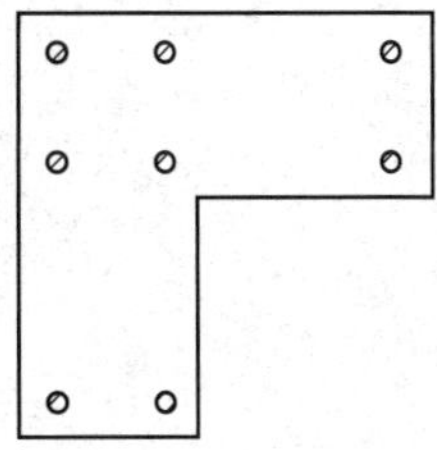

图 6.36　思考题 6-12 图

习题

6-1 某现浇多层钢筋混凝土框架结构，底层中柱按轴心受压普通箍筋柱设计，截面尺寸 $b \times h = 400\text{mm} \times 400\text{mm}$，柱高 $H = 6.3\text{m}$，承受轴向压力设计值 $N = 3000\text{kN}$，采用 C40 级混凝土，HRB400 级钢筋。计算受压纵筋面积 A_s' 并配筋。

6-2 已知：某酒店底层门厅钢筋混凝土内柱，截面形式为圆形，直径 $d = 500\text{mm}$，环境类别为一类，承受轴心压力设计值 $N = 6100\text{kN}$，计算高度为 $H = 5.2$。采用混凝土强度等级为 C40，纵筋采用 HRB400 级钢筋，箍筋采用 HPB300 级钢筋。试设计该柱。

6-3 设矩形截面柱 $b \times h = 300\text{mm} \times 500\text{mm}$，沿长边方向承受内力分别为：$M_1 = 100\text{kN} \cdot \text{m}$，$M_2 = 160\text{kN} \cdot \text{m}$，$N = 800\text{kN}$，采用 C30 混凝土、HRB400 级钢筋，$a_s = a_s' = 40\text{mm}$，计算长度 $l_c = l_0 = 2.8\text{m}$。求所需钢筋面积 A_s 和 A_s'。

6-4 已知柱的轴向力设计值 $N = 5000\text{kN}$，沿截面长边方向承受弯矩 $M_1 = 0.5M_2 = 80\text{kN} \cdot \text{m}$，截面尺寸：$b = 400\text{mm}$，$h = 600\text{mm}$，$a_s = a_s' = 40\text{mm}$；混凝土强度等级为 C40，钢筋采用 HRB400 级；$l_c = 3.0\text{m}$。求所需钢筋面积 A_s 和 A_s'。

6-5 某方形截面柱，截面尺寸为 $b \times h = 600\text{mm} \times 600\text{mm}$，柱计算长度 $l_c = 3\text{m}$。已知轴向压力设计值 $N = 1500\text{kN}$，混凝土强度等级为 C30，采用 HRB400 级钢筋，$A_s = 1256\text{mm}^2$，$A_s' = 1964\text{mm}^2$。求该截面能够承受的弯矩设计值。

6-6 已知柱的轴向力设计值 $N = 7500\text{kN}$，沿截面长边方向承受弯矩 $M_1 = 0.9M_2 = 1620\text{kN} \cdot \text{m}$，截面尺寸：$b = 800\text{mm}$，$h = 1000\text{mm}$，$a_s = a_s' = 40\text{mm}$；混凝土强度等级为 C40，钢筋采用 HRB400 级；$l_c = 6.0\text{m}$。求所需钢筋面积 $A_s = A_s'$（即按对称配筋设计）。

6-7 已知柱的轴向力设计值 $N = 3500\text{kN}$，沿截面长边方向承受弯矩 $M_1 = 0.88M_2 = 308\text{kN} \cdot \text{m}$，截面尺寸：$b = 400\text{mm}$，$h = 700\text{mm}$，$a_s = a_s' = 45\text{mm}$；混凝土强度等级为 C40，钢筋采用 HRB400 级；$l_c = 3.3\text{m}$。求所需钢筋面积 $A_s = A_s'$（即按对称配筋设计）。

第 7 章

受拉构件的截面承载力

学习目标：

（1）掌握轴心受拉构件承载力计算方法；
（2）掌握偏心受拉构件的破坏形态及承载力计算方法；
（3）掌握受拉构件斜截面承载力计算方法。

受拉构件指的是承受轴向拉力为主的构件，与受压构件相同的是，受拉构件也可以分为轴心受拉构件和偏心受拉构件。钢筋混凝土桁架或拱的拉杆、受内压力作用的环形截面管壁及圆形贮液池的筒壁等，可以按轴心受拉构件进行设计。矩形水池的池壁、矩形剖面料仓或煤斗的壁板、受地震作用的框架边柱及双肢柱的受拉肢等，可按偏心受拉构件进行设计。

7.1 轴心受拉构件正截面受拉承载力计算

钢筋混凝土轴心受拉构件的受力过程大体可以分为三个阶段：①未裂阶段，即从开始加载至混凝土受拉开裂前；②带裂缝工作阶段，即混凝土开裂以后至受拉钢筋即将屈服；③破坏阶段，即受拉钢筋开始屈服至全部受拉钢筋均屈服。

轴心受拉构件达到承载力极限状态时，混凝土早已开裂并退出工作，全部拉力由钢筋来承担，受拉钢筋达到屈服，因此轴心受拉承载力的计算公式为

$$N_u = f_y A_s \tag{7.1}$$

式中 N_u——轴心受拉承载力设计值；

f_y——钢筋的抗拉强度设计值；

A_s——受拉钢筋的全部截面面积。

【例题 7.1】已知某钢筋混凝土桁架下弦杆，截面尺寸为 $b \times h = 200\text{mm} \times 200\text{mm}$，承受轴心拉力设计值为 300kN，混凝土强度等级为 C30，钢筋采用 HRB400 级。求截面受拉纵筋。

【解】（1）设计参数

钢筋采用 HRB400 级，查附表 1-11 可得，$f_y = 360\text{N/mm}^2$。

（2）列平衡方程，并求解 A_s。

$N_u = f_y A_s$，代入数据：$300000 = 360A_s$。

解得：$A_s = 833\text{mm}^2$

（3）选配钢筋

选配 4Φ18（$A_s = 1017\text{mm}^2$）。

7.2 偏心受拉构件正截面受拉承载力计算

对于矩形截面，距轴向拉力 N 较近一侧的纵筋截面面积为 A_s，较远一侧的纵筋截面面积为 A'_s。根据轴向拉力 N 的位置不同，偏心受拉构件可以分为两种破坏形态：①N 位于 A_s 和 A'_s 之间的小偏心受拉破坏；②N 位于 A_s 和 A'_s 之外的大偏心受拉破坏。

7.2.1 基本计算公式和适用条件

1. 小偏心受拉

在拉力作用下，全截面均受拉应力，但 A_s 一侧拉应力大，另一侧拉应力小。随着拉力的增加，A_s 一侧首先开裂，且裂缝很快贯通整个截面，两侧钢筋均受拉，最后均屈服而达到极限承载力。

图 7.1 为小偏心受拉构件截面受拉承载力计算简图。分别对 A_s 和 A'_s 的合力点取矩，可得：

$$N_u e = f_y A'_s (h_0 - a'_s) \tag{7.2}$$

$$N_u e'=f_y A_s(h_0-a_s) \tag{7.3}$$

$$e=\frac{h}{2}-e_0-a_s \tag{7.4}$$

$$e'=\frac{h}{2}+e_0-a_s \tag{7.5}$$

$$e_0=\frac{M}{N} \tag{7.6}$$

如果采用对称配筋的方式，则应按式（7.3）计算，而不能采用式（7.2）。这是因为当采用对称配筋的方式，远离轴向拉力 N 的一侧钢筋 A_s'达不到屈服。

A_s 和 A_s'均应满足一侧最小配筋率的要求，最小配筋率 ρ_{min} 取 0.2%和 $0.45f_t/f_y$ 两者中的较大值。

注意：轴心受拉和小偏心受拉杆件的纵向受力钢筋不得采用绑扎搭接。

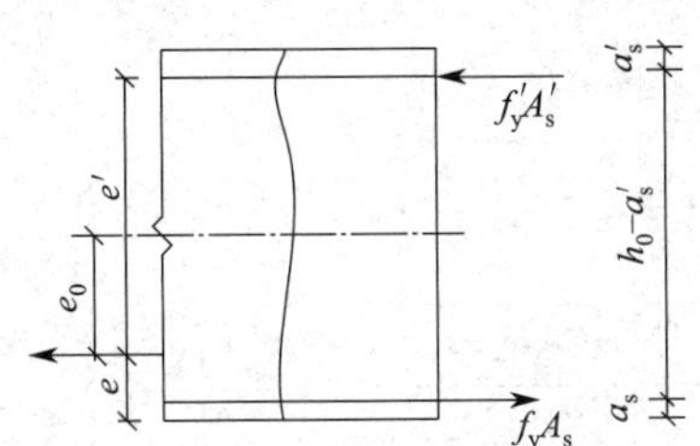

图 7.1　小偏心受拉构件截面承载力计算简图

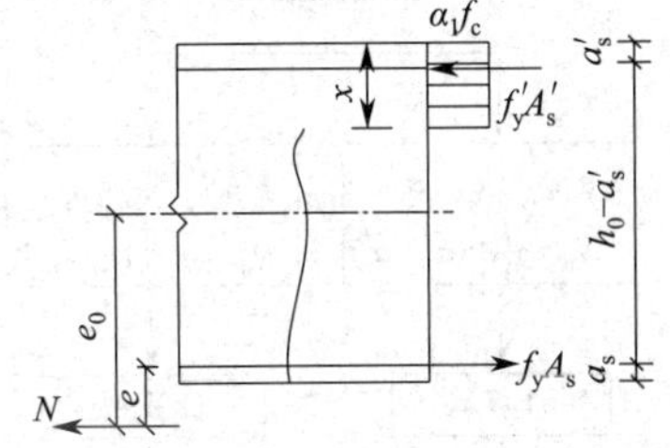

图 7.2　大偏心受拉构件截面承载力计算简图

2. 大偏心受拉

轴向拉力 N 的偏心距较大时，A_s 一侧受拉，A_s'一侧受压，混凝土开裂后不会形成贯通整个截面的裂缝，也就是说截面仍存在部分的混凝土受压区。最后，受拉纵筋达到受拉屈服，受压区混凝土被压碎而破坏。图 7.2 为大偏心受拉构件截面受拉承载力计算简图。

根据力的平衡和力矩的平衡可得：

$$N_u=f_y A_s-f_y'A_s'-\alpha_1 f_c bx \tag{7.7}$$

$$N_u e=\alpha_1 f_c bx\left(h_0-\frac{x}{2}\right)+f_y'A_s'(h_0-a_s') \tag{7.8}$$

$$e=e_0-\frac{h}{2}+a_s \tag{7.9}$$

适用条件：①$2a'_s\leqslant x\leqslant x_b=\xi_b h_0$；②$\rho\geqslant\rho_{min}h/h_0$。

若 $x>x_b$，则说明受拉钢筋不屈服，这种情况是由于受拉钢筋的配筋率过大，与受弯超筋构件类似，应避免采用。若 $x<2a'_s$，说明受压钢筋不屈服，可取 $x=2a'_s$，并对受压钢筋合力点取矩求出受拉钢筋的面积。最小配筋率 ρ_{min} 取 0.2%和 $0.45f_t/f_y$ 两者中的较大值。

当采用对称配筋时，应按式（7.3）计算。

7.2.2　非对称配筋方式的矩形截面偏心受拉构件承载力计算的两类问题及计算方法

1. 截面设计类问题

问题：已知截面尺寸 $b\times h$，混凝土强度等级，钢筋强度等级，轴向拉力设计值 N，弯矩设计值 M。求钢筋截面面积 A_s 和 A_s'。

首先，计算出偏心距 e_0，若 $e_0 \leqslant h/2-a_s$，为小偏心受拉，按式(7.2)～式(7.6)计算即可；若 $e_0 > h/2-a_s$，为大偏心受拉，式(7.7)和式(7.8)中有三个未知数，这时与大偏心受压一样，可以取 $x=x_b$，代入式(7.7)和式(7.8)中并求解即可。

非对称配筋方式的矩形截面偏心受拉构件截面设计类问题解决流程如图 7.3 所示。

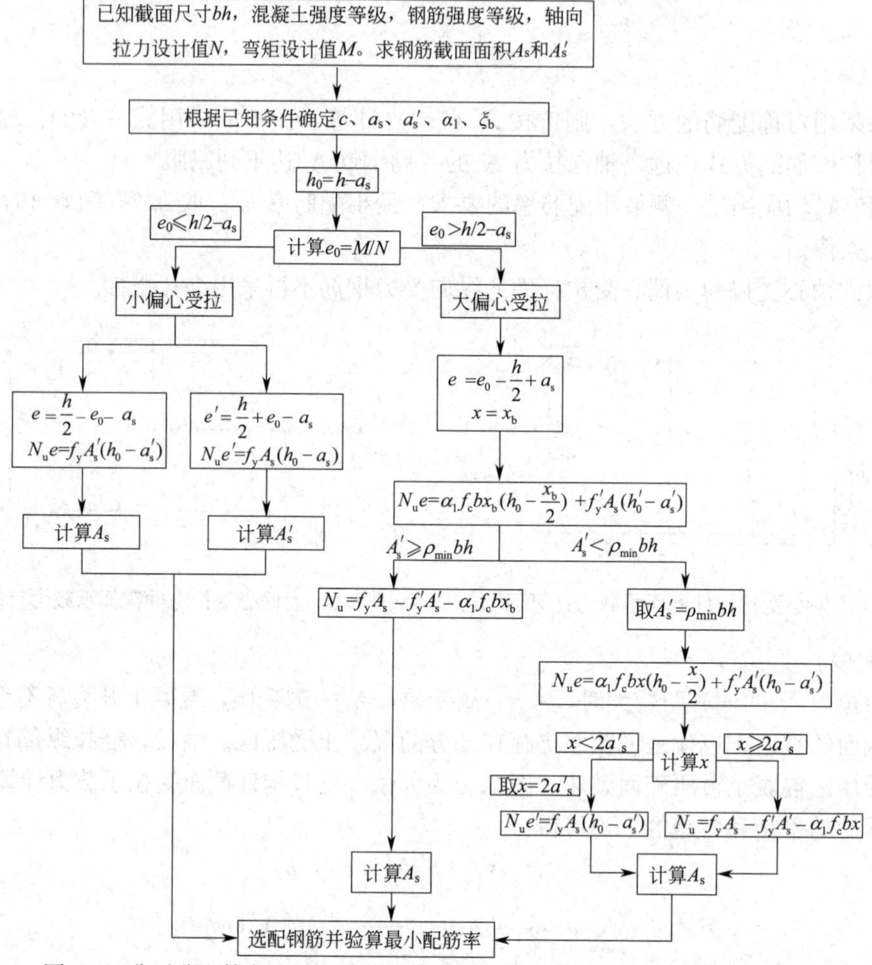

图 7.3　非对称配筋方式的矩形截面偏心受拉构件截面设计类问题解决流程图

【例题 7.2】矩形截面偏心受拉构件，$b\times h=300\text{mm}\times500\text{mm}$，承受轴向拉力设计值 $N=600\text{kN}$，弯矩设计值 $M=54\text{kN}\cdot\text{m}$，取 $a_s=a_s'=40\text{mm}$，采用 C30 级混凝土，HRB400 级钢筋，计算构件的配筋。

【解】(1) 设计参数

混凝土强度为 C30，查附表 1-3 和附表 1-4，$f_c=14.3\text{N/mm}^2$；$f_t=1.43\text{N/mm}^2$；查附表 1-11，$f_y=f_y'=360\text{N/mm}^2$；查表 3.3，$\alpha=1.0$；查表 3.4，可得 $\xi_b=0.518$；$h_0=500-40=460\text{mm}$。

(2) 判断大、小偏心受拉

$e_0=M/N=54000000/600000=90\text{mm}$；$h/2-a_s=250-40=210\text{mm}$；$e_0<h/2-a_s$

故为小偏心受拉。

(3) 计算 A_s 和 A_s'

$e=h/2-e_0-a_s=250-90-40=120\text{mm}$；$e'=h/2+e_0-a_s'=250+90-40=300\text{mm}$

$Ne=f_yA_s'(h_0-a_s')$，代入数据：$600000\times120=360A_s'(460-40)$。

解得：$A_s'=476.19\text{mm}^2$，选配 2Φ18（$A_s'=509\text{mm}^2$）。

$N_ue'=f_yA_s(h_0-a_s)$，代入数据：$600000\times300=360A_s'(460-40)$。

解得：$A_s=1190.48\text{mm}^2$，选配 3Φ22（$A_s=1140\text{mm}^2$）。

(4) 验算最小配筋率

$\rho_{min}=\max[0.2\%, 45f_t/f_y\%]=0.2\%$，$A_{s,min}=A_{s,min}'=\rho_{min}bh=300\text{mm}^2$，$A_s>A_{s,min}$，$A_s'>A_{s,min}'$，满足要求。

2. 截面校核类问题

可以分为以下两种情况。

1) 已知偏心距 e_0，求轴向拉力 N_u

问题：已知截面尺寸 $b\times h$，混凝土强度等级，钢筋强度等级，偏心距 e_0，钢筋截面面积 A_s 和 A_s'。求轴向拉力 N_u。

根据偏心距 e_0，若 $e_0\leqslant h/2-a_s$，为小偏心受拉，分别按式(7.2) 和式(7.3) 计算 N_u，并取两者之最大值；若 $e_0>h/2-a_s$，为大偏心受拉，可先按式（7.7）求出受压区高度 x，当 $2a'_s\leqslant x\leqslant x_b=\xi_bh_0$ 时，按式（7.8）计算 N_u，当 $x_b<x$ 时，取 $x=x_b$，并代入式(7.8) 计算 N_u，当 $x<2a'_s$ 时，取 $x=2a'_s$，并对受压钢筋合力点取矩计算 N_u。

非对称配筋方式的矩形截面偏心受拉构件截面校核类问题（已知 e_0，求 N_u）解决流程如图 7.4 所示。

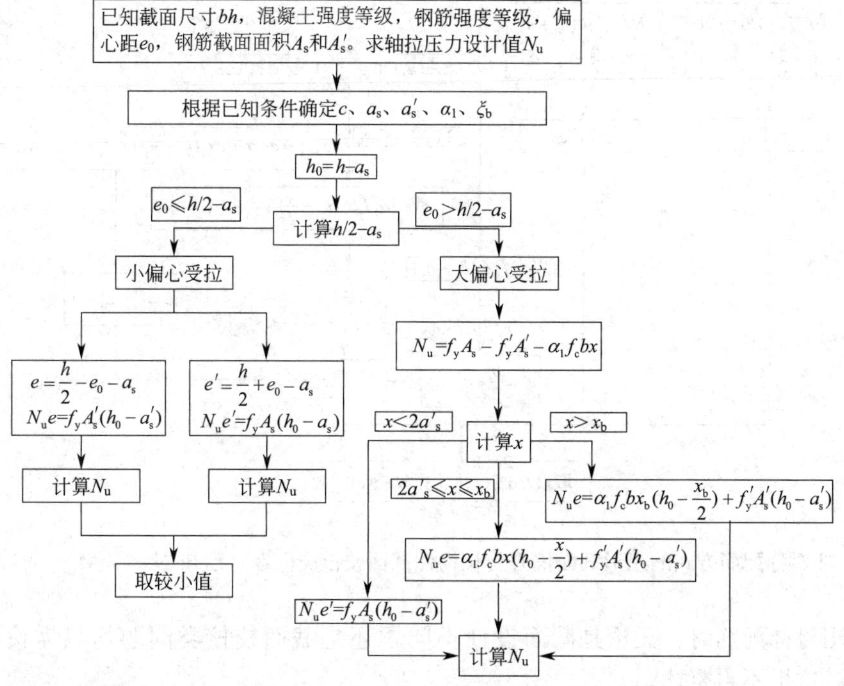

图 7.4　非对称配筋方式的矩形截面偏心受拉构件截面校核类问题（已知 e_0，求 N_u）解决流程图

2）已知轴向拉力 N，求 M_u

问题：已知截面尺寸 $b\times h$，混凝土强度等级，钢筋强度等级，轴向拉力 N，钢筋截面面积 A_s 和 A'_s。求弯矩 M_u。

由于此时无法判断截面是大偏心受拉还是小偏心受拉，故应分别按照小偏心受拉情况和大偏心受拉情况计算 e_0，进而求出 M_u，比较两种情况并取较小值。

当按小偏心受拉计算时，按式（7.3）计算 e_0，并按式（7.6）求出 M_u。

当按大偏心受压计算时，可先按式（7.7）求出受压区高度 x，当 $2a'_s\leqslant x\leqslant x_b=\xi_b h_0$ 时，按式（7.8）计算 e_0，当 $x_b<x$ 时，取 $x=x_b$，并代入式（7.8）计算 e_0，当 $x<2a'_s$ 时，取 $x=2a'_s$，并对受压钢筋合力点取矩计算 e_0，最后按式（7.6）求出 M_u。

非对称配筋方式的矩形截面偏心受拉构件截面校核类问题（已知 N，求 M_u）解决流程如图 7.5 所示。

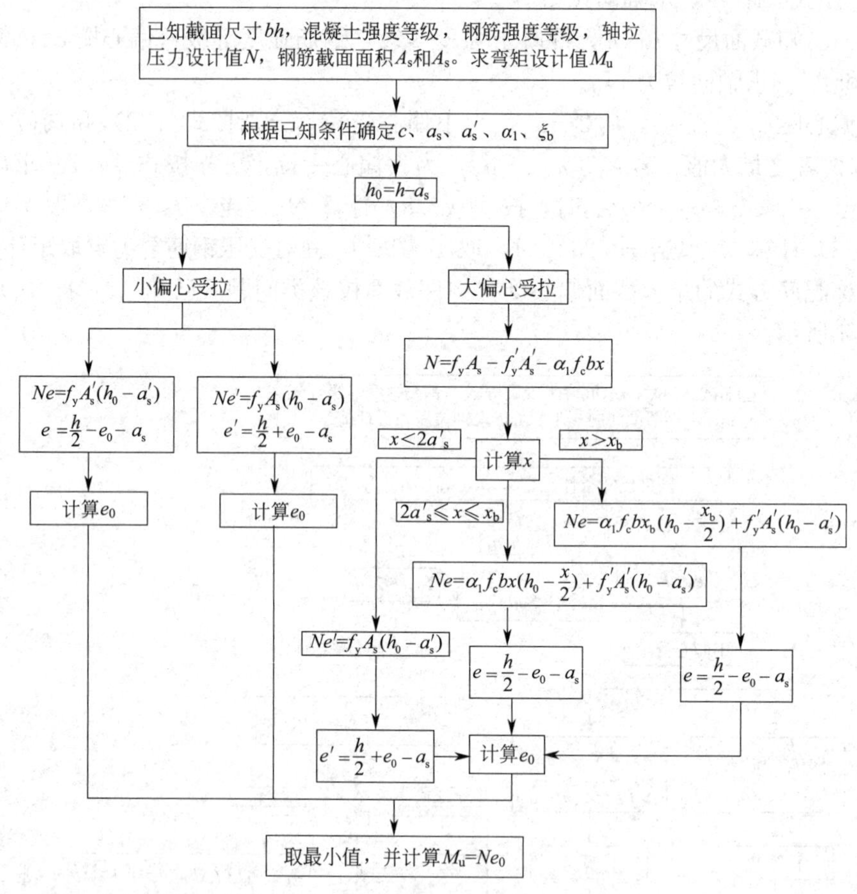

图 7.5 非对称配筋方式的矩形截面偏心受拉构件截面校核类问题（已知 N，求 M_u）解决流程图

当采用对称配筋时，无论是截面设计类问题还是截面校核类问题均只需按式（7.3）计算即可，这里不再赘述。

7.3　偏心受拉构件的斜截面受剪承载力

轴向拉力的存在，将使斜裂缝提前出现，在小偏心受拉情况下甚至形成贯通全截面的斜裂缝，是斜截面受剪承载力降低。受剪承载力的降低与轴向拉力近乎成正比。

$$V_u \leqslant \frac{1.75}{\lambda+1} f_t b h_0 + f_{yv} \frac{A_{sv}}{s} h_0 - 0.2N \tag{7.10}$$

当公式右边的计算值小于 $f_{yv}\dfrac{A_{sv}}{s}h_0$ 时，应取 $f_{yv}\dfrac{A_{sv}}{s}h_0$，且 $f_{yv}\dfrac{A_{sv}}{s}h_0$ 值不应小于 $0.36 f_t b h_0$。

思考题

7-1　大小偏心受拉的界限是如何划分的？

7-2　偏心受拉构件计算中为什么不考虑偏心距增大系数？

7-3　轴向拉力对受拉构件的斜截面受剪承载力有何影响？

习题

7-1　矩形截面偏心受拉构件，$b \times h = 300\text{mm} \times 400\text{mm}$，承受轴向拉力设计值 $N=550\text{kN}$，弯矩设计值 $M=50\text{kN}\cdot\text{m}$，取 $a_s = a'_s = 40\text{mm}$，采用 C30 级混凝土，HRB400 级钢筋，计算构件的配筋。

第 8 章

受扭构件的扭曲截面承载力

学习目标：

（1）了解受扭构件的分类和受扭构件的破坏机理；

（2）掌握纯扭构件、弯剪扭构件、压（拉）弯剪扭构件的扭曲截面承载力计算方法；

（3）熟悉受扭构件的构造要求。

结构构件除受弯矩、剪力、轴向压力和拉力外，受扭也是一种基本受力形式。工程结构中，处于纯扭矩的情况是很少的，绝大多数都是处于弯矩、剪力和扭矩共同作用下的复合受扭情况。本章先通过纯扭构件的试验，介绍纯扭构件的破坏形态及承载力计算，然后讨论弯、剪、扭构件的扭曲截面承载力计算和压、弯、剪、扭共同作用下的框架柱的扭曲截面承载力计算，再介绍协调扭转的钢筋混凝土构件扭曲截面承载力计算，最后介绍受扭构件的构造要求。

8.1 概述

工程中钢筋混凝土构件受扭有两种：平衡扭转和协调（约束）扭转。平衡扭转是指构件中的扭矩可以直接由荷载静力平衡条件求出，与构件刚度无关，例如悬臂板的支承梁（图 8.1a）、偏心荷载作用下的吊车梁（图 8.1b）等。

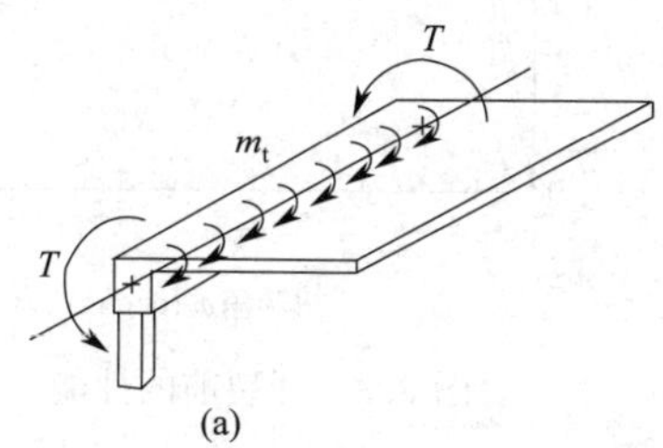

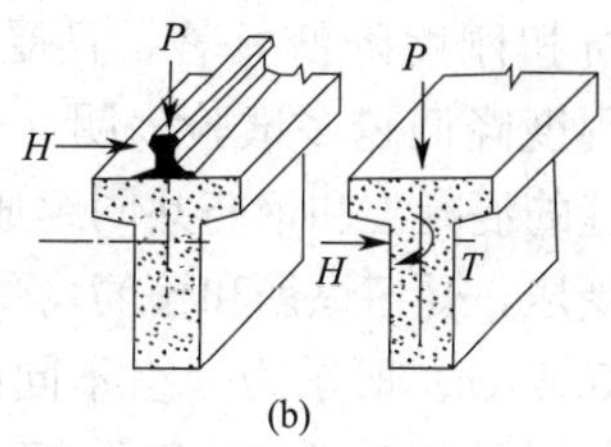

图 8.1　平衡扭转构件
(a) 支承悬臂板的梁；(b) 吊车梁

协调扭转是指在超静定结构中，扭矩是由相邻构件的变形收到约束而产生的，扭矩大小与受扭构件的抗扭刚度有关，例如楼盖边梁（图 8.2）等。工程中常见的受扭构件还有曲线梁、螺旋楼梯等。

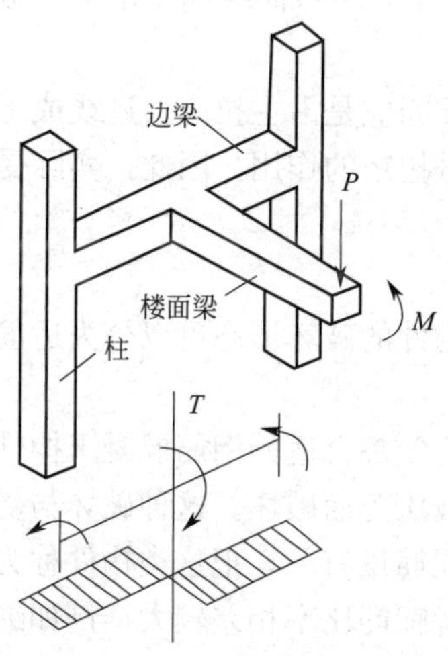

图 8.2　框架结构中的边梁

8.2 纯扭构件的试验研究

8.2.1 裂缝出现前的性能

裂缝出现前，钢筋混凝土纯扭构件的受力性能基本上符合弹性扭转理论。当扭矩较小时，扭矩（T）-扭转角（φ）曲线为直线，扭转刚度十分接近按弹性理论计算值，纵筋和箍筋的应变值都很小。当扭矩接近开裂扭矩 T_{cr} 时，T-φ 曲线将偏离原直线（图 8.3）。

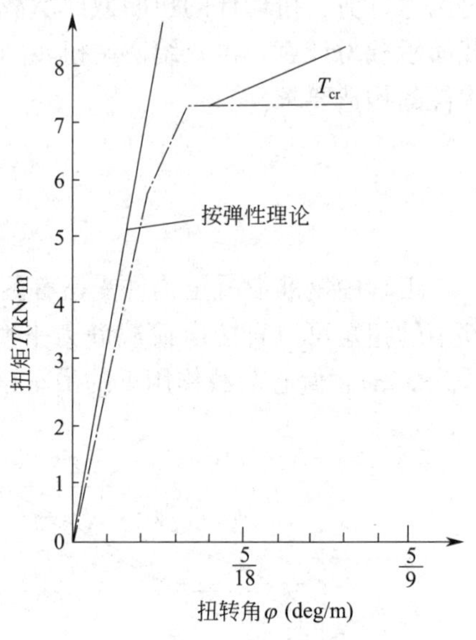

图 8.3 开裂前的性能

8.2.2 裂缝出现后的性能

裂缝出现时，部分混凝土退出工作，钢筋应力明显增大，扭转角显著增大。裂缝出现以后，构件截面的抗扭刚度降低显著，且受扭钢筋用量越少，其抗扭刚度降低越多试验表明，裂缝出现以后，在带有裂缝的混凝土和钢筋共同组成新的受力体系中，混凝土受压，受扭纵筋和箍筋均受拉。

图 8.4（a）所示为一组不同配筋率的钢筋混凝土矩形截面纯扭构件的扭矩（T）-扭转角（θ）曲线。开裂前，T-θ 关系基本呈直线关系。开裂后，由于部分混凝土退出受拉工作，构件的抗扭刚度明显降低，T-θ 关系曲线上出现一较短的水平段。对配筋适量的构件，开裂后受扭钢筋将承担扭矩产生的拉应力，荷载可以继续增大，T-θ 关系沿斜线上升，裂缝不断向构件内部和沿主压应力迹线发展延伸，在构件表面裂缝呈螺旋状，见图 8.4（b）。当接近极限扭矩时，在构件长边上有一条裂缝发展成为临界裂缝，并向短边延伸，与这条空间裂缝相交的箍筋和纵筋达到屈服，T-θ 关系曲线趋于水平。最后在另一个长边上的混凝土受压破坏，达到极限扭矩。

其实，受扭构件最有效的配筋应是沿主拉应力迹线成螺旋形布置，但是，螺旋形配筋施工十分复杂，且不能适应变号扭矩的作用。因此，实际受扭构件的配筋是采用箍筋与抗扭纵筋形成的空间配筋方式。

8.2.3 破坏形态

根据配筋率的大小，受扭构件的破坏形态可以分为适筋破坏、部分超筋破坏、超筋破坏和少筋破坏四类。

对于受扭纵筋和受扭箍筋配置都合适的钢筋混凝土构件，在扭矩作用下，纵筋和箍筋先到达屈服强度，然后混凝土被压碎而破坏。这种破坏与受弯构件适筋梁类似，属延性破坏类型，破坏时的极限扭矩和配筋量有关，把这类构件称为适筋受扭构件。

若纵筋和箍筋不匹配，两者配筋比率相差较大，例如纵筋的配筋率比箍筋的配筋率小得多，则破坏时仅纵筋屈服，而箍筋不屈服；反之，则箍筋屈服，纵筋不屈服，此类构件称为部分超筋受扭构件。

部分超筋受扭构件破坏时，亦具有一定的延性，但较适筋受扭构件破坏时的截面延

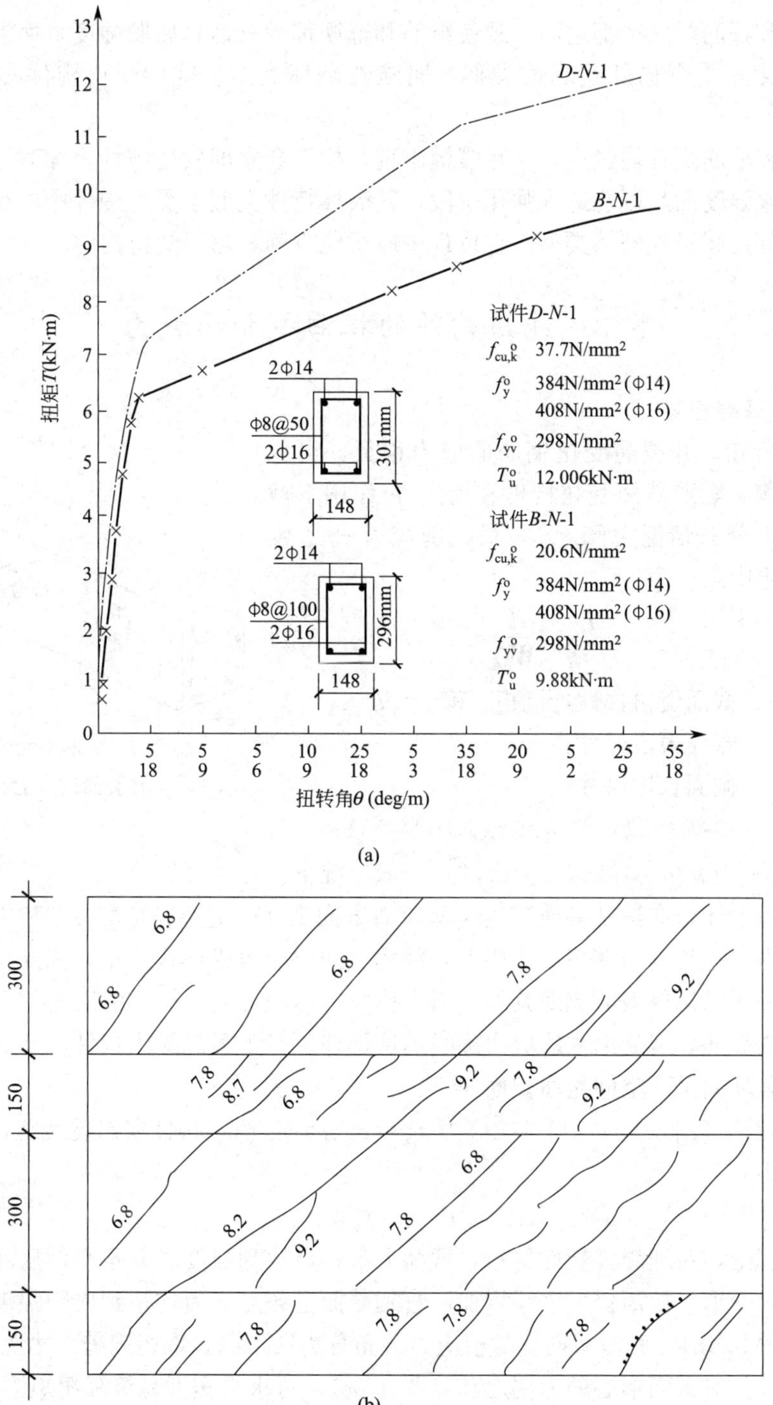

图 8.4　钢筋混凝土纯扭构件的扭矩-转角曲线和裂缝状况展开图

注：图中所注数字是该裂缝出现时的扭矩值（kN·m），未注数字的裂缝是破坏时出现的裂缝。

（a）扭矩-转角曲线；（b）裂缝状况展开图

性小。

当纵筋和箍筋配筋率都过高，致使纵筋和箍筋都没有达到屈服强度，而混凝土先行压坏，这种破坏和受弯构件超筋梁类似，属脆性破坏类型。这种受扭构件称为超筋受扭构件。

若纵筋和箍筋配置均过少，一旦裂缝出现，构件会立即发生破坏。此时，纵筋和箍筋不仅达到屈服强度而且可能进入强化阶段，其破坏特性类似于受弯构件中的少筋梁，称为少筋受扭构件，属脆性破坏类型。在设计中应避免少筋和超筋受扭构件。

8.3 纯扭构件的扭曲截面承载力

8.3.1 开裂扭矩

由前述所知，开裂前受扭钢筋的应力很低，可忽略钢筋的影响。矩形截面受扭构件在扭矩 T 作用下截面上的剪应力分布情况见图 8.5，最大剪应力 τ_{max} 发生在截面长边中点，为：

$$\tau_{max}=\frac{T}{\alpha b^2 h}=\frac{T}{W_{te}} \tag{8.1}$$

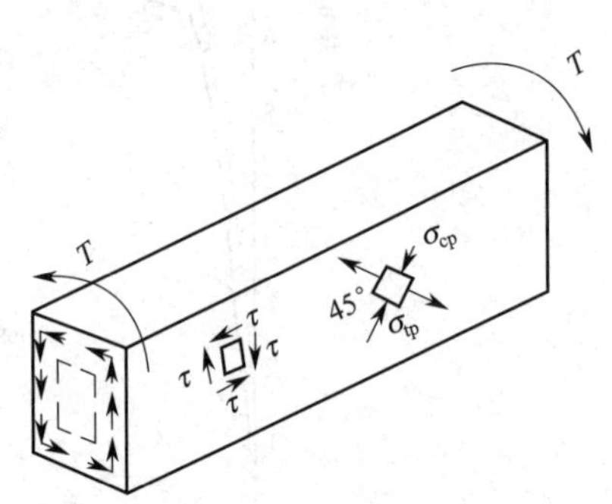

图 8.5 矩形截面纯扭构件开裂前的应力状态

式中 W_{te}——截面受扭弹性抵抗矩，$W_{te}=\alpha b^2 h$；

b——截面短边尺寸；

h——截面长边尺寸；

α——形状系数，当 $h/b=1.0$ 时，$\alpha=0.2$；当 $h/b=\infty$时，$\alpha=0.33$；一般情况下，$\alpha=0.25$。

由材料力学知，在构件侧面产生与剪应力方向呈 45°的主拉应力 σ_{tp} 和主压应力 σ_{cp}，数值与剪应力大小相等。在扭矩作用下，截面上的剪应力成环状分布，因此构件主拉应力和主压应力迹线沿构件表面成螺旋形。当主拉应力达到混凝土抗拉强度时，在构件中某个薄弱部位形成裂缝，裂缝沿主压应力迹线迅速延伸。对于素混凝土构件，开裂会迅速导致构件破坏，破坏面呈一空间扭曲裂面。

按弹性理论（图 8.6a），当主拉应力 $\sigma_{tp}=\tau_{max}=f_t$ 时，构件将出现裂缝，此时的扭矩即为开裂扭矩

$$T_{cr,e}=f_t W_{te} \tag{8.2}$$

按塑性理论，对理想弹塑性材料，截面上某一点达到强度时并不立即破坏，而是保持极限应力继续变形，扭矩仍可继续增加，直到截面上各点应力均达到极限强度，才达到极限承载力（图 8.6b）。此时截面上的剪应力分布分为四个区，取极限剪应力为 f_t，分别计算各区合力及其对截面形心的力偶之和（图 8.6c），可求得塑性总极限扭矩为：

$$T_{cr,p}=f_t\frac{b^2}{6}(3h-b)=f_t W_t \tag{8.3}$$

式中 W_t——截面受扭塑性抵抗矩，对矩形截面，$W_t=\frac{b^2}{6}(3h-b)$。

众所周知，混凝土材料既非完全弹性，也不是理想弹塑性，而是介于两者之间的弹塑

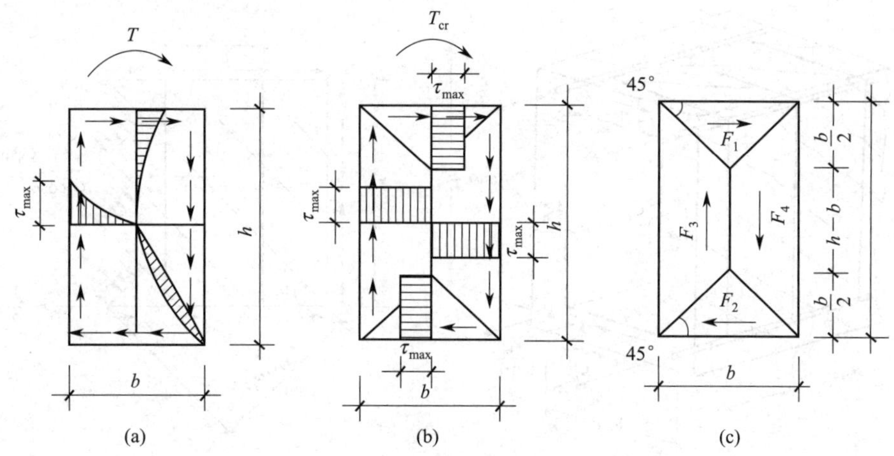

图 8.6　受扭截面的剪应力分布

性材料。达到开裂极限状态时截面的应力分布介于弹性和理想弹塑性之间，因此开裂扭矩也是介于 $T_{cr,e}$ 和 $T_{cr,p}$ 之间。为简便实用，可按塑性应力分布计算，并引入修正降低系数以考虑应力非完全塑性分布的影响。根据实验结果，修正系数在 0.87～0.97 之间，《规范》为偏于安全起见，取 0.7。于是，开裂扭矩的计算公式为：

$$T_{cr}=0.7f_tW_t \tag{8.4}$$

8.3.2　按变角度空间桁架模型的扭曲截面受扭承载力计算

变角度空间桁架模型的基本思路是，在裂缝充分发展且钢筋应力接近屈服强度时，截面核心混凝土退出工作，从而实心截面的钢筋混凝土受扭构件可以用一个空心的箱形截面构件来代替（图 8.7a），它由螺旋形裂缝的混凝土外壳、纵筋和箍筋三者共同组成变角度空间桁架以抵抗扭矩。

变角度空间桁架模型的基本假定有：

(1) 混凝土只承受压力，具有螺旋形裂缝的混凝土外壳组成桁架的斜压杆，其倾角为 α；

(2) 纵筋和箍筋只承受拉力，分别为桁架的弦杆和腹杆；

(3) 忽略核心混凝土的受扭作用及钢筋的销栓作用。

箱形板壁的受力分析如图 8.7 (b) 所示，图中 b_{cor} 为箍筋内表面的截面核心短边尺寸，h_{cor} 为箍筋内表面的截面核心长边尺寸，u_{cor} 为截面核心部分的周长 $u_{cor}=2(b_{cor}+h_{cor})$，$A_{st1}$ 为受扭箍筋单肢截面面积，A_{stl} 为全部受扭纵筋的截面面积。设达到极限扭矩时混凝土斜压杆与构件轴线的夹角为 ϕ，斜压杆的压应力为 σ_c，t 为箱形截面的壁厚，则箱形截面长边板壁混凝土斜压杆压应力的合力为：

$$C_h=\sigma_c\cdot h_{cor}\cdot t\cdot\cos\phi \tag{8.5}$$

短边板壁混凝土斜压杆压应力的合力为：

$$C_b=\sigma_c\cdot b_{cor}\cdot t\cdot\cos\phi \tag{8.6}$$

C_h 和 C_b 分别沿板壁方向的分力为：

$$V_h=C_h\sin\phi \tag{8.7}$$

$$V_b=C_b\sin\phi \tag{8.8}$$

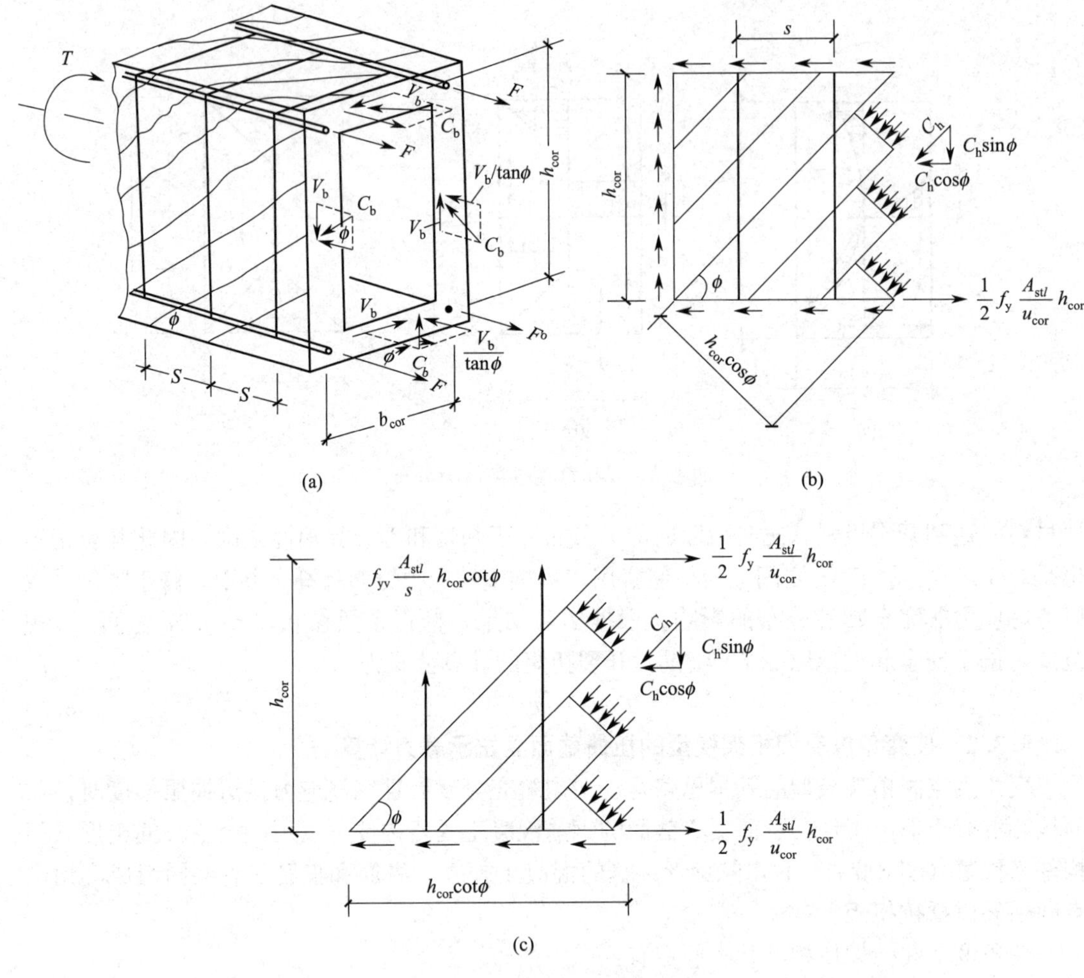

图 8.7　变角度空间桁架模型

（a）空心截面的受扭；（b）箱形板壁受力分析；（c）箱形板壁受力平衡

V_h 和 V_b 对构件轴线取矩得受扭承载力：

$$T_u = V_h b_{cor} + V_b h_{cor} \tag{8.9}$$

$$T_u = 2\sigma_c \cdot t \cdot A_{cor} \sin\phi \cos\phi \tag{8.10}$$

设箍筋和纵筋均达到屈服，由 C_h 的竖向分力与箍筋受力的平衡得：

$$C_h \sin\phi = f_{yv} \frac{A_{st1}}{s} h_{cor} \cot\phi \tag{8.11}$$

由 C_h 的水平分力与纵筋受力平衡得：

$$C_h \cos\phi = f_y \frac{A_{stl}}{u_{cor}} h_{cor} \tag{8.12}$$

两式消去 C_h 和 h_{cor} 得：

$$\cot^2\phi = \frac{A_{stl}/u_{cor}}{A_{st1}/s} \cdot \frac{f_y}{f_{yv}} = \frac{A_{stl}s}{A_{st1}u_{cor}} \cdot \frac{f_y}{f_{yv}} = \zeta \tag{8.13}$$

$$T_u=2\sqrt{\zeta}\cdot\frac{f_{yv}A_{st1}}{s}\cdot A_{cor} \tag{8.14}$$

式中　ζ——受扭的纵向普通钢筋与箍筋的配筋强度比。

由式（8.13）可见，混凝土斜压杆角度取决于纵筋与箍筋的配筋强度比 ζ。当 $\zeta=1.0$ 时，斜压杆角度等于 45°，而随着 ζ 的改变，斜压杆角度也发生变化，故称为变角度空间桁架模型。试验表明，斜压杆角度在 30°～60°之间。

如果配筋过多，混凝土压应力 σ_c 达到斜压杆抗压强度 νf_c 时，钢筋仍未达到屈服，即产生超筋破坏，此时的极限扭矩将取决于混凝土的抗压强度，即有：

$$T_u=2\nu f_c\cdot t\cdot A_{cor}\sin\phi\cos\phi \tag{8.15}$$

式（8.15）即为受扭构件承载力的上限值。

8.3.3　按《规范》的纯扭构件受扭承载力计算方法

《规范》以变角度空间桁架模型为基础，结合试验结果，并考虑可靠性要求后，给出矩形截面、T形、I形截面和箱形截面纯扭构件的受扭承载力计算公式。

1. 矩形截面纯扭构件受扭承载力计算公式

$$T_u=0.35f_tW_t+1.2\sqrt{\zeta}\cdot\frac{f_{yv}A_{st1}}{s}\cdot A_{cor} \tag{8.16}$$

式中　A_{cor}——截面核心部分的面积，取 $b_{cor}h_{cor}$。

ζ 值不应小于 0.6，当大于 1.7 时，取 1.7。

2. T形和I形截面纯扭构件受扭承载力计算公式

可将其截面划分为几个矩形截面后（图8.8），分别按式（8.16）计算。

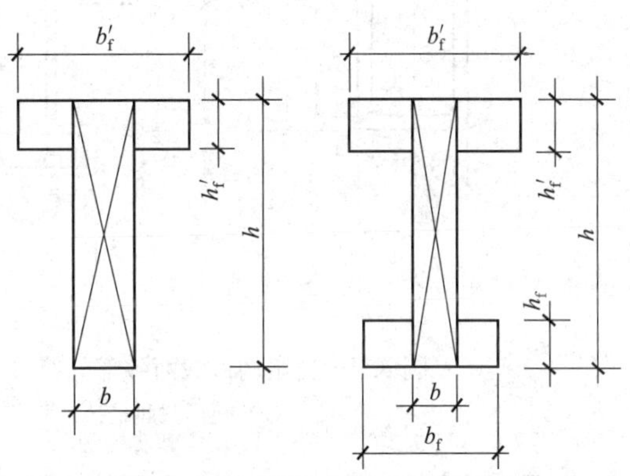

图 8.8　T形和I形截面的矩形划分方法

每个矩形截面的扭矩设计值按下列公式计算：

1）腹板

$$T_w=\frac{W_{tw}}{W_t}T \tag{8.17}$$

2）受压翼缘

$$T'_f=\frac{W'_{tf}}{W_t}T \tag{8.18}$$

3）受压拉翼缘

$$T_f=\frac{W_{tf}}{W_t}T \tag{8.19}$$

式中　T_w——腹板所承受的扭矩设计值；

T'_f、T_f——分别为受压翼缘、受拉翼缘所承受的扭矩设计值；

W_{tw}——腹板部分的矩形截面受扭塑性抵抗矩，$W_{tw}=\frac{b^2}{6}(3h-b)$；

W'_{tf}——受压翼缘部分的矩形截面受扭塑性抵抗矩，$W'_{tf}=\frac{h'^2_f}{2}(b'_f-b)$；

W_{tf}——受拉翼缘部分的矩形截面受扭塑性抵抗矩，$W_{tf}=\frac{h_f^2}{2}(b_f-b)$；

W_t——T形、I形截面受扭塑性抵抗矩，$W_t=W_{tw}+W'_{tf}+W_{tf}$。

3. 箱形截面纯扭构件受扭承载力计算公式

$$T_u=0.35\alpha_h f_t W_t+1.2\sqrt{\zeta}\cdot\frac{f_{yv}A_{st1}}{s}\cdot A_{cor} \tag{8.20}$$

式中 α_h——箱形截面壁厚影响系数，按$\alpha_h=2.5t_w/b_h$计算，当α_h大于1.0时，取1.0；

t_w——箱形截面壁厚，其值不小于$b_h/7$；

b_h——箱形截面的宽度。

箱形截面受扭塑性抵抗矩按式（8.21）计算：

$$W_t=\frac{b_h^2}{6}(3h_h-b_h)-\frac{(b_h-2t_w)^2}{6}[3h_w-(b_h-2t_w)] \tag{8.21}$$

式中 h_w——箱形截面的腹板高度，取腹板净高。

矩形截面、T形、I形截面和箱形截面各部分符号表达如图8.9所示。

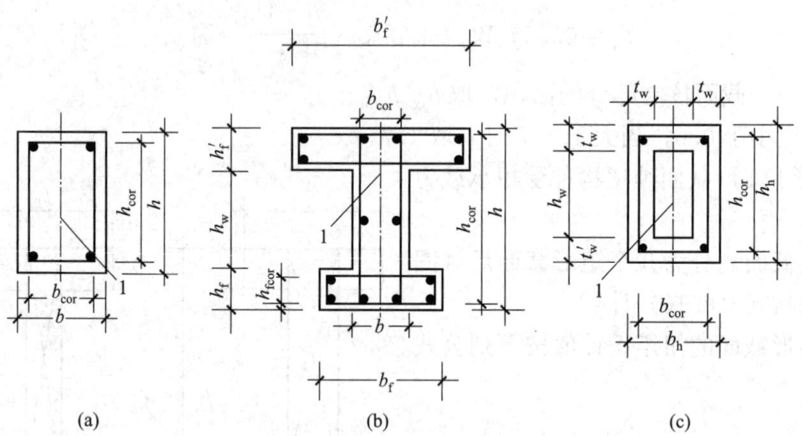

图8.9 受扭构件截面各部分符号表达（1-表示弯矩、剪力作用平面）

（a）矩形截面；（b）T形、I形截面；（c）箱形截面

为了保证构件在破坏时混凝土不首先被压碎，纯扭构件的截面应满足以下条件：

当h_w/b（或h_w/t_w）不大于4时：

$$T\leqslant 0.20\beta_c f_c W_t \tag{8.22}$$

当h_w/b（或h_w/t_w）等于6时：

$$T\leqslant 0.16\beta_c f_c W_t \tag{8.23}$$

式中 T——扭矩设计值；

β_c——高强混凝土的强度脆性折减系数，详见第4章；

h_w——截面的腹板高度；对矩形截面，取有效高度h_0；对T形截面，取有效高度减去翼缘高度；对I形和箱形截面，取腹板净高。

当h_w/b（或h_w/t_w）大于4但小于6时，按线性内插法确定。

当h_w/b（或h_w/t_w）大于6时，受扭构件的截面尺寸要求及扭曲截面承载力计算应符合专门规定。

同样，为防止少筋脆性破坏，受扭纵筋的配筋率应满足下式要求：

$$\rho_{tl}=\frac{A_{stl}}{bh}\geqslant\rho_{tl,\min}=0.85\frac{f_t}{f_y} \tag{8.24}$$

式中，系数 0.85 的由来将在 8.4 节中介绍。

受扭箍筋的配箍率应满足下式要求：

$$\rho_{sv}=\frac{nA_{sv1}}{bs}\geqslant 0.28\frac{f_t}{f_{yv}} \tag{8.25}$$

当满足式（8.26）要时，可以不进行构件受扭承载力计算，但应满足受扭纵筋的最小配筋率、受扭箍筋的最小配筋率、受剪箍筋最大间距和箍筋最小直径等构造要求。

$$T\leqslant 0.7f_tW_t \tag{8.26}$$

8.3.4 纯扭构件截面设计类问题及计算方法

问题：已知截面尺寸 $b\times h$，混凝土强度等级，钢筋强度等级，扭矩设计值 T。求受扭纵筋和受扭箍筋。

首先，应先计算出截面受扭塑性抵抗矩 W_t，按式(8.22）或式(8.23）验算纯扭构件的截面尺寸是否满足要求，若不满足要求，可以加大截面尺寸，使其满足要求。当满足式(8.22）或式(8.23）的要求时，如果 $T\leqslant 0.7f_tW_t$，则按照构造要求配置受扭纵筋和受扭箍筋，并满足最小配筋率和配箍率等构造要求的规定（见 8.7 节）；如果 $T>0.7f_tW_t$，则需按计算确定受扭纵筋和受扭箍筋。通常情况下，先可取 $\zeta=1.0$，根据式(8.16）或式(8.20）并按照受弯构件斜截面的方法确定受扭箍筋的配筋量，然后再根据式（8.13）确定受扭纵筋的截面面积。最后，根据选配的钢筋验算受扭纵筋的最小配筋率和受扭箍筋的最小配箍率。

纯扭构件的扭曲截面设计类问题解决流程如图 8.10 所示。

【例题 8.1】已知某矩形截面受扭构件，截面尺寸 $b\times h=300\text{mm}\times 500\text{mm}$，混凝土采用 C30 级，纵筋采用 HRB400 级钢筋，箍筋采用 HPB300 级钢筋，扭矩设计值 $T=40\text{kN}\cdot\text{m}$，环境类别为一类。求所需配置的纵筋和箍筋。

【解】（1）设计参数

混凝土强度为 C30，查附表 1-3 和附表 1-4 可得，$f_c=14.3\text{N/mm}^2$；$f_t=1.43\text{N/mm}^2$；查附表 1-11 可得，$f_y=360\text{N/mm}^2$；查附表 1-11 可得，$f_{yv}=300\text{N/mm}^2$；由于环境类别为一类，故 c 可取 20mm；选 $d_{sv}=8\text{mm}$；假设 $a_s=40\text{mm}$；$h_0=h-a_s=460\text{mm}$；由于混凝土强度等级为 C30，所以 $\beta_c=1.0$。

（2）计算核心截面尺寸、面积和周长

$b_{cor}=b-2c-2d_{sv}=300-2\times 20-2\times 8=244\text{mm}$；$h_{cor}=h-2c-2d_{sv}=500-2\times 20-2\times 8=444\text{mm}$；

$A_{cor}=b_{cor}h_{cor}=108336\text{mm}^2$；$u_{or}=2(b_{cor}+h_{cor})=1376\text{mm}$

（3）验算截面尺寸

$W_t=\dfrac{b^2}{6}\times(3h-b)=\dfrac{300^2}{6}\times(3\times 500-300)=18\times 10^6\ \text{mm}^3$

$h_w=h_0=460\text{mm}$，$h_w/b=460/300=1.53<4$

故，$0.20\beta_cf_cW_t=0.20\times 1.0\times 14.3\times 18\times 10^6=51.48\text{kN}\cdot\text{m}>T=40\text{kN}\cdot\text{m}$，截面

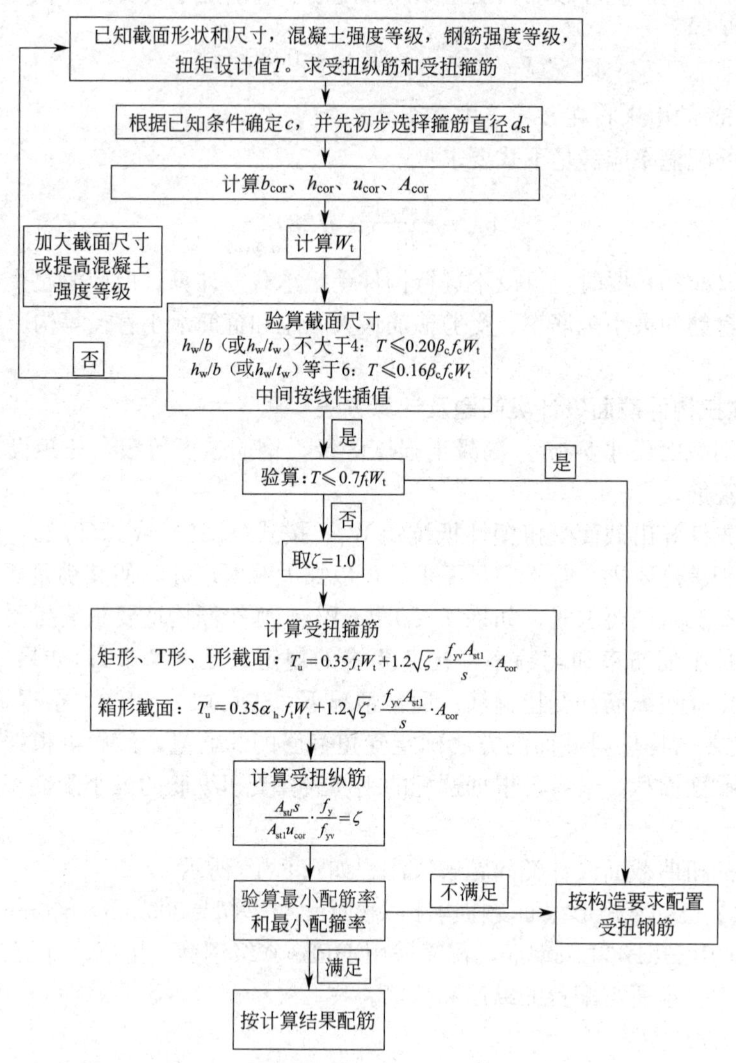

图 8.10　纯扭构件的扭曲截面设计类问题解决流程图

尺寸满足要求。

（4）判断是否需按计算确定受扭钢筋

$0.7f_t W_t=0.7\times1.43\times18\times10^6=18.018\text{kN}<T$，需要按计算确定受扭钢筋。

（5）计算受扭箍筋

取 $\zeta=1.0$，由于箍筋直径为 8mm，$A_{st1}=50.3\text{mm}^2$。

$T_u=0.35f_t W_t+1.2\sqrt{\zeta}\cdot\frac{f_{yv}A_{st1}}{s}\cdot A_{cor}$，代入数据：

$$40\times10^6=0.35\times1.43\times18\times10^6+1.2\times1.0\times\frac{360\times50.3}{s}\times108336$$

解得：$s=75.96\text{mm}$，选取 $s=70\text{mm}$。

$\rho_{sv}=\dfrac{nA_{sv1}}{bs}=\dfrac{2\times50.3}{300\times70}\times100\%=0.48\%\geqslant0.28\ \dfrac{f_t}{f_{yv}}=$ 0.13%，满足要求。

（6）计算受扭纵筋

$\zeta=\dfrac{A_{stl}s}{A_{st1}u_{cor}}\cdot\dfrac{f_y}{f_{yv}}$，代入数据：$1.0=\dfrac{A_{stl}\times70}{50.3\times1376}\times\dfrac{360}{300}$。

解得：$A_{stl}=823.96\text{mm}^2$，$\rho_{tl}=\dfrac{A_{stl}}{bh}=\dfrac{823.96}{300\times500}\times100\%=5.49\%$，$\rho_{tl,\min}=0.85\ \dfrac{f_t}{f_y}=0.85\times\dfrac{1.43}{360}=3.37\%$，$\rho_{tl}>\rho_{tl,\min}$，满足要求。

选配 10Φ10（$A_{stl}=864\text{mm}^2$），见图 8.11。

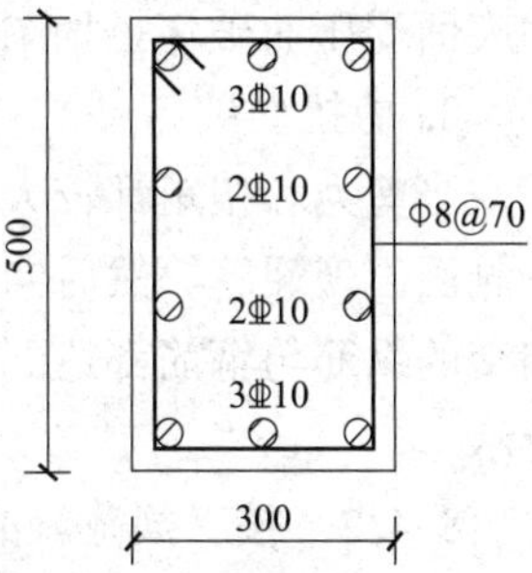

图 8.11　例题 8.1 中的构件截面配筋详图

8.4　弯剪扭构件的扭曲截面承载力

8.4.1　弯剪扭构件的破坏形态

弯矩、剪力和扭矩共同作用下的钢筋混凝土构件，其受力性能十分复杂。扭矩使纵筋产生拉应力，与受弯时钢筋拉应力叠加，使钢筋拉应力增大，从而会使受弯承载力降低。而扭矩和剪力产生的剪应力总会在构件的一个侧面上叠加，因此承载力总是小于剪力和扭矩单独作用的承载力。

弯剪扭构件的破坏形态主要有以下三种：

1. 弯型破坏

弯矩作用显著，扭弯比（T/M）较小时，若配筋适当则裂缝首先在构件弯曲受拉的底面出现，然后向两侧面发展，破坏时底面和两侧面开裂，形成螺旋形扭曲破坏面，与之相交的纵筋及箍筋都达到受拉屈服强度，最后使处于弯曲受压的顶面压碎而破坏，如图 8.12（a）所示。

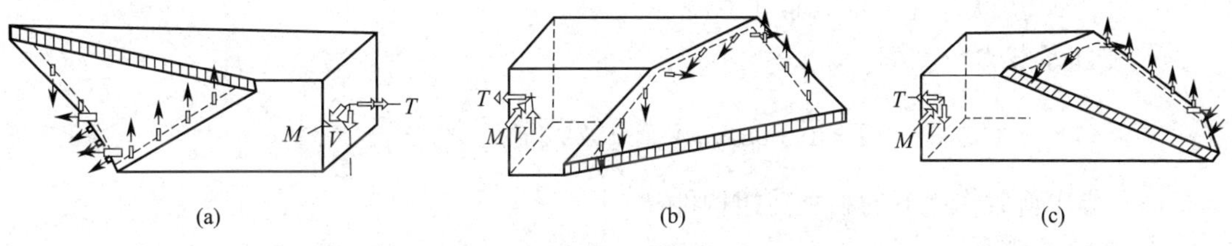

图 8.12　弯剪扭构件的破坏形态
（a）弯型破坏；（b）扭型破坏；（c）剪扭型破坏

2. 扭型破坏

当扭弯比（T/M）和扭剪比$[T/(Vb)]$均较大，且构件顶部纵筋少于底部纵筋时，可发生受压区在构件底部的扭型破坏。由于弯矩小扭矩大，构件顶部由扭矩产生的拉应力超过弯矩所产生的压应力，使顶部开裂，顶部纵筋首先屈服，裂缝向两侧延伸，破坏时顶部及两侧面开裂，形成螺旋形扭曲破坏面，与之相交的钢筋达到其抗拉屈服强度，最后使构件底面受压而破坏，如图 8.12（b）所示。

3. 剪扭型破坏

当剪力和扭矩都较大时，由于剪力与扭矩所产生的剪应力的相互叠加，首先在其中一个侧面出现裂缝，然后向顶面和底面扩展，使该侧面、顶面和底面形成扭曲破坏面，与之相交的纵筋与箍筋都达到其抗拉屈服强度，最后使另一侧面被压碎而破坏，如图 8.12(c) 所示。

8.4.2 按《规范》的配筋计算方法

与纯扭构件相同，弯剪扭构件的扭曲截面承载力计算，主要有变角度空间桁架模型和以扭曲破坏面极限平衡理论为基础的两种计算方法，但计算过程是十分繁琐的。为了简化计算，《规范》规定：矩形、T 形、I 形和箱形截面弯剪扭构件，其纵向钢筋截面面积应分别按受弯构件的正截面受弯承载力和剪扭构件的受扭承载力计算确定，并应配置在相应的位置；箍筋截面面积应分别按剪扭构件的受剪承载力和受扭承载力计算确定，并应配置在相应的位置。

1. 受弯纵筋计算

受弯纵筋按照第 3 章的计算方法计算确定，这里不再赘述。

2. 剪扭配筋计算

1）矩形截面受剪扭构件

（1）一般剪扭构件

① 受剪承载力

$$V \leqslant 0.7(1.5-\beta_t) f_t b h_0 + f_{yv} \frac{A_{sv}}{s} h_0 \tag{8.27}$$

$$\beta_t = \frac{1.5}{1+0.5 \dfrac{V}{T} \dfrac{W_t}{b h_0}} \tag{8.28}$$

式中 A_{sv}——受剪承载力所需的箍筋截面面积；

β_t——一般剪扭构件混凝土受扭承载力降低系数；当 β_t 小于 0.5 时，取 0.5；当 β_t 大于 1.0 时，取 1.0。

② 受扭承载力

$$T \leqslant 0.35 \beta_t f_t W_t + 1.2 \sqrt{\zeta} f_{yv} \frac{A_{st1} A_{cor}}{s} \tag{8.29}$$

（2）集中荷载作用下的独立剪扭构件

① 受剪承载力

$$V \leqslant \frac{1.75}{\lambda+1}(1.5-\beta_t) f_t b h_0 + f_{yv} \frac{A_{sv}}{s} h_0 \tag{8.30}$$

$$\beta_t = \frac{1.5}{1+0.2(\lambda+1) \dfrac{V}{T} \dfrac{W_t}{b h_0}} \tag{8.31}$$

式中 λ——计算截面的剪跨比，与第 4 章取用规定相同；

β_t——集中荷载作用下剪扭构件混凝土受扭承载力降低系数；当 β_t 小于 0.5 时，取

0.5；当β_t大于1.0时，取1.0。

② 受扭承载力

按式（8.29）计算，但β_t应按照式（8.31）计算。

2）T形和I形截面受剪扭构件

（1）受剪承载力：按矩形截面受剪扭构件的计算方法计算，但应采用T_w、W_{tw}代替T、W_t，也就是假设剪力只有腹板承担。

（2）受扭承载力：与纯扭构件相同，将截面分为几个矩形截面分别计算。腹板按矩形截面受剪扭构件的计算方法计算，但应采用T_w、W_{tw}代替T、W_t；受压翼缘与受拉翼缘按纯扭构件计算。

3）箱形截面

（1）一般剪扭构件

① 受剪承载力

$$V \leqslant 0.7(1.5-\beta_t) f_t b h_0 + f_{yv} \frac{A_{sv}}{s} h_0 \tag{8.32}$$

$$\beta_t = \frac{1.5}{1+0.5\frac{V}{T}\frac{\alpha_h W_t}{b h_0}} \tag{8.33}$$

式中，β_t的取值与矩形截面剪扭构件一致。

② 受扭承载力

$$T \leqslant 0.35\alpha_h \beta_t f_t W_t + 1.2\sqrt{\zeta} f_{yv} \frac{A_{st1} A_{cor}}{s} \tag{8.34}$$

（2）集中荷载作用下的独立剪扭构件

① 受剪承载力

$$V \leqslant \frac{1.75}{\lambda+1}(1.5-\beta_t) f_t b h_0 + f_{yv} \frac{A_{sv}}{s} h_0 \tag{8.35}$$

$$\beta_t = \frac{1.5}{1+0.2(\lambda+1)\frac{V}{T}\frac{\alpha_h W_t}{b h_0}} \tag{8.36}$$

② 受扭承载力

按式（8.34）计算，但β_t应按照式（8.35）计算。

为避免超筋破坏，剪扭构件的截面尺寸应满足：

当h_w/b（或h_w/t_w）不大于4时：

$$\frac{V}{b h_0} + \frac{T}{0.8 W_t} \leqslant 0.25\beta_c f_c \tag{8.37}$$

当h_w/b（或h_w/t_w）等于6时：

$$\frac{V}{b h_0} + \frac{T}{0.8 W_t} \leqslant 0.2\beta_c f_c \tag{8.38}$$

当h_w/b（或h_w/t_w）大于4但小于6时，按线性内插法确定。

当h_w/b（或h_w/t_w）大于6时，受扭构件的截面尺寸要求及扭曲截面承载力计算应符合专门规定。

当 $V \leqslant 0.35 f_t b h_0$ 或 $V \leqslant 0.875 f_t b h_0 / (\lambda+1)$ 时，表明剪力较小，可忽略其作用，可以仅计算受弯构件的正截面受弯承载力和纯扭构件的受扭承载力。

当 $T \leqslant 0.175 f_t W_t$ 或 $T \leqslant 0.175 \alpha_h f_t W_t$ 时，表明扭矩较小，可忽略其作用，可以仅计算受弯构件的正截面受弯承载力和斜截面受剪承载力。

为防止少筋脆性破坏，受扭纵筋的配筋率应满足下式要求：

$$\rho_{tl}=\frac{A_{stl}}{bh} \geqslant \rho_{tl,\min}=0.6\sqrt{\frac{T}{Vb}}\frac{f_t}{f_y} \tag{8.39}$$

当 $T/(Vb)>2.0$ 时，取 $T/(Vb)=2.0$。对于纯扭构件，$V=0$，故 $T/(Vb)=\infty>2.0$，应取 $T/(Vb)=2.0$，所以 $\rho_{tl,\min}=0.6\sqrt{2}\frac{f_t}{f_y} \approx 0.848\frac{f_t}{f_y} \approx 0.85\frac{f_t}{f_y}$，这也就是式（8.24）中系数0.85的由来。对于箱形截面，应以 b_h 代替 b。

弯剪扭构件中，箍筋的配箍率亦应满足式（8.25）的要求。

当满足式（8.40）或式（8.41）的要求时，可不进行构件受剪扭承载力的计算，而按构造要求配置纵向受扭钢筋和受扭箍筋。

$$\frac{V}{bh_0}+\frac{T}{W_t} \leqslant 0.7 f_t \tag{8.40}$$

$$\frac{V}{bh_0}+\frac{T}{W_t} \leqslant 0.7 f_t+0.07\frac{N}{bh_0} \tag{8.41}$$

式中 N——与剪力、扭矩设计值相应的轴向压力设计值，当 N 大于 $0.3 f_c A$ 时，取 $0.3 f_c A$，A 为构件的截面面积。

【例题 8.2】已知均布荷载作用下T形截面，截面尺寸 $b \times h=250\text{mm} \times 500\text{mm}$，$b_f'=400\text{mm}$，$h_f'=100\text{mm}$；弯矩设计值 $M=120\text{kN}\cdot\text{m}$，剪力设计值 $V=130\text{kN}$，扭矩设计值 $T=25\text{kN}\cdot\text{m}$。混凝土强度等级为C30；纵筋采用HRB400级钢筋；箍筋采用HRB400级钢筋。环境类别为一类。求受弯、受剪和受扭所需的钢筋。

【解】（1）设计参数

混凝土强度为C30，查附表1-3和附表1-4可得，$f_c=14.3\text{N/mm}^2$；$f_t=1.43\text{N/mm}^2$；查附表1-11可得，$f_y=360\text{N/mm}^2$；查附表1-11可得，$f_{yv}=360\text{N/mm}^2$；查表3.3可得，$\alpha_1=1.0$；查表3.4可得，$\xi_b=0.518$；由于混凝土强度等级为C30，所以 $\beta_c=1.0$；由于环境类别为一类，故 c 可取20mm；选 $d_{sv}=8\text{mm}$，$A_{sv1}=50.3\text{mm}^2$；假设 $a_s=40\text{mm}$；$h_0=h-a_s=460\text{mm}$。

（2）验算截面尺寸

$$W_{tw}=\frac{b^2}{6}(3h-b)=\frac{250^2}{6}\times(3\times500-250)=1302.1\times10^4\ \text{mm}^3$$

$$W_{tf}'=\frac{h_f'^2}{2}(b_f'-b)=\frac{100^2}{2}(400-250)=75\times10^4\ \text{mm}^3$$

$$W_t=W_{tw}+W_{tf}'=1377.1\times10^4\text{mm}^3$$

$$h_w=h_0-h_f'=460-100=360\text{mm}$$

$$h_w/b=360/250=1.44<4$$

$$\frac{V}{bh_0}+\frac{T}{0.8W_t}=\frac{130\times10^3}{250\times460}+\frac{25\times10^6}{0.8\times1377.1\times10^4}=3.399\text{N/mm}^2$$

$\frac{V}{bh_0}+\frac{T}{0.8W_t}<0.25\beta_c f_c=0.25\times1.0\times14.3=3.575\text{N/mm}^2$，满足要求。

(3) 判断是否需要按计算配置钢筋

$$\frac{V}{bh_0}+\frac{T}{W_t}=\frac{130\times10^3}{250\times460}+\frac{25\times10^6}{0.8\times1377.1\times10^4}=2.945\text{N/mm}^2$$

$\frac{V}{bh_0}+\frac{T}{W_t}>0.7f_t=0.7\times1.43=1.001\text{N/mm}^2$，需要按照计算配置钢筋。

(4) 确定计算方法

$0.35f_t bh_0=0.35\times1.43\times250\times460=57.56\text{kN}<V$，须考虑剪力的作用；

$0.175f_t W_t=0.175\times1.43\times1377.1\times10^4=3.446\text{kN}\cdot\text{m}<T$，须考虑扭矩的作用。

(5) 计算受弯纵筋

$$\alpha_1 f_c b'_f h'_f(h_0-\frac{h'_f}{2})=1.0\times14.3\times400\times100\times(460-\frac{100}{2})=234.52\text{kN}\cdot\text{m}>M=120\text{kN}\cdot\text{m}$$

属于第一类T形截面

$$\begin{cases}f_y A_s=\alpha_1 f_c b'_f x\\ M=\alpha_1 f_c b'_f x(h_0-\frac{x}{2})\end{cases}\text{,代入数据得:}\begin{cases}360A_s=1.0\times14.3\times400x\\ 120\times10^6=1.0\times14.3\times400x(460-\frac{x}{2})\end{cases}$$

解得：$x=48.12\text{mm}<x_b=\xi_b h_0=0.518\times460=238.28\text{mm}$，满足要求，$A_s=764.57\text{ mm}^2$。

(6) 腹板和受压翼缘承受的扭矩

腹板承受的扭矩：

$$T_w=\frac{W_{tw}}{W_t}T=\frac{1302.1\times10^4}{1377.1\times10^4}\times25=23.64\text{kN}\cdot\text{m}$$

$$T_f{}'=\frac{W'_{tf}}{W_t}T=\frac{75\times10^4}{1377.1\times10^4}\times25=1.36\text{kN}\cdot\text{m}$$

(7) 腹板配筋计算

$b_{cor}=b-2c-2d_{sv}=250-2\times20-2\times8=194\text{mm}$；$h_{cor}=h-2c-2d_{sv}=500-2\times20-2\times8=444\text{mm}$；

$A_{cor}=b_{cor}h_{cor}=194\times444=86136\text{mm}^2$；$u_{cor}=2(b_{cor}+h_{cor})=1276\text{mm}$

$$\beta_t=\frac{1.5}{1+0.5\frac{V}{T_w}\frac{W_{tw}}{bh_0}}=\frac{1.5}{1+0.5\times\frac{130\times10^3}{23.64\times10^6}\times\frac{1302.1\times10^4}{250\times460}}=1.144>1.0$$

取 $\beta_t=1.0$，配筋强度比 $\zeta=1.0$，$V\leqslant0.7(1.5-\beta_t)f_t bh_0+f_{yv}\frac{A_{sv}}{s}h_0$，代入数据：

$$130\times10^3=0.7\times(1.5-1.0)\times250\times460+360\times\frac{2\times A_{sv1}}{s}\times460$$

解得：$\frac{A_{sv1}}{s}=0.271\text{mm}^2/\text{mm}$

$T_w\leqslant0.35\beta_t f_t W_{tw}+1.2\sqrt{\zeta}f_{yv}\frac{A_{st1}A_{cor}}{s}$，代入数据：

$$23.64\times10^6=0.35\times1.0\times1.43\times1302.1\times10^4+1.2\times\sqrt{1.0}\times360\times\frac{A_{sv1}\times86136}{s}$$

解得：$\frac{A_{sv1}}{s}=0.460\text{mm}^2/\text{mm}$，将两部分叠加，即得$\frac{A_{sv1}}{s}=0.271+0.460=0.731\text{mm}^2/\text{mm}$，将$A_{sv1}=50.3\text{mm}^2$代入上式后，可得：$s=50.3/0.731=68.8\text{mm}$，取$s=65\text{mm}$。

$\zeta=\frac{A_{stl}s}{A_{st1}u_{cor}}\cdot\frac{f_y}{f_{yv}}$，代入数据：$1.0=\frac{A_{stl}\times65}{50.3\times1276}\times\frac{360}{360}$。

解得：$A_{stl}=987.43\text{mm}^2$，受扭纵筋分成 4 排，满足间距小于 200mm 和截面宽度的要求。

腹板底面所需受弯和受扭纵筋截面面积：$A_s+A_{stl}/4=764.57+987.43/4=1010.43\text{mm}^2$，选配 4Φ18（$A_s=1018\text{mm}^2$）。

腹板侧边所需受扭纵筋截面面积：$A_{stl}/2=987.43/2=493.72\text{mm}^2$，选配 4Φ14（$A_{stl,中}=615\text{mm}^2$），每侧 2 根。

腹板顶面所需受扭纵筋的截面面积：$A_{stl}/4=246.86\text{mm}^2$，选配 2Φ14（$A_{stl,顶}=308\text{mm}^2$）。

（8）受压翼缘配筋计算

$b_{cor}'=b_f'-b-2c-2d_{sv}=400-250-2\times20-2\times8=94\text{mm}$，$h_{cor}'=h_f'-2c-2d_{sv}=100-2\times20-2\times8=44\text{mm}$，$A_{cor}'=b_{cor}'h_{cor}'=94\times44=4136\text{mm}^2$，$u_{cor}'=2(b'_{cor}+h'_{cor})=276\text{mm}$。

取配筋强度比$\zeta=1.0$。

$T_f'=0.35f_tW_{tf}'+1.2\sqrt{\zeta}\cdot\frac{f_{yv}A_{st1}}{s}\cdot A_{cor}'$，代入数据：

$$1.36\times10^6=0.35\times1.43\times75\times10^4+1.2\times\sqrt{1.0}\times\frac{360A_{st1}}{s}\times4136$$

解得：$\frac{A_{sv1}}{s}=0.551\text{mm}^2/\text{mm}$

将$A_{sv1}=50.3\text{mm}^2$代入上式后，可得：

$s=50.3/0.551=91.29\text{mm}$，取$s=90\text{mm}$。

$\zeta=\frac{A_{stl}s}{A_{st1}u_{cor}'}\cdot\frac{f_y}{f_{yv}}$，代入数据：$1.0=\frac{A_{stl}\times90}{50.3\times276}\times\frac{360}{360}$。

解得：$A_{stl}=154.25\text{mm}^2$，选配 4Φ8（$A_{stl}=201\text{mm}^2$），放置在翼缘两侧。

（9）验算腹板最小配箍率

$\rho_{sv,\min}=0.28\frac{f_t}{f_{yv}}=0.28\times\frac{1.43}{360}=1.1\%$，$\rho_{sv}=\frac{nA_{sv1}}{bs}=\frac{2\times50.3}{250\times65}=6.19\%>\rho_{sv,\min}$，满足要求。

（10）验算腹板纵向钢筋最小配筋率

$T_w/(Vb)=23.64\times10^6/(130\times10^3\times250)=0.73<2$

$$\rho_{tl,\min}=0.6\sqrt{\frac{T}{Vb}}\frac{f_t}{f_y}=0.6\times\sqrt{0.73}\times\frac{1.43}{360}=0.2\%$$

$\rho_{\min}=0.45\dfrac{f_{\mathrm{t}}}{f_{\mathrm{y}}}=0.45\times\dfrac{1.43}{360}=0.18\%<0.2\%$，取 $\rho_{\min}=0.2\%$

$\rho_{\min}bh+\rho_{tl,\min}bh/4=0.2\%bh+0.2\%bh/4=312.5\ \mathrm{mm}^2<1018\ \mathrm{mm}^2$，满足要求。

$\rho_{tl,\min}3bh/4=0.2\%\times3bh/4=187.5\ \mathrm{mm}^2<615+308=923\ \mathrm{mm}^2$，满足要求。

(11) 验算翼缘最小配箍率

$\rho_{\mathrm{sv}}=\dfrac{nA_{\mathrm{sv1}}}{bs}=\dfrac{2\times50.3}{150\times90}=7.45\%>\rho_{\mathrm{sv,min}}=1.1\%$，满足要求。

(12) 验算翼缘受扭纵筋配筋率

$\dfrac{A'_{\mathrm{st}l}}{(b'_{\mathrm{f}}-b)h'_{\mathrm{f}}}\times100\%=1.34\%>\rho_{tl,\min}=0.85\dfrac{f_{\mathrm{t}}}{f_{\mathrm{y}}}=0.85\times\dfrac{1.43}{360}=0.34\%$，满足要求。

(13) 截面配筋详图

见图 8.13。

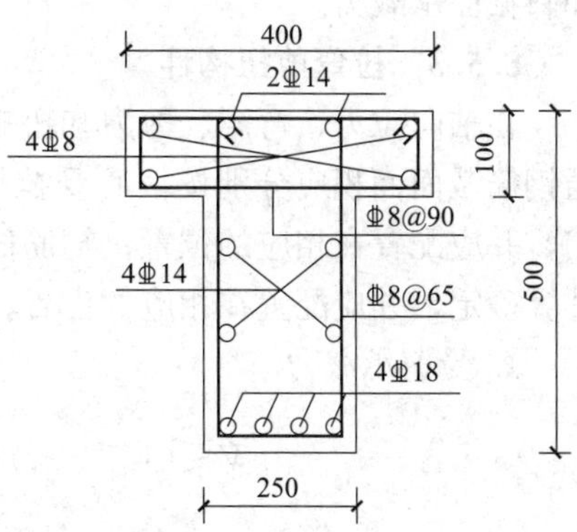

图 8.13　例题 8.2 中的构件截面配筋详图

8.5　压（拉）弯剪扭构件的扭曲截面承载力计算

8.5.1　压（拉）扭构件

轴向压力的存在会限制受扭斜裂缝的发展，提高受扭承载力。《规范》规定：在轴向压力和扭矩共同作用下的矩形截面钢筋混凝土构件，其受扭承载力按式（8.42）计算。

$$T\leqslant\left(0.35f_{\mathrm{t}}+0.07\frac{N}{A}\right)W_{\mathrm{t}}+1.2\sqrt{\zeta}f_{\mathrm{yv}}\frac{A_{\mathrm{st1}}A_{\mathrm{cor}}}{s}\tag{8.42}$$

在轴向拉力和扭矩共同作用下的矩形截面钢筋混凝土构件，其受扭承载力按式（8.43）计算。

$$T\leqslant\left(0.35f_{\mathrm{t}}-0.2\frac{N}{A}\right)W_{\mathrm{t}}+1.2\sqrt{\zeta}f_{\mathrm{yv}}\frac{A_{\mathrm{st1}}A_{\mathrm{cor}}}{s}\tag{8.43}$$

式中　N——与剪力、扭矩设计值相应的轴向拉力设计值，当 N 大于 $1.75f_{\mathrm{t}}A$ 时，取 $1.75f_{\mathrm{t}}A$，A 为构件的截面面积。

8.5.2　压弯剪扭构件

在轴向压力、弯矩、剪力和扭矩共同作用下的钢筋混凝土矩形截面框架柱，其纵向普通钢筋截面面积应分别按偏心受压构件的正截面承载力和剪扭构件的受扭承载力计算确定，并应配置在相应的位置；箍筋截面面积应分别按剪扭构件的受剪承载力和受扭承载力计算确定，并应配置在相应的位置。

1. 受剪承载力

$$V\leqslant(1.5-\beta_{\mathrm{t}})\left(\frac{1.75}{\lambda+1}f_{\mathrm{t}}bh_0+0.07N\right)+f_{\mathrm{yv}}\frac{A_{\mathrm{sv}}}{s}h_0\tag{8.44}$$

2. 受扭承载力

$$T \leqslant \beta_t \left(0.35 f_t W_t + 0.07 \frac{N}{A} W_t\right) + 1.2\sqrt{\zeta} f_{yv} \frac{A_{st1} A_{cor}}{s} \tag{8.45}$$

在 T 不大于（$0.175f_t+0.035N/A$）W_t 时，可仅计算偏心受压构件的正截面承载力和斜截面承载力。

8.5.3 拉弯剪扭构件

在轴向拉力、弯矩、剪力和扭矩共同作用下的钢筋混凝土矩形截面框架柱，其纵向普通钢筋截面面积应分别按偏心受拉构件的正截面承载力和剪扭构件的受扭承载力计算确定，并应配置在相应的位置；箍筋截面面积应分别按剪扭构件的受剪承载力和受扭承载力计算确定，并应配置在相应的位置。

1. 受剪承载力

$$V \leqslant (1.5-\beta_t)\left(\frac{1.75}{\lambda+1} f_t b h_0 - 0.2N\right) + f_{yv} \frac{A_{sv}}{s} h_0 \tag{8.46}$$

当计算结果小于 $f_{yv}\dfrac{A_{sv}}{s}h_0$ 时，取 $f_{yv}\dfrac{A_{sv}}{s}h_0$。

2. 受扭承载力

$$T \leqslant \beta_t \left(0.35 f_t W_t - 0.2 \frac{N}{A} W_t\right) + 1.2\sqrt{\zeta} f_{yv} \frac{A_{st1} A_{cor}}{s} \tag{8.47}$$

当计算结果小于 $1.2\sqrt{\zeta} f_{yv}\dfrac{A_{st1}A_{cor}}{s}$ 时，取 $1.2\sqrt{\zeta} f_{yv}\dfrac{A_{st1}A_{cor}}{s}$。

在 T 不大于($0.175f_t-0.1N/A$)W_t 时，可仅计算偏心受拉构件的正截面承载力和斜截面承载力。

8.6 协调扭转

协调扭转构件开裂后，其抗扭刚度降低，同时由于内力重分布会使扭矩减小，一般可以忽略扭矩的作用，但应按构造要求配置受扭纵筋和受扭箍筋，以保证构件有足够的延性和满足正常使用极限状态时裂缝宽度的要求，这是有些国外规范采用的零刚度设计方法。《规范》规定：对属于协调扭转的混凝土结构构件，受相邻构件约束的支承梁的扭矩宜考虑塑性内力重分布的影响；考虑内力重分布后的支承梁，应按弯剪扭构件进行承载力设计。

8.7 受扭构件的构造要求

1. 受扭纵筋的构造要求

(1) 受扭纵向受力钢筋的间距不应大于 200mm 和梁的截面宽度。

(2) 在截面四角必须设置受扭纵向受力钢筋，并沿截面周边均匀对称布置；当支座边作用有较大扭矩时，受扭纵向钢筋应按充分受拉锚固在支座内。

(3) 在弯剪扭构件中，配置在截面弯曲受拉边的纵向受力钢筋，其截面面积不应小于按受弯构件受拉钢筋最小配筋率计算的截面面积与按受扭纵向钢筋最小配筋率计算并分配到弯曲受拉边的钢筋截面面积之和。

2. 受扭箍筋的构造要求

(1) 箍筋间距应符合表 4.2 的规定。

(2) 受扭所需的箍筋应做成封闭式，且应沿截面周边布置。

(3) 当采用复合箍时，位于截面内部的箍筋不应计入受扭所需的截面面积。

(4) 受扭所需箍筋的末端应做成 135°弯钩，弯钩平直段长度不应小于 $10d$，d 为箍筋直径。

(5) 在超静定结构中，考虑协调扭转而配置的箍筋，其间距不宜大于 $0.75b$，对于箱形截面，应以 b_{h} 代替 b。

思考题

8-1　何谓“平衡扭转”和“约束扭转”?

8-2　纯扭构件的破坏形态有哪几种? 各自有何特点?

8-3　什么是变角度空间桁架模型? 变角度空间桁架模型的基本假定有哪些?

8-4　受扭纵筋和受扭箍筋的配筋强度比 ζ 的含义是什么? 起什么作用? 有什么限值?

8-5　在受扭计算中如何避免少筋破坏和超筋破坏?

8-6　弯剪扭构件的破坏形态有哪几种?

8-7　受扭纵向钢筋和受扭箍筋的构造要求分别有哪些?

习题

8-1　已知钢筋混凝土矩形截面纯扭构件，其截面尺寸 $b \times h = 200\mathrm{mm} \times 350\mathrm{mm}$，承受扭矩设计值 $T = 15.6\mathrm{kN \cdot m}$，混凝土强度等级为 C30，钢筋采用 HRB335 级钢筋，试计算其配筋。

8-2　已知钢筋混凝土矩形截面受扭构件，其截面尺寸 $b \times h = 250\mathrm{mm} \times 600\mathrm{mm}$，承受弯矩设计值 $M = 142\mathrm{kN \cdot m}$，剪力设计值 $V = 97\mathrm{kN}$，扭矩设计值 $T = 12.0\mathrm{kN \cdot m}$，混凝土强度等级为 C30，纵筋采用 HRB400 级钢筋，箍筋采用 HPB300 级钢筋，环境类别为一类，试计算其配筋。

8-3　已知受扭 T 形截面构件，截面尺寸 $b \times h = 200\mathrm{mm} \times 450\mathrm{mm}$，$b_{\mathrm{f}}' = 350\mathrm{mm}$，$h_{\mathrm{f}}' = 100\mathrm{mm}$；弯矩设计值 $M = 55\mathrm{kN \cdot m}$，剪力设计值 $V = 60\mathrm{kN}$，扭矩设计值 $T = 7.0\mathrm{kN \cdot m}$。混凝土强度等级为 C30；纵筋采用 HRB400 级钢筋；箍筋采用 HPB300 级钢筋。环境类别为一类，试计算其配筋。

第 9 章

变形、裂缝和耐久性

学习目标：

（1）了解截面弯曲刚度的概念；
（2）熟悉短期弯曲刚度和长期弯曲刚度的概念与计算方法；
（3）掌握钢筋混凝土构件的变形验算方法；
（4）了解钢筋混凝土构件的裂缝发展机理；
（5）掌握裂缝宽度验算方法；
（6）熟悉影响混凝土结构耐久性的因素；
（7）掌握混凝土结构的耐久性设计方法。

如第1章所述，根据结构的功能要求，除应满足安全性要求进行承载力极限状态计算外，还应考虑适用性和耐久性的要求分别进行正常使用极限状态验算和耐久性极限状态设计。第3章至第8章已经介绍了钢筋混凝土基本构件各种承载力的计算和设计方法，本章将介绍混凝土结构的变形、挠度验算以及耐久性设计方法。

9.1　钢筋混凝土构件的变形验算

9.1.1　截面弯曲刚度的定义及其特点

结构或结构构件受力后将在截面上产生内力，并使截面产生变形。截面上的材料抵抗内力的能力就是截面承载力；抵抗变形的能力就是截面刚度。对于承受弯矩 M 的截面来说，抵抗截面转动的能力，就是截面弯曲刚度。截面的转动是以截面曲率 ϕ 来度量的，因此截面弯曲刚度就是使截面产生单位曲率需要施加的弯矩值。

以弹性均质简支梁为例（图9.1），根据材料力学的方法可以计算的截面弯曲刚度。

对于均布荷载（图9.1a），其跨中挠度 f 为：

$$f=\frac{5}{384}\cdot\frac{ql^4}{EI}=\frac{5}{48}\cdot\frac{Ml^2}{EI} \tag{9.1}$$

对跨中承受集中荷载 F（图9.2a），其跨中挠度 f 为：

$$f=\frac{1}{48}\cdot\frac{Pl^3}{EI}=\frac{1}{12}\cdot\frac{Ml^2}{EI} \tag{9.2}$$

可以将式(9.1) 和式(9.2) 统一写成：

$$f=S\frac{M}{EI}l^2=S\phi\cdot l^2 \tag{9.3}$$

式中　S——与荷载形式和支撑条件等有关的荷载效应系数；

M——跨中最大弯矩；

EI——截面弯曲刚度；

ϕ——截面曲率。

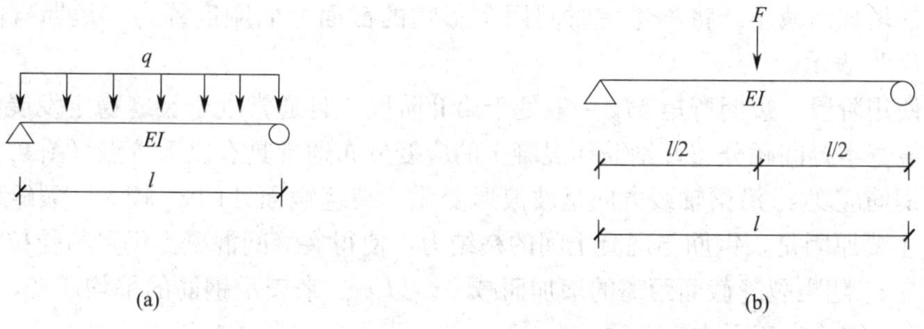

图9.1　承受均布荷载和集中荷载的梁的计算简图

(a) 承受均布荷载；(b) 承受集中荷载

由式（9.3）可知，对于弹性均质材料截面，EI 为常数，则 M-ϕ 关系为直线。但是，钢筋混凝土不是匀质的非弹性材料，在受力过程中，由于混凝土开裂、弹塑性应力-应变关系和钢筋屈服等影响，截面的 M-ϕ 关系是不断变化的（图9.2），所以抗弯刚度亦是不断变化的，记作 B。对于任一给定的弯矩，截面抗弯刚度为 M-ϕ 关系曲线上对应该弯矩点与原点连线倾角的正切值。

钢筋混凝土梁的截面抗弯刚度 B 随弯矩的变化而变化，具有以下特点：

(1) 在开裂前的第Ⅰ阶段，当弯矩很小时，梁基本处于弹性工作阶段，M-ϕ 曲线的斜率接近换算截面抗弯刚度 E_cI_0。达到开裂弯矩时，由于受拉区混凝土有一定的塑性变形，M-ϕ 曲线的倾角变小，抗弯刚度略有降低，故把混凝土的弹性模量降低 15%，即取：

$$B=0.85E_cI_0 \tag{9.4}$$

换算截面是将钢筋的面积等效成混凝土的面积，但重心仍在原钢筋的重心处。即：

$$A_{cs}=A_s\times\alpha_E=A_s\times E_s/E_c \tag{9.5}$$

式中 E_c——混凝土的弹性模量；

E_s——钢筋的弹性模量；

I_0——换算截面的惯性矩；

A_{cs}——钢筋的换算截面面积；

A_s——钢筋的截面面积；

α_E——钢筋的弹性模量与混凝土的弹性模量的比值。

(2) 开裂后进入第Ⅱ阶段，M-ϕ 曲线发生显著转折，曲率增加较快，抗弯刚度明显降低，且随着弯矩的增加，抗弯刚度不断降低。

(3) 钢筋屈服后进入第Ⅲ阶段，M-ϕ 曲线出现第二个转折，弯矩增加很少，而曲率激增，抗弯刚度急剧降低。

钢筋混凝土受弯构件的挠度和裂缝宽度验算时按正常使用极限状态的要求进行的，即处于第Ⅱ阶段。《规范》给出 B 的定义：通常是取$(0.5\sim0.7)M_u$ 区段内，曲线上任一点与坐标原点连线的斜率。

9.1.2 短期弯曲刚度

1. 短期刚度公式的建立

由图 9.2 可知，截面弯曲刚度随着弯矩的增大而减小。另外，截面弯曲刚度还随荷载作用时间的增加而减小。将不考虑时间因素影响的截面弯曲刚度称为"短期弯曲刚度"，用符号"B_s"表示。

正常使用阶段，短期弯矩 M_k 一般处于第Ⅱ阶段，且通常处于裂缝稳定发展阶段，这一阶段裂缝基本等间距分布，钢筋和混凝土的应变分布通常具有以下特点（图 9.3）：

(1) 钢筋应变 ε_s 沿梁轴线方向呈波浪形变化，裂缝截面处的 ε_s 较大，裂缝中间截面 ε_s 较小。主要原因是，钢筋与混凝土间的粘结力，使得裂缝间混凝土仍参与受拉工作，使得钢筋应变 ε_s 随距裂缝截面距离的增加而减小。以 ε_{sm} 来表示钢筋的平均应变，则 $\varepsilon_{sm}=\Psi\varepsilon_s$，$\Psi$ 称为钢筋应变不均匀系数。

(2) 受压区混凝土的应变 ε_c 与钢筋应变类似，但变化幅度要小得多。$\varepsilon_{cm}=\Psi_c\varepsilon_c$，$\Psi_c$ 称为混凝土应变不均匀系数。

(3) 截面的中和轴高度 x_n 和曲率 ϕ 也呈波浪形变化，因此，截面抗弯刚度沿梁轴线方向也是变化的。

(4) 由实测可知，平均应变沿截面高度的分布符合平截面假定。

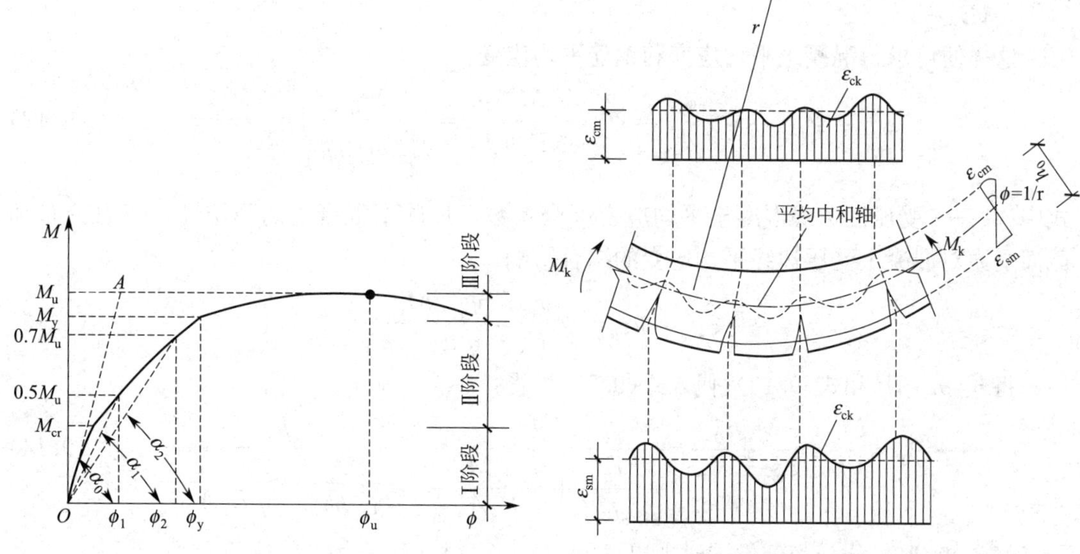

图 9.2　截面弯曲刚度的定义

图 9.3　纯弯区段内的平均应变

根据平截面假定，纯弯区段的平均曲率可表示为：

$$\bar{\phi}=\frac{\varepsilon_{cm}+\varepsilon_{sm}}{h_0} \tag{9.6}$$

则，截面短期刚度可取如下表达：

$$B_s=\frac{M_q}{\bar{\phi}}=\frac{M_q h_0}{\varepsilon_{cm}+\varepsilon_{sm}} \tag{9.7}$$

式中　M_q——按荷载准永久组合计算的弯矩值，取计算区段内的最大弯矩值。

由于裂缝截面受力明确，可根据裂缝截面的应力分布，如图 9.4 所示，得到短期刚度 M_q 作用下裂缝截面处钢筋应力 σ_{sq} 和受压边缘混凝土应力 σ_{cq}。对于矩形截面，记裂缝截面受压区混凝土应力图的平均应力为 $\omega\sigma_{cq}$，受压区高度为 ξh_0，受压区混凝土合力点与受拉钢筋合力点之间的力臂为 ηh_0，由平衡条件可得：

$$M_q=C\eta h_0=\omega\sigma_{cq}\xi h_0 b\eta h_0 \tag{9.8}$$

$$M_q=T\eta h_0=\sigma_{sq}A_s\eta h_0 \tag{9.9}$$

由式(9.8) 和式(9.9) 可分别求得：

$$\sigma_{cq}=\frac{M_q}{\omega\xi b\eta h_0^2} \tag{9.10}$$

图 9.4　裂缝截面应力分布

$$\sigma_{sq}=\frac{M_q}{A_s\eta h_0} \tag{9.11}$$

考虑到梁的受力处于第Ⅱ阶段，钢筋未达到屈服，因此钢筋的应力-应变关系仍按线弹性，即 $\varepsilon_s=\frac{\sigma_s}{E_s}$；混凝土受压应力-应变关系应考虑其弹塑性，采用变形模量 $E_c'=\nu E_c$，

则 $\varepsilon_c=\dfrac{\sigma_c}{\nu E_c}$。

这样便可求得混凝土平均应变和钢筋平均应变：

$$\varepsilon_{cm}=\Psi_c\varepsilon_c=\Psi_c\frac{\sigma_{cq}}{\nu E_c}=\Psi_c\frac{M_q}{\omega\xi\nu E_c b\eta h_0^2}=\frac{M_q}{\dfrac{\omega\xi\nu\eta}{\Psi_c}E_c bh_0^2}=\frac{M_q}{\zeta E_c bh_0^2} \tag{9.12}$$

式中　ζ——受压区边缘混凝土平均应变综合系数，反映了混凝土的弹塑性、应力分布和截面受力对混凝土受压边缘平均应变的综合影响。

$$\varepsilon_{sm}=\Psi\varepsilon_s=\Psi\frac{\sigma_{sq}}{E_s}=\frac{\Psi}{\eta}\frac{M_q}{E_s A_s h_0} \tag{9.13}$$

将式(9.12) 和式(9.13) 代入式(9.7) 可得：

$$B_S=\frac{M_q}{\phi}=\frac{M_q h_0}{\varepsilon_{cm}+\varepsilon_{sm}}=\frac{M_q h_0}{\dfrac{M_q}{\zeta E_c bh_0^2}+\dfrac{\Psi}{\eta}\dfrac{M_q}{E_s A_s h_0}}=\frac{h_0}{\dfrac{1}{\zeta E_c bh_0^2}+\dfrac{\Psi}{\eta}\dfrac{1}{E_s A_s h_0}} \tag{9.14}$$

将式(9.14) 分子和分母同时乘以 $E_s A_s h_0$，可得：

$$B_S=\frac{E_s A_s h_0^2}{\dfrac{E_s A_s}{\zeta E_c bh_0}+\dfrac{\Psi}{\eta}}=\frac{E_s A_s h_0^2}{\dfrac{\rho\alpha_E}{\zeta}+\dfrac{\Psi}{\eta}} \tag{9.15}$$

2. 关于参数 η、ζ、Ψ 的计算

1) 开裂截面的内力臂系数 η

试验分析可知，在短期弯矩（0.5～0.7）M_u 的范围内，裂缝截面的相对受压区高度ξ的变化很小，内力臂的变化也很小。通常情况下，内力臂系数 η 值在 0.83～0.93 之间波动，取其平均值为 0.87。

2) 受压区边缘混凝土平均应变综合系数 ζ

弯矩的变化对系数 ζ 的影响很小，主要的影响来自于配筋率和受压区截面的形状。为简化计算，直接给出$\dfrac{\alpha_E\rho}{\zeta}$的计算方法：

$$\frac{\alpha_E\rho}{\zeta}=0.2+\frac{6\alpha_E\rho}{1+3.5\gamma_f'} \tag{9.16}$$

式中　γ_f'——受压翼缘加强系数。

$$\gamma_f'=\frac{(b_f'-b)h_f'}{bh_0} \tag{9.17}$$

当 $h_f'>0.2h_0$ 时，取 $h_f'=0.2h_0$。

3) 钢筋应变不均匀系数 Ψ

由于钢筋与混凝土间存在粘结应力，随着距裂缝截面距离的增加，裂缝间混凝土逐渐参与受拉工作，钢筋应力逐渐减小，因此钢筋应力沿纵向的分布是不均匀的。

如图 9.6 所示，裂缝截面处钢筋应力最大，裂缝中间钢筋应力最小，其差值反映了混凝土参与受拉工作的大小。钢筋应变不均匀系数 Ψ 是反映裂缝间混凝土参与受拉工作程度的影响系数。

《规范》给出了钢筋应变不均匀系数 Ψ 的计算方法：

$$\Psi=1.1-0.65\frac{f_{tk}}{\sigma_{sq}\rho_{te}} \tag{9.18}$$

式中 f_{tk}——混凝土抗拉强度标准值；

σ_{sq}——短期弯矩作用下受拉钢筋的应力，按式（9.11）计算；

ρ_{te}——按有效受拉混凝土截面面积计算的纵向受拉钢筋配筋率，$\rho_{te}=A_s/A_{te}$，小于0.01时取0.01；

A_{te}——有效受拉混凝土截面面积；对轴心受拉构件，取构件截面面积；对受弯构件取 $A_{te}=0.5bh+(b_f-b)h_f$。

当 $\Psi<0.2$ 时，取 $\Psi=0.2$；当 $\Psi>1.0$ 时，取 $\Psi=1.0$；对直接承受重复荷载作用的构件，取 $\Psi=1.0$。

3. 短期弯曲刚度的计算公式

综上，可得短期刚度的计算公式如下：

$$B_s=\frac{E_sA_sh_0^2}{1.15\Psi+0.2+\frac{6\alpha_E\rho}{1+3.5\gamma_f'}} \tag{9.19}$$

综上可知，短期截面弯曲刚度 B_s 是受弯构件的纯弯区段在承受50%~70%的正截面受弯承载力 M_u 的第Ⅱ阶段区段内，考虑了裂缝间受拉混凝土的工作，即纵向受拉钢筋应变不均匀系数 Ψ，也考虑了受压区边缘混凝土压应变的不均匀性，从而用纯弯区段的平均曲率来求得 B_s。对 B_s 可有以下认识：

（1）B_s 主要是用纵向受拉钢筋来表达的，其计算公式表面复杂，实际上比用混凝土表达的反而简单。

（2）B_s 不是常数，是随弯矩而变化的，弯矩 M_k 增大，B_s 减小；M_k 减小，B_s 增大，这种影响是通过 Ψ 来反映的。

（3）当其他条件相同时，截面有效高度 h_0 对截面弯曲刚度的影响最显著。

（4）当截面有受拉翼缘或有受压翼缘时，都会使 B_s 有所增大。

（5）具体计算表明，纵向受拉钢筋配筋率 ρ 增大，B_s 也略有增大。

（6）在常用配筋率 $\rho=1\%\sim2\%$ 的情况下，提高混凝土强度等级对提高 B_s 的作用不大。

（7）B_s 的单位与弹性材料的 EI 是一样的，都是"$N\cdot mm^2$"，因为弯矩的单位是"$N\cdot mm$"，截面曲率的单位是"1/mm"。

9.1.3 长期弯曲刚度

长期荷载作用下，徐变（受压钢筋有利于减小徐变变形）、钢筋与混凝土间粘结滑移、混凝土的收缩等因素均会使受弯构件的挠度增大。《规范》给出了长期挠度 f_l 与短期挠度 f_s 的比值 $\theta=f_l/f_s$，按下式计算：

$$\theta=2.0-\frac{\rho'}{\rho} \tag{9.20}$$

式中 ρ'、ρ——受压和受拉钢筋配筋率；$\rho'=\frac{A_s'}{bh_0}$。

对于翼缘位于受拉区的倒T形截面，由于长期荷载作用对钢筋与混凝土的粘结力退出工作的影响较大，故《规范》规定θ增加20%。

对于矩形、T形、倒T形和I形截面受弯构件考虑荷载长期作用影响的刚度B按下式进行计算：

1. 对钢筋混凝土构件

$$B=\frac{B_s}{\theta} \tag{9.21}$$

式中　B_s——按荷载准永久组合计算的短期刚度。

2. 对预应力钢筋混凝土构件

$$B=\frac{M_k}{M_k+(\theta-1)M_q}B_s \tag{9.22}$$

式中　M_k——按荷载标准组合计算的弯矩值，取计算区段内的最大弯矩值；

　　　B_s——按荷载标准组合计算的短期刚度。

9.1.4　最小刚度原则和挠度验算

“最小刚度原则”就是在简支梁全跨长范围内，可都按弯矩最大处的截面弯曲刚度，亦即按最小的截面弯曲刚度B_{min}（图9.5），用材料力学方法中不考虑剪切变形影响的公式来计算挠度。

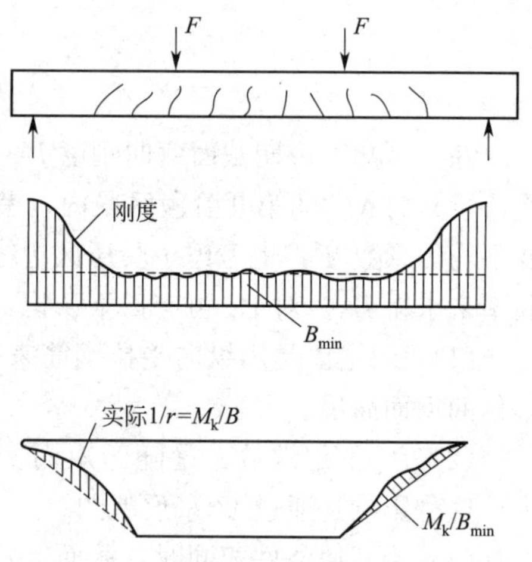

图9.5　最小刚度原则及其对挠度的影响

将B_{min}代入式（9.3）便可解出梁的挠度值，且应满足《规范》给出的不同构件挠度限值［f］（附录1-19）的要求，即：

$$f\leqslant[f] \tag{9.23}$$

对于连续梁的跨中挠度，当为等截面且计算跨度内的支座截面弯曲刚度不大于跨中截面弯曲刚度的两倍或不小于跨中截面弯曲刚度的二分之一时，也可按跨中最大弯矩截面的弯曲刚度计算。

挠度变形限值的确定主要考虑以下几方面的因素：

（1）保证结构的使用功能要求；

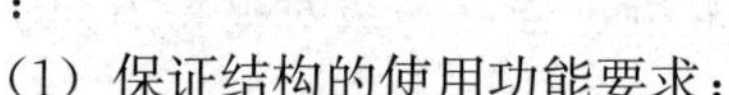

（2）防止对结构构件产生不良影响；

（3）防止对非结构构件产生不良影响；

（4）保证使用者的感觉在可接受的程度之内。

钢筋混凝土受弯构件挠度验算问题的解决流程如图9.6所示。

【例题9.1】 某钢筋混凝土简支梁如图9.7所示，截面尺寸$b\times h=200\text{mm}\times500\text{mm}$，计算跨度$l_0=5.2\text{m}$，承受均布荷载，其中永久荷载标准值$g_k=6.0\text{kN/m}$，可变荷载标准值$q_k=10.0\text{kN/m}$，准永久值系数$\Psi=0.6$。采用C30级混凝土，纵筋为3Φ18，箍筋采用Φ8@200，保护层厚度取20mm。验算该梁跨中最大挠度是否满足要求。

【解】（1）计算M_q

$S=\sum\limits_{i\geqslant1}S_{G_{ik}}+\sum\limits_{j\geqslant1}\Psi_{q_j}S_{Q_{ik}}$，即$M_q=M_{g_k}+\Psi_qM_{q_k}$。

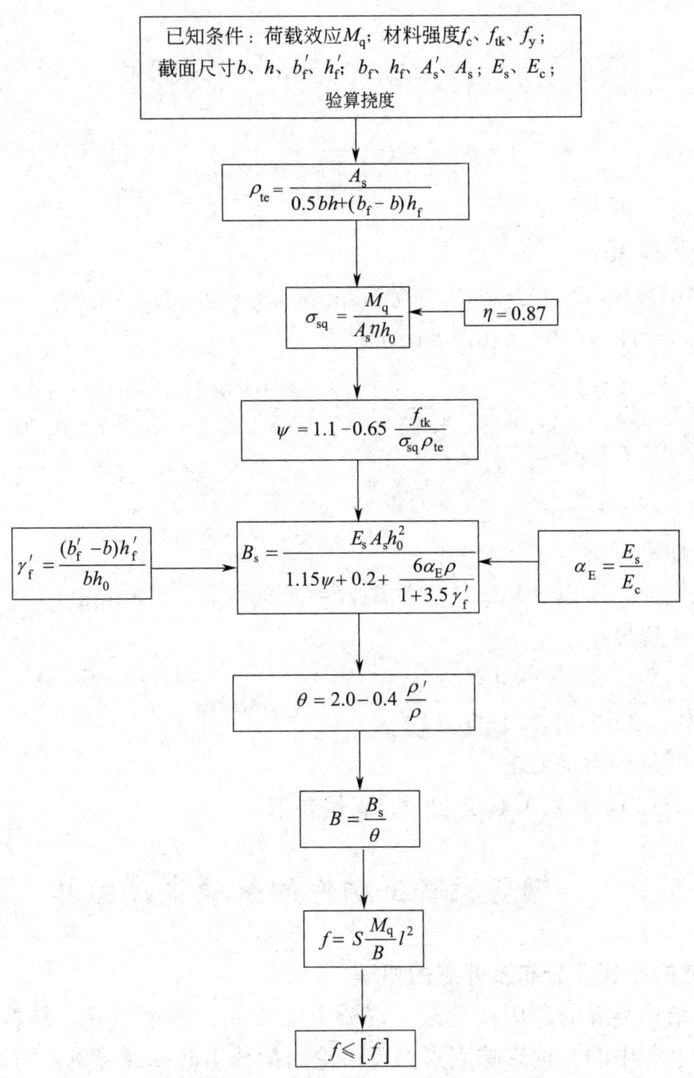

图9.6　钢筋混凝土受弯构件挠度验算问题的解决流程图

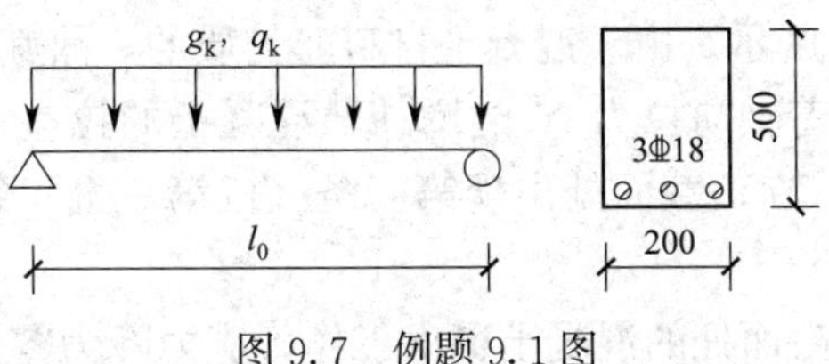

图9.7　例题9.1图

故：$M_q=\frac{1}{8}g_kl_0^2+\frac{1}{8}\Psi_qq_kl_0^2=\frac{1}{8}(g_k+\varphi_qq_k)l_0^2=\frac{1}{8}\times(6.0+0.6\times10.0)\times5.2^2$
$=40.56\text{kN}\cdot\text{m}$

(2) 计算钢筋应变不均匀系数 Ψ

$A_s=763\text{mm}^2$，$h_0=500-20-8-9=463\text{mm}$，$\rho_{te}=A_s/(0.5bh)=763/(0.5\times200\times$

500)=0.01526

$$\sigma_{sq}=\frac{M_q}{A_s\eta h_0}=\frac{40.56\times10^6}{763\times0.87\times463}=131.97\,\text{N/mm}^2$$，查表可得：$f_t=2.01\text{N/mm}^2$。

$$\Psi=1.1-0.65\frac{f_{tk}}{\sigma_{sq}\rho_{te}}=1.1-0.65\times\frac{2.01}{131.97\times0.01526}=0.4498$$

$0.2<\Psi<1.0$，可以。

(3) 计算短期刚度 B_s

$E_c=3.0\times10^4\text{N/mm}^2$，$E_s=2.0\times10^5\text{N/mm}^2$，$\alpha_E=E_s/E_c=6.67$

$\rho=A_s/(bh_0)=763/(200\times467)=0.00824$

$$B_s=\frac{E_sA_sh_0^2}{1.15\Psi+0.2+\dfrac{6\alpha_E\rho}{1+3.5\gamma_f'}}=\frac{2.0\times10^5\times763\times467^2}{1.15\times0.4456+0.2+6\times6.67\times0.00824}$$

$$=3.12\times10^{13}\text{N}\cdot\text{mm}^2$$

(4) 计算长期刚度 B

由于无受压钢筋，所以 $\theta=2.0$，$B=B_s/\theta=1.56\times10^{13}\text{N}\cdot\text{mm}^2$。

(5) 计算跨中挠度 f

$$f=\frac{5}{48}\cdot\frac{M_ql_0{}^2}{B}=\frac{5}{48}\times\frac{40.56\times10^6\times5200^2}{1.56\times10^{13}}=7.32\text{mm}$$

(6) 验算挠度是否满足要求

$f/l_0=7.32/5200=1/710.4<1/200$，满足要求。

9.2 钢筋混凝土构件的裂缝宽度验算

9.2.1 裂缝的出现、分布及开展的机理

引起混凝土结构裂缝的原因：荷载、混凝土的收缩、温度变化、结构的不均匀沉降、混凝土凝结硬化过程中的其他影响因素。现讨论由荷载引起的裂缝宽度的计算。

图 9.8 为轴心受拉构件的裂缝出现和分布过程。

裂缝出现前，除构件端部局部区段外，混凝土和钢筋的应变沿构件的长度基本上是均匀分布的，如图 9.8 (a) 所示。由于混凝土材料非匀质的，故其实际抗拉强度 f_{ta} 沿构件的长度分布并不均匀。随着轴向拉力 N 的增加，混凝土的拉应力将首先在构件最薄弱截面处达到其抗拉强度 f_{t1}，在该截面处出现第一条（或第一批）裂缝，就是图 9.8 (a) 中的Ⅰ、Ⅲ截面位置。

裂缝出现瞬间，裂缝截面处的混凝土退出工作，应力降为零。而原来由混凝土承担的拉应力将转为由钢筋来承担，而钢筋拉应力产生突增 $\Delta\sigma_s=f_t/\rho$，配筋率越小，$\Delta\sigma_s$ 就越大。由于钢筋与混凝土之间存在粘结，随着距裂缝截面距离的增加，混凝土中又重新建立起拉应力 σ_c，而钢筋的拉应力则随距裂缝截面距离的增加而减小。当距第Ⅰ批裂缝截面有足够的长度 l 时，混凝土拉应力 σ_c 增大到 f_{t1}，此时将会在距第Ⅰ批裂缝截面 l 处附近的某个薄弱位置出现新的裂缝，即图 9.8 (b) 中的Ⅱ截面位置。

如果两条裂缝的间距小于 $2l$，则由于粘结应力传递长度不够，混凝土拉应力不可能达

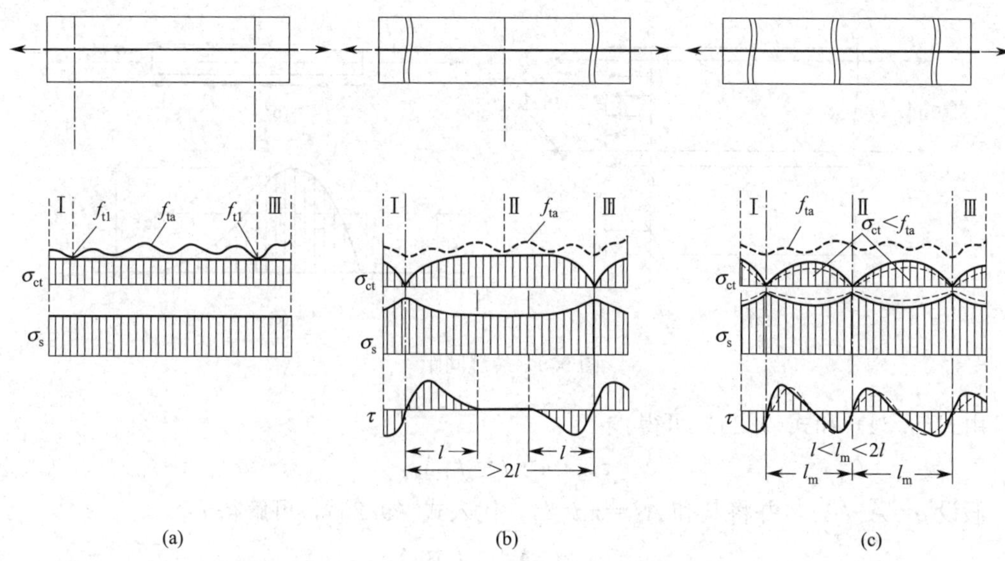

图 9.8 轴心受拉构件裂缝的出现与分布、裂缝间钢筋和混凝土的应力

(a) 裂缝即将出现；(b) 第一批裂缝出现；(c) 裂缝的分布与开展

到其抗拉强度，这样便不会再有新的裂缝出现。所以，裂缝的间距将稳定在 $l\sim2l$ 之间，取其平均值为 $1.5l$。从第一条（批）裂缝出现到裂缝全部出齐为裂缝出现阶段，该阶段的荷载增量并不大，主要取决于混凝土强度的离散程度。裂缝间距的计算公式即是以该阶段的受力分析建立的。

裂缝出齐后，随着荷载的继续增加，裂缝宽度不断开展。裂缝的开展是由于混凝土的回缩，钢筋不断伸长，导致钢筋与混凝土之间产生变形差。如前述，在开裂瞬间，混凝土的应力瞬间变为零，而钢筋的应力突然增加了 $\Delta\sigma_s=f_t/\rho$，如配筋率较低，则裂缝一旦出现就会有一定的宽度。另外，由于混凝土收到钢筋的约束，其回缩量随着距钢筋表面距离的增大而增大，故裂缝开展的宽度随着保护层厚度（距钢筋表面的距离）的增大而增大。大量试验表明，钢筋表面处的裂缝宽度约为构件表面裂缝宽度的 1/5～1/3。

实际上，混凝土材料并不是均质的，裂缝的出现、分布和开展亦具有很大的离散性，故裂缝间距和宽度也是不均匀的。但大量的试验统计资料分析表明，裂缝间距和宽度的平均值仍具一定的规律性。

9.2.2 裂缝间距

设裂缝间距为 l，以两条裂缝间的构件为隔离体，如图 9.9 所示。

如图 9.9（a）所示，a-a 截面为第一条裂缝截面位置，b-b 截面为即将出现第二条裂缝的位置。a-a 截面处，混凝土已经退出工作，故该截面仅有钢筋受拉，钢筋的拉应力为 σ_{s1}；b-b 截面处，此时混凝土即将而尚未退出工作，所以该截面的拉力仍有混凝土和钢筋共同承担，混凝土的拉应力为 f_t，钢筋的拉应力为 σ_{s2}。由隔离体的力的平衡条件可得：

$$\sigma_{s1}A_s=\sigma_{s2}A_s+f_tA_c \tag{9.24}$$

再以钢筋为隔离体（图 9.9b），设钢筋表面与混凝土之间的平均粘结应力为 τ_m，钢筋截面的周长为 u，则在 l 长度内钢筋表面的粘结力为 $\tau_m ul$，根据隔离的平衡条件可得：

$$\sigma_{s1}A_s-\sigma_{s2}A_s=\tau_m\cdot u\cdot l \tag{9.25}$$

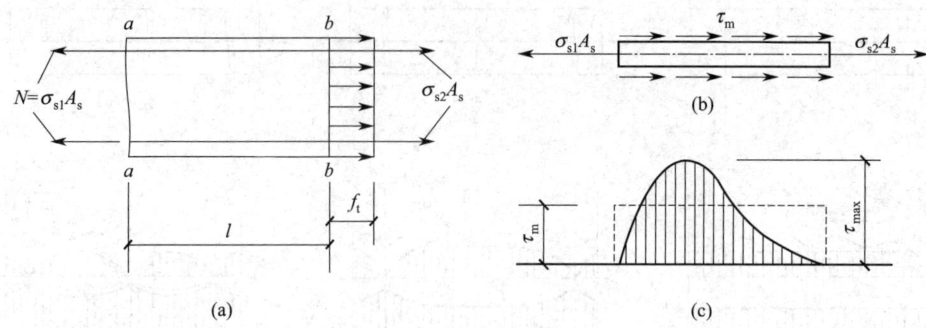

图 9.9　裂缝间距

由式(9.24) 和式(9.25) 可得：

$$\tau_m \cdot u \cdot l = f_t A_c \tag{9.26}$$

假设 $\rho = A_s/A_c$，并将其和 $A_s = \pi d^2/4$，代入式 (9.26)，可解得 l：

$$l = \frac{f_t A_c}{\tau_m u} = \frac{f_t d}{4\tau_m \rho} \tag{9.27}$$

由 9.2.1 节可知，裂缝的平均间距约为 $1.5l$，故：

$$l_m = 1.5\frac{f_t A_c}{\tau_m u} = \frac{3 f_t d}{8\tau_m \rho} \tag{9.28}$$

大量的试验表明，粘结应力τ_m与混凝土抗拉强度 f_t 近似呈正比例关系，可取两者比值为常数 K_1。因此，平均裂缝间距公式可表达如下：

$$l_m = K_1\frac{d}{\rho} \tag{9.29}$$

由式 (9.29) 可知：当配筋率相同时，钢筋直径越小，裂缝间距越小，裂缝宽度亦越小，也就是裂缝的分布和开展会密而细，这是钢筋混凝土构件控制裂缝宽度的一个重要原则。

但是，当$\frac{d}{\rho}$趋近于零时，裂缝之间的间距趋近于零，显然这是不符合实际情况的。试验表明，当$\frac{d}{\rho}$很小时，裂缝间距趋近于某一常数。这一常数与混凝土保护层厚度、钢筋表面形状、钢筋净距等因素有关，根据试验结果分析，对式 (9.29) 作出如下修正：

$$l_m = K_1\frac{d}{\rho} + K_2 c_s \tag{9.30}$$

式中　c_s——最外层纵向受拉钢筋外边缘至受拉区底边距离，当 $c_s < 20$mm，取 $c_s =$ 20mm；当 $c_s > 65$mm 时，取 $c_s = 65$mm。

以上分析是基于钢筋混凝土轴心受拉构件的。对受弯构件而言，可将受拉区近似为一轴心受拉构件。当钢筋直径不同时，应取钢筋的等效直径 d_{eq}。配筋率应取有效受拉面积配筋率 ρ_{te} (见 9.1.2 节)。

这样，式 (9.30) 可以表达为：

$$l_m = K_1\frac{d_{eq}}{\rho_{te}} + K_2 c_s \tag{9.31}$$

式中　K_1、K_2——经验系数，K_1 取 0.08，K_2 取 1.9。

钢筋等效直径（对无粘结后张构件，仅为受拉区纵向受拉普通钢筋的等效直径）的计算方法如下：

$$d_{eq}=\frac{\sum n_i d_i^2}{\sum n_i \nu_i d_i} \tag{9.32}$$

式中　n_i——受拉区第 i 种纵向钢筋的根数；

d_i——受拉区第 i 种纵向钢筋的直径，对有粘结预应力钢绞线束的直径取为$\sqrt{n_1}$；

d_{p1}、d_{p1}——单根钢绞线的直径；

n_1——单束钢绞线根数；

ν_i——受拉区第 i 种纵向钢筋的相对粘结特性系数，按表 9.1 选用。

钢筋的相对粘结特性系数　　**表 9.1**

钢筋类别	钢筋		先张法预应力筋			后张法预应力筋		
	光圆钢筋	带肋钢筋	带肋钢筋	螺旋肋钢筋	钢绞线	带肋钢筋	钢绞线	光面钢丝
ν_i	0.7	1.0	1.0	0.8	0.6	0.8	0.5	0.4

9.2.3　裂缝宽度

1. 平均裂缝宽度

平均裂缝宽度 ω_m 等于平均裂缝间距范围内钢筋和混凝土的平均受拉伸长之差，见图 9.9。

$$w_m=\varepsilon_{sm}l_m-\varepsilon_{ctm}l_m=\varepsilon_{sm}(1-\frac{\varepsilon_{ctm}}{\varepsilon_{sm}})l_m \tag{9.33}$$

式中　ε_{sm}——纵向受拉钢筋的平均拉应变，$\varepsilon_{sm}=\Psi\varepsilon_{sq}=\Psi\sigma_{sq}/E_s$；

ε_{ctm}——与纵向受拉钢筋相同水平处侧面表面混凝土的平均拉应变。

取 $\alpha_c=1-\frac{\varepsilon_{ctm}}{\varepsilon_{sm}}$为反映裂缝间混凝土伸长对裂缝宽度影响的系数，对受弯、轴心受拉、偏心受力构件取 $\alpha_c=0.85$，则平均裂缝宽度可按下式表达：

$$w_m=\alpha_c\Psi\varepsilon_s l_m=\alpha_c\Psi\frac{\sigma_{sq}}{E_s}l_m \tag{9.34}$$

σ_{sq} 是指按荷载准永久组合计算的钢筋混凝土构件裂缝截面处纵向受拉普通钢筋的应力。对于受弯、轴心受拉、偏心受拉以及偏心受压构件，σ_{sq} 可按下列公式计算。

1）受弯构件

按式（9.11）计算。

2）轴心受拉构件

$$\sigma_{sq}=\frac{N_q}{A_s} \tag{9.35}$$

3）偏心受拉构件

$$\sigma_{sq}=\frac{N_q e'}{A_s(h_0-a'_s)} \tag{9.36}$$

4）偏心受压构件

$$\sigma_{sq}=\frac{N_q(e-z)}{A_s z} \tag{9.37}$$

$$z=[0.87-0.12(1-\gamma_f')(\frac{h_0}{e})^2]h_0 \tag{9.38}$$

$$e=\eta_s e_0+y_s \tag{9.39}$$

$$\eta_s=1+\frac{1}{4000e_0/h_0}(\frac{l_0}{h})^2 \tag{9.40}$$

式中 A_s——受拉区纵向普通钢筋截面面积；对轴心受拉构件，取全部纵向普通钢筋截面面积；对偏心受拉构件，取受拉较大边的纵向普通钢筋截面面积；对受弯、偏心受压构件，取受拉区纵向普通钢筋截面面积；

e——轴向压力作用点至纵向受拉普通钢筋合力点的距离；

N_q、M_q——按荷载准永久组合计算的轴向力值、弯矩值；

e'——轴向拉力作用点至受压区或受拉较小边纵向普通钢筋合力点的距离；

e_0——荷载准永久组合下的初始偏心距，取 M_q/N_q；

z——纵向受拉普通钢筋合力点至截面受压区合力点的距离，且不大于 $0.87h_0$；

η_s——使用阶段的轴向压力偏心距增大系数，当 l_0/h 不大于 14 时，取 1.0；

y_s——截面重心至纵向受拉普通钢筋合力点的距离。

2. 最大裂缝宽度

实际观测表明，裂缝宽度具有很大的离散性。取短期荷载作用下最大裂缝宽度 $w_{s,max}$ 与上述计算的平均裂缝宽度 w_m 的比值为τ，即：

$$w_{s,max}=\tau w_m \tag{9.41}$$

3. 长期荷载的影响

在长期荷载的作用下，由于混凝土的滑移徐变和拉应力的松弛，会导致裂缝间混凝土不断退出受拉工作，钢筋平均应变增大，使裂缝随时间推移逐渐增大，混凝土的收缩也使裂缝间混凝土的长度缩短，也引起裂缝随时间推移不断增大。另外，荷载的变动，环境温度的变化，都会使钢筋与混凝土之间的粘结受到削弱，也将导致裂缝宽度不断增大。若令长期荷载作用下裂缝宽度的扩大系数为τ_l，乘以式(9.41) 得到：

$$w_{max}=\tau\tau_l w_m \tag{9.42}$$

4. 最大裂缝宽度计算公式

将式(9.34) 代入式(9.42) 后便可得到最大裂缝宽度的计算公式：

$$w_{max}=\alpha_{cr}\Psi\frac{\sigma_{sq}}{E_s}(0.08\frac{d_{eq}}{\rho_{te}}+1.9c_s) \tag{9.43}$$

式中 α_{cr}——构件受力特征系数，按表 9.2 选用。

构件受力特征系数 **表 9.2**

类型	α_{cr}	
	钢筋混凝土构件	预应力混凝土构件
受弯、偏心受压	1.9	1.5
偏心受拉	2.4	—
轴心受拉	2.7	2.2

对承受吊车荷载但不需要作疲劳验算的受弯构件，可将按式（9.43）求得的最大裂缝宽度乘以 0.85。对配置表层钢筋网片的梁，按式（9.43）求得的最大裂缝宽度可适当折减，折减系数可取 0.7。对 $e_0/h_0 \leqslant 0.55$ 的偏心受压构件，可不进行裂缝宽度验算。

5. 最大裂缝宽度验算

《规范》将结构构件正截面的受力裂缝等级分为三级，等级划分及要求应符合下列规定：

一级：严格要求不出现裂缝的构件，按荷载标准组合计算时，构件受拉边缘混凝土不应产生拉应力。

二级：一般要求不出现裂缝的构件，按荷载标准组合计算时，构件受拉边缘混凝土拉应力不应大于混凝土抗拉强度的标准值。

三级：允许出现裂缝的构件。对钢筋混凝土构件，按荷载准永久组合并考虑长期作用影响计算时，构件的最大裂缝宽度不应超过附表 1-20 规定的最大裂缝宽度限值。对预应力混凝土构件，按荷载标准组合并考虑长期作用的影响计算时，构件的最大裂缝宽度不应超过附表 1-19 规定的最大裂缝宽度限值；对二 a 类环境的预应力混凝土构件，尚应按荷载准永久组合计算，且构件受拉边缘混凝土的拉应力不应大于混凝土的抗拉强度标准值。

裂缝宽度验算的解决流程如图 9.10 所示。

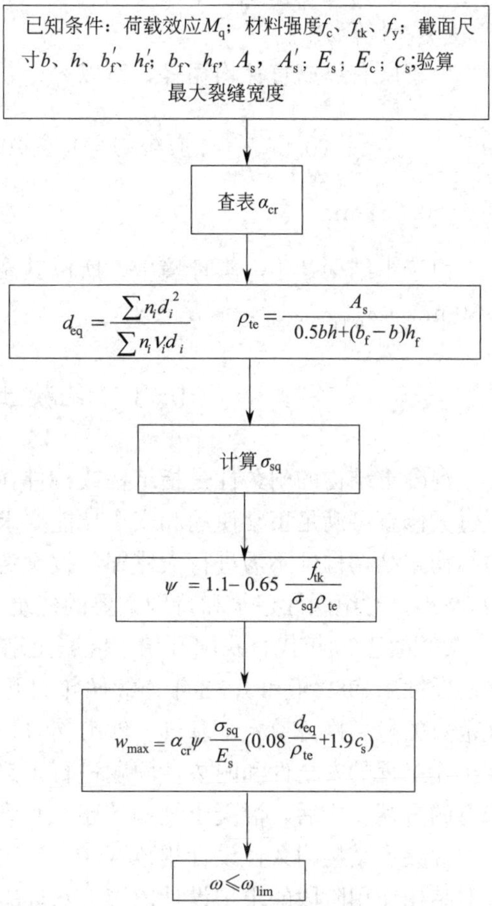

已知条件：荷载效应M_q；材料强度f_c、f_{tk}、f_y；截面尺寸b、h、b_f'、h_f'；b_f、h_f、A_s、A_s'；E_s；E_c；c_s;验算最大裂缝宽度

查表α_{cr}

$d_{eq}=\frac{\sum n_i d_i^2}{\sum n_i \nu_i d_i}$　$\rho_{te}=\frac{A_s}{0.5bh+(b_f-b)h_f}$

计算σ_{sq}

$\psi=1.1-0.65\frac{f_{tk}}{\sigma_{sq}\rho_{te}}$

$w_{max}=\alpha_{cr}\psi\frac{\sigma_{sq}}{E_s}(0.08\frac{d_{eq}}{\rho_{te}}+1.9c_s)$

$\omega \leqslant \omega_{lim}$

图 9.10　裂缝宽度验算流程图

【例题 9.2】某矩形偏心受压钢筋混凝土柱，截面尺寸 $b \times h = 400\text{mm} \times 500\text{mm}$。计算长度 $l_0 = 5.6\text{m}$，受拉和受压钢筋均为 4Φ20（$A_s = A_s' = 1256\text{mm}^2$），采用混凝土强度等级为 C30，混凝土保护层厚度 $c = 30\text{mm}$，箍筋直径为 10mm，荷载效应准永久组合值 $N_q = 380\text{kN}$，$M_q = 160\text{kN} \cdot \text{m}$。试验算是否满足一类环境中的裂缝宽度要求。

【解】（1）设计参数

查附表 1-2，$f_{tk} = 2.01\text{N/mm}^2$；查附表 1-13 可得，$E_s = 2.0 \times 10^5 \text{N/mm}^2$；本题为偏心受压钢筋混凝土柱，查表 9.2 可得，$\alpha_{cr} = 1.9$；$a_s = 30 + 10 + 20/2 = 50\text{mm}$；$h_0 = 500 - 50 = 450\text{mm}$。

（2）计算 e

由于，$l_0/h = 5600/500 = 10.2 < 14$，故 $\eta_s = 1.0$，$e_0 = M_q/N_q = 160/380 = 0.421\text{m} = 421\text{mm}$；$e = \eta_s e_0 + y_s = \eta_s e_0 + h/2 - a_s = 1.0 \times 421 + 250 - 50 = 621\text{mm}$。

（3）计算 σ_{sq}

$$z = [0.87 - 0.12(1 - \gamma_f')(h_0/e)^2]h_0 = [0.87 - 0.12 \times (460/621)^2] \times 450 = 363.14\text{mm}$$

$$\sigma_{sq} = \frac{N_q(e - z)}{A_s z} = \frac{380000 \times (621 - 363.14)}{1256 \times 363.14} = 214.83\text{N/mm}^2$$

(4) 计算钢筋应变不均匀系数 Ψ

$\rho_{te}=A_s/(0.5bh)=1256/(0.5\times400\times500)=0.01256$

$$\Psi=1.1-0.65\frac{f_{tk}}{\sigma_{sq}\rho_{te}}=1.1-0.65\times\frac{2.01}{214.83\times0.01256}=0.6158$$

(5) 计算 ω_{max}

由于所有纵筋直径均相等，所以 $d_{eq}=20mm$。

$$\omega_{max}=\alpha_{cr}\Psi\frac{\sigma_{sq}}{E_s}(0.08\frac{d_{eq}}{\rho_{te}}+1.9c_s)=1.9\times0.6158\times\frac{214.83}{2.0\times10^5}\times(0.08\times\frac{20}{0.01256}+1.9\times30)$$

$$=0.232mm$$

由于本结构处于一类环境中，所以其裂缝控制等级为三级，查附表 1-19 可得，$\omega_{lim}=0.30mm$，$\omega_{max}<\omega_{lim}$，满足要求。

9.3 混凝土结构的耐久性

混凝土结构的耐久性是指结构或构件在设计使用年限内，在正常维护条件下，不需要经过大修就可满足正常使用和安全功能要求的能力。其中，设计使用年限指的是设计规定的结构或结构构件不需进行大修即可按预定目的使用的年限。对一般结构，设计使用年限为 50 年；对纪念性建筑和特别重要的建筑结构，设计使用年限为 100 年。

20 世纪 60 年代，我国开始了混凝土结构耐久性的研究，主要针对混凝土的碳化和钢筋的锈蚀。1982 年和 1983 年连续两年召开了全国耐久性学术会议，为《混凝土结构设计规范》的科学修订奠定了基础。2001 年 11 月众多专家学者在北京举行的工程科技论坛上，就土建工程的安全性和耐久性问题进行了热烈讨论，混凝土结构的耐久性问题受到了前所未有的重视。之后，混凝土结构的耐久性研究在我国取得丰硕的成果，并于 2008 年发布了《混凝土结构耐久性设计规范》GB/T 50476—2008。2019 年，在 2008 年规范的基础上针对结构使用阶段的维护设计内容、热轧钢筋和耐腐蚀钢筋的耐久性要求、不同环境下结构耐久性构造与防裂要求、不同环境下使用防腐蚀附加措施的要求与规定、耐久性设计定量方法的原则与规定、混凝土原材料要求与规定和混凝土耐久性参数与指标的测试标准方法等内容作了补充或修订，发布了《混凝土结构耐久性设计标准》GB/T 50476—2019。

在 2018 年之前，混凝土结构的耐久性是按正常使用极限状态控制的，《建筑结构可靠性设计统一标准》GB 50068—2018 将耐久性从正常使用极限状态中独立出来，提出了耐久性极限状态。所谓的耐久性极限状态是指对应于结构或结构构件在环境影响下出现的劣化达到耐久性能的某项规定限值或标志的状态。当结构或结构构件出现下列状态之一时，应认定为超过了耐久性极限状态：影响承载能力和正常使用的材料性能劣化；影响耐久性能的裂缝、变形、缺口、外观、材料削弱等；影响耐久性能的其他特定状态。

9.3.1 影响混凝土结构耐久的因素

总体而言，可以将影响混凝土结构耐久性的因素分为内部因素和外部因素两个方面。内部因素主要有混凝土的强度、密实度、水泥用量、水灰比、氯离子及碱含量、外加剂用量、保护层厚度等；外部因素主要有环境温度、湿度、CO_2 含量、侵蚀介质等。

1. 混凝土的冻融破坏

混凝土水化结硬后，内部有很多毛细孔隙。在浇筑混凝土时，为得到必要的和易性，往往会比水泥水化所需要的水多些。多余的水分滞留在混凝土毛细孔中。低温时水分因结冰产生体积膨胀，引起混凝土内部结构破坏。反复冻融多次，就会使混凝土的损伤累积达到一定程度而引起结构破坏。防止混凝土冻融破坏的主要措施是降低水灰比，减少混凝土中多余的水分。冬季施工时，应加强养护，防止早期受冻，并掺入防冻剂等。

2. 混凝土的碱集料反应

混凝土集料中的某些活性矿物与混凝土微孔中的碱性溶液产生化学反应称为碱集料反应。碱集料反应产生的碱-硅酸盐凝胶，吸水后会产生膨胀，体积可增大3～4倍，从而使混凝土剥落、开裂、强度降低，甚至导致破坏。

引起碱集料反应有三个条件：

(1) 混凝土的凝胶中有碱性物质。这种碱性物质主要来自于水泥，若水泥中的含碱量（Na_2O，K_2O）大于0.6%以上时，则会很快析出到水溶液中，遇到活性骨料则会产生反应。

(2) 骨料中有活性骨料，如蛋白石、玻璃质火山石、安山石等含 SiO_2 的骨料。

(3) 水分。碱骨料反应的充分条件是有水分，在干燥环境下很难发生碱骨料反应。

3. 侵蚀性介质的腐蚀

常见的侵蚀性介质腐蚀有：

(1) 硫酸盐腐蚀：硫酸盐溶液与水泥石中的氢氧化钙及水化铝酸钙发生化学反应，生成石膏和硫铝酸钙，产生体积膨胀，使混凝土破坏。硫酸盐除在一些化工企业存在外，海水及一些土壤中也存在。当硫酸盐的浓度（以 SO_2 的含量表示）达到2‰时，就会产生严重的腐蚀。

(2) 酸腐蚀：混凝土是碱性材料，遇到酸性物质会产生化学反应，使混凝土产生裂缝、脱落，并导致破坏。酸存在于化工企业，在地下水，特别是沼泽地区或泥炭地区广泛存在碳酸及溶有 CO_2 的水。此外有些油脂、腐殖质也呈酸性，对混凝土有腐蚀作用。

(3) 海水腐蚀：在海港、近海结构中的混凝土构筑物，经常收到海水的侵蚀。海水中的 NaCl、$MgCl_2$、$MgSO_4$、K_2SO_4 等成分，尤其是 Cl^- 和硫酸镁对混凝土有较强的腐蚀作用。在海岸飞溅区，受到干湿的物理作用，也有利于 Cl^- 和 SO_4^{2-} 的渗入，极易造成钢筋锈蚀。

4. 混凝土的碳化

混凝土中碱性物质［$Ca(OH)_2$］使混凝土内的钢筋表明形成氧化膜，它能有效地保护钢筋，防止钢筋锈蚀。但由于大气中的二氧化碳（CO_2）与混凝土中的碱性物质发生反应，使混凝土的pH值降低。其他物质，如 SO_2、H_2S，也能与混凝土中的碱性物质发生类似的反应，使混凝土的pH值降低，这就是混凝土的碳化。当混凝土保护层被碳化到钢筋表面时，将破坏钢筋表面的氧化膜，引起钢筋的锈蚀。此外，碳化还会加剧混凝土的收缩，可导致混凝土的开裂。因此，混凝土的碳化是混凝土结构耐久性的重要问题。

混凝土的碳化从构件表面开始向内发展，到保护层完全碳化，所需要的时间与碳化速度、混凝土保护层厚度、混凝土密实性以及覆盖层情况等因素有关。

1）环境因素

碳化速度主要取决于空气中的 CO_2 浓度和向混凝土中的扩散速度。空气中的 CO_2 浓度越大，混凝土内外 CO_2 浓度梯度也越大，因而 CO_2 向混凝土内的渗透速度快，碳化反应也快。

空气湿度和温度对碳化反应速度有较大影响。因为碳化反应要产生水分向外扩散，湿度越大，水分扩散越慢。当空气相对湿度大于80%，碳化反应的附加水分几乎无法向外扩散，使碳化反应大大降低。而在极干燥环境下，空气中的 CO_2 无法溶于混凝土中的孔隙水中，碳化反应也无法进行。试验表明，当混凝土周围介质的相对湿度为50%～75%时，混凝土碳化速度最快。环境温度越高，碳化的化学反应速度越快，且 CO_2 向混凝土内的扩散速度也越快。

2）材料因素

水泥是混凝土中最活跃的成分，其品种和用量决定了单位体积中可碳化物质的含量，因而对混凝土碳化有重要影响。单位体积中水泥的用量越多，会提高混凝土的强度，又会提高混凝土的抗碳化性能。

水灰比也是影响碳化的主要因素。在水泥用量不变的条件下，水灰比越大，混凝土内部的孔隙率也越大，密实性就越差，CO_2 的渗入速度越快，因而碳化的速度也越快。水灰比增大会使混凝土孔隙中游离水增多，有利于碳化反应。

混凝土中外加掺合料和骨料品种对碳化也有一定的影响。

3）施工养护条件

混凝土搅拌、振捣和养护条件影响混凝土的密实性，因而对碳化有较大影响。此外，养护方法与龄期对水泥的水化程度有影响，进而影响混凝土的碳化。所以保证混凝土施工质量对提高混凝土的抗碳化性能十分重要。

4）覆盖层

如果覆盖层有气密性，使渗入混凝土的 CO_2 数量减小，则可提高混凝土的抗碳化性能。

减小混凝土碳化的措施：

(1) 合理设计混凝土配合比。

(2) 提高混凝土的密实性、抗渗性。

(3) 钢筋应具有足够的混凝土保护层。这是《规范》规定最小保护层的一个主要目的。混凝土碳化达到钢筋表面需要一定的时间，称为脱钝时间。混凝土保护层厚度越大，脱钝时间越长。最小保护层厚度与环境条件有关。

(4) 采用覆盖层。如采用低分子聚乙烯或石蜡浸渍混凝土表面，几乎可隔绝 CO_2 的渗透。

5. 钢筋的锈蚀

当混凝土未碳化时，由于水泥的高碱性，钢筋表面形成一层致密的氧化膜，阻止了钢筋锈蚀电化学过程。当混凝土被碳化，钢筋表面的氧化膜被破坏，在有水分和氧气的条件下，就会发生锈蚀的电化学反应。

钢筋锈蚀产生的铁锈［$Fe(OH)_3$］，体积比铁增加2～6倍，保护层被挤裂，使空气中的水分更易进入，促使锈蚀加快发展。

氧气和水分是钢筋锈蚀必要条件，混凝土的碳化仅是为钢筋锈蚀提供了可能。当构件使用环境很干燥（湿度小于40%），或完全处于水中，钢筋的锈蚀极慢，几乎不发生锈蚀。而裂缝的发生为氧气和水分的浸入创造了条件，同时也使混凝土的碳化形成立体发展。但近年来的研究发现，锈蚀程度与荷载产生的横向裂缝宽度无明显关系，在一般大气环境下，裂缝宽度即便达到0.3mm，也只是在裂缝处产生锈点。这是由于钢筋锈蚀是一个电化学过程，因此锈蚀主要取决于氧气通过混凝土保护层向钢筋表面的阴极的扩散速度，而这种扩散速度主要取决于混凝土的密实度。裂缝的出现仅是使裂缝处钢筋局部脱钝，使锈蚀过程得以开始，但它对锈蚀速度不起控制作用。因此，防止钢筋锈蚀最重要的措施是在增加混凝土的密实性和混凝土的保护层厚度。

钢筋锈蚀引起混凝土结构损伤过程如下，首先在裂缝宽度较大处发生个别点的“坑蚀”，见图9.11(a)，继而逐渐形成“环蚀”，同时向裂缝两边扩展，形成锈蚀面，使钢筋有效面积减小。严重锈蚀时，会导致沿钢筋长度出现纵向裂缝，甚至导致混凝土保护层脱落，习称“暴筋”，见图9.11(b)，从而导致截面承载力下降，直至最终引起结构破坏。

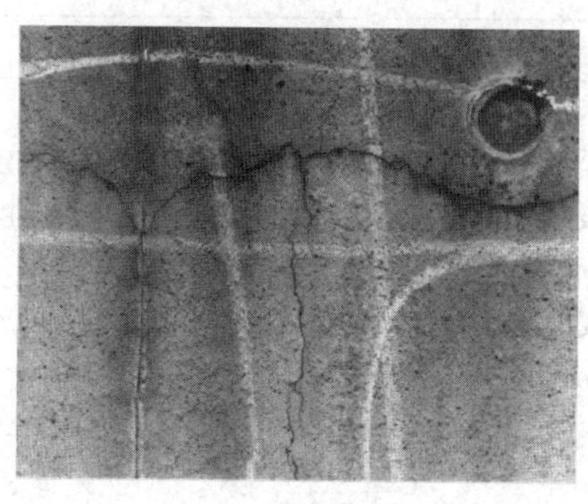

图9.11　钢筋锈蚀引起的混凝土结构损伤

(a) 坑蚀；(b) 暴筋

防止钢筋锈蚀的主要措施：

（1）降低水灰比，增加水泥用量，提高混凝土的密实度；

（2）增加混凝土的保护层厚度；

（3）严格控制氯离子的含量；

（4）采用涂面层、钢筋阻锈剂、涂层钢筋等措施。

9.3.2　混凝土结构的耐久性设计

《规范》在参考《混凝土结构耐久性设计标准》GB/T 50476—2019的基础上，规定了混凝土结构耐久性设计的内容：①确定结构所处的环境类别；②提出对混凝土材料的耐久性基本要求；③确定构件中钢筋的混凝土保护层厚度；④不同环境条件下的耐久性技术措施；⑤提出结构使用阶段的检测和维护要求。

对于临时性的混凝土结构，可不考虑混凝土的耐久性要求。

1. 确定结构所处的环境类别

混凝土结构的耐久性与结构工作的环境有密切关系。同一结构在强腐蚀环境中要比一般大气环境中的使用寿命短。对于不同环境，可以采取不同措施来保证结构使用寿命。如在恶劣环境，不断增加混凝土保护层是不经济的，效果也不一定好，可在构件表面采用防护涂层。

混凝土结构保护的环境类别应按表 9.3 的要求划分。

混凝土结构的环境类别 **表 9.3**

环境类别	条件
一	室内干燥环境；无侵蚀性静水浸没环境
二 a	室内潮湿环境；非严寒和非寒冷地区的露天环境；非严寒和非寒冷地区与无侵蚀性的水或土壤直接接触的环境；严寒和寒冷地区的冰冻线以下与无侵蚀性的水或土壤直接接触的环境
二 b	干湿交替环境；水位频繁变动环境；严寒和寒冷地区的露天环境；严寒和寒冷地区的冰冻线以上与无侵蚀性的水或土壤直接接触的环境
三 a	严寒和寒冷地区冬季水位变动区环境；受除冰盐影响环境；海风环境
三 b	盐渍土环境；受除冰盐作用环境；海岸环境
四	海水环境
五	受认为或自然的侵蚀性物质影响的环境

注：1. 室内潮湿环境是指构件表面经常处于结露或湿润状态的环境；

2. 严寒和寒冷地区的划分应符合现行国家标准《民用建筑热工设计规范》GB 50176—2016 的有关规定；

3. 海岸环境和海风环境宜根据当地情况，考虑主导风向及结构所处迎风、背风部位等因素的影响，由调查研究和工程经验确定；

4. 受除冰盐影响环境是指受到除冰盐盐雾影响的环境；受除冰盐作用环境是指被除冰盐溶液溅射的环境以及使用除冰盐地区的洗车房、停车楼等建筑；

5. 暴露的环境是指混凝土结构表面所处的环境。

2. 提出对混凝土材料的耐久性基本要求

耐久性的另一个重要方面是混凝土密实性，因为密实性好对延缓混凝土的碳化和钢筋锈蚀有很大作用。提高混凝土密实性主要是减小水灰比和保证水泥用量。若混凝土中氯离子含量过大，则会对钢筋锈蚀有恶劣影响。

对设计使用年限为 50 年的混凝土结构，其混凝土材料宜符合表 9.4 的规定。

结构混凝土材料的耐久性基本要求 **表 9.4**

环境等级	最大水胶比	最低强度等级	最大氯离子含量(%)	最大碱含量(kg/m^3)
一	0.60	C20	0.30	不限制
二 a	0.55	C25	0.20	3.0
二 b	0.50(0.55)	C30(C25)	0.15	
三 a	0.45(0.50)	C35(C30)	0.15	
三 b	0.40	C40	0.10	

注：1. 氯离子含量系指其占胶凝材料总量的百分比；

2. 预应力构件混凝土中的最大氯离子含量为 0.06%；其最低混凝土强度等级宜按表中的规定提高两个等级；

3. 素混凝土构件的水胶比及最低强度等级的要求可适当放松；

4. 有可靠工程经验时，二类环境中的最低混凝土强度等级可降低一个等级；

5. 处于严寒和寒冷地区二 b、三 a 类环境中的混凝土应使用引气剂，并可采用括号中的有关参数；

6. 当使用非碱活性骨料时，对混凝土中的碱含量可不作限制。

一类环境中，设计使用年限为100年的混凝土结构应符合下列规定：①钢筋混凝土结构的最低强度等级为C30；预应力混凝土结构的最低强度等级为C40；②混凝土中的最大氯离子含量为0.06%；③宜使用非碱活性骨料，当使用碱活性骨料时，混凝土中的最大碱含量为3.0kg/m^3。

3. 确定构件中钢筋的混凝土保护层厚度

构件中受力钢筋的保护层厚度不应小于钢筋的公称直径d，且设计使用年限为50年的混凝土结构，最外层钢筋的保护层厚度应符合附表1-16的规定，设计使用年限为100年的混凝土结构，最外层钢筋的保护层厚度不应小于附表1-16中数值的1.4倍。

4. 不同环境条件下的耐久性技术措施

(1) 预应力混凝土结构中的预应力筋应根据具体情况采取表面防护、孔道灌浆、加大混凝土保护层厚度等措施，外露的锚固端应采取封锚和混凝土表面处理等有效措施；

(2) 有抗渗要求的混凝土结构，混凝土的抗渗等级应符合有关标准的要求；

(3) 严寒及寒冷地区的潮湿环境中，结构混凝土应满足抗冻要求，混凝土抗冻等级应符合有关标准的要求；

(4) 处于二、三类环境中的悬臂构件宜采用悬臂梁板的结构形式，或在其上表面增设防护层；

(5) 处于二、三类环境中的结构构件，其表面的预埋件、吊钩、连接件等金属部件应采取可靠的防锈措施，对于后张预应力混凝土外露金属锚具，其防护要求见《规范》第10.3.13条；

(6) 处在三类环境中的混凝土结构构件，可采用阻锈剂、环氧树脂涂层钢筋或其他具有耐腐蚀性能的钢筋，采取阴极保护措施或采用可更换的构件等措施。

5. 提出结构使用阶段的检测与维护要求

(1) 建立定期检测、维修制度；

(2) 设计中可更换的混凝土构件应按规定更换；

(3) 构件表面的防护层，应按规定维护或更换；

(4) 结构出现可见的耐久性缺陷时，应及时进行处理。

思考题

9-1　裂缝间纵向受拉钢筋应变不均匀系数的物理意义是什么？

9-2　如何计算短期截面弯曲刚度B_s？

9-3　长期荷载作用下，受弯构件的截面弯曲刚度降低的原因有哪些？

9-4　何为“最小刚度原则”？

9-5　简述裂缝的出现、分布及开展的机理。

9-6　简述控制钢筋混凝土受弯构件裂缝宽度的原则。

9-7　影响混凝土结构耐久性的因素有哪些？

9-8　减小混凝土碳化的措施有哪些？

9-9　防止钢筋锈蚀的主要措施有哪些？

9-10　混凝土结构耐久性设计的主要内容有哪些？

习题

9-1 已知某钢筋混凝土简支梁，截面尺寸 $b\times h=200\text{mm}\times600\text{mm}$，计算跨度 $l_0=6.0\text{m}$，承受均布荷载，其中永久荷载标准值 $g_k=12.0\text{kN/m}$，可变荷载标准值 $q_k=9.0\text{kN/m}$，准永久值系数 $\varphi=0.5$。采用 C25 级混凝土，纵筋为 4Φ18，箍筋采用Φ8@200，保护层厚度取 25mm，$[f]\leqslant l_0/200$。验算该梁跨中最大挠度是否满足要求。

9-2 已知某钢筋混凝土屋架下弦，其截面尺寸 $b\times h=200\text{mm}\times200\text{mm}$，按荷载准永久组合计算的轴向拉力 $N_q=130\text{kN}$，配置了 4Φ14（$A_s=615\text{mm}^2$）的纵向受拉钢筋，混凝土强度等级为 C30，保护层厚度 $c=20\text{mm}$，箍筋直径为 8mm，$\omega_{lim}=0.2\text{mm}$。验算裂缝宽度是否满足要求？

第 10 章

预应力混凝土结构设计

学习目标：

（1）了解预应力混凝土结构的基本概念；
（2）熟悉预应力的施加方法和施工工艺；
（3）掌握各项预应力损失的计算方法和减少措施；
（4）掌握张拉控制应力的计算方法；
（5）掌握轴心受拉构件和受弯构件的设计方法。

由于混凝土抗压强度很高，受拉区混凝土开裂以后即退出工作，这样受拉区混凝土的抗压强度便得不到利用。预应力混凝土结构可以在构件投入使用之前，通过在受拉施加外力，使受拉区混凝土内存在一定的压应力，并以之抵消结构受荷以后产生的拉应力，这样就可以利用混凝土的抗压强度来弥补混凝土抗拉强度不足的缺陷，达到防止受拉区混凝土开裂过早的问题，同时亦可以提高截面抗弯刚度，减小裂缝宽度甚至可以做到不出现裂缝。

10.1 概述

10.1.1 预应力混凝土的基本概念

钢筋混凝土是土木工程结构中，应用最广泛的材料之一，它由钢筋和混凝土两种性质不同的材料组成，原材料丰富并且容易就地取材、施工简便、易成型、性价比较高。然而，由于钢筋混凝土结构有其本身固有的缺点，在承受荷载时，由于混凝土的抗拉强度较低，当钢筋应力远未达到钢筋强度极限值时，受拉区混凝土早就开裂。并且随着荷载的增加，旧的裂缝不断开展，新的裂缝相继出现，使得普通钢筋混凝土不能用于对裂缝控制要求较高的结构，应用受到诸多限制。同时，开裂后的结构刚度降低、受拉区混凝土不能充分利用，钢筋的能力不能充分发挥，降低了钢筋混凝土结构的使用性能和经济性。为了保证结构的耐久性，需要根据结构所处的环境来进行裂缝的控制，当裂缝宽度在规范容许的范围内 0.2～0.25mm（一般钢筋混凝土构件的最大容许值）时，受拉区钢筋的应力一般在 200～250MPa，高强度钢筋无法发挥其能力。随着结构跨度的增大，普通钢筋混凝土受弯构件只能通过加大截面尺寸和增加钢筋用量来控制裂缝，这会造成材料不经济和使用不合理，因此普通钢筋混凝土不能继续适用于大跨径结构。综上，普通钢筋混凝土的缺点主要源于混凝土的抗拉强度低，为了改善钢筋混凝土的受力性能、控制裂缝，在长期的生产实践和科学试验中，人们发现在结构使用之前对受拉区混凝土进行预压，可以使结构在使用中部分或者全部抵消外荷载产生的拉应力，这就是预应力混凝土结构。

下面通过图 10.1 所示的简支梁为例，说明预应力混凝土的概念。设一矩形简支梁，计算跨径为 l，截面为 $b\times h$，承受均布荷载 q（含自重），则在预压力 N_p 作用下，跨中截面下缘的压应力为：

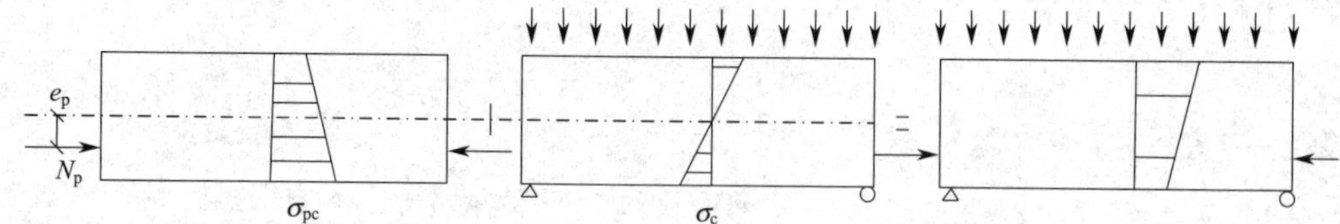

图 10.1　预应力混凝土的概念

$$\sigma_{pc}=\frac{N_p}{A}+\frac{N_p e_p}{I}\cdot\frac{h}{2} \tag{10.1}$$

在均布荷载 q 作用下，跨中截面下缘的拉应力为：

$$\sigma_c=\frac{M}{I}\cdot\frac{h}{2} \tag{10.2}$$

那么，在预压力和均布荷载 q 共同作用下，跨中截面下缘的应力为：

$$\sigma_b=\sigma_c-\sigma_{pc}=\frac{M}{I}\cdot\frac{h}{2}-\left(\frac{N_p}{A}+\frac{N_p e_p}{I}\cdot\frac{h}{2}\right) \tag{10.3}$$

根据预加偏心压力和偏心距的大小，式（10.3）可能产生三种情况：

（1）$\sigma_c-\sigma_{pc}<0$：由于预加应力 σ_{pc} 较大，梁底边缘仍处于受压状态，不会出现开裂；

（2）$0<\sigma_c-\sigma_{pc}<f_{tk}$：梁底边缘虽然产生拉应力，但拉应力小于混凝土的抗拉强度，一般不会出现开裂；

（3）$\sigma_c-\sigma_{pc}>f_{tk}$：梁底边缘应力超过混凝土的抗拉强度，虽然会产生裂缝，但比钢筋混凝土构件（$N_p=0$）的开裂明显推迟，裂缝宽度也显著减小。

10.1.2　预应力混凝土的优缺点

与非预应力结构相比，预应力结构具有如下优点：

（1）改善结构使用性能。通过对截面受拉区施加预应力，可以使结构内力均匀分布，降低截面应力峰值，使结构在使用荷载下不开裂或减小裂缝宽度，并由预应力反拱而降低结构的变形，提高了构件的抗裂度和刚度，从而改善结构的使用性能，提高结构的耐久性。

（2）节省材料，减轻自重。对于大跨度、承受重荷载的结构，预应力可以有效提高结构的高跨比限值。

（3）充分利用高强钢材。在普通钢筋混凝土结构中，由于裂缝宽度和挠度的限制，高强钢材的强度不能被充分利用。而在预应混凝土结构中，通过对高强钢材预先施加较高的拉应力，可以使高强钢材在结构破坏前能够达到其屈服强度或名义屈服强度。

（4）具有良好的裂缝闭合性能与变形恢复性能。当作用在结构上的活载部分或全部卸载时，预应力混凝土结构具有良好的裂缝闭合和变形恢复性能，从而提高了截面刚度，进一步改善结构的耐久性。

（5）提高抗剪承载力。由于预压应力延缓了截面斜裂缝的产生，增加了截面剪压区面积，从而提高了构件的抗剪承载力。另外，预应力混凝土梁的腹板宽度也可以做得薄一些，以进一步减轻自重。

（6）提高抗疲劳强度。预压应力可以有效降低钢筋的应力循环幅度，增加疲劳寿命。这对于以承受动力荷载为主的桥梁结构是很有利的。

（7）具有良好的经济性。对适合采用预应力技术的混凝土结构来说，预应力混凝土结构比普通钢筋混凝土结构节省 20%～40%的混凝土和 30%～60%的纵筋钢材，而与钢结构相比，则可节省一半以上的造价。

当然，预应力混凝土结构也存在一些缺点：

（1）预应力混凝土工艺较复杂，对施工质量要求较高，因此需要配备技术较熟练的专业队伍进行施工。

（2）预应力的施工需要专门的设备，比如张拉设备、灌浆设备等。先张法需要设置张拉台座；后张法施工需要数量较多的制孔器（波纹管等）、锚具等。

（3）预应力上拱度不容易控制，它随混凝土徐变的增大而加大。

（4）预应力混凝土结构的开工费用较大，对于跨径小、构件数量少的工程，成本较高。

但是，以上缺点是可以有办法克服的。只要从实际出发，因地制宜地进行合理设计和妥善的组织施工，预应力混凝土结构就能充分发挥其优越性，所以近几十年来得到了迅猛的发展，尤其是对桥梁新体系的发展起了重要的推动作用。这是一种非常有发展前途的工程结构。

10.1.3 预应力混凝土的发展与应用

实际上，预应力的概念很早就被人们所认识和利用。例如盛水的木桶，用藤、麻绳或铁丝箍筋木桶周边，使沿圆周拼接的木板承受环向挤压力，从而能够承受水压引起的环向拉力（图 10.2a）。又如薄贴条或钢条制成的锯片，锯条本身并无抗压能力，但若拧紧另一侧的绳子使锯条预先受拉，若锯条收到的拉应力大于锯木材过程中产生的压应力，锯条就始终处于受拉的状态，不会产生压曲失稳的情况（图 10.2b）。再如，在搬运多本竖向的书本时，若预先在书的下部施加向内的压力后便可克服书本的自重（图 10.2c）。

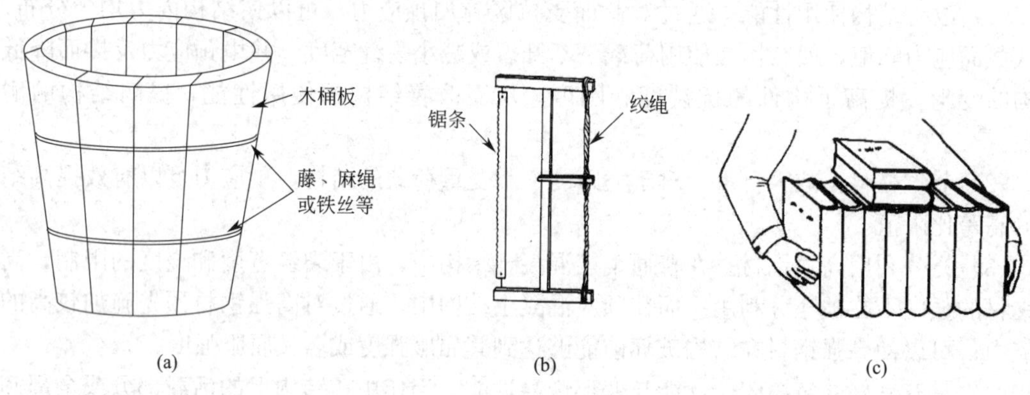

图 10.2 预应力概念在生活中的应用

1886 年，美国工程师 P. H. Jackson 申请了在混凝土拱内张拉钢拉杆作为楼板的专利；1888 年前后，德国的 C. E. W. Doehring 获得了在楼板受荷载前配置已经施加拉力的钢筋的专利。最初，这些专利并未得到应用，主要原因是采用的低强度预应力筋的预拉应力几乎都被混凝土收缩、徐变所引起的应力损失所抵消。1919 年德国的 B. K. Wettstein 用绷紧的琴弦制成预应力薄板，是第一个用高强度钢材制作预应力混凝土的人，1923 年美国的 R. H. Dill 认识到预应力混凝土必须采用高强度钢材。

1928 年，法国工程师 E. Freyssinet 开始将高强度钢丝应用于预应力混凝土，研究了预应力混凝土的收缩、徐变性能，申请了用大于 400MPa 的钢筋施加预应力的专利，为预应力混凝土的实际应用作出了巨大贡献。1938 年德国 E. Hoyer 成功应用预应力钢筋和混凝土的粘结应力来建立预应力制作先张构件；1939 年 E. Freyssinet 发明了用于端部锚固高强钢丝的锥塞式锚具并设计了双作用千斤顶；1940 年比利时 G. Magnel 研制出了一次张拉两根钢丝并在每端用一个钢楔锚固，这些预应力钢材锚固体系的发明和实际应用为预应力混凝土的广泛应用提供了基础。

在用预应力混凝土建造的结构中，有加拿大多伦多国家电视塔、奥地利阿尔姆桥、挪威新瓦洛德桥、法国巴黎新凯旋门等。现在，预应力混凝土已经大量应用于桥梁、建筑结构、压力储罐、水工结构、地下结构、核反应容器、船体结构、海洋工作平台、大坝等领域。

20 世纪 50 年代，我国开始了预应力混凝土的开发和应用。1954 年，铁道部科学研究院成功研制出第一根预应力混凝土轨枕；1955 年铁道部科学研究院、丰台桥梁厂和铁道部专业设计院联合成功研制第一孔 12m 后张预应力混凝土铁路桥梁；1956 年公路部门在卢沟桥前哑巴河上试建了第一座公路预应力混凝土梁桥。1965 年，我国建造了第一座采用悬臂法施工的预应力混凝土桥梁——江苏盐河公路实验桥。20 世纪 60 年代中期以后，我国开始建设大跨度预应力混凝土连续梁桥。至今预应力混凝土在我国得到了蓬勃发展，大量应用于各种结构中，如上海东方明珠电视塔、南京长江二桥北汊桥、虎门大桥辅航道桥、东海大桥。

目前，预应力混凝土广泛应用于以下结构中：

（1）大跨度结构，如大跨度桥梁、体育馆和机库等，大跨度建筑的楼盖或屋盖体系，高层建筑的转换层等；

（2）要求裂缝控制等级较高的结构，如压力容器、压力管道、水工或海洋建筑以及冶金、化工厂的结构等；

（3）高耸结构，如水塔、烟囱、电视塔等；

（4）预制构件，如预应力空心楼板、预应力管桩等。

10.2　施加预应力的方法

按照张拉预应力筋和浇筑混凝土的先后顺序，可以分为先张法和后张法两类。

10.2.1　先张法

先张法，即先张拉预应力筋，后浇筑构件混凝土的方法。先张法施工工艺流程如图 10.3 所示，包括以下步骤：①制作张拉台座，在台座上按设计的数量、线形、位置要求布置预应力筋；②张拉预应力筋；③临时锚固预应力筋，浇筑混凝土；④待混凝土达到要求强度（一般不低于强度设计值的 75%）后，放松预应力筋，依靠预应力钢筋的回缩及其与混凝土间的粘结作用传递给混凝土，使混凝土获得预压应力。

先张法一般用于预制构件厂生产定型的中小型构件，如楼板、屋面板、檩条及吊车梁等。先张法的优点是施工工艺简单、生产效率高、试件质量易保证、锚夹具可重复使用等。

10.2.2　后张法

后张法是指先浇筑混凝土，当混凝土凝结硬化达到一定强度后直接在构件上张拉预应力筋并锚固的施工方法。后张法施工工艺流程如图 10.4 所示，包括以下步骤：①制作构件，并在构件内部预留预应力筋孔道；②待混凝土凝结硬化达到一定强度（不低于设计强度的 80%），将预应力筋穿入孔道，使用千斤顶抵住构件并张拉预应力筋；③锚固预应力筋；④对于有粘结预应力混凝土，灌注孔道水泥浆，使预应力筋和混凝土粘结、共同工作。

后张法预应力混凝土通过永久留存于构件体内的锚具建立预应力。由于混凝土凝结硬化后张拉，预应力筋易制作成各种曲线形式，因此，后张法预应力混凝土适用性好，大量应用于预制和现浇的中大型结构中。

施工时可以采用两端同时张拉预应力钢筋，亦可采用一端锚固一端张拉预应力筋，施工方法的选择依赖于预应力筋曲线形式和长度引起的管道壁抵抗张拉钢筋摩阻力大小、张拉预应力筋施工空间限制等因素。

后张法预应力混凝土的预留孔道由埋入式或抽拔式制孔器来形成。埋入式制孔器一般采用金属或塑料波纹管；抽拔式制孔器常采用橡胶抽拔芯棒和外包胶管等。

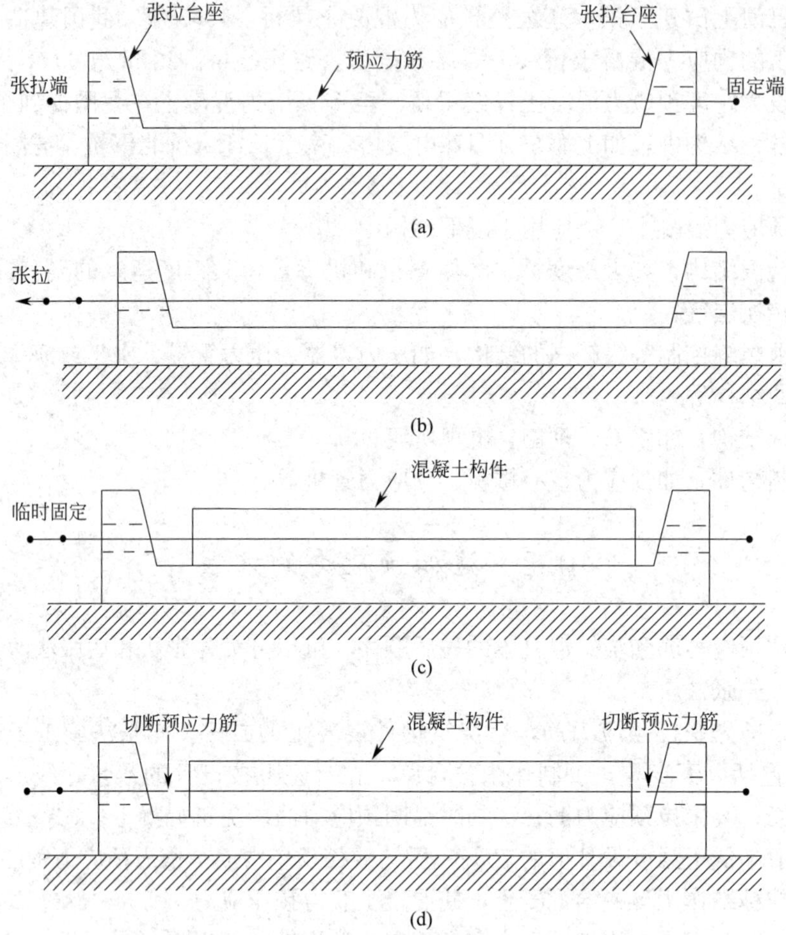

图 10.3　先张法施工工艺流程示意图

(a) 制作台座；(b) 张拉预应力筋；(c) 临时固定预应力筋，并浇筑混凝土；(d) 切断预应力筋

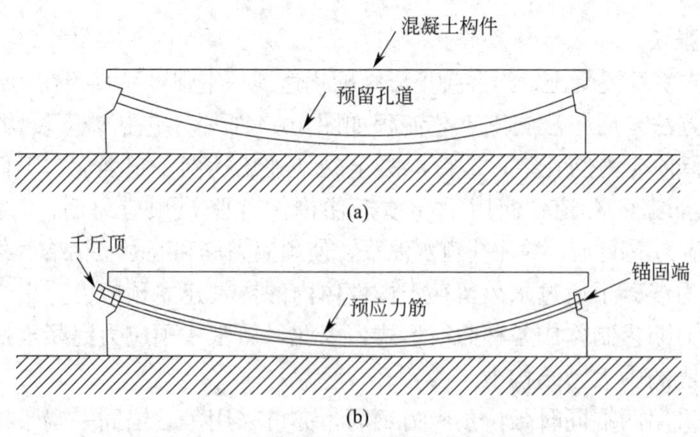

图 10.4　后张法施工工艺流程示意图（一）

(a) 预留孔道，制作构件；(b) 穿预应力筋并张拉（本图为一端张拉一端锚固）

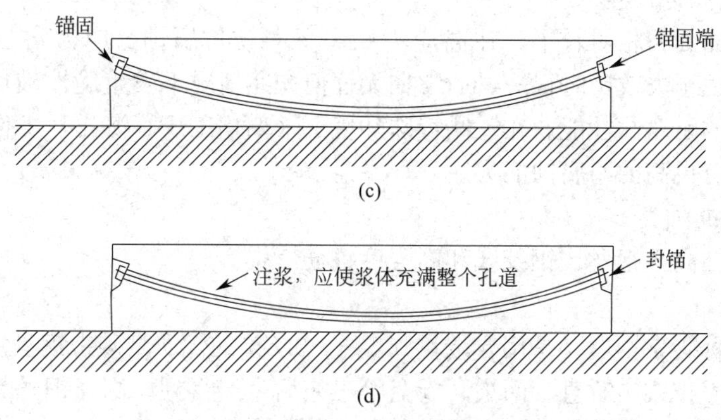

图 10.4　后张法施工工艺流程示意图（二）
(c) 锚固预应力筋；(d) 孔道注浆、封锚

10.3　预应力混凝土材料、锚具和夹具

10.3.1　预应力筋

1. 预应力筋的性能要求

1）高强度

为保证预应力混凝土构件在正常使用阶段不发生开裂或延缓开裂，荷载作用下受拉区的混凝土必须永久保持较高的预压应力，相应地，预应力筋需永久保持较高的拉应力。工程实践表明，预应力筋被张拉后由于混凝土收缩、徐变和预应力筋松弛等影响，预应力筋中的应力会随时间而降低，因此，只有在张拉时采用很高的张拉应力，才能在扣除预应力降低量后预应力筋仍能保持足够大的拉应力。实践证明，钢材强度越高，损失率越小，经济效果越好。

当前，国内外用得较多得是高强碳素钢丝和用这种钢丝制成的 7 股钢绞线。世界上能满足塑性要求的钢材，抗拉强度上限值约为 1800～2000kN/mm^2。

2）较好的塑性和良好的加工性能

为保证预应力混凝土破坏前有明显的变形预兆，预应力筋必须满足一定的拉断伸长率要求；为便于弯曲和转折布置，预应力筋必须满足一定的弯折次数要求；为保证加工质量，如采用镦头锚板时需保证钢筋头部镦粗后不影响原有力学性能，预应力筋还需具有良好的加工性能。

3）良好的粘结性能

在有粘结预应力混凝土结构中，预应力必须与混凝土（先张法构件）或水泥浆（后张法构件）完好粘结，以保证预应力筋和混凝土之间具有可靠的粘结力，同时可防止外界空气进入而发生钢筋锈蚀，此时要求预应力筋具有良好的与混凝土粘结的能力。

4）低松弛

在高应力状态下预应力筋将发生松弛，预拉应力随时间而降低，采用低松弛高强度钢材不仅可减少预拉应力降低量，为结构分析带来方便，而且可节约钢材。

5）良好的耐腐蚀性能

预应力筋断面面积相对较小，在高应力状态下对锈坑腐蚀、应力腐蚀及氢脆腐蚀敏感，且自开始腐蚀至失效历时很短，通常在无任何先兆情况下发生脆性破坏，因此，预应力筋需具有良好的耐腐蚀性能。在一些特殊环境下（如化工厂、海洋）工作的预应力混凝土，预应力筋具有更高的耐腐蚀能力。

2. 预应力筋的种类

预应力筋包括高强钢丝、钢绞线和高强度钢筋三类。

1）高强钢丝

高强钢丝又称碳素钢丝，是用含碳量0.5%～0.8%的优质高碳素钢盘条经索氏体化处理、酸洗、镀铜、拉拔、矫直、回火、卷盘等工艺后生产得到。高强钢丝具有强度高、塑性好、使用方便等特点，在预应力混凝土结构中被广泛使用。

按表面形状特征，高强钢丝分为光面钢丝、刻痕钢丝和螺旋肋钢丝。

按加工状态分为冷拉钢丝和消除应力钢丝。

为增加与混凝土粘结强度，钢丝表面可采用“刻痕”或“压波”，也可制成螺旋肋。成品钢丝不得存在电焊接头。

2）钢绞线

钢绞线是将多根冷拉光圆钢丝或刻痕钢丝在绞线机上同向捻制得到。工程中常用的有两股（1×2）、三股（1×3）和七股（1×7）钢绞线，尤以七股钢绞线最为常用。七股钢绞线是由6根直径相同的钢丝围绕中间一根直径略大钢丝（比外围直径大2.5%）捻制而成，根据钢丝直径不同，有公称直径直径为9.5mm、10.1mm、12.7mm、15.2mm、15.7mm、17.8mm、18.9mm、21.6mm等规格。大跨度结构采用大吨位预应力束时，可采用19股钢绞线，公称直径有17.8mm、19.3mm、20.3mm、21.8mm、28.6mm等规格。

《预应力混凝土用钢绞线》GB/T 5224—2014规定，预应力钢绞线产品标志应包含结构代号、公称直径、强度级别和标准编号等信息，如公称直径15.2mm、抗拉强度1860MPa的七股标准型钢绞线，标记为1×7－15.2－1860-GB/T 5224—2014。

3）高强度钢筋

按照钢材获得高强度途径不同，预应力混凝土结构中的高强度钢筋可分为热处理钢筋、预应力螺纹钢筋、冷拉钢筋、冷轧带肋钢筋和冷轧扭钢筋等。

工程中常用预应力螺纹钢筋，其力学性能应满足《预应力混凝土用螺纹钢筋》GB/T 20065—2016的规定。预应力螺纹钢筋按屈服强度分为PSB785、PSB830、PSB930、PSB1080、PSB1200五个级别（PSB后面的数字代表屈服强度），公称直径15～75mm。工程中常用公称直径为18mm、25mm、32mm、40mm、50mm的预应力螺纹钢筋。

预应力钢筋的强度标准值、设计值、弹性模量和疲劳强度分别见附表1-10、附表1-12、附表1-13和附表1-16。

10.3.2 混凝土

预应力混凝土要求采用高强混凝土，原因如下：

(1) 可以施加较大的预压应力，提高预应力效率；

(2) 有利于减小构件截面尺寸，以适应大跨度的要求；

(3) 具有较高的弹性模量，有利于提高截面抗弯刚度，减少预压时的弹性回缩；

(4) 徐变较小，有利于减少徐变引起的预应力损失；

(5) 与钢筋有较大粘结强度，减少先张法预应力筋的应力传递长度；

(6) 有利于提高局部承压能力，便于后张锚具的布置和减小锚具垫板的尺寸；

(7) 强度早期发展较快，可较早施加预应力，加快施工速度，提高台座、模板、夹具的周转率，降低间接费用。

混凝土材料的性能及选用要求，在第 2 章已有详细介绍，这里不再重复。

10.3.3　锚具和夹具

锚具、夹具和连接器是在制作预应力结构或构件时锚固预应力筋的工具。

锚具是指在后张法结构或构件中，为保持预应力筋的拉力并将其传递混凝土内部的永久性锚固装置。

夹具是指在先张法构件施工时，为保持预应力筋的拉力并将其固定在生产台座（或设备）上的临时性锚固装置；在后张法结构或构件施工时，在张拉千斤顶或设备上夹持预应力筋的临时性装置。

连机器是用于连接预应力筋的装置，可将分段的预应力筋或分段张拉、锚固的预应力筋连接成一条长束，常用于节段施工的预应力混凝土结构。

根据锚固方式的不同，可分为夹片式、支承式、锥塞式和握裹式四种锚具形式。

1. 夹片式锚具

夹片式锚具由夹片、锚板和锚垫板组成（图 10.5），通过放松千斤顶时被张拉预应力筋的回缩，带动夹片楔紧于锚板上的锥形空洞，以实现锚固。夹片有两分式和三分式，其开缝形式有平行预应力筋方向的直缝和呈一定角度的斜缝两种。

夹片式锚具具有锚固性能可靠，适用面广，其锚固体系可以满足各种不同预应力混凝土结构的需要，如在一个锚板上锚固多根钢绞线的群锚体系，可满足锚固大吨位的要求。

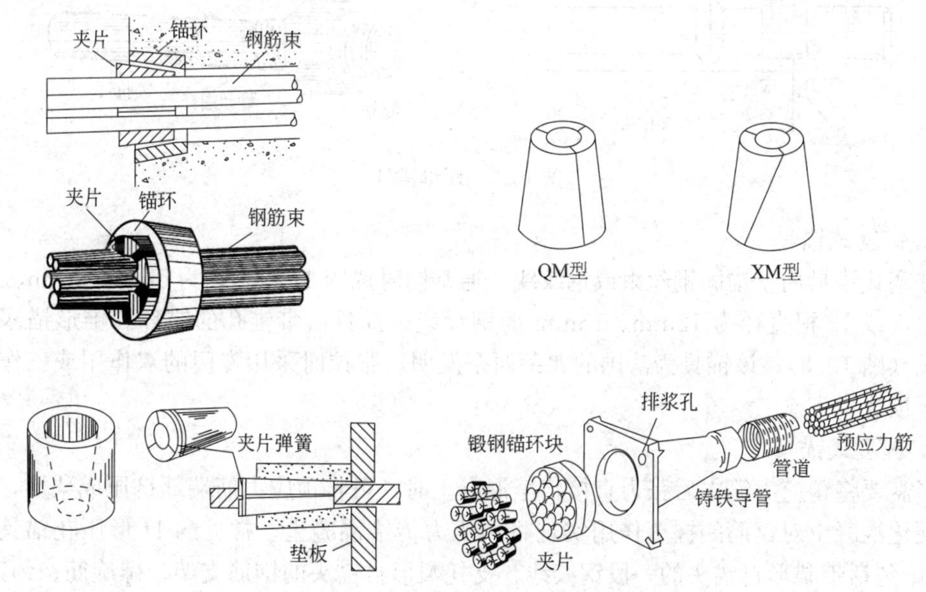

图 10.5　夹片式锚具示意图

2. 支承式锚具

常用的支承式锚具有两种，一种是镦头锚具，另一种是螺母锚具。镦头锚具用于锚固高强钢丝束，螺母锚具用于锚固高强粗钢筋。

镦头锚具（图 10.6）可以用于张拉端，也可用于固定端。张拉端采用锚环，固定端采用锚环。镦头锚具有锚板（或锚环）和带镦头的预应力筋组成。先将钢丝穿过固定端锚板及张拉端锚环中圆孔，然后利用镦头器对钢丝梁端进行镦粗，形成镦头，通过承压板或疏筋板锚固预应力钢丝。

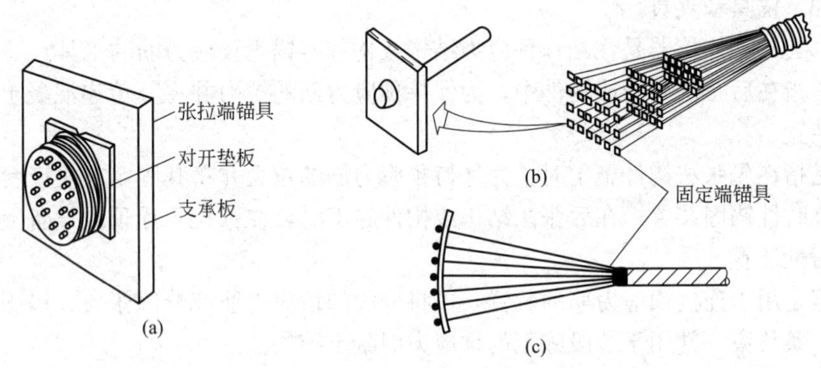

图 10.6　镦头锚具

(a) 张拉端；(b) 分散式固定端；(c) 集中式固定端

螺母锚具（图 10.7）用于高强精轧螺纹钢筋的锚具，由螺母、垫板、连接器组成，具有性能可靠、回缩损失小、操作方便等特点。

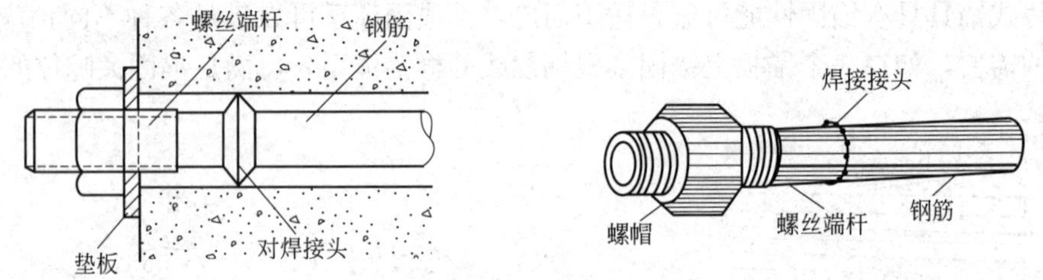

图 10.7　螺母锚具

3. 锥塞式锚具

锥塞式锚具用于锚固钢丝束或钢绞线，通常同时锚固 12 根直径为 5mm、7mm、9mm 的钢丝，或 12 根直径为 12mm、15mm 的钢绞线。锚具由带锥孔的锚环和锥形锚塞两部分组成（图 10.8）。该锚具为法国的弗莱西奈发明，张拉时采用专门的双作用或三作用弗氏千斤顶。

4. 握裹式锚具

当需要将预应力筋中后张力直接传至混凝土时，可将预应力筋端部挤压成梨形，通过凝结硬化混凝土对钢筋的握裹作用实现将预压力传给混凝土。常见的 H 形压花锚具（图 10.9），包括带梨形自锚头的一段钢绞线、支托梨形自锚头的钢筋支架、螺旋筋、约束圈、金属波纹管等。

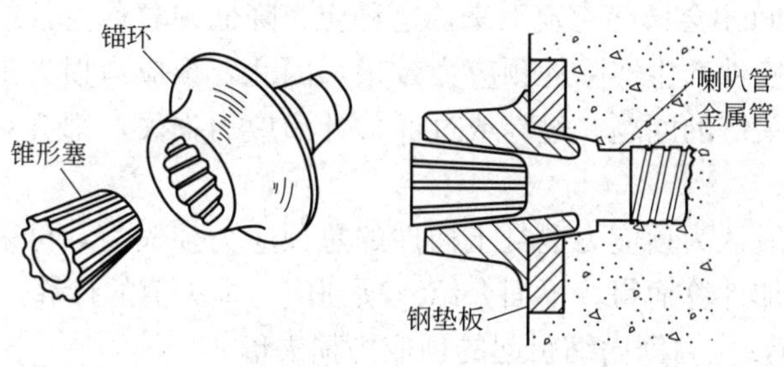

图 10.8　锥塞式锚具

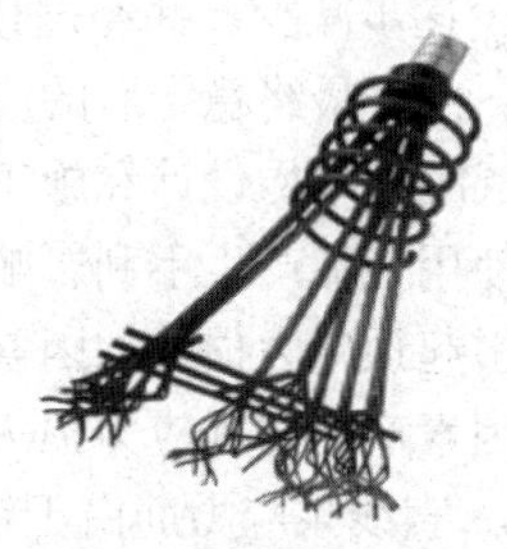

图 10.9　固定端握裹式模具（H 形压花锚具）

10.4　张拉控制应力和预应力损失

10.4.1　张拉控制应力

张拉控制应力是指预应力筋在进行张拉时所控制的最大应力值，用 σ_{con} 表示。其值为张拉设备的千斤顶油压表所控制的总张拉力 N_{con} 除以预应力钢筋的面积得到的应力值 A_p，即：

$$\sigma_{con}=\frac{N_{con}}{A_p} \tag{10.4}$$

它是预应力筋在构件受荷以前所经受的最大应力。张拉控制应力 σ_{con} 取值越高，预应力筋对混凝土的预压作用越大，可以使预应力筋充分发挥作用。但 σ_{con} 取值过高，施工阶段会使构件某些部位受到拉力甚至开裂，或造成端部混凝土局压破坏；构件开裂荷载与极限荷载很接近，破坏前无明显预兆，延性较差；超张拉时产生脆断。

《规范》按不同钢种规定了 σ_{con}，作了如下规定：

（1）消除应力钢丝、钢绞线

$$\sigma_{con}\leqslant 0.75 f_{ptk} \tag{10.5}$$

（2）中强度预应力钢丝

$$\sigma_{con}\leqslant 0.70 f_{ptk} \tag{10.6}$$

（3）预应力螺纹钢筋

$$\sigma_{con}\leqslant 0.85 f_{pyk} \tag{10.7}$$

式中　f_{ptk}——预应力筋极限强度标准值；

f_{pyk}——预应力螺纹钢筋屈服强度标准值。

消除应力钢丝、钢绞线、中强度预应力钢丝的张拉控制应力值不应小于 $0.4 f_{ptk}$；预应力螺纹钢筋的张拉应力控制值不宜小于 $0.5 f_{pyk}$。

当符合下列情况之一时，上述张拉控制应力限值可相应提高 $0.05 f_{ptk}$ 或 $0.05 f_{pyk}$：

（1）要求提高构件在施工阶段的抗裂性能而在使用阶段受压区内设置的预应力筋；

（2）要求部分抵消由于应力松弛、摩擦、钢筋分批张拉以及预应力筋与张拉台座之间的温差等因素产生的预应力损失。

10.4.2　预应力损失

预应力筋张拉后，由于混凝土和钢材的性质以及制作方法等原因，预应力筋中应力会

从 σ_{con} 逐步减少，并经过相当长的时间才会最终稳定下来，这种应力降低现象称为预应力损失。由于最终稳定后的应力值才对构件产生实际的预应力效果，因此，预应力损失是预应力混凝土结构设计和施工中的一个关键的问题。过高或过低估计预应力损失，都会对结构的使用性能产生不利影响。

引起预应力损失的因素很多，一般认为预应力混凝土构件的总预应力损失值，可采用各种因素产生的预应力损失值进行叠加计算而得。下面介绍六项预应力损失值的计算。

1. 直线预应力筋由于锚具变形和预应力筋内缩引起的预应力损失值 σ_{L1}

预应力筋张拉后锚固时，由于锚具受力后变形、缝隙被挤紧以及钢筋在锚具中的内缩滑移引起的预应力损失，记为 σ_{L1}。

对直线形预应力钢筋，σ_{L1} 按下式计算：

$$\sigma_{L1}=\frac{a}{l}E_s \tag{10.8}$$

式中 a——张拉端锚具变形和预应力筋内缩值（mm），按表 10.1 采用；

l——张拉端至锚固端之间的距离（mm）；

E_s——预应力筋的弹性模量（N/mm^2），按附表 1-13 选用。

锚具损失只考虑张拉端，固定端因在张拉过程中已被挤紧，故不考虑其所引起的应力损失。

对由块体拼成的结构，其预应力损失尚应计及块体间填缝的预压变形。当采用混凝土或砂浆为填缝材料时，每条填缝的预压变形值可取为 1mm。

锚具变形和预应力筋内缩值 a（mm） **表 10.1**

锚具类别		a
支承式锚具（钢丝束镦头锚具等）	螺帽缝隙	1
	每块后加垫板的缝隙	1
夹片式锚具	有顶压时	5
	无顶压时	6～8

注：1. 表中的锚具变形和预应力筋内缩值也可根据实测数据确定；

2. 其他类型的锚具变形和预应力筋内缩值应根据实测数据确定。

后张法构件曲线预应力筋或折线预应力筋，由于锚具变形和预应力内缩引起的预应力损失值 σ_{L1}，应根据曲线预应力筋或折线预应力筋与孔道壁之间反向摩擦影响长度 l_f 范围内的预应力筋变形值等于锚具变形和预应力筋内缩值的条件确定。σ_{L1} 可根据使用要求，按《规范》附录 J 进行计算。

减小 σ_{L1} 的措施：

（1）选择锚具变形小或使预应力筋内缩值小的锚具、夹具，并尽量少用垫板；

（2）增加台座长度。从式（10.8）可以看出，σ_{L1} 与构件或台座的长度成反比，采用先张法生产的构件，当台座长度超过 100m 时，σ_{L1} 可以忽略不计。

2. 预应力筋与孔道壁之间的摩擦引起的预应力损失值 σ_{L2}

预应力筋与孔道壁之间的摩擦引起的预应力损失，记为 σ_{L2}，它包括沿孔道长度上局部位置偏移和曲线弯道摩擦影响两个部分。σ_{L2} 按下式计算：

$$\sigma_{L2}=\sigma_{con}\left[1-e^{-(\kappa x+\mu\theta)}\right] \tag{10.9}$$

当 $\kappa x+\mu\theta\leqslant 0.3$ 时，σ_{L2} 可按下式近似计算：

$$\sigma_{L2}=(\kappa x+\mu\theta)\sigma_{con} \tag{10.10}$$

式中　x——从张拉端至计算截面的孔道长度，可近似取该段孔道在纵轴上的投影长度（mm）；

θ——从张拉端至计算截面曲线孔道各部分切线的夹角和（rad）；

κ——考虑孔道每米长度局部偏差的摩擦系数，按表 10.2 采用；

μ——预应力筋与孔道壁之间的摩擦系数，按表 10.2 采用。

注：当采用夹片式群锚体系时，在 σ_{con} 中宜扣除锚口摩擦损失。

对按抛物线，圆弧曲线变化的空间曲线及可分段后叠加的广义空间曲线，夹角之和 θ 可按下列近似公式计算：

抛物线、圆弧曲线：

$$\theta=\sqrt{\alpha_v^2+\alpha_h^2} \tag{10.11}$$

广义空间曲线：

$$\theta=\sum\sqrt{\Delta\alpha_v^2+\Delta\alpha_h^2} \tag{10.12}$$

式中　α_v、α_h——按抛物线、圆弧曲线变化的空间曲线预应力筋在竖直向、水平向投影所形成抛物线、圆弧曲线的弯转角；

$\Delta\alpha_v$、$\Delta\alpha_h$——广义空间曲线预应力筋在竖直向、水平向投影所形成抛物线、圆弧曲线的弯转角增量。

摩擦系数　**表 10.2**

孔道成型方式	κ	μ	
		钢绞线、钢丝束	预应力螺纹钢筋
预埋金属波纹管	0.0015	0.25	0.50
预埋塑料波纹管	0.0015	0.15	—
预埋钢管	0.0010	0.30	—
抽芯成型	0.0014	0.55	0.60
无粘结预应力筋	0.0040	0.09	—

注：摩擦系数也可根据实测数据确定。

减少 σ_{L2} 的措施：

(1) 对于较长的构件可在两端进行张拉，则计算中孔道长度可按构件的一半长度计算。一般当构件长度超过 18m 或较长构件的曲线形配筋时采用此方法。对比图 10.10 (a) 和图 10.10 (b) 可以发现，两端张拉比一端张拉可以减小 50%左右的摩擦损失。但，由此引起 σ_{L1} 的增加不可忽略，所以要考虑两者的平衡。

(2) 采用超张拉，如图 10.10 (c) 所示，其张拉顺序为：$1.1\sigma_{con}$（持荷 2min）→$0.85\sigma_{con}$（持荷 2min）→σ_{con}（锚固）。

3. 混凝土加热养护时，预应力筋与承受拉力的设备之间的温差引起的预应力损失 σ_{L3}

为缩短先张法构件的生产周期，常采用蒸汽养护加快混凝土的凝结硬化。

升温时，新浇混凝土尚未结硬，钢筋受热膨胀，但张拉预应力筋的台座是固定不动的，亦即钢筋长度不变，因此预应力筋中的应力随温度的增高而降低，产生预应力损

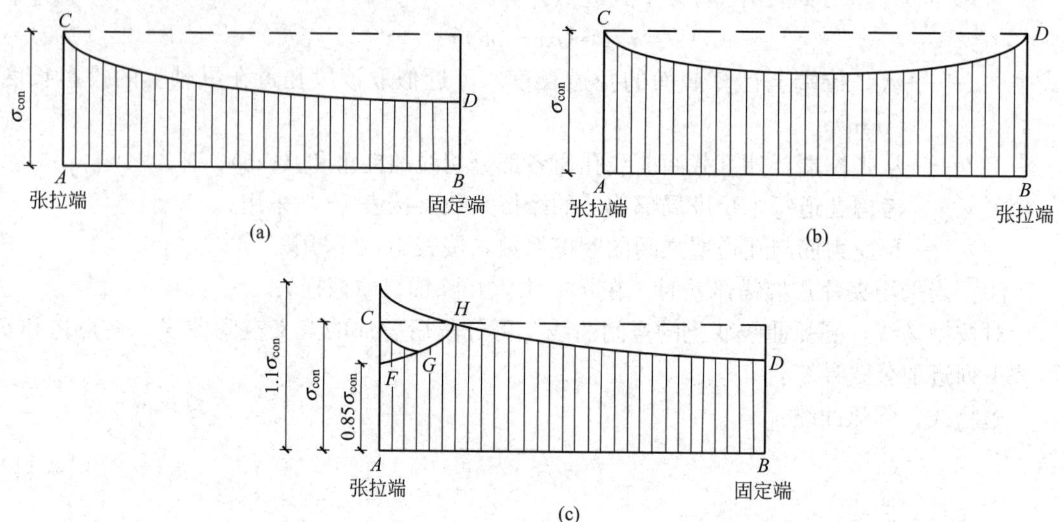

图 10.10　一端张拉、两端张拉及超张拉对减小摩擦损失的影响

失 σ_{L3}。

降温时，混凝土达到了一定的强度，与预应力筋之间已具有粘结作用，两者共同回缩，已产生预应力损失 σ_{L3} 无法恢复。设养护升温后，预应力筋与台座的温差为Δt ，取钢筋的温度膨胀系数为 1×10^{-5}/℃，则有：

$$\sigma_{L3}=1\times10^{-5}E_s\Delta t=1\times10^{-5}\times2\times10^5\times\Delta t=2\Delta t \qquad (10.13)$$

减少 σ_{L3} 的措施：

（1）采用两次升温养护。先在常温下养护，待混凝土达到一定强度等级，例如达到 7.5～10MPa 时，再逐渐升温至规定的养护温度，这时可认为预应力筋与混凝土已结成整体，能够一起胀缩而不引起应力损失。

（2）在钢模上张拉预应力筋。由于预应力筋是锚固在钢模上的，升温时两者温度相同，可以不考虑此项损失。

4. 预应力筋的应力松弛引起的预应力损失值 σ_{L4}

钢筋在高应力长期作用下具有随时间增长产生塑性变形的性质。在长度保持不变的条件下，应力值随时间增长而逐渐降低，这种现象称为松弛。应力松弛与初始应力水平和作用时间长短有关。

根据应力松弛的长期试验结果，《规范》根据试验结果给出 σ_{L4} 的计算公式：

1）消除应力钢丝、钢绞线

（1）普通松弛

$$\sigma_{L4}=0.4\left(\frac{\sigma_{con}}{f_{ptk}}-0.5\right)\sigma_{con} \qquad (10.14)$$

（2）低松弛

当 $\sigma_{con}\leqslant0.7f_{ptk}$ 时：

$$\sigma_{L4}=0.125\left(\frac{\sigma_{con}}{f_{ptk}}-0.5\right)\sigma_{con} \qquad (10.15)$$

当 $0.7f_{ptk}<\sigma_{con}\leqslant 0.8f_{ptk}$ 时：

$$\sigma_{L4}=0.2\left(\frac{\sigma_{con}}{f_{ptk}}-0.575\right)\sigma_{con} \tag{10.16}$$

当 $\sigma_{con}\leqslant 0.5f_{ptk}$ 时，预应力筋的应力松弛损失值可取为零。

2）中强度预应力钢丝

$$\sigma_{L4}=0.08\sigma_{con} \tag{10.17}$$

3）预应力螺纹钢筋

$$\sigma_{L4}=0.03\sigma_{con} \tag{10.18}$$

减少 σ_{L4} 的措施：

采用超张拉的方法。先控制张拉应力达 $1.05\sigma_{con}\sim1.1\sigma_{con}$，持荷 2～5min，然后卸载，再施加张拉应力值 σ_{con}，可以减少松弛引起的预应力损失。

5. 混凝土的收缩、徐变引起受拉区和受压区纵向预应力筋的预应力损失值 σ_{L5}、σ'_{L5}

混凝土的收缩和徐变，都会导致预应力混凝土构件长度的缩短，预应力筋随之回缩，引起预应力损失。

由于收缩和徐变是同时随时间产生的，且影响两者的因素相同时随变化规律相似，《规范》将两者合并考虑，可按下列方法计算：

先张法构件：

$$\sigma_{L5}=\frac{60+340\times\dfrac{\sigma_{pc}}{f'_{cu}}}{1+15\rho} \tag{10.19}$$

$$\sigma'_{L5}=\frac{60+340\times\dfrac{\sigma'_{pc}}{f'_{cu}}}{1+15\rho'} \tag{10.20}$$

后张法构件：

$$\sigma_{L5}=\frac{55+300\times\dfrac{\sigma_{pc}}{f'_{cu}}}{1+15\rho} \tag{10.21}$$

$$\sigma'_{L5}=\frac{55+300\times\dfrac{\sigma'_{pc}}{f'_{cu}}}{1+15\rho'} \tag{10.22}$$

式中　σ_{pc}、σ'_{pc}——受拉区、受压区预应力筋合力点处的混凝土法向压应力；

f'_{cu}——施加预应力时的混凝土立方体抗压强度；

ρ、ρ'——受拉区、受压区预应力筋和普通钢筋的配筋率；对先张法构件，$\rho=\dfrac{A_p+A_s}{A_0}$，$\rho'=\dfrac{A'_p+A'_s}{A_0}$，$A_0=A_c+\alpha_pA_p+\alpha_sA_s$；对后张法构件，$\rho=\dfrac{A_p+A_s}{A_n}$，$\rho'=\dfrac{A'_p+A'_s}{A_n}$，$A_n=A_c+\alpha_sA_s$；对于对称配置预应力筋和普通钢筋的构件，配筋率 ρ、ρ' 应按钢筋纵截面面积的一半计算（图 10.11）。

当结构处于年平均相对湿度低于 40%的环境下时，σ_{L5}、σ'_{L5} 的值应增加 30%。

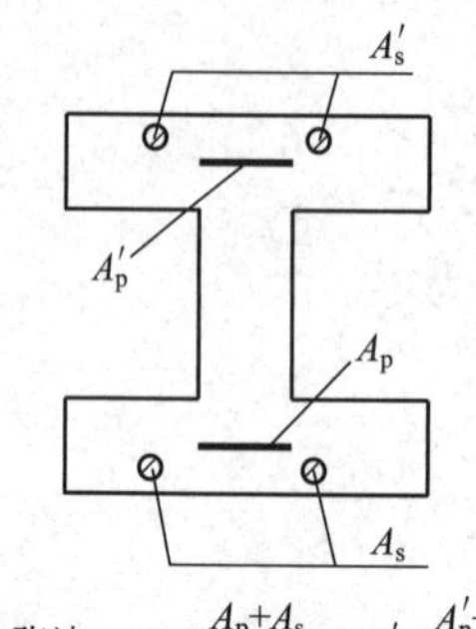

先张法：$\rho=\dfrac{A_p+A_s}{A_0}$，$\rho'=\dfrac{A_p'+A_s'}{A_0}$

后张法：$\rho=\dfrac{A_p+A_s}{A_n}$，$\rho'=\dfrac{A_p'+A_s'}{A_n}$

(a)

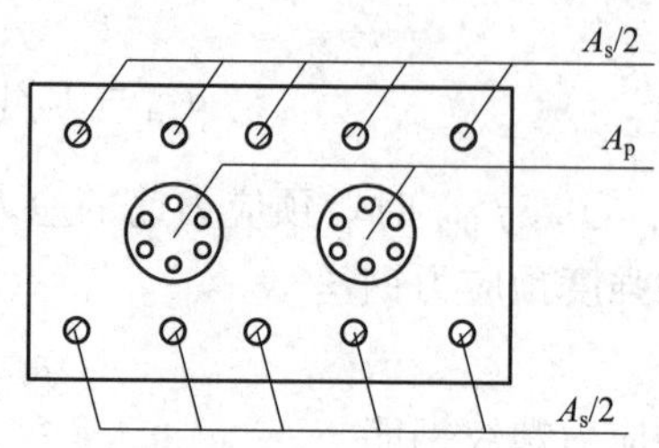

先张法：$\rho=\rho'=\dfrac{A_p+A_s}{2A_0}$

后张法：$\rho=\rho'=\dfrac{A_p+A_s}{2A_n}$

(b)

图 10.11 计算 σ_{L5} 时配筋率的确定

(a) 受弯构件；(b) 轴心受拉构件

对重要的结构构件，当需要考虑与时间有关的混凝土收缩、徐变及预应力筋应力松弛预应力损失值时，宜按《规范》附录 K 进行计算。

减少 σ_{L5} 的措施：

(1) 采用高强度等级水泥，减少水泥用量，降低水灰比，采用干硬性混凝土；

(2) 采用级配较好的骨料，加强振捣，提高混凝土的密实性；

(3) 加强养护，以减少混凝土的收缩。

6. 用螺旋式预应力筋作配筋的环形构件，由于混凝土的局部挤压引起的预应力损失值 σ_{L6}

当采用螺旋式预应力筋作配筋的环形构件，由于预应力筋对混凝土的局部挤压，使环形构件的直径减小，预应力筋中的拉应力就会降低，从而引起预应力损失 σ_{L6}。σ_{L6} 的大小与环形构件的直径 d 成反比，直径越小，损失越大。《规范》规定：当直径 d 不大于 3m 时，σ_{L6} 取 30MPa；当直径 d 大于 3m 时，此项损失可忽略。

10.4.3 预应力损失值的组合

预应力混凝土构件从预加应力开始即需要进行计算，而预应力损失是分批发生的。因此，应根据计算需要，考虑相应阶段所产生的预应力损失，具体组合见表 10.3。

考虑到预应力损失计算的误差，实际损失值有可能比按表 10.3 的计算结果要高，所以，《规范》规定当计算求得的预应力总损失值小于下列数值时，应按下列数值取用：

先张法构件：100N/mm^2；后张法构件：80N/mm^2。

各阶段预应力损失值的组合 **表 10.3**

预应力损失值的组合	先张法构件	后张法构件
混凝土预压前(第一批)的损失 $\sigma_{L\,I}$	$\sigma_{L1}+\sigma_{L2}+\sigma_{L3}+\sigma_{L4}$	$\sigma_{L1}+\sigma_{L2}$
混凝土预压后(第二批)的损失 $\sigma_{L\,II}$	σ_{L5}	$\sigma_{L4}+\sigma_{L5}$

注：先张法构件由于预应力筋应力松弛引起的损失值 σ_{L4} 在第一批和第二批损失中所占的比例，如需区分，可根据实际情况确定。

10.5　先张法构件预应力筋的传递长度

先张法预应力混凝土构件的预压应力是靠构件两端一定距离内预应力筋和混凝土之间的粘结力来传递的。其传递并不能在构件的端部集中一点完成，而必须通过一定的传递长度进行。

预应力筋的预应力传递长度 l_{tr} 可按下式计算：

$$l_{tr}=\alpha\frac{\sigma_{pe}}{f'_{tk}}d \tag{10.23}$$

式中　σ_{pe}——放张时预应力筋的有效预应力值；

d——预应力筋的公称直径，按附表 1-10 采用；

α——预应力筋的外形系数，按表 2.2 选用；

f'_{tk}——与放张时混凝土立方体抗压强度 f'_{cu} 相应的轴心抗拉强度标准值，可按附表 1-2 以线性内插法确定。

当采用骤然放张预应力的施工工艺时，对光面预应力钢丝，l_{tr} 的起点应从距构件末端 $l_{tr}/4$ 处开始计算。

10.6　后张法构件端部锚固区的局部受压承载力计算

对后张法构件，在张拉预应力筋时，锚具下局部范围内的混凝土受到较大的局部压应力作用，这种压应力要经过一段距离才能扩散到较大的混凝土受力面积上，如图 10.12 所示。在局部受压区域，除正压应力 σ_z 外，还存在横向应力 σ_x 和 σ_y，因此混凝土实际上是处于三向应力状态。由 10.12（c）图可以看出，在锚具垫板附近，横向应力 σ_x 和 σ_y 为压应力，而距构件端部一定距离后，横向应力 σ_x 和 σ_y 变为拉应力。当拉应力超过混凝土的抗拉强度时，构件端部将出现纵向裂缝，产生局部受压破坏。

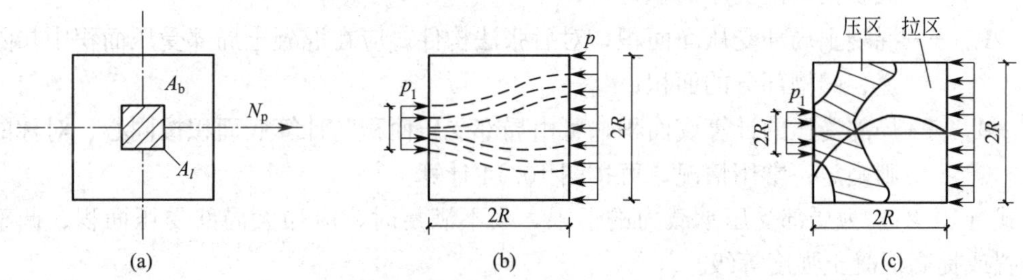

图 10.12　混凝土局部受压时的应力分布

（a）局部受压截面；（b）局部压应力传递；（c）局部压应力传递区域的应力状态

为提高局部抗压承载力，需要在局部受压区内配置横向钢筋网或螺旋钢筋等间接钢筋，如图 10.13 所示。但当局部压应力过大，间接钢筋配置过多时，会产生过大的局部下陷变形，使预应力失效。

《规范》规定，配置间接钢筋的混凝土结构构件，其局部受压区的截面尺寸应符合下列要求：

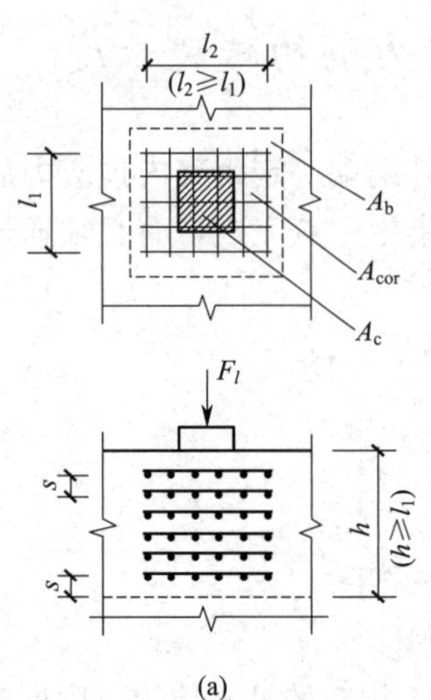

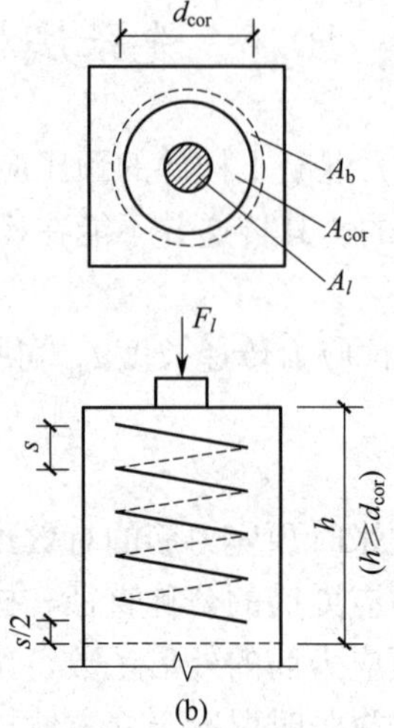

图 10.13 局部受压区的间接钢筋

(a) 方格网式配筋；(b) 螺旋式配筋

$$F_l \leqslant 1.35\beta_c\beta_l f_c A_{ln} \tag{10.24}$$

$$\beta_l = \sqrt{\frac{A_b}{A_l}} \tag{10.25}$$

式中 F_l——局部受压面上作用的局部荷载或局部压力设计值；

f_c——混凝土轴心抗压强度设计值；在后张法预应力混凝土构件的张拉阶段验算中，可根据相应阶段的混凝土立方体抗压强度 f'_{cu} 值，按立方体抗压强度设计值以线性内插法确定；

β_c——混凝土强度影响系数；

β_l——混凝土局部受压时的强度提高系数；

A_l——混凝土局部受压面积；

A_{ln}——混凝土局部受压净面积；对后张法构件，应在混凝土局部受压面积中扣除孔道、凹槽部分的面积；

A_b——局部受压的计算底面积，可由局部受压面积与计算底面积按同心、对称的原则确定；常用情况，可按图 10.14 计算。

式（10.24）为局部受压承载力的上限，当不满足时，应加大局部受压面积、调整锚具位置或提高混凝土强度等级。

配置方格网式或螺旋式间接钢筋的局部受压承载力应符合下列规定：

$$F_l \leqslant 0.9(\beta_c\beta_l f_c + 2\alpha\rho_v\beta_{cor} f_{yv})A_{ln} \tag{10.26}$$

当为方格网式配筋时，钢筋网两个方向上单位长度内钢筋截面面积的比值不宜大于 1.5，其体积配筋率 ρ_v 应按下式计算：

$$\rho_v = \frac{n_1 A_{s1} l_1 + n_2 A_{s2} l_2}{A_{cor} s} \tag{10.27}$$

当为螺旋式配筋时，其体积配筋率 ρ_v 应按下式计算：

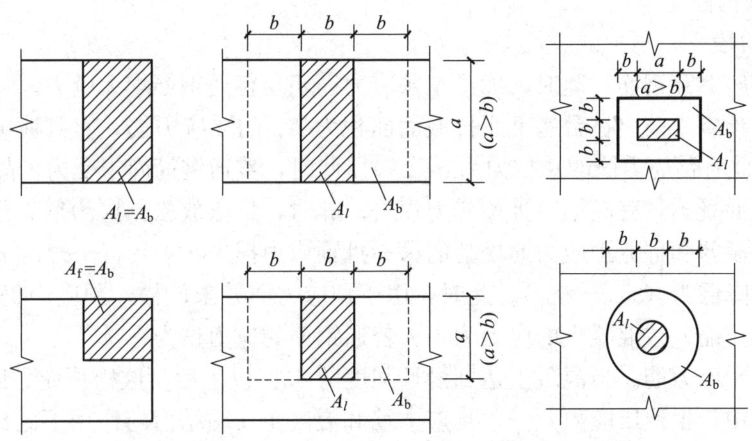

图 10.14　局部受压的计算底面积

$$\rho_v = \frac{4A_{ss1}}{d_{cor}s} \tag{10.28}$$

式中　β_{cor}——配置间接钢筋的局部受压承载力提高系数，可按 $\beta_l = \sqrt{\frac{A_{cor}}{A_l}}$ 计算；当 A_{cor} 大于 A_b 时，取 A_b；当 A_{cor} 不大于混凝土局部受压面积 A_l 的 12.5 倍时，取 β_{cor} 等于 1.0；

α——间接钢筋对混凝土约束的折减系数；

f_{yv}——间接钢筋的抗拉强度设计值；

A_{cor}——方格网式或螺旋式间接钢筋内表面范围内的混凝土核心截面面积，应大于混凝土局部受压面积 A_l，其重心应与 A_l 的重心重合，计算中按同心、对称的原则取值；

ρ_v——间接钢筋的体积配筋率；

n_1、A_{s1}——分别为方格网沿 l_1 方向的钢筋根数、单根钢筋的截面面积；

n_2、A_{s2}——分别为方格网沿 l_2 方向的钢筋根数、单根钢筋的截面面积；

A_{ss1}——单根螺旋式间接钢筋的截面面积；

d_{cor}——螺旋式间接钢筋内表面范围内的混凝土截面直径；

s——方格网式或螺旋式间接钢筋的间距，宜取 30～80mm。

间接钢筋应配置在图 10.13 所规定的高度 h 范围内，对方格网式钢筋，不应少于 4 片；对螺旋式钢筋，不应少于 4 圈。柱接头，h 尚不应小于 $15d$，d 为柱的纵向钢筋直径。

10.7　预应力混凝土轴心受拉构件的设计

10.7.1　预应力混凝土轴心受拉构件受力各阶段的应力分析

预应力混凝土轴心受拉构件的受力过程中，预应力筋和混凝土应力的变化可以分为两个阶段：施工阶段和使用阶段。每个阶段又包括若干个特征过程。

1. 先张法构件

1）施工阶段

（1）在台座上穿钢筋。此时，无论是预应力筋还是普通钢筋均无应力。

（2）张拉预应力筋。在台座上张拉截面面积为 A_p 的预应力筋，直到应力达到张拉控制应力 σ_{con}，此时预应力筋的总拉力为 $\sigma_{con}A_p$。此时，普通钢筋尚未受力，故其应力为0。

（3）浇筑混凝土，完成第一批预应力损失。此时，虽未放松预应力筋，但已经产生包括锚具变形、温差和部分预应力筋松弛的第一批预应力损失 $\sigma_{LI}=\sigma_{L1}+\sigma_{L2}+\sigma_{L3}+\sigma_{L4}$，预应力筋的应力降低为（$\sigma_{con}-\sigma_{L1}$）。此时，由于预应力筋并未放松，预应力仍由台座承担，构件尚未收到压缩，故混凝土的应力为零，普通钢筋的应力也为零。

（4）放松预应力筋。当混凝土达到设计强度的75%以上后，放松预应力筋，预应力筋回缩，混凝土中产生预压应力 σ_{pcI}，预应力筋和混凝土在粘结力的作用下已成为一体，故预应力筋的拉应力相应减小了 $\alpha_E\sigma_{pcI}$，因此，放松预应力筋后预应力筋中的应力为：

$$\sigma_{pI}=\sigma_{con}-\sigma_{LI}-\alpha_E\sigma_{pcI} \tag{10.29}$$

同样，普通钢筋亦得到了预压应力 σ_{sI}：

$$\sigma_{sI}=\alpha_E\sigma_{pcI} \tag{10.30}$$

式中 α_E——预应力筋或普通钢筋的弹性模量与混凝土弹性模量之比；对预应力钢筋，$\alpha_E=E_p/E_c$；对普通钢筋，$\alpha_E=E_s/E_c$。

放张后，预应力筋受拉，混凝土和普通钢筋受压，构件为自平衡，可得平衡条件：

$$\sigma_{pcI}A_c+\sigma_{sI}A_s=\sigma_{pI}A_p \tag{10.31}$$

则：

$$\sigma_{pcI}=\frac{(\sigma_{con}-\sigma_{LI})A_p}{A_c+\alpha_EA_s+\alpha_EA_p}=\frac{N_{pI}}{A_n+\alpha_EA_p}=\frac{N_{pI}}{A_0} \tag{10.32}$$

式中 A_c——扣除预应力筋和普通钢筋截面面积后的混凝土截面面积；

A_0——构件换算截面面积（混凝土截面面面积以及全部纵向预应力筋和普通钢筋截面面积换算成混凝土的截面面积），即 $A_0=A_c+\alpha_EA_p+\alpha_EA_s$，对由不同强度等级混凝土组成的截面，应根据混凝土弹性模量比值换算成同一强度等级混凝土的截面面积；

A_n——构件净截面面积（换算截面面积减去全部纵向预应力筋截面面积后换算成混凝土的截面面积，即 $A_n=A_0-\alpha_EA_p$）；

N_{pI}——完成第一批损失预应力筋的总预拉力 $N_{pI}=(\sigma_{con}-\sigma_{LI})A_p$。

（5）完成第二批预应力损失。构件在 σ_{pcI} 的作用下，产生收缩、徐变等第二批损失 $\sigma_{LII}=\sigma_{L5}$ 之后。此时，混凝土的压应力降低至 σ_{pcII}，预应力钢筋的应力降低至 σ_{pII}，普通钢筋的应力降低至 σ_{sII}，则有：

$$\sigma_{pII}=\sigma_{con}-\sigma_{LI}-\alpha_E\sigma_{pcI}-\sigma_{LII}+\alpha_E(\sigma_{pcI}-\sigma_{pcII})=\sigma_{con}-\sigma_{LI}-\alpha_E\sigma_{pcII} \tag{10.33}$$

式中 α_E（$\sigma_{pcI}-\sigma_{pcII}$）——由于混凝土压应力减小，构件的弹性压缩有所恢复，其差额值所引起的预应力筋中拉应力的增加值。

根据力的平衡条件，可得：

$$\sigma_{pcII}A_c+\sigma_{sII}A_s=\sigma_{pII}A_p \tag{10.34}$$

值得注意的是，此时，普通钢筋所得到的压应力 σ_{sII} 除了 $\alpha_E\sigma_{pcII}$ 外，还需考虑因混凝土收缩、徐变而在普通钢筋中产生的压应力 σ_{L5}，所以：

$$\sigma_{sII}=\alpha_E\sigma_{pcII}+\sigma_{L5} \tag{10.35}$$

可求得：

$$\sigma_{pcII}=\frac{(\sigma_{con}-\sigma_L)A_p-\sigma_{L5}A_s}{A_c+\alpha_E A_s+\alpha_E A_p}=\frac{N_{pII}-\sigma_{L5}A_s}{A_0} \tag{10.36}$$

式中　σ_{pcII}——预应力混凝土中所建立的“有效预压应力”；

σ_L——全部预应力损失，即 $\sigma_L=\sigma_{LI}+\sigma_{LII}$；

N_{pII}——完成全部预应力损失后预应力筋的总预拉力 $N_{pII}=(\sigma_{con}-\sigma_L)A_p$。

2）使用阶段

（1）由加载至混凝土应力为零的阶段，混凝土应力为零的状态又称为“消压状态”。轴向拉力 N_0 产生的混凝土拉应力正好与混凝土的有效预压应力抵消，即 $\sigma_{pc}=0$。此时，预应力筋的拉应力 σ_{p0} 是在 σ_{pII} 的基础上增加 $\alpha_E\sigma_{pcII}$，即：

$$\sigma_{p0}=\sigma_{con}-\sigma_L \tag{10.37}$$

普通钢筋的压应力 σ_s 在 σ_{sII} 的基础上增加了一个拉应力 $\alpha_E\sigma_{pcII}$，因此：

$$\sigma_s=\sigma_{sII}-\alpha_E\sigma_{pcII}=\alpha_E\sigma_{pcII}+\sigma_{L5}-\alpha_E\sigma_{pcII}=\sigma_{L5} \tag{10.38}$$

轴向拉力 N_0 可由力的平衡求出：

$$N_0=\sigma_{p0}A_p-\sigma_{L5}A_s=(\sigma_{con}-\sigma_L)A_p-\sigma_{L5}A_s=N_{pII}-\sigma_{L5}A_s=\sigma_{pcII}A_0 \tag{10.39}$$

式中　N_0——混凝土应力为零时的轴向拉力（消压轴力）。

消压状态是预应力混凝土构件计算中的一个重要概念，它相当于非预应力构件的起始状态。

（2）加载至混凝土即将开裂。当轴向拉力超过 N_0 后，混凝土开始受拉，随着荷载的不断增加，其拉应力亦不断增加，当混凝土的拉应力达到混凝土轴心抗拉强度标准值 f_{tk} 时，混凝土即将开裂，此时的轴力即为开裂轴力 N_{cr}。

$$N_{cr}=(\sigma_{pc}+f_{tk})A_0=N_0+f_{tk}A_0 \tag{10.40}$$

预应力混凝土轴心受拉构件与普通钢筋混凝土轴心受拉构件相比，开裂轴力要多出 N_0，而 N_0 要比 $f_{tk}A_0$ 高出许多，这就是预应力混凝土构件抗裂性能良好的原因。

（3）加载至破坏。与普通钢筋混凝土轴心受拉构件相同，混凝土开裂后将不能继续承担拉力，整个构件的拉力将完全由预应力钢筋和普通钢筋承担。当预应力钢筋和普通钢筋达到抗拉强度设计值时，构件宣告破坏。此时，构件的极限轴力按下式计算：

$$N_u=f_{py}A_p+f_yA_s \tag{10.41}$$

2. 后张法构件

1）施工阶段

（1）张拉预应力筋以前，构件尚未收到任何作用，可以认为截面中不产生任何应力。

（2）张拉预应力筋。此时，千斤顶反作用力通过传力架传给混凝土，使混凝土受到弹性压缩，并在张拉过程中产生摩擦损失 σ_{L2}，预应力筋的应力降低为 $\sigma_p=\sigma_{con}-\sigma_{L2}$。普通钢筋的应力为 $\sigma_s=\alpha_E\sigma_{pc}$。

混凝土的预压应力 σ_{pc} 可按下式求得：

$$\sigma_{pc}A_c+\sigma_sA_s=\sigma_pA_p \tag{10.42}$$

$$\sigma_{pc}=\frac{(\sigma_{con}-\sigma_{L2})A_p}{A_c+\alpha_E A_s}=\frac{(\sigma_{con}-\sigma_{L2})A_p}{A_n} \tag{10.43}$$

式中 A_n——扣除普通钢筋截面面积以及预留孔道后的混凝土截面面积。

(3) 混凝土受到预压应力之前，完成锚具变形和钢筋回缩引起的预应力损失 σ_{L1}，即完成第一批预应力损失 σ_{LI}。此时，预应力钢筋的拉应力为：

$$\sigma_{pI}=\sigma_{con}-\sigma_{L1}-\sigma_{L2}=\sigma_{con}-\sigma_{LI} \tag{10.44}$$

普通钢筋也得到预压应力 σ_{sI}：

$$\sigma_{sI}=\alpha_E\sigma_{pcI} \tag{10.45}$$

放张后，预应力筋受拉，混凝土和普通钢筋受压，构件为自平衡，可得平衡条件：

$$\sigma_{pcI}A_c+\sigma_{sI}A_s=\sigma_{pI}A_p \tag{10.46}$$

则：

$$\sigma_{pcI}=\frac{(\sigma_{con}-\sigma_{LI})A_p}{A_c+\alpha_E A_s+\alpha_E A_p}=\frac{N_{pI}}{A_0} \tag{10.47}$$

式中 N_{pI}——完成第一批损失预应力筋的总预拉力 $N_{pI}=(\sigma_{con}-\sigma_{LI})A_p$。

(4) 构件在 σ_{pcI} 的作用下，产生预应力松弛、混凝土收缩和徐变（对环形构件还有挤压变形）等第二批损失 $\sigma_{LII}=\sigma_{L4}+\sigma_{L5}(+\sigma_{L6})$之后。此时，预应力钢筋的应力降低至 σ_{pII}，普通钢筋的应力降低至 $\sigma_{sII}=\alpha_E\sigma_{pcII}+\sigma_{L5}$。

根据力的平衡条件，可得：

$$\sigma_{pcII}A_c+\sigma_{sII}A_s=\sigma_{pII}A_p \tag{10.48}$$

值得注意的是，此时，普通钢筋所得到的压应力 σ_{sII} 除了 $\alpha_E\sigma_{pcII}$ 外，还需考虑因混凝土收缩、徐变而在普通钢筋中产生的压应力 σ_{L5}，所以：

$$\sigma_{sII}=\alpha_E\sigma_{pcII}+\sigma_{L5} \tag{10.49}$$

可求得：

$$\sigma_{pcII}=\frac{(\sigma_{con}-\sigma_L)A_p-\sigma_{L5}A_s}{A_c+\alpha_E A_s+\alpha_E A_p}=\frac{N_{pII}-\sigma_{L5}A_s}{A_0} \tag{10.50}$$

2）使用阶段

(1) 加载至混凝土应力为零。预应力筋的拉应力 σ_{p0} 为：

$$\sigma_{p0}=\sigma_{con}-\sigma_L+\alpha_E\sigma_{pcII} \tag{10.51}$$

普通钢筋的压应力 σ_s 在 σ_{sII} 的基础上增加了一个拉应力 $\alpha_E\sigma_{pcII}$，因此：

$$\sigma_s=\sigma_{sII}-\alpha_E\sigma_{pcII}=\alpha_E\sigma_{pcII}+\sigma_{L5}-\alpha_E\sigma_{pcII}=\sigma_{L5} \tag{10.52}$$

轴向拉力 N_0 可由力的平衡求出：

$$N_0=\sigma_{p0}A_p-\sigma_{L5}A_s=(\sigma_{con}-\sigma_L)A_p-\sigma_{L5}A_s=N_{pII}-\sigma_{L5}A_s=\sigma_{pcII}A_0 \tag{10.53}$$

(2) 加载至裂缝即将出现。与先张法构件相同，混凝土受拉，直至拉应力达到混凝土轴心抗拉强度标准值 f_{tk} 时，混凝土即将开裂，此时预应力筋的拉应力 σ_{pcr} 是在 σ_{p0} 的基础上再增加 $\alpha_E f_{tk}$，即：

$$\sigma_{pcr}=\sigma_{p0}+\alpha_E f_{ptk}=(\sigma_{con}-\sigma_L+\alpha_E\sigma_{pcII})+\alpha_E f_{ptk} \tag{10.54}$$

普通钢筋的应力 σ_s 由压应力 σ_{L5} 转为拉应力，拉应力值为 $\sigma_s=\alpha_E f_{tk}-\sigma_{L5}$。

轴向拉力 N_{cr} 可由力的平衡条件求得：

$$N_{cr}=\sigma_{pcr}A_p+\sigma_s A_s+f_{tk}A_c \tag{10.55}$$

将 σ_{pcr} 和 σ_s 代入式（10.55），可得：

$$N_{cr}=(\sigma_{pcII}+f_{tk})A_0=N_0+f_{tk}A_0 \tag{10.56}$$

（3）加载至破坏。与先张法构件一样，后张法构件的受拉承载力亦按式（10.41）计算。

10.7.2　预应力混凝土轴心受拉构件设计计算

1. 使用阶段承载力计算

预应力混凝土轴心受拉构件达到承载力极限状态时，混凝土受拉开裂已退出工作，拉力由受拉普通钢筋和预应力钢筋共同承担。此时，预应力筋和普通钢筋均已达到屈服强度设计值。故，轴心受拉构件的承载力按下式计算：

$$N\leqslant N_u=f_{py}A_p+f_yA_s \tag{10.57}$$

式中　N——轴向拉力设计值；

f_{py}、f_y——预应力筋和普通钢筋抗拉强度设计值；

A_p、A_s——预应力筋和普通钢筋的截面面积。

2. 抗裂度验算及裂缝宽度验算

预应力构件按所处环境类别和使用要求，应有不同的抗裂安全储备。《规范》将预应力混凝土构件正截面的受力裂缝控制等级分为三级。

（1）一级裂缝控制等级构件（严格要求不出现裂缝的构件），在荷载标准组合下，受拉边缘应力应符合：

$$\sigma_{ck}-\sigma_{pc}\leqslant 0 \tag{10.58}$$

$$\sigma_{ck}=\frac{N_k}{A_0} \tag{10.59}$$

（2）二级裂缝控制等级构件（一般要求不出现裂缝的构件），在荷载标准组合下，受拉边缘应力应符合：

$$\sigma_{ck}-\sigma_{pc}\leqslant f_{tk} \tag{10.60}$$

（3）三级裂缝控制等级时，钢筋混凝土构件的最大裂缝宽度可按荷载准永久组合并考虑长期作用影响的效应计算，预应力混凝土构件的最大裂缝宽度可按荷载标准组合并考虑长期作用影响的效应计算。最大裂缝宽度应满足下式要求：

$$w_{max}=\alpha_{cr}\psi\frac{\sigma_s}{E_s}\left(0.08\frac{d_{eq}}{\rho_{te}}+1.9c_s\right)\leqslant w_{lim} \tag{10.61}$$

对环境类别为二 a 类的预应力混凝土构件，在荷载准永久组合下，受拉边缘应力尚应符合：

$$\sigma_{cq}-\sigma_{pc}\leqslant f_{tk} \tag{10.62}$$

$$\sigma_{cq}=\frac{N_q}{A_0} \tag{10.63}$$

式中　σ_{ck}、σ_{cq}——荷载标准组合、准永久组合下抗裂验算边缘的混凝土法向应力；

σ_{pc}——扣除全部预应力损失后在抗裂验算边缘混凝土的预压应力；

f_{tk}——混凝土轴心抗拉强度标准值；

σ_s——按标准组合计算的预应力混凝土构件纵向受拉钢筋等效应力，$\sigma_s=\dfrac{N_k-N_{p0}}{A_p+A_s}$；

N_{p0}——计算截面混凝土法向预应力等于零时的预加力，$N_{p0}=(\sigma_{con}-\sigma_L)A_p-\sigma_{L5}A_s$；

其余符号的含义详见第 9 章。

3. 施工阶段的验算

1）张拉（放松）预应力钢筋时的构件承载力验算

当先张法构件放松预应力筋或后张法构件张拉预应力筋时，混凝土将受到最大的预压应力，而此时混凝土的强度常为设计强度的 75%，构件的强度是否足够，应予以验算。为保证混凝土不被压碎，混凝土的预压应力应符合下列条件：

$$\sigma_{cc}\leqslant 0.8f_{ck}' \tag{10.64}$$

式中 σ_{cc}——相应施工阶段计算截面预压区边缘纤维的混凝土压应力；先张法构件放松钢筋时，仅按第一批损失出现后计算，即 $\sigma_{cc}=\dfrac{(\sigma_{con}-\sigma_{LI})A_p}{A_c+\alpha_E A_s+\alpha_E A_p}=\dfrac{N_{pI}}{A_0}$；后张法构件张拉至控制应力，但未锚固时，按不考虑预应力损失值计算，即 $\sigma_{cc}=\dfrac{\sigma_{con}A_p}{A_0}$；

f_{ck}'——与各施工阶段混凝土立方体抗压强度 f_{cu}' 相应的抗压强度标准值。

2）后张法构件端部锚固区的局部受压承载力计算

详见 10.6 节。预应力混凝土轴心受拉构件设计流程如图 10.15 所示。

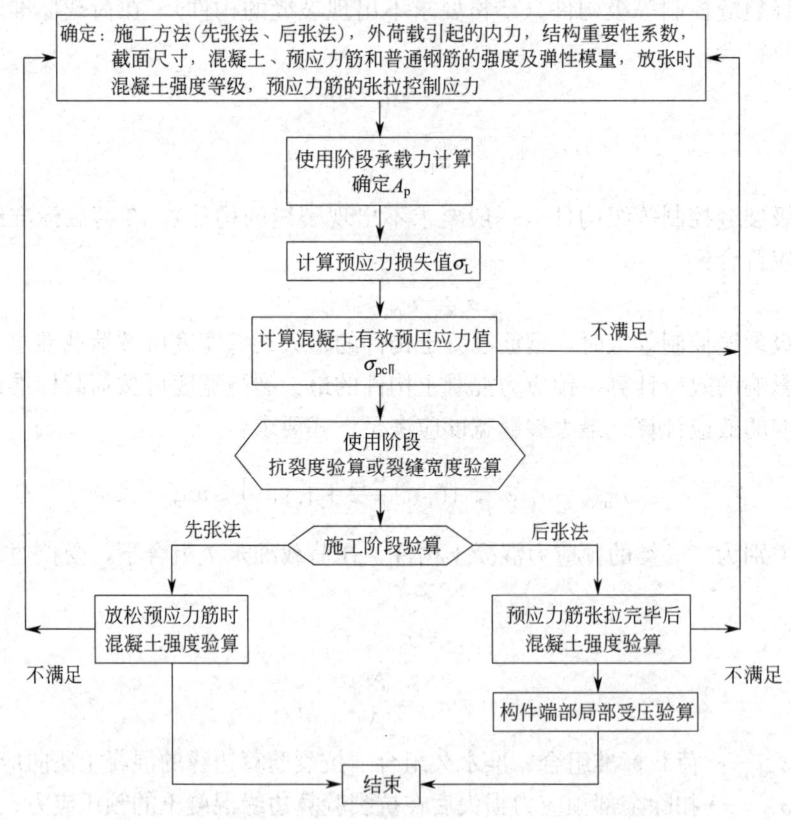

图 10.15 预应力混凝土轴心受拉构件设计流程图

【例题 10.1】 24m 屋架预应力混凝土下弦拉杆，截面构造如图 10.16 所示。采用后张法一端施加预应力。孔道直径 50mm，预埋波纹管成孔。每个孔道配置 3 根Φ^j15 普通松弛钢绞线（$A_p=839.88\text{mm}^2$，$f_{ptk}=1570\text{N/mm}^2$），非预应力筋采用 HRB400 级钢筋 4Φ12（$A_s=452\text{mm}^2$）。采用 XM 型锚具，张拉控制应力采用 $\sigma_{con}=0.75f_{ptk}$，混凝土为 C40，施加预应力时 $f'_{cu}=40\text{N/mm}^2$。计算：(1) 消压轴力 N_0；(2) 裂缝出现轴力 N_{cr}；(3) 预应力筋到达 f_{py} 时的轴力。

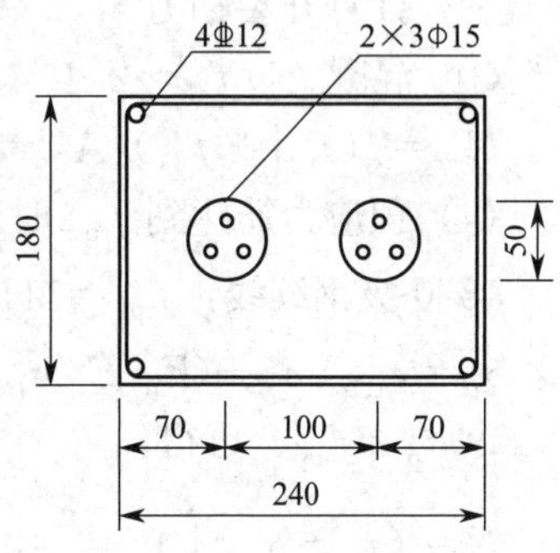

图 10.16　例题 10.1 图

【解】(1) 计算预应力损失

预应力钢绞线 $E_p=1.95\times10^5\text{N/mm}^2$，非预应力筋 $E_s=2.0\times10^5\text{N/mm}^2$，C40 混凝土，$E_c=3.25\times10^4\text{N/mm}^2$，$\alpha_E=E_s/E_c=20/3.25=6.15$，扣除孔道的净换算面积 $A_n=240\times180-2\times\pi/4\times50^2+(6.15-1)\times452=41601\text{mm}^2$，$\sigma_{con}=0.75\times1570=1177.5\ \text{N/mm}^2$，XM 型锚具采用钢绞线，内缩值 $a=5\text{mm}$，构件长 $l=24\text{m}$，则 $\sigma_{L1}=\dfrac{a}{l}E_s=\dfrac{5}{24000}\times1.95\times10^5=40.6\text{N/mm}^2$。

预埋波纹管成孔，$\kappa=0.0015$，直线配筋 $\mu\theta=0$，则：

$\sigma_{L2}=\sigma_{con}[1-e^{-(\kappa x+\mu\theta)}]=(\kappa x+\mu\theta)\sigma_{con}=(0.0015\times24+0)\times1177.5=42.39\text{N/mm}^2$

第一批损失为：

$\sigma_{L\text{I}}=\sigma_{L1}+\sigma_{L2}=40.6+42.39=82.99\text{N/mm}^2$

$$\sigma_{L4}=0.4\left(\frac{\sigma_{con}}{f_{ptk}}-0.5\right)\sigma_{con}=0.4\times(0.75-0.5)\times1177.5=117.75\text{N/mm}^2$$

张拉终止后混凝土的预压应力 σ_{pc} 为：

$$\sigma_{pc}=\frac{(\sigma_{con}-\sigma_{L\text{I}})A_p}{A_n}=\frac{(1177.5-117.75)\times839.88}{41601}=26.15\text{N/mm}^2$$

$\dfrac{\sigma_{pc}}{f'_{cu}}=\dfrac{26.15}{40}=0.65>0.5$，取 0.5 计算。

$$\rho=\frac{A_p+A_s}{2A_n}=\frac{839.88+452}{2\times41601}=0.0155$$

$$\sigma_{L5}=\frac{55+300\times\dfrac{\sigma_{pc}}{f'_{cu}}}{1+15\rho}=\frac{55+300\times0.5}{1+15\times0.0155}=166.33\text{N/mm}^2$$

第二批损失为：

$\sigma_{L\text{II}}=\sigma_{L4}+\sigma_{L5}=117.75+166.33=284.08\text{N/mm}^2$

全部预应力损失为：

$\sigma_L=\sigma_{L\text{I}}+\sigma_{L\text{II}}=82.99+284.08=367.07\text{N/mm}^2$

(2) 计算消压轴力

$$\sigma_{pc\text{II}}=\frac{(\sigma_{con}-\sigma_L)A_p}{A_n}=\frac{(1177.5-367.07)\times839.88}{41601}=16.36\text{N/mm}^2$$

$A_0=A_n+\alpha_{Ep}A_p=41601+19.5/3.25\times839.88=46640\text{mm}^2$

$N_0=\sigma_{pc\text{II}}A_0=16.36\times46640=763111\text{N}=763.1\text{kN}$

（3）计算开裂轴力

C40 混凝土，$f_{tk}=2.40\ \text{N/mm}^2$。

$N_{cr}=(\sigma_{pcII}+f_{tk})A_0=(16.36+2.4)\times 46640=875.0\text{kN}$

（4）预应力筋达到 f_{py} 时的轴力

1570 级钢绞线：$f_{py}=1110\text{N/mm}^2$。

$\sigma_{p0}=\sigma_{con}-\sigma_L+(E_p/E_c)\sigma_{pcII}=1177.5-340.42+19.5/3.25\times 16.36=953.24\ \text{N/mm}^2$

令 $\sigma_p=f_{py}$，可得：

$$N=(f_{py}-\sigma_{p0})\left(A_p+\frac{E_s}{E_p}A_s\right)+N_0=(1110-953.24)\times\left(839.88+\frac{2}{1.95}\times 452\right)+788.2\times 10^5$$

$$=790.2\text{kN}$$

10.8 预应力混凝土受弯构件的设计

10.8.1 平衡荷载法

图 10.17（a）所示为预应力混凝土简支梁，承受均布荷载 q_k，该梁跨度为 l，采用曲线预应力钢筋施加预应力。

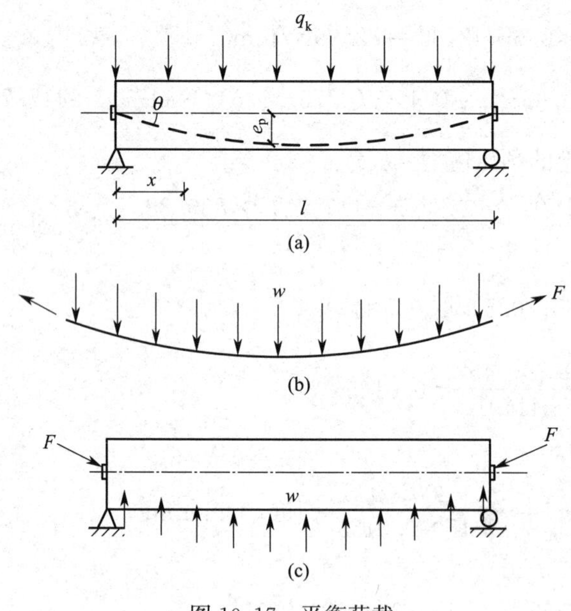

图 10.17 平衡荷载

距离梁左端 x 处截面的弯矩表达式为：

$$M_k=\frac{1}{2}g_k(lx-x^2) \tag{10.65}$$

设各截面预应力钢筋的预拉力 N_p 相等，预应力钢筋形心至截面形心的偏心距 e_p 按二次抛物线变化：

$$e_p=4e_0\frac{lx-x^2}{l^2} \tag{10.66}$$

式中　e_0——跨中预应力钢筋的偏心距。

若取：

$$e_0=\frac{1}{8}\frac{g_k l^2}{N_p} \tag{10.67}$$

则有：

$$N_p e_p=N_p\times 4\times\frac{1}{8}\times\frac{g_k l^2}{N_p}\times\frac{lx-x^2}{l^2}=\frac{1}{2}g_k(lx-x^2)=M_k \tag{10.68}$$

梁各截面处的正应力为：

$$\sigma=\frac{M_k}{I}y-\left(\frac{N_p}{A}+\frac{N_p e_p}{I}y\right)=\frac{M_k}{I}y-\left(\frac{N_p}{A}+\frac{M_k}{I}y\right)=-\frac{N_p}{A} \tag{10.69}$$

由式（10.69）可知，当采用合适的曲线预应力筋，可以使得在均布荷载作用下，梁各截面均处于轴心受压状态，而预应力筋仅受拉力 N_p，且梁没有挠度，这就是为何采用曲线预应力筋的原因。

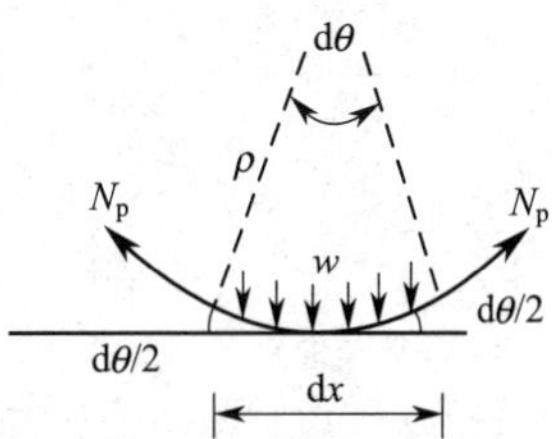

图 10.18　预应力钢筋微单元的受力

由于曲线预应力筋存在曲率，其拉力 N_p 的径向分力对混凝土产生压力，如图 10.17（c）。取如图 10.18 所示的曲线预应力筋的单元进行分析，长度为 dx，曲线梁端法线夹角为 dθ，单位长度上预应力筋对混凝土产生的径向压力为 w，根据作用力与反作用力的概念可知，混凝土对预应力筋产生的径向压力也为 w，当 dθ 很小时，由该预应力筋微单元的径向平衡条件可得：

$$w\mathrm{d}x=N_p\mathrm{d}\theta \tag{10.70}$$

$$w=N_p\frac{\mathrm{d}\theta}{\mathrm{d}x}=N_p\frac{1}{\rho} \tag{10.71}$$

式中　ρ——曲线预应力筋的曲率半径。

对式（10.66）所示的曲线预应力筋有：

$$\frac{1}{\rho}=\frac{\mathrm{d}\theta}{\mathrm{d}x}\frac{\mathrm{d}^2 e_p}{\mathrm{d}x^2}=\frac{8e_0}{l^2} \tag{10.72}$$

有：

$$w=N_p\frac{1}{\rho}=N_p\frac{8e_0}{l^2} \tag{10.73}$$

当 $w=g_k$ 时，则该荷载将全部被预加力平衡，这就是平衡荷载法。平衡荷载法是由美籍华人林同炎教授于 1963 年首先提出的，该方法概念简单明确，是进行预应力混凝土结构设计的重要方法。

10.8.2　预应力混凝土受弯构件的应力分析

预应力混凝土受弯构件的受力过程也可分为施工和使用两个阶段。

预应力混凝土受弯构件中，预应力筋 A_p 一般布置在使用阶段的截面受拉区。对于 A_p 配置较多的大型构件来说，为了抵消由 A_p 产生的偏心预压力在梁顶的预拉应力，往往也在梁顶配置预应力筋 A_p'。同时，为了防止构件在制作、运输和安装等过程中出现裂缝，通常也配置一定量的普通钢筋 A_s 和 A_s'。

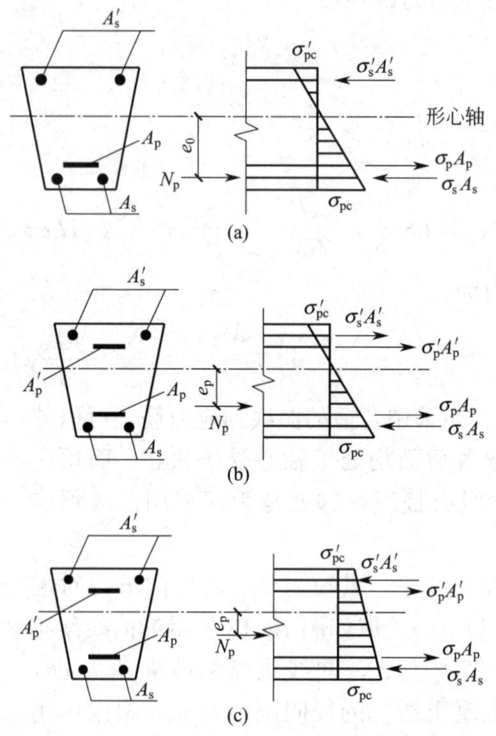

图 10.19　预应力混凝土受弯构件截面混凝土应力

与轴心受拉构件不同的是，如果只在截面受拉区配置 A_p，则预应力筋的总拉力 N_p 将使得截面处于偏心受压状态，所以混凝土受到的预应力是不均匀的，上边缘的预应力和下边缘的预应力分别用 σ_{pc}'和 σ_{pc} 表示，如图 10.19（a）所示。如果同时配置 A_p 和 A_p'，两者的合力 N_p 位于 A_p 和 A_p'之间，混凝土的预应力将有两种可能性：① A_p'配置很小时，由其产生的预压应力不足以抵消由 A_p 产生的预拉应力，σ_{pc}'为拉应力，如图 10.19（b）所示；② A_p'配置较多时，由其产生的预压应力足以抵消由 A_p 产生的预拉应力，σ_{pc}'为压应力，一般情况下，$A_p > A_p'$，故 $\sigma_{pc} > \sigma_{pc}'$，如图 10.19（c）所示。

1. 施工阶段

1）先张法

如图 10.20 所示，截面配置预应力筋为 A_p 和 A_p'，距截面形心的偏心距为 e_{p0}，则由预加力产生的混凝土法向应力为：

$$\sigma_{pc}=\frac{N_{p0}}{A_0}\pm\frac{N_{p0}e_{p0}}{I_0}y_0 \tag{10.74}$$

式中　N_{p0}——先张法构件的预加力；

A_0——换算截面面积，包括净截面面积以及全部纵向预应力筋截面面积换算成混凝土的截面面积；

e_{p0}——换算截面重心至预加力作用点的距离；

I_0——换算截面惯性矩；

y_0——换算截面重心至所计算纤维处的距离。

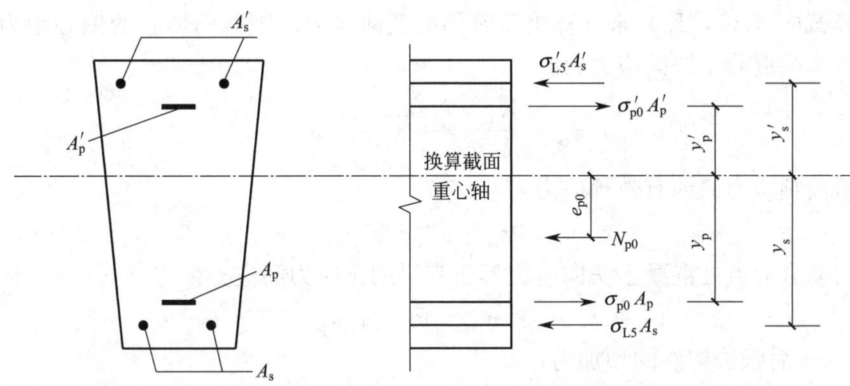

图 10.20　配有预应力筋和普通钢筋的先张法预应力混凝土受弯构件截面

相应阶段预应力钢筋的有效预应力 σ_{pe} 应扣除相应位置的弹性压缩损失 $\alpha_E\sigma_{pc}$，则：

$$\sigma_{pe}=\sigma_{con}-\sigma_L-\alpha_E\sigma_{pc} \tag{10.75}$$

预应力筋合力点处混凝土法向应力等于零时的预应力筋应力：

$$\sigma_{p0}=\sigma_{con}-\sigma_L \tag{10.76}$$

N_{p0} 和 e_{p0} 分别由式（10.77）和式（10.78）计算。

$$N_{p0}=\sigma_{p0}A_p+\sigma'_{p0}A'_p-\sigma_{L5}A_s-\sigma'_{L5}A'_s \tag{10.77}$$

$$e_{p0}=\frac{\sigma_{p0}A_py_p-\sigma'_{p0}A'_py'_p-\sigma_{L5}A_sy_s+\sigma'_{L5}A'_sy'_s}{\sigma_{p0}A_p+\sigma'_{p0}A'_p-\sigma_{L5}A_s-\sigma'_{L5}A'_s} \tag{10.78}$$

式中　σ_{p0}、σ'_{p0}——受拉区、受压区预应力筋合力点处混凝土法向应力等于零时的预应力筋应力；

σ_{L5}、σ'_{L5}——受拉区、受压区预应力筋在各自合力点处混凝土收缩和徐变引起的预应力损失值，按 10.4 节的方法计算；

y_s、y'_s——受拉区、受压区普通钢筋重心至换算截面重心的距离；

y_p、y'_p——受拉区、受压区预应力合力点至换算截面重心的距离。

当受压区不配置预应力筋时，σ'_{L5} 为零。

2）后张法

图 10.21 所示为配有预应力筋 A_p、A'_p 和普通钢筋 A_s、A'_s 的不对称配筋截面后张法受弯构件。

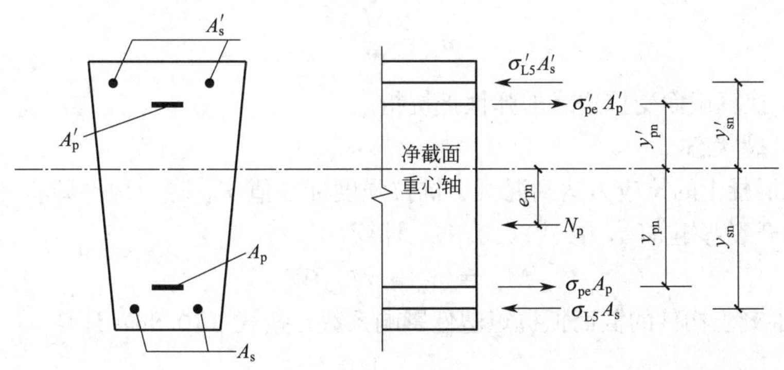

图 10.21　配有预应力筋和普通钢筋的后张法预应力混凝土受弯构件截面

用换算截面（A_n，I_n）来计算施工阶段的截面应力。距截面形心的偏心距为 e_{pn}，则由预加力产生的混凝土法向应力为：

$$\sigma_{pc}=\frac{N_p}{A_n}\pm\frac{N_p e_{pn}}{I_n}y_n+\sigma_{p2} \tag{10.79}$$

相应阶段预应力筋的有效预应力：

$$\sigma_{pe}=\sigma_{con}-\sigma_L \tag{10.80}$$

预应力筋合力点处混凝土法向应力等于零时的预应力筋应力：

$$\sigma_{p0}=\sigma_{con}-\sigma_L+\alpha_E\sigma_{pc} \tag{10.81}$$

式中 N_p——后张法构件的预加力；

A_n——净截面面积；即扣除孔道、凹槽等削弱部分以外的混凝土全部截面面积及纵向非预应力筋截面面积换算成混凝土的截面面积之和；对由不同混凝土强度等级组成的截面，应根据混凝土弹性模量比值换算成同一混凝土强度等级的截面面积；

e_{pn}——净截面重心至预加力作用点的距离；

I_n——净截面惯性矩；

y_n——净截面重心至所计算纤维处的距离；

σ_{p2}——由预应力次内力引起的混凝土截面法向应力。

N_p 和 e_{p0} 分别由式（10.82）和式（10.83）计算。

$$N_p=\sigma_{pe}A_p+\sigma'_{pe}A'_p-\sigma_{L5}A_s-\sigma'_{L5}A'_s \tag{10.82}$$

$$e_{pn}=\frac{\sigma_{pe}A_p y_{pn}-\sigma'_{pe}A'_p y'_{pn}-\sigma_{L5}A_s y_{sn}+\sigma'_{L5}A'_s y'_{sn}}{\sigma_{pe}A_p+\sigma'_{pe}A'_p-\sigma_{L5}A_s-\sigma'_{L5}A'_s} \tag{10.83}$$

式中 σ_{pe}、σ'_{pe}——受拉区、受压区预应力筋的有效预应力；

y_{pn}、y'_{pn}——受拉区、受压区预应力合力点至净截面重心的距离；

y_{sn}、y'_{sn}——受拉区、受压区普通钢筋重心至净截面重心的距离。

当受压区不配置预应力筋时，σ'_{L5} 为零；当计算次内力时，σ_{L5} 和 σ'_{L5} 近似取零。

2. 使用阶段

1）消压弯矩 M_0

当外力产生的弯矩 M_0 引起的截面受拉边缘的拉应力恰好抵消该处混凝土的预压应力 σ_{pc}，此时的弯矩 M_0 称为消压弯矩。

$$\sigma_{pc}=\frac{M_0}{W_0} \tag{10.84}$$

式中 W_0——换算截面受拉边缘的弹性抵抗拒。

2）即将开裂状态

当受拉区混凝土的拉应力达到混凝土抗拉强度标准值 f_{tk} 时，构件即将开裂，此时对应的弯矩称为开裂弯矩 M_{cr}，按式（10.85）计算。

$$M_{cr}=(\sigma_{pc}+\gamma f_{tk})W_0 \tag{10.85}$$

式中 γ——混凝土构件的截面抵抗矩塑性影响系数，按式（10.86）计算。

$$\gamma=(0.7+\frac{120}{h})\gamma_m \tag{10.86}$$

式中　γ_m——截面抵抗矩塑性影响系数基本值，见表 10.4；

h——截面高度，当 $h<400$mm 时，取 $h=400$mm；当 $h>1600$mm，取 $h=1600$mm。对环形和圆形截面，$h=2r$，r 为圆形截面半径或环形截面的外环半径。

截面抵抗矩塑性影响系数基本值 γ_m　　**表 10.4**

项次	1	2	3		4		5
截面形状	矩形截面	翼缘位于受压区的T形截面	对称I形截面或箱形截面		翼缘位于受拉区的倒T形截面		圆形和环形截面
			$b_f/b\leqslant2$、h_f/h 为任意值	$b_f/b>0.2$、$h_f/h<0.2$	$b_f/b\leqslant2$、h_f/h 为任意值	$b_f/b>0.2$、$h_f/h<0.2$	
γ_m	1.55	1.50	1.45	1.35	1.50	1.40	$1.6-0.24r_1/r$

注：1. 对 $b_f'>b_f$ 的I形截面，可按项次 2 与项次 3 之间的数值采用；对 $b_f'<b_f$ 的I形截面，可按项次 3 与项次 4 之间的数值采用；

2. 对于箱形截面，b 系指各肋宽度的总和；

3. r_1 为环形截面的内环半径，对圆形截面取 r_1 为零。

3）承载力极限状态

当构件受拉区出现垂直裂缝时，受拉区混凝土将退出工作，拉力将全部由受拉钢筋承担。当截面进入第Ⅲ阶段后，受拉钢筋屈服直至破坏，正截面上的应力状态与普通钢筋混凝土受弯构件正截面承载力相似，计算方法也基本相同。

10.8.3　预应力混凝土受弯构件的计算

预应力混凝土受弯构件主要计算以下几方面的内容：①承载能力极限状态，正截面承载力和斜截面承载力；②正常使用极限状态，正截面抗裂、斜截面抗裂或裂缝宽度、挠度；③制作、运输、安装等施工阶段的相应验算。

1. 使用阶段正截面承载力计算

试验表明，对于预应力受弯构件，当满足 $\xi\leqslant\xi_b$，构件破坏时，受拉区的预应力筋先达到屈服强度，继而受压混凝土被压碎，截面宣告破坏。

预应力混凝土受弯构件正截面承载力计算方法与钢筋混凝土受弯构件相似，但还应注意以下几点：

（1）纵向钢筋的应力取钢筋应变与其弹性模量的乘积，其值应满足下列要求：

普通钢筋的应力应满足式（3.7）的要求；预应力钢筋的应力应满足下式的要求：

$$\sigma_{p0i}-f'_{py}\leqslant\sigma_{pi}\leqslant f_{py} \tag{10.87}$$

式中　σ_{pi}——第 i 层预应力钢筋的应力，正值代表拉应力，负值代表压应力；

σ_{p0i}——第 i 层纵向预应力筋截面重心处混凝土法向应力等于零时的预应力筋应力，按式（10.76）或式（10.81）计算；

f_{py}、f'_{py}——预应力筋抗拉强度设计值和抗压强度设计值，按附表 1-12 采用。

纵向钢筋的应力可以按下列公式计算：

普通钢筋：

$$\sigma_{si}=E_s\varepsilon_{cu}\left(\frac{\beta_1h_{0i}}{x}-1\right) \tag{10.88}$$

预应力筋：

$$\sigma_{pi}=E_s\varepsilon_{cu}\left(\frac{\beta_1 h_{0i}}{x}-1\right)+\sigma_{p0i} \tag{10.89}$$

也可以按下列公式近似计算纵向钢筋的应力：

普通钢筋：

$$\sigma_{si}=\frac{f_y}{\xi_b-\beta_1}\left(\frac{x}{h_{0i}}-\beta_1\right) \tag{10.90}$$

预应力筋：

$$\sigma_{pi}=\frac{f_{py}-\sigma_{p0i}}{\xi_b-\beta_1}\left(\frac{x}{h_{0i}}-\beta_1\right)+\sigma_{p0i} \tag{10.91}$$

式中 h_{0i}——第 i 层纵向钢筋截面重心至截面受压边缘的距离。

（2）相对界限受压区高度 ξ_b。对预应力混凝土构件，ξ_b 按下式进行计算：

$$\xi_b=\frac{\beta_1}{1+\frac{0.002}{\varepsilon_{cu}}+\frac{f_{py}-\sigma_{p0}}{E_s\varepsilon_{cu}}} \tag{10.92}$$

当截面受拉区内配置有不同种类或不同预应力值的钢筋时，受弯构件的相对界限受压区高度应分别计算，并取其较小值。

（3）受压区预应力筋应力（σ'_{pe}）的计算。与双筋梁类似，在受压区配置预应力受压钢筋，若要使 A'_p 能达到其抗压强度设计值，需满足：

$$x\geqslant 2a_p{}' \tag{10.93}$$

式中 $a_p{}'$——受压区预应力筋合力点至截面受压边缘的距离。

σ'_{pe} 按式（10.94）计算：

$$\sigma'_{pe}=\sigma'_{p0}-f'_{py} \tag{10.94}$$

1）矩形截面或翼缘位于受拉边的倒 T 形截面预应力受弯构件

（1）基本公式

矩形截面预应力受弯构件正截面受弯承载力计算简图如图 10.22 所示。

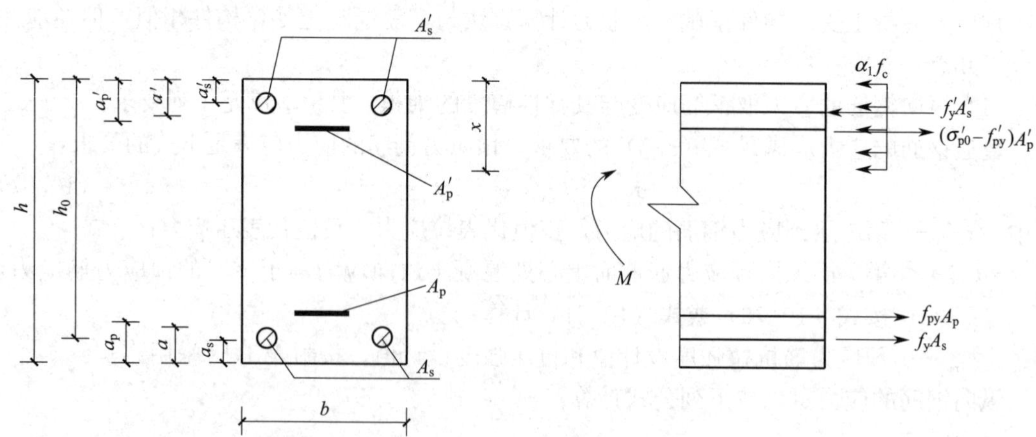

图 10.22 矩形截面预应力受弯构件正截面受弯承载力计算简图

由力的平衡条件可得：

$$\alpha_1 f_c bx + f'_y A'_s = f_y A_s + f_{py} A_p + (\sigma'_{p0} - f'_{py}) A'_p \tag{10.95}$$

由力矩的平衡条件可得：

$$M \leqslant \alpha_1 f_c bx\left(h_0 - \frac{x}{2}\right) + f'_y A'_s (h_0 - a'_s) - (\sigma'_{p0} - f'_{py}) A'_p (h_0 - a'_p) \tag{10.96}$$

（2）适用条件

$$x \leqslant \xi_b h_0 \tag{10.97}$$

$$x \geqslant 2a' \tag{10.98}$$

式中　a'——受压区全部纵向钢筋合力点至截面受压边缘的距离，当受压区未配置纵向预应力筋或受压区纵向预应力筋应力（$\sigma_{p0}{}' - f'_{py}$）为拉应力时，a'用 a'_s 代替。

2）翼缘位于受压区的 T 形、I 形截面受弯构件

分析过程与钢筋混凝土 T 形截面梁类似，亦可分为第一类 T 形截面（受压区位于受压翼缘内）和第二类 T 形截面（受压区位于腹板内）。I 形截面计算简图见图 10.23。

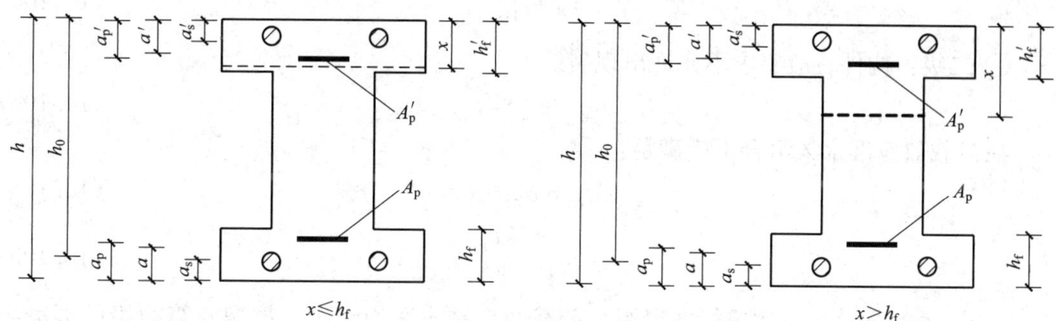

图 10.23　I 形截面预应力受弯构件正截面受弯承载力计算简图

当满足下式的计算要求时，可按宽度为 b'_f 的矩形截面受弯构件计算：

$$f_y A_s + f_{py} A_p \leqslant \alpha_1 f_c b'_f h'_f + f'_y A'_s - (\sigma'_{p0} - f'_{py}) A'_p \tag{10.99}$$

当不满足上式要求时，即为第二类 T 形截面，基本公式为：

$$f_y A_s + f_{py} A_p \leqslant \alpha_1 f_c [bx + (b'_f - b) h'_f] + f'_y A'_s - (\sigma'_{p0} - f'_{py}) A'_p \tag{10.100}$$

$$M \leqslant \alpha_1 f_c bx\left(h_0 - \frac{x}{2}\right) + \alpha_1 f_c (b'_f - b) h'_f \left(h_0 - \frac{h'_f}{2}\right) + f'_y A'_s (h_0 - a'_s) - (\sigma'_{p0} - f'_{py}) A'_p (h_0 - a'_p) \tag{10.101}$$

适用条件与矩形截面构件的适用条件一致。

2. 使用阶段正截面承载力计算

预应力混凝土受弯构件斜截面在使用阶段的承载力计算，是在普通钢筋混凝土受弯构件斜截面承载力的基础上，增加了一项预应力的提高值 V_p，计算公式如下。

1）仅配置箍筋

$$V = V_{cs} + V_p \tag{10.102}$$

$$V_p = 0.05 N_{p0} \tag{10.103}$$

式中　V_{cs}——构件斜截面上混凝土和箍筋的受剪承载力设计值，按式（4.8）计算；

V_p——由预加力所提高的构件受剪承载力设计值；

N_{p0}——计算截面上混凝土法向预应力等于零时的预加力，按式（10.77）计算；当

N_{p0} 大于 $0.3f_cA_0$ 时，取 $0.3f_cA_0$。

2）同时配置箍筋和弯起钢筋

$$V \leqslant V_{cs} + V_p + 0.8f_yA_{sb}\sin\alpha_s + 0.8f_{yp}A_{pb}\sin\alpha_p \tag{10.104}$$

式中 A_{pb}——同一弯起平面内弯起预应力筋的截面面积；

α_p——斜截面上弯起预应力筋的切线与构件纵轴线的夹角。

3）使用阶段裂缝控制验算

（1）正截面裂缝控制验算

预应力混凝土受弯构件，按其裂缝控制等级，进行截面抗裂验算。

① 一级：构件严格要求不允许出现裂缝

在荷载效应标准组合下应满足下列规定：

$$\sigma_{ck} - \sigma_{pc} \leqslant 0 \tag{10.105}$$

$$\sigma_{ck} = \frac{M_k}{W_0} \tag{10.106}$$

② 二级：构件一般要求不允许出现裂缝

$$\sigma_{ck} - \sigma_{pc} \leqslant f_{tk} \tag{10.107}$$

在荷载效应准永久组合下应满足：

$$\sigma_{cq} - \sigma_{pc} \leqslant 0 \tag{10.108}$$

$$\sigma_{cq} = \frac{M_q}{W_0} \tag{10.109}$$

式中 σ_{ck}、σ_{cq}——荷载效应标准组织、荷载效应准永久组合下，抗裂验算边缘的混凝土构件法向应力。

（2）斜截面裂缝控制验算

预应力混凝土受弯构件应分别对截面上的混凝土主拉应力和主压应力进行验算。

① 混凝土主拉应力

一级裂缝控制等级构件：

$$\sigma_{tp} \leqslant 0.85f_{tk} \tag{10.110}$$

二级裂缝控制等级构件：

$$\sigma_{tp} \leqslant 0.95f_{tk} \tag{10.111}$$

② 混凝土主压应力

对一、二级裂缝控制等级构件：

$$\sigma_{cp} \leqslant 0.60f_{ck} \tag{10.112}$$

需要指出的是，此时，应选择跨度内不利位置的截面，对该截面的换算截面重心处和截面宽度突变处进行验算。

混凝土主拉应力和主压应力按照下列公式计算：

$$\left.\begin{matrix}\sigma_{tp}\\ \sigma_{cp}\end{matrix}\right\} = \frac{\sigma_x + \sigma_y}{2} \pm \sqrt{\left(\frac{\sigma_x - \sigma_y}{2}\right)^2 + \tau^2} \tag{10.113}$$

$$\sigma_x = \sigma_{pc} + \frac{M_k y_0}{I_0} \tag{10.114}$$

$$\tau=\frac{(V_{\mathrm{k}}-\sum\sigma_{\mathrm{pe}}A_{\mathrm{pb}}\sin\alpha_{\mathrm{p}})S_0}{I_0 b} \tag{10.115}$$

式中　σ_x——由预加力和弯矩值 M_{k} 在计算纤维处产生的混凝土法向应力；

σ_y——由集中荷载标准值 F_{k} 产生的混凝土竖向压应力；

τ——由剪力值 V_{k} 和弯起预应力筋的预加力在计算纤维处产生的混凝土剪应力；当计算截面上有扭矩作用时，尚应计入扭矩引起的剪应力；对超静定后张法预应力混凝土结构构件，在计算剪应力时，尚应计入预加力引起的次剪力；

σ_{pc}——扣除全部预应力损失后，在计算纤维处由预加力产生的混凝土法向应力；

y_0——换算截面重心至计算纤维处的距离；

I_0——换算截面惯性矩；

V_{k}——按荷载标准组合计算的剪力值；

S_0——计算纤维以上部分的换算截面面积对构件换算截面重心的面积矩。

注意，拉应力以正值代入，压应力以负值代入。

使用阶段最大裂缝宽度的计算仍按式（9.43）计算，预应力混凝土受弯构件受拉区纵向钢筋的等效应力按下式计算：

$$\sigma_{\mathrm{ck}}=\frac{M_{\mathrm{k}}-N_{\mathrm{p0}}(z-e_{\mathrm{p}})}{(\alpha_1 A_{\mathrm{p}}+A_{\mathrm{s}})z} \tag{10.116}$$

式中　z——受拉区纵向普通钢筋和预应力筋合力点至截面受压区合力点的距离，按式（10.117）计算；

e_{p}——计算截面混凝土法向预应力等于零时的预加力 N_{p0} 的作用点至受拉区纵向预应力筋和普通钢筋合力点的距离，按式（10.119）计算。

$$z=\left[0.87-0.12(1-\gamma_{\mathrm{f}}')\left(\frac{h_0}{e}\right)^2\right]h_0 \tag{10.117}$$

$$e=e_{\mathrm{p}}+\frac{M_{\mathrm{k}}}{N_{\mathrm{p0}}} \tag{10.118}$$

$$e_{\mathrm{p}}=y_{\mathrm{ps}}-e_{\mathrm{p0}} \tag{10.119}$$

式中　y_{ps}——受拉区纵向预应力筋和普通钢筋合力点的偏心距。

4）使用阶段挠度验算

预应力混凝土受弯构件的挠度验算可按荷载的标准组合并考虑长期荷载作用影响的刚度进行计算挠度（f_1）再减去预应力长期作用影响的预应力反拱值（f_2）求得，即 $f=f_1-f_2$，应满足附表 1-19 中规定的挠度限值要求。

（1）荷载作用下构件的挠度 f_1

按公式（9.3）进行计算，刚度 B 按式（9.22）进行计算。短期刚度 B_{s} 按下列方法确定：要求不出现裂缝的构件，按式（9.4）计算；允许出现裂缝的构件按式（10.120）确定。

$$B_{\mathrm{s}}=\frac{0.85E_{\mathrm{c}}I_0}{\kappa_{\mathrm{cr}}+(1-\kappa_{\mathrm{cr}})\omega} \tag{10.120}$$

$$\kappa_{\mathrm{cr}}=\frac{M_{\mathrm{cr}}}{M_{\mathrm{k}}} \tag{10.121}$$

$$\omega=\left(1.0+\frac{0.21}{\alpha_{E}\rho}\right)(1+0.45\gamma_{f})-0.7 \tag{10.122}$$

式中 κ_{cr}——预应力混凝土受弯构件正截面的开裂弯矩 M_{cr} 与弯矩 M_k 的比值，当 $\kappa_{cr}>1.0$ 时，取 $\kappa_{cr}=1.0$；

ρ——对预应力混凝土受弯构件，取 $(\alpha_1 A_p+A_s)/(bh_0)$；对灌浆的后张预应力筋，取 $\alpha_1=1.0$；对无粘结后张预应力筋，取 $\alpha_1=0.3$。

对预应力混凝土受弯构件，$\theta=2.0$。

(2) 预应力反拱值 f_2

可以用结构力学方法进行计算，并应取刚度为 E_cI_0，且应考虑预压应力长期作用的影响，计算中预应力筋的应力应扣除全部预应力损失。简化计算时，可将计算的反拱值乘以增大系数 2.0。

对重要的或特殊的预应力混凝土受弯构件的长期反拱值，可根据专门的试验分析确定或根据配筋情况采用考虑收缩、徐变影响的计算方法分析确定。

5）施工阶段验算

对于制作、运输及安装等施工阶段预拉区允许出现拉应力的构件，或预压时全截面受压的构件，在预加力、自重及施工荷载作用下（必要时考虑动力系数）截面边缘的混凝土法向应力宜符合下列要求（图 10.24）：

$$\sigma_{ct}\leqslant f'_{tk} \tag{10.123}$$

$$\sigma_{cc}\leqslant 0.8f'_{ck} \tag{10.124}$$

简支构件的端部区段截面预拉区边缘纤维的混凝土拉应力允许大于 f'_{tk}，但不应大于 $1.2f'_{tk}$。

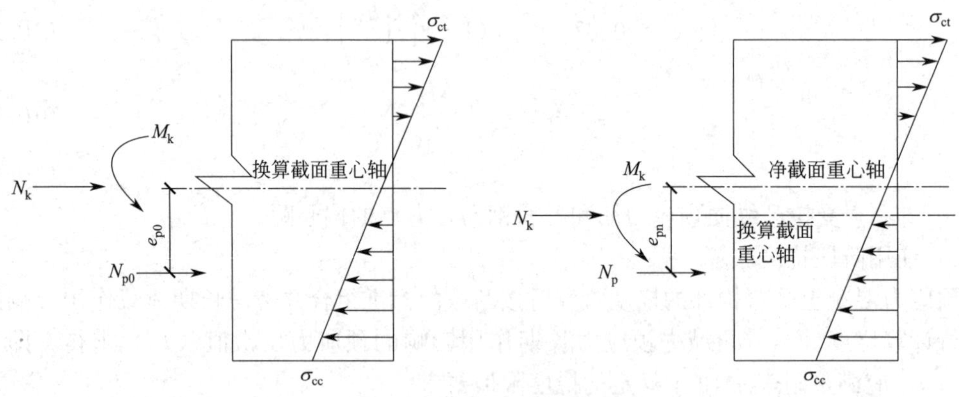

图 10.24 预应力混凝土构件施工阶段验算

截面边缘的混凝土法向应力可按下式计算：

$$\sigma_{cc}\text{ 或 }\sigma_{ct}\leqslant\sigma_{pc}+\frac{N_k}{A_0}\pm\frac{M_k}{W_0} \tag{10.125}$$

式中 σ_{ct}——相应施工阶段计算截面预拉区边缘纤维的混凝土拉应力；

σ_{cc}——相应施工阶段计算截面预压区边缘纤维的混凝土压应力；

f'_{tk}、f'_{ck}——与各施工阶段混凝土立方体抗压强度相应的抗拉强度标准值、抗压强度标准值；

N_k、M_k——构件自重及施工荷载的标准组合在计算截面产生的轴向力值、弯矩值；

W_0——验算边缘的换算截面弹性抵抗矩。

当 σ_{pc} 为压应力时取正值，当 σ_{pc} 为拉应力时取负值；当 N_k 为轴向压力时取正值，当 N_k 为轴向拉力时取负值；当 M_k 产生的边缘纤维应力为压应力时式（10.125）中符号取加号，拉应力时取减号。

预应力混凝土受弯构件设计流程如图 10.25 所示。

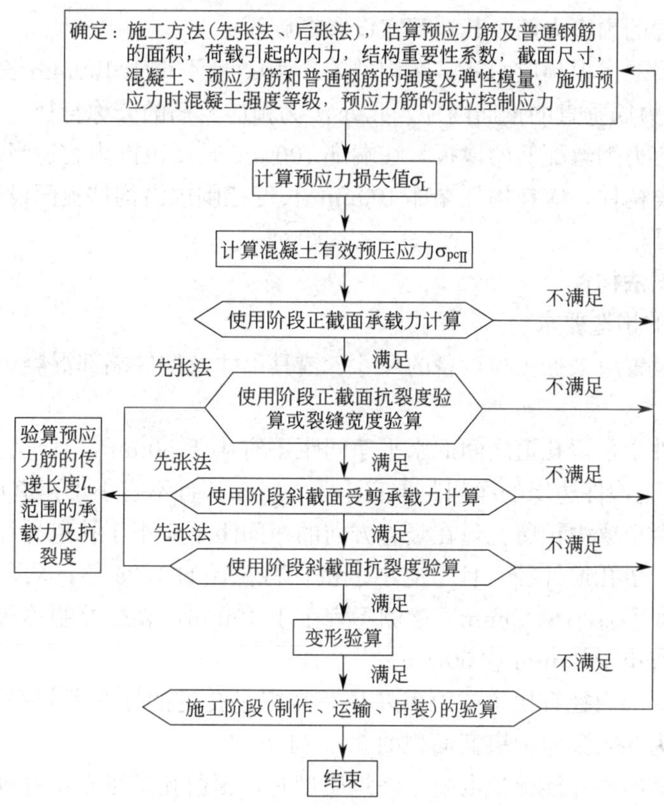

图 10.25　预应力混凝土受弯构件设计流程图

10.9　预应力混凝土构件的构造要求

预应力混凝土构件的构造要求，不仅要满足普通混凝土的相关要求，而且应满足与张拉工艺、锚固措施、预应力钢筋种类等因素有关的构造要求。

10.9.1　先张法构件

1. 预应力钢筋（丝、钢绞线）的净间距

先张法预应力筋之间的净间距不宜小于其公称直径的 2.5 倍和混凝土粗骨料最大粒径的 1.25 倍，且还需满足以下要求：预应力钢丝，不应小于 15mm；三股钢绞线，不应小于 20mm；七股钢绞线，不应小于 25mm。当混凝土振捣密实性具有可靠保证时，净间距可放宽为最大粗骨料粒径的 1.0 倍。

2. 混凝土保护层厚度

为保证钢筋与混凝土的粘结强度，防止放松预应力筋时出现纵向劈裂裂缝，必须有一定的混凝土保护层厚度。当采用钢筋作为预应力筋时，其保护层厚度与钢筋混凝土构件的要求相同，当预应力钢筋为光面钢丝时，其保护层厚度不应小于 15mm。

3. 端部构造钢筋

先张法预应力传递长度范围内局部挤压造成的环向拉应力容易导致构件端部混凝土出现劈裂裂缝。因此为保证自锚端的局部承载力，端部宜采取以下构造措施：

(1) 单根配置的预应力筋，其端部宜设置螺旋筋；

(2) 分散布置的多根预应力筋，在构件端部 $10d$ 且不小于 100mm 长度范围内，宜设置 3～5 片与预应力筋垂直的钢筋网片，此处 d 为预应力筋的公称直径；

(3) 采用预应力钢丝配筋的薄板，在端部 100mm 长度范围内宜适当加密横向钢筋；

(4) 槽形板类构件，应在构件端部 100mm 长度范围内沿构件板面设置附加横向钢筋，其数量不应少于 2 根。

10.9.2 后张法构件

1. 预留孔道的构造要求

预留孔道的设置应根据张拉设备的尺寸、锚具尺寸及构件端部混凝土局部受压的强度要求来设置。

(1) 预制构件中预留孔道之间的水平净间距不宜小于 50mm，且不宜小于粗骨料粒径的 1.25 倍；孔道至构件边缘的净间距不宜小于 30mm，且不宜小于孔道直径的 50%。

(2) 现浇混凝土梁中预留孔道在竖直方向的净间距不应小于孔道外径，水平方向的净间距不宜小于 1.5 倍孔道外径，且不应小于粗骨料粒径的 1.25 倍；从孔道外壁至构件边缘的净间距，梁底不宜小于 50mm，梁侧不宜小于 40mm，裂缝控制等级为三级的梁，梁底、梁侧分别不宜小于 60mm 和 50mm。

(3) 预留孔道的内径宜比预应力束外径及需穿过孔道的连接器外径大 6～15mm，且孔道的截面积宜为穿入预应力束截面积的 3.0～4.0 倍。

(4) 当有可靠经验并能保证混凝土浇筑质量时，预留孔道可水平并列贴紧布置，但并排的数量不应超过 2 束。

(5) 在现浇楼板中采用扁形锚固体系时，穿过每个预留孔道的预应力筋数量宜为 3～5 根；在常用荷载情况下，孔道在水平方向的净间距不应超过 8 倍板厚及 1.5m 中的较大值。

(6) 板中单根无粘结预应力筋的间距不宜大于板厚的 6 倍，且不宜大于 1m；带状束的无粘结预应力筋根数不宜多于 5 根，带状束间距不宜大于板厚的 12 倍，且不宜大于 2.4m。

(7) 梁中集束布置的无粘结预应力筋，集束的水平净间距不宜小于 50mm，束至构件边缘的净距不宜小于 40mm。

2. 曲线预应力筋的曲率半径

当采用曲线预应力束时，其曲率半径 r_p 宜按下式计算确定：

$$r_p \geqslant \frac{P}{0.35 f_c d_p} \tag{10.126}$$

式中　P——预应力束的合力设计值；

r_p——预应力束的曲率半径（m）；

d_p——预应力束孔道的外径；

f_c——混凝土轴心抗压强度设计值；当验算张拉阶段曲率半径时，可取与施工阶段立方体抗压强度对应的抗压强度设计值。

对于折线配筋的构件，在预应力束弯折处的曲率半径可适当减小。当曲率半径不满足上式计算要求时，可在曲线预应力束弯折处内侧设置钢筋网片或螺旋筋。

在预应力混凝土结构中，当沿构件凹面布置曲线预应力束时（图 10.26），应进行防崩裂设计。当曲率半径满足下式要求时，可仅配置构造 U 形插筋。

$$r_p \geqslant \frac{P}{f_t(0.5d_p + c_p)} \tag{10.127}$$

当不满足时，每单肢 U 形插筋的截面面积应按下式确定：

$$A_{sv1} \geqslant \frac{Ps_v}{2r_p f_{yv}} \tag{10.128}$$

式中　f_t——混凝土轴心抗拉强度设计值；或与施工张拉阶段混凝土立方体抗压强度相应的抗拉强度设计值；

c_p——预应力束孔道净混凝土保护层；

A_{sv1}——每单肢插筋截面面积；

s_v——U 形插筋间距；

f_{yv}——U 形插筋抗拉强度设计值；当大于 360N/mm^2 时，取 360N/mm^2。

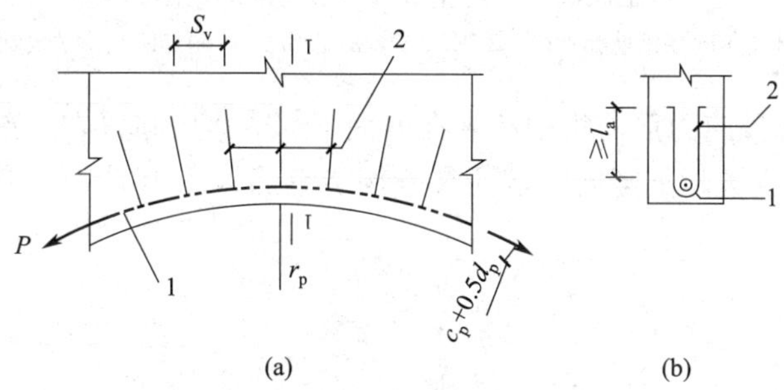

图 10.26　抗崩裂 U 形插筋构造示意

（a）抗崩裂 U 形插筋布置；（b）Ⅰ—Ⅰ剖面

1-预应力束；2-沿曲线预应力束均匀布置的 U 形插筋

U 形插筋的锚固长度不应小于 l_a；当实际锚固长度 l_e 小于 l_a 时，每单肢 U 形插筋的截面面积可按 A_{sv1}/k 取值。其中，k 取 l_e/15d 和 l_e/200 中的较小值，且 k 不大于 1.0。当有平行的几个孔道，且中心距不大于 $2d_p$ 时，预应力筋的合力设计值应按相邻全部孔道内的预应力筋确定。

3. 后张法预应力混凝土构件端部锚固区间接钢筋的配置要求

（1）采用普通垫板时，应进行局部受压承载力计算，并根据计算结果配置间接钢筋，间接钢筋的体积配筋率不应小于 0.5%，垫板的刚性扩散角取 45°。

（2）局部受压承载力计算时，局部压力设计值对有粘结预应力混凝土构件取 1.2 倍张拉控制应力，对无粘结预应力混凝土取 1.2 倍张拉控制应力和 $f_{ptk}A_p$ 中的较大值。

（3）在局部受压间接钢筋配置区以外，在构件端部长度 l 不小于截面重心线上部或下部预应力筋的合力点至邻近边缘的距离 e 的 3 倍，但不大于构件端部截面高度 h 的 1.2 倍，高度 $2e$ 的附加配筋区范围内，应均匀配置附加防劈裂箍筋或网片（图 10.27），配筋面积按下式计算且体积配筋率不应小于 0.5%：

$$A_{sb} \geqslant 0.18\left(1-\frac{l_l}{l_b}\right)\frac{P}{f_{yv}} \tag{10.129}$$

式中 P——作用在构件端部截面重心线上部或下部预应力筋的合力设计值，对有粘结预应力混凝土构件取 1.2 倍张拉控制应力，对无粘结预应力混凝土取 1.2 倍张拉控制应力和 $f_{ptk}A_p$ 中的较大值；

l_l、l_b——分别为沿构件高度方向 A_l、A_b 的边长或直径，A_l、A_b 的计算方法详见 10.6 节；

f_{yv}——附加防劈裂钢筋的抗拉强度设计值。

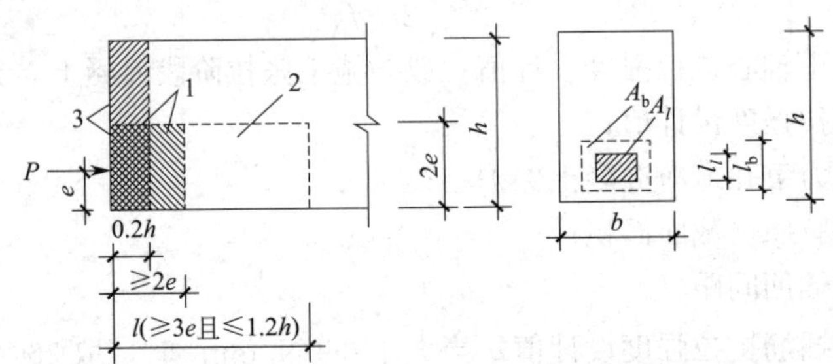

图 10.27 防止端部裂缝的配筋范围

1-局部受压间接钢筋配置区；2-附加防劈裂配筋区；3-附加防端面裂缝配筋区

（4）当构件端部预应力筋需集中布置在截面下部或集中布置在上部和下部时，应在构件端部 0.2h 范围内设置附加竖向防端面裂缝构造钢筋（图 10.27），其截面面积应符合下列公式要求：

$$A_s \geqslant \frac{T_s}{f_{yv}} \tag{10.130}$$

$$T_s = \left(0.25-\frac{e}{h}\right)P \tag{10.131}$$

式中 T_s——锚固端端面拉力；

e——截面重心线上部或下部预应力筋的合力点至截面近边缘的距离；

h——构件端部截面高度。

当 e 大于 0.2h 时，可根据实际情况适当配置构造钢筋。竖向防端面裂缝钢筋宜靠近端面配置，可采用焊接钢筋网、封闭式箍筋或其他的形式，且宜采用带肋钢筋。

当端部截面上部和下部均有预应力筋时，附加竖向钢筋的总截面面积应按上部和下部的预应力合力分别计算的较大值采用。

在构件端面横向也应按上述方法计算抗端面裂缝钢筋，并与上述竖向钢筋形成网片筋配置。

当构件在端部有局部凹进时，应增设折线构造钢筋（图 10.28）或其他有效的构造钢筋。

4. 后张预应力混凝土外露金属锚具，应采取可靠的防腐及防火措施，并应符合下列规定：

(1) 无粘结预应力筋外露锚具应采用注有足量防腐油脂的塑料帽封闭锚具端头，并应采用无收缩砂浆或细石混凝土封闭；

(2) 对处于二 b、三 a、三 b 类环境条件下的无粘结预应力锚固系统，应采用全封闭的防腐蚀体系，其封锚端及各连接部位应能承受 10kPa 的静水压力而不得透水；

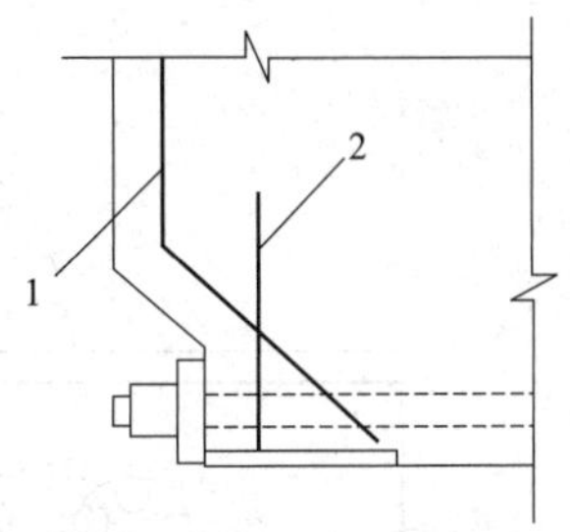

图 10.28　端部凹进处构造钢筋

1-折线构造钢筋；2-竖向构造钢筋

(3) 采用混凝土封闭时，其强度等级宜与构件混凝土强度等级一致，且不应低于 C30；封锚混凝土与构件混凝土应可靠粘结，如锚具在封闭前应将周围混凝土界面凿毛并冲洗干净，且宜配置 1～2 片钢筋网，钢筋网应与构件混凝土拉结；

(4) 采用无收缩砂浆或混凝土封闭保护时，其锚具及预应力筋端部的保护层厚度不应小于：一类环境时 20mm，二 a、二 b 类环境时 50mm，三 a、三 b 类环境时 80mm。

思考题

10-1　为何预应力混凝土构件必须采用高强钢筋和高强混凝土？

10-2　先张法和后张法的主要区别是什么？

10-3　预应力损失有哪些？如何减少各项预应力损失值？

10-4　什么是张拉控制应力？为什么不能取得太高，也不能取得太低？

10-5　什么是预应力钢筋的预应力传递长度？如何计算？

10-6　预应力损失应如何组合？

10-7　何谓“平衡荷载法”？

10-8　预应力混凝土受弯构件应计算哪些内容？

习　题

10-1　18m 屋架预应力混凝土下弦拉杆，截面构造如图 10.29 所示。采用后张法一端施加预应力。孔道为直径 52mm 的抽芯成型。预应力钢筋为 5 根 $7\Phi^{s}4$ 的钢绞线（单根 $7\Phi^{s}4$ 钢绞线面积为 98.7mm^2，$f_{ptk}=1570\text{N/mm}^2$，$f_{py}=1110\text{N/mm}^2$），非预应力筋采用 HRB400 级钢筋 4Φ12（$A_s=452\text{mm}^2$）。张拉控制应力采用 $\sigma_{con}=0.75f_{ptk}$，混凝土为 C40，施加预应力时 $f'_{cu}=40\text{N/mm}^2$。计算：(1) 各项预应力损失；(2) 消压轴力 N_0；(3) 开裂轴力 N_{cr}；(4) 预应力筋到达 f_{py} 时的轴力。

10-2　12m 预应力混凝土工字形截面梁如图 10.30 所示。采用先张法台座生产，不考虑锚具变形损失，养护温差 $\Delta t=20$℃，采用超张拉，设松弛损失在放张前完成 50%，预应力钢筋采用直径为 5mm 的刻痕钢丝，$f_{ptk}=1570\text{N/mm}^2$，$f_{py}=1110\text{N/mm}^2$，张拉控制应力 $\sigma_{con}=0.75f_{ptk}$，混凝土为 C40，混凝土达到设计强度时放张。计算：(1) 各项预应力损失；(2) 消压弯矩；(3) 开裂弯矩；(4) 极限弯矩。

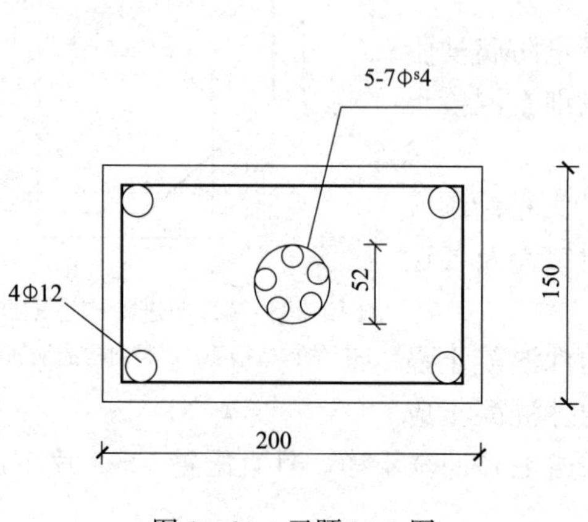

图 10.29　习题 10-1 图

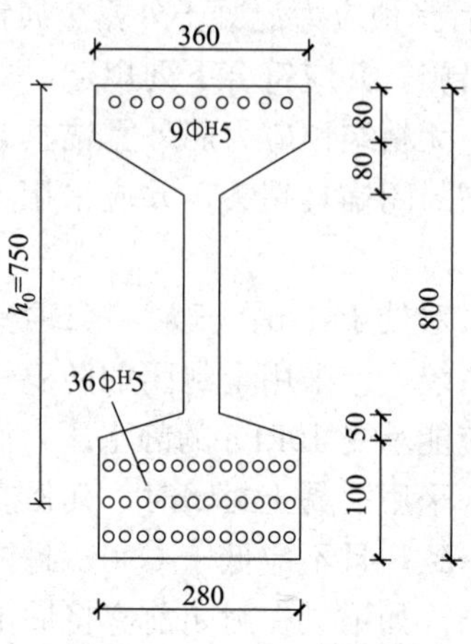

图 10.30　习题 10-2 图

附录 1 《混凝土结构通用规范》GB 55008—2021 和《混凝土结构设计规范》GB 50010—2010（2015 年版）的有关规定

混凝土轴心抗压强度标准值（N/mm^2） 附表 1-1

强度	混凝土强度等级													
	C15	C20	C25	C30	C35	C40	C45	C50	C55	C60	C65	C70	C75	C80
f_{ck}	10.0	13.4	17.7	20.1	23.4	27.8	29.6	32.4	36.5	38.5	41.5	44.5	47.4	50.2

混凝土轴心抗拉强度标准值（N/mm^2） 附表 1-2

强度	混凝土强度等级													
	C15	C20	C25	C30	C35	C40	C45	C50	C55	C60	C65	C70	C75	C80
f_{tk}	1.27	1.54	1.78	2.01	2.20	2.39	2.51	2.64	2.74	2.85	2.93	2.99	3.05	3.11

混凝土轴心抗压强度设计值（N/mm^2） 附表 1-3

强度	混凝土强度等级													
	C15	C20	C25	C30	C35	C40	C45	C50	C55	C60	C65	C70	C75	C80
f_c	7.2	9.6	10.9	14.3	16.7	19.1	21.1	23.1	6.3	27.5	29.7	31.8	33.8	36.9

混凝土轴心抗拉强度设计值（N/mm^2） 附表 1-4

强度	混凝土强度等级													
	C15	C20	C25	C30	C35	C40	C45	C50	C55	C60	C65	C70	C75	C80
f_t	0.91	1.10	1.27	1.43	1.57	1.71	1.80	1.89	1.96	2.04	2.09	2.14	2.18	2.22

混凝土的弹性模量（$\times10^4 N/mm^2$） 附表 1-5

混凝土强度等级	C15	C20	C25	C30	C35	C40	C45	C50	C55	C60	C65	C70	C75	C80
E_c	2.20	2.55	2.80	3.00	3.15	3.25	3.35	3.45	3.55	3.60	3.65	3.70	3.75	3.80

注：1. 当有可靠试验依据时，弹性模量可根据实测数据确定；

2. 当混凝土中掺有大量矿物掺合料时，弹性模量可按规定龄期根据实测数据确定。

混凝土受压疲劳强度修正系数 γ_p 附表 1-6

ρ_c^f	$0<\rho_c^f<0.1$	$0.1\leqslant\rho_c^f<0.2$	$0.2\leqslant\rho_c^f<0.3$	$0.3\leqslant\rho_c^f<0.4$	$0.4\leqslant\rho_c^f<0.5$	$\rho_c^f\geqslant0.5$
γ_p	0.68	0.74	0.80	0.86	0.93	1.00

混凝土受拉疲劳强度修正系数 γ_p 附表 1-7

ρ_c^f	$0<\rho_c^f<0.1$	$0.1\leqslant\rho_c^f<0.2$	$0.2\leqslant\rho_c^f<0.3$	$0.3\leqslant\rho_c^f<0.4$	$0.4\leqslant\rho_c^f<0.5$
γ_p	0.63	0.66	0.69	0.72	0.74
ρ_c^f	$0.5\leqslant\rho_c^f<0.6$	$0.6\leqslant\rho_c^f<0.7$	$0.7\leqslant\rho_c^f<0.8$	$\rho_c^f\geqslant0.8$	—
γ_p	0.76	0.80	0.90	1.00	—

注：直接承受疲劳荷载的混凝土构件，当采用蒸汽养护时，养护温度不宜高于 60℃。

混凝土的疲劳变形模量 E_c^f（$\times10^4 N/mm^2$） 附表 1-8

强度等级	C30	C35	C40	C45	C50	C55	C60	C65	C70	C75	C80
E_c^f	1.30	1.40	1.50	1.55	1.60	1.65	1.70	1.75	1.80	1.85	1.90

普通钢筋强度标准值（N/mm^2） **附表 1-9**

牌号	符号	公称直径	屈服强度标准值 f_{yk}	极限强度标准值 f_{stk}
HRB300	Φ	6～22	300	42
HRB400 HRBF400 RRB400	Φ Φ^{F} Φ^{R}	6～50	400	540
HRB500 HRBF500	Φ Φ^{F}	6～50	500	630

预应力筋强度标准值（N/mm^2） **附表 1-10**

种类		符号	公称直径	屈服强度标准值 f_{pyk}	极限强度标准值 f_{ptk}
中强度预应力钢丝	光面螺旋肋	Φ^{PM} Φ^{HM}	5、7、9	620	800
				780	970
				980	1270
预应力螺纹钢筋	螺纹	Φ^{T}	18、25、32、40、50	785	980
				930	1080
				1080	1230
消除应力钢丝	光面 螺旋肋	Φ^{P} Φ^{H}	5	—	1570
				—	1860
			7	—	1570
			9	—	1470
				—	1570
钢绞线	1×3（三股）	Φ^{S}	8.6、10.8、12.9	—	1570
				—	1860
				—	1960
	1×7（七股）		9.5、12.7、16.2、17.8	—	1720
				—	1860
				—	1960
			21.6	—	1860

普通钢筋强度设计值（N/mm^2） **附表 1-11**

牌　号	抗拉强度设计值 f_y	抗压强度设计值 f_y'
HPB300	270	270
HRB400、HRBF400、RRB400	360	360
HRB500、HRBF500	435	410

预应力筋强度设计值（N/mm^2） **附表 1-12**

种　类	极限强度标准值 f_{ptk}	抗拉强度设计值 f_{py}	抗压强度设计值 f_{py}'
中强度预应力钢丝	800	510	410
	970	650	
	1270	810	
消除应力钢丝	1470	1040	410
	1570	1110	
	1860	1320	
钢绞线	1570	1110	390
	1720	1220	
	1860	1320	
	1960	1390	
预应力螺纹钢筋	980	650	410
	1080	770	
	1230	900	

钢筋的弹性模量（$\times 10^5 N/mm^2$） **附表 1-13**

牌号或种类	弹性模量
HPB300 钢筋	2.10
HRB400、HRBF400、RRB400、HRB500、HRBF500 钢筋预应力螺纹钢筋	2.00
消除应力钢丝、中强度预应力钢丝	2.05
钢绞线	1.95

热轧钢筋、冷轧带肋钢筋及预应力筋的最大力总延伸率限值 δ_{gt}（%） **附表 1-14**

牌号或种类	热轧钢筋				冷轧带肋钢筋		预应力筋	
	HPB300	HRB400、HRBF400、HRB500、HRBF500	HRB400E、HRB500E、	RRB400	CRB550	CRB600H	中强度预应力钢丝、预应力冷轧带肋钢筋	消除应力钢丝、钢绞线、预应力螺纹钢筋
δ_{gt}	10.0	7.5	9.0	5.0	2.5	5.0	4.0	4.5

普通钢筋疲劳应力幅限值（N/mm^2） **附表 1-15**

疲劳应力比值 ρ_s^f	疲劳应力幅限值 Δf_y^f
	HRB400
0	175
0.1	162
0.2	156
0.3	149
0.4	137
0.5	123
0.6	106
0.7	85
0.8	60
0.9	31

注：当纵向受拉钢筋采用闪光接触对焊连接时，其接头处的钢筋疲劳应力幅限值应按表中数值乘以 0.8 取用。

预应力筋疲劳应力幅限值（N/mm^2） **附表 1-16**

疲劳应力比值 ρ_s^f	钢绞线 $f_{ptk}=1570$	消除应力钢丝 $f_{ptk}=1570$
0.7	144	240
0.8	118	168
0.9	70	88

注：1. 当 ρ_p^f 不小于 0.9 时，可不作预应力筋疲劳验算；

2. 当有充分依据时，可对表中规定的疲劳应力幅限值作适当调整

混凝土保护层的最小厚度 c（mm） **附表 1-17**

环境类别	板、墙、壳	梁、柱、杆
一	15	20
二 a	20	25
二 b	25	35
三 a	30	40
三 b	40	50

注：1. 混凝土强度等级不大于 C25 时，表中保护层厚度数值应增加 5mm；

2. 钢筋混凝土基础宜设置混凝土垫层，基础中钢筋的保护层厚度应从垫层顶面算起，且不应小于 40mm。

纵向受力钢筋的最小配筋百分率 ρ_{min}（%） **附表 1-18**

受力类型			最小配筋百分率
受压构件	全部纵向钢筋	强度等级 500MPa	0.50
		强度等级 400MPa	0.55
		强度等级 300MPa	0.60
	一侧纵向钢筋		0.20
受弯构件、偏心受拉、轴心受拉构件一侧的受拉钢筋			0.20 和 $45f_t/f_y$ 中的较大者

注：1. 受压构件全部纵向钢筋最小配筋百分率，当采用 C60 以上强度等级的混凝土时，应按表中规定增加 0.10；

2. 除悬臂板、柱支承之外的板类受弯构件，当纵向受拉钢筋采用强度等级 500MPa 的钢筋时，其最小配筋百分率应允许采用 0.15 和 $45f_t/f_y$ 中的较大者；

3. 偏心受拉构件中的受压钢筋，应按受压构件一侧纵向钢筋考虑；

4. 受压构件的全部纵向钢筋和一侧纵向钢筋的配筋率以及轴心受拉构件和小偏心受拉构件一侧受拉钢筋的配筋率均应按构件的全截面面积计算；

5. 受弯构件、大偏心受拉构件一侧受拉钢筋的配筋率应按全截面面积扣除受压翼缘面积 $(b'_f-b)h'_f$ 后的截面面积计算；

6. 当钢筋沿构件截面周边布置时，“一侧纵向钢筋”系指沿受力方向两个对称边中一边布置的纵向钢筋。

受弯构件的挠度限值 **附表 1-19**

构件类型		挠度限值
吊车梁	手动吊车	$l_0/500$
	电动吊车	$l_0/600$
屋盖、楼盖及楼梯构件	当 $l_0 \leqslant 7$m 时	$l_0/200(l_0/250)$
	当 7m$\leqslant l_0 \leqslant$9m 时	$l_0/250(l_0/300)$
	当 $l_0>9$m 时	$l_0/300(l_0/400)$

注：1. 表中 l_0 为计算跨度；计算悬臂构件的挠度限值时，其计算跨度 l_0 按实际悬臂长度的 2 倍取用；

2. 表中括号内数值适用于使用上对挠度有较高要求的构件；

3. 如果构件制作时预先起拱，且使用上也允许，则在验算挠度时，可将计算所得的挠度值减去起拱值；对预应力混凝土构件，尚可减去预加力所产生的反拱值；

4. 构件制作时的起拱值和预加力所产生的反拱值，不宜超过构件在相应荷载组合下的计算挠度值。

结构构件的裂缝控制等级及最大裂缝宽度的限值（mm） **附表 1-20**

环境类别	钢筋混凝土结构		预应力混凝土结构	
	裂缝控制等级	w_{lim}	裂缝控制等级	w_{lim}
一	三级	0.30(0.40)	三级	0.20
二 a		0.20		0.10
二 b			二级	—
三 a、三 b			一级	—

注：1. 对处于年平均相对湿度小于 60%地区一类环境下的受弯构件，其最大裂缝宽度限值可采用括号内的数值；

2. 在一类环境下，对钢筋混凝土屋架、托架及需作疲劳验算的吊车梁，其最大裂缝宽度限值应取为 0.20mm；对钢筋混凝土屋面梁和托梁，其最大裂缝宽度限值应取为 0.30mm；

3. 在一类环境下，对预应力混凝土屋架、托架及双向板体系，应按二级裂缝控制等级进行验算；对一类环境下的预应力混凝土屋面梁、托梁、单向板，应按表中二 a 类环境的要求进行验算；在一类和二 a 类环境下需作疲劳验算的预应力混凝土吊车梁，应按裂缝控制等级不低于二级的构件进行验算；

4. 表中规定的预应力混凝土构件的裂缝控制等级和最大裂缝宽度限值仅适用于正截面的验算；预应力混凝土构件的斜截面裂缝控制验算应符合本规范第 7 章的有关规定；

5. 对于烟囱、筒仓和处于液体压力下的结构，其裂缝控制要求应符合专门标准的有关规定；

6. 对于处于四、五类环境下的结构构件，其裂缝控制要求应符合专门标准的有关规定；

7. 表中的最大裂缝宽度限值为用于验算荷载作用引起的最大裂缝宽度。

附录 2　钢筋的公称直径、公称截面面积及理论重量

钢筋的公称直径、公称截面面积及理论重量　　附表 2-1

公称直径(mm)	不同根数钢筋的公称截面面积(mm^2)									单根钢筋理论重量(kg/m)
	1	2	3	4	5	6	7	8	9	
6	28.3	57	85	113	141	170	198	226	254	0.222
8	50.3	101	151	201	251	302	352	402	452	0.395
10	78.5	157	236	314	393	471	550	628	707	0.617
12	113.1	226	339	452	565	679	792	905	1018	0.888
14	153.9	308	462	616	770	924	1078	1232	1385	1.21
16	201.1	402	603	804	1005	1206	1407	1608	1810	1.58
18	254.5	509	763	1018	1272	1527	1781	2036	2290	2.00(2.11)
20	314.2	628	942	1257	1571	1885	2199	2513	2827	2.47
22	380.1	760	1140	1521	1901	2281	2661	3041	3421	2.98
25	490.9	982	1473	1963	2454	2945	3436	3927	4418	3.85(4.10)
28	615.8	1232	1847	2463	3079	3695	4310	4926	5542	4.83
32	804.2	1608	2413	3217	4021	4825	5630	6434	7238	6.31(6.65)
36	1017.9	2036	3054	4072	5089	6107	7125	8143	9161	7.99
40	1256.6	2513	3770	5027	6283	7540	8796	10053	11310	9.87(10.34)
50	1963.5	3927	5890	7854	9817	11781	13744	15708	17671	15.42(16.28)

注：括号内为预应力螺纹钢筋的数值。

钢绞线的公称直径、公称截面面积及理论重量　　附表 2-2

种　类	公称直径(mm)	公称截面面积(mm^2)	理论重量(kg/m)
1×3	8.6	37.7	0.296
	10.8	58.9	0.462
	12.9	84.8	0.666
1×7 标准型	9.5	54.8	0.430
	12.7	98.7	0.775
	15.2	140	1.101
	17.8	191	1.500
	21.6	285	2.237

钢丝的公称直径、公称截面面积及理论重量　　附表 2-3

公称直径(mm)	公称截面面积(mm^2)	理论重量(kg/m)
5.0	19.63	0.154
7.0	38.48	0.302
9.0	63.62	0.499

钢筋混凝土板每米宽的钢筋面积表　　附表 2-4

钢筋间距(mm)	当钢筋直径为下列数值时的钢筋截面面积(mm^2)													
	3	4	5	6	6/8	8	8/10	10	10/12	12	12/14	14	14/16	16
70	101	179	281	404	561	719	920	1121	1369	1616	1908	2199	2536	2872
75	94.3	167	262	377	524	671	859	1047	1277	1508	1780	2053	2367	2681
80	88.4	157	245	354	491	629	805	981	1198	1414	1669	1924	2218	2513
85	83.2	148	231	333	462	592	758	924	1127	1331	1571	1811	2088	2365
90	78.5	140	218	314	437	559	716	872	1064	1257	1484	1710	1972	2234
95	74.5	132	207	298	414	529	678	826	1008	1190	1405	1620	1868	2116

续表

钢筋间距	当钢筋直径为下列数值时的钢筋截面面积(mm^2)													
(mm)	3	4	5	6	6/8	8	8/10	10	10/12	12	12/14	14	14/16	16
100	70.6	126	196	283	393	503	644	785	958	1131	1335	1539	1775	2011
110	64.2	114	178	257	357	457	585	714	871	1028	1214	1399	1614	1828
120	58.9	105	163	236	327	419	537	654	798	942	1112	1283	1480	1676
125	56.5	100	157	226	314	402	515	628	766	905	1068	1232	1420	1608
130	54.4	96.6	151	218	302	387	495	604	737	870	1027	1184	1366	1547
140	50.5	89.7	140	202	281	359	460	561	684	808	954	1100	1268	1436
150	47.1	83.8	131	189	262	335	429	523	639	754	890	1026	1188	1340
160	44.1	78.5	123	177	246	314	403	491	599	707	834	962	1110	1257
170	41.5	73.9	115	166	231	296	379	462	564	665	786	906	1044	1183
180	39.2	69.8	109	157	218	279	358	436	532	628	742	855	985	1117
190	37.2	66.1	103	149	207	265	339	413	504	595	702	810	934	1053
200	35.3	62.8	98.2	141	196	251	322	393	479	565	668	770	888	1005
220	32.1	57.1	89.3	129	178	228	292	357	436	514	607	700	807	914
240	29.4	52.4	81.9	118	164	209	268	327	399	471	556	641	740	838
250	28.3	50.2	78.5	113	157	201	258	314	383	452	534	616	710	804
260	27.2	48.3	75.5	109	151	193	248	302	368	435	514	592	682	773
280	25.2	44.9	70.1	101	140	180	230	281	342	404	477	550	634	718
300	23.6	41.9	65.5	94	131	168	215	262	320	377	445	513	592	670
320	22.1	39.2	61.4	88	123	157	201	245	299	353	417	481	554	628

注：表中钢筋直径中的 6/8、8/10、10/12、12/14、14/16 是指两种直径的钢筋间隔布置。

参考文献

[1] 中华人民共和国住房和城乡建设部．混凝土结构通用规范：GB 55008—2021［S］．北京：中国建筑工业出版社，2021.

[2] 中华人民共和国住房和城乡建设部．工程结构通用规范：GB 55001—2021［S］．北京：中国建筑工业出版社，2021.

[3] 中国建筑科学研究院．混凝土结构设计规范：GB 50010—2010（2015 年版）［S］．北京：中国建筑工业出版社，2015.

[4] 中国建筑科学研究院有限公司．建筑结构可靠性设计统一标准：GB 50068—2018［S］. 北京：中国建筑工业出版社，2018.

[5] 中国建筑科学研究院．建筑结构荷载规范：GB 50009—2012［S］．北京：中国建筑工业出版社，2012.

[6] 中国建筑科学研究院．建筑抗震设计规范：GB 50011—2010（2016 年版）［S］．北京：中国建筑工业出版社，2016.

[7] 中国建筑科学研究院有限公司．混凝土物理力学性能试验方法标准：GB 50081—2019［S］. 北京：中国建筑工业出版社，2019.

[8] 清华大学．混凝土结构耐久性设计标准：GB/T 50476—2019［S］．北京：中国建筑工业出版社，2019.

[9] 中国建筑科学研究院．工程结构设计通用符号标准：GB/T 50132—2014［S］．北京：中国建筑工业出版社，2014.

[10] 东南大学，天津大学，同济大学．混凝土结构（上册）：混凝土结构设计原理［M］. 7 版. 北京：中国建筑工业出版社，2020.

[11] 叶列平．混凝土结构（上册）：混凝土结构设计原理［M］.2 版．北京：清华大学出版社，2005.

[12] 宗兰，倪虹．混凝土结构基本原理［M］．北京：中国建筑工业出版社，2017.

[13] 沈蒲生．混凝土结构设计原理［M］.5 版．北京：高等教育出版社，2020.

[14] 胡狄．预应力混凝土结构设计基本原理［M］.2 版．北京：中国铁道出版社有限公司，2019.

[15] 李斌，薛刚，牛建刚．混凝土结构设计原理［M］.2 版．北京：清华大学出版社，2017.

[16] 叶列平．混凝土结构（上册）：混凝土结构设计原理［M］.2 版．北京：中国建筑工业出版社，2014.

[17] 刘雁．建筑结构［M］.4 版．北京：机械工业出版社，2020.

[18] 梁兴文，史庆轩．混凝土结构设计原理［M］.4 版．北京：中国建筑工业出版社，2019.

[19] 过镇海．钢筋混凝土原理［M］.3 版．北京：清华大学出版社，2013.

[20] 高淑英．钢筋混凝土结构习题解［M］．北京：科学出版社，2002.